Olfert
Kompakt-Training
Einführung in die Betriebswirtschaftslehre

Kompakt-Training
Praktische Betriebswirtschaft
Herausgeber Professor Klaus Olfert

www.kiehl.de

Einführung in die Betriebswirtschaftslehre

Von Prof. Dipl.-Kfm. Klaus Olfert

4., verbesserte und aktualisierte Auflage

Herausgeber:
Prof. Klaus Olfert
76530 Baden-Baden

ISBN 978-3-470-**54084**-9 · 4., verbesserte und aktualisierte Auflage 2013

© NWB Verlag GmbH & Co. KG, Herne 2005

Kiehl ist eine Marke des NWB Verlags

Satz: Röser MEDIA GmbH & Co. KG, Karlsruhe
Druck: Stückle Druck und Verlag, Ettenheim

Kompakt-Training Praktische Betriebswirtschaft

Das Kompakt-Training Praktische Betriebswirtschaft ist aus der Notwendigkeit entstanden, dass Wissen immer häufiger unter erheblichem Zeit- und Erfolgsdruck erworben oder reaktiviert werden muss. Den vielfältigen betriebswirtschaftlichen Fakten und Zusammenhängen, die aufzunehmen sind, stehen eng begrenzte Zeitbudgets gegenüber.

Die vorliegende Fachbuchreihe ist darauf ausgerichtet, die Leser darin zu unterstützen, rasch und fundiert in die verschiedenen betriebswirtschaftlichen Themenbereiche einzudringen sowie diese aufzufrischen. Sie eignet sich in besonderer Weise für:

► Studierende an Fachhochschulen, Akademien und Universitäten

► Fortzubildende an öffentlichen und privaten Bildungsinstitutionen

► Fach- und Führungskräfte in Unternehmen und sonstigen Organisationen.

Das Kompakt-Training Praktische Betriebswirtschaft ist auch zum Selbststudium sehr gut geeignet, nicht zuletzt wegen seiner herausragenden Gestaltungsmerkmale. Jeder einzelne Band der Fachbuchreihe zeichnet sich u. a. aus durch:

► kompakte und praxisbezogene Darstellung

► systematischen und lernfreundlichen Aufbau

► viele einprägsame Beispiele, Tabellen, Abbildungen

► 50 praxisbezogene Übungen mit Lösungen

► MiniLex mit 150 bis 200 Stichworten.

Für Anregungen, die der weiteren Verbesserung dieses Lernkonzeptes dienen, bin ich dankbar.

Prof. Klaus Olfert
Herausgeber

Feedbackhinweis

Kein Produkt ist so gut, dass es nicht noch verbessert werden könnte. Ihre Meinung ist uns wichtig. Was gefällt Ihnen gut? Was können wir in Ihren Augen verbessern? Bitte schreiben Sie einfach eine E-Mail an: **c.ziegler@kiehl.de**

Als kleines Dankeschön verlosen wir unter allen Teilnehmern einmal pro Monat ein Buchgeschenk!

Vorwort zur 4. Auflage

Die Betriebswirtschaftslehre befasst sich mit den Unternehmen. Sie beschaffen, verwerten und verwalten Güter bzw. Dienstleistungen, die am Markt abgesetzt werden. Dabei laufen komplexe Prozesse als Geschäftsprozesse und Führungsprozesse ab, sowohl in den Unternehmen selbst als auch zwischen den Unternehmen und ihren Beschaffungsmärkten bzw. ihren Absatzmärkten.

Dementsprechend besteht die zentrale Aufgabe der Betriebswirtschaftslehre darin, die Unternehmen zielgerichtet zu strukturieren und ihre Prozesse bestmöglich zu gestalten. Insbesondere deren Beschleunigung und Vereinfachung bieten den Unternehmen die Chance, qualitativ bessere, Nutzen steigernde und kostengünstigere Ergebnisse zu erlangen.

Dabei sind die Problemstellungen und deren Lösungsmöglichkeiten bei den einzelnen Unternehmen sehr unterschiedlich, je nachdem, ob sie z. B. größer oder kleiner sind, unterschiedlichen Branchen angehören oder Güter bzw. Dienstleistungen anbieten. Hierauf gehen *spezielle Betriebswirtschaftslehren* ein, z. B. als Industriebetriebslehre.

Die *Allgemeine Betriebswirtschaftslehre*, deren Grundlagen hier einführend dargestellt werden, beschreibt und erläutert die betrieblichen Gegebenheiten, die zahlreichen Unternehmen gemeinsam sind, wobei sie – um alle betrieblichen Funktionen hinreichend darzustellen – vom industriellen Unternehmen ausgeht, also die Fertigung bzw. Produktion einschließt.

Die vorliegende Einführung in die Betriebswirtschaftslehre wird führungsorientiert verstanden, d. h. außer den in ihrem Mittelpunkt stehenden wirtschaftlichen Fragestellungen fließen auch Erkenntnisse der Führungs-, Management- und Motivationslehre sowie u. a. der Rechtswissenschaft (z. B. BGB, HGB, BetrVG, SGB, AO, EStG, UWG), Arbeitswissenschaft, Psychologie, Soziologie und Ökologie ein.

Das Buch dient der Weiterbildung von Fach- und Führungskräften sowie Studierenden an Hochschulen und Akademien, die einen kompakten Einblick in die Betriebswirtschaftslehre erlangen wollen. Es setzt keine Vorkenntnisse voraus, ist systematisch und praxisnah gestaltet, bietet rund 50 Übungsaufgaben bzw. kleine Fälle sowie einen umfänglichen Lexikon-Teil als „MiniLex".

Die 4. Auflage wurde inhaltlich vielfach verbessert. Außerdem erfolgten zahlreiche Aktualisierungen.

Für Anregungen, die von Leserinnen und Lesern an mich herangetragen wurden, danke ich herzlich. Gerne nehme ich auch weiterhin Hinweise auf, die den Nutzen des Buches verbessern.

Prof. Klaus Olfert
Baden-Baden, im Februar 2013

Benutzungshinweise

Aufgaben/Fälle

Die Aufgaben/Fälle im Übungsteil dienen der Wissens- und Verständniskontrolle. Auf sie wird jeweils im Textteil hingewiesen:

Aufgabe 1 > Seite 237

Aufgabe 2 > Seite 237

Der Übungsteil befindet sich als „blauer Teil" am Ende des Buches. Es wird empfohlen, die Aufgaben/Fälle unmittelbar nach Bearbeitung der entsprechenden Textstellen zu lösen.

Aus Gründen der Praktikabilität und besseren Lesbarkeit wird darauf verzichtet, jeweils männliche und weibliche Personenbezeichnungen zu verwenden. So können z. B. Mitarbeiter, Arbeitnehmer, Vorgesetzte grundsätzlich sowohl männliche als auch weibliche Personen sein.

INHALTSVERZEICHNIS

A. Grundlagen

Die Betriebswirtschaftslehre befasst sich mit den Unternehmen, die planmäßig organisierte Einzelwirtschaften sind. In ihnen werden Güter bzw. Dienstleistungen beschafft, verwertet und verwaltet, die am Markt abgesetzt werden. Damit decken sie die **Bedürfnisse** der Käufer.

Die Bedürfnisse der Menschen sind vielfältiger Art und unterscheiden sich, d. h. jeder Mensch hat ein subjektiv anderes Mangelempfinden, das sich im Zeitalauf zudem wandelt. Die Bedürfnisse sind praktisch unbegrenzt, die dafür vorhandenen Mittel aber knapp. Die Summe der Bedürfnisse, die mit Kaufkraft ausgestattet ist, stellt den **Bedarf** dar.

Das Spannungsverhältnis zwischen den Bedürfnissen und ihren Deckungsmöglichkeiten zwingt die Menschen zum **Wirtschaften**, d. h. sie müssen ihre knappen Mittel zur Befriedigung der Bedürfnisse zielgerecht einsetzen.

Im Rahmen ihrer wirtschaftlichen Handlungen müssen die Unternehmen verschiedene Prinzipien beachten, die als **Dreieck der Betriebswirtschaftslehre** dargestellt werden können:

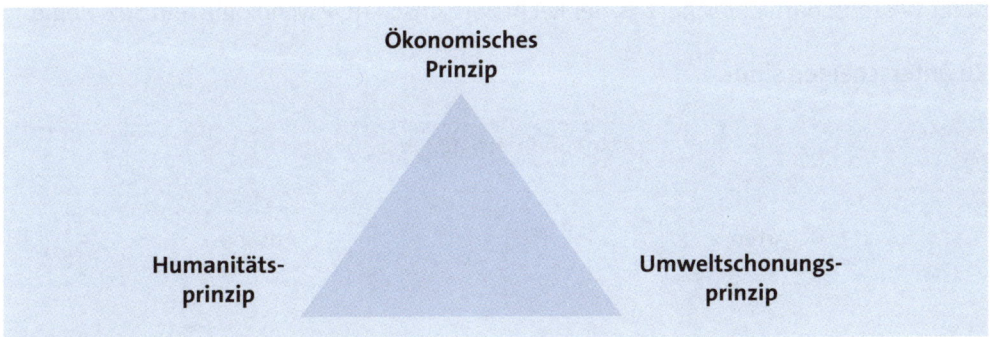

Die **Prinzipien** sind mit unterschiedlichen Zielsetzungen verbunden:

▸ Das **ökonomische Prinzip** bezieht sich auf ein möglichst günstiges Verhältnis von Ertrag und Aufwand, wobei zwei Formen zu unterscheiden sind:

Maximalprinzip	Mit gegebenem Aufwand soll ein größtmöglicher Ertrag erzielt werden, z. B. mit 100.000 € Werbeaufwand ein höchstmöglicher Umsatz.
Minimalprinzip	Mit geringstmöglichem Aufwand soll ein bestimmter Ertrag bewirkt werden, z. B. mit möglichst wenig Geld die Anschaffung einer benötigten Maschine für die Produktion.

▸ Das **Humanitätsprinzip** stellt die Menschen in den Mittelpunkt des Leistungsprozesses. Ihre Erfordernisse sind hinreichend zu berücksichtigen, z. B. durch menschengerechte Arbeitsorganisation und humane Führung der Mitarbeiter.

▶ Das **Umweltschonungsprinzip** berücksichtigt die ökologischen Interessen, indem versucht wird, die Umweltbelastungen so gering wie möglich zu halten, sie zu vermindern oder zu vermeiden.

Keinem dieser Prinzipien sollte einseitig Vorrang eingeräumt werden. Es empfiehlt sich, einen vernünftigen **Ausgleich** zwischen allen drei Prinzipien anzustreben.

Als Grundlagen der Betriebswirtschaftslehre werden behandelt:

Grundlagen	Betriebswirtschaftslehre
	Betriebswirtschaften
	Wirtschaftsrecht

1. Betriebswirtschaftslehre

Die heutige Betriebswirtschaftslehre hat sich aus traditionellen Vorstellungen heraus entwickelt, die zunächst von rein ökonomischen Ansätzen getragen wurden. Sie versteht sich inzwischen aber als interdisziplinierte Wissenschaft. Deshalb bezieht sie in ihre Überlegungen nicht nur ökonomische Erkenntnisse ein, sondern auch die Ergebnisse anderer Wissenschaftsbereiche, z. B. der Rechtswissenschaft, Psychologie und Soziologie.

Zu unterscheiden sind:

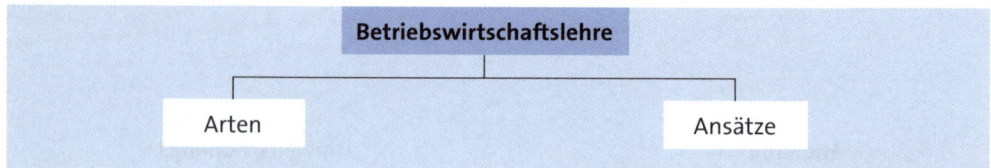

1.1 Arten

Die Betriebswirtschaftslehre lässt sich als selbstständige wissenschaftliche Disziplin nach unterschiedlichen Kriterien gliedern. So sind als Gliederungen der Betriebswirtschaftslehre insbesondere zu unterscheiden:

▶ Die **funktionale Gliederung** der Betriebswirtschaftslehre, die sich an den unterschiedlichen betrieblichen Prozessen orientiert, mit denen die Leistungserstellung und Leistungsverwertung unmittelbar oder mittelbar bewirkt werden.

Unmittelbar bedarf die Erstellung und Verwertung von Gütern – als **Grundfunktionen** – der Beschaffung der dafür erforderlichen Materialien, der Produktion der Erzeugnisse und des Absatzes der hergestellten Güter sowie der Bereitstellung der dafür notwendigen finanziellen Mittel.

Um die Leistungen des Unternehmens in geeigneter Weise erstellen und verwerten zu können, bedarf es jedoch auch lediglich **mittelbar** an diesem Prozess beteiligter

Funktionen, welche die Grundfunktionen als übergreifende **Rahmenfunktionen** ergänzen, z. B. das Rechnungswesen und die Unternehmensführung:

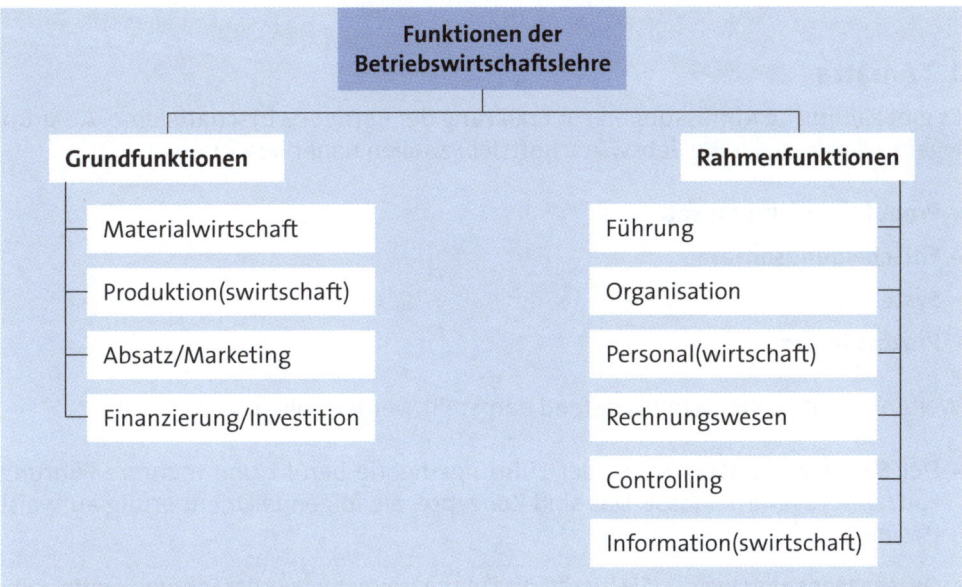

▸ Die **institutionelle Gliederung** der Betriebswirtschaftslehre, die berücksichtigt, dass Unternehmen verschiedenen Branchen angehören und sich dadurch mehr oder weniger voneinander unterscheiden. Dieser Tatbestand wird im Rahmen **spezieller Betriebswirtschaftslehren** berücksichtigt, die sein können:

Spezielle Betriebswirtschaftslehre
Industriebetriebslehre
Handelsbetriebslehre
Bankbetriebslehre
Versicherungsbetriebslehre
Verkehrsbetriebslehre
Touristikbetriebslehre
Handwerksbetriebslehre
Landwirtschaftsbetriebslehre
Steuerlehre
(Wirtschafts)Prüfungslehre

Den speziellen Betriebswirtschaftslehren steht die **Allgemeine Betriebswirtschaftslehre** gegenüber, die sich auf der Grundlage der oben genannten Grund- und Rahmenfunktionen mit der Beschreibung und Erläuterung der betrieblichen Gegebenheiten beschäftigt, die allen Unternehmen gemeinsam bzw. ähnlich sind, wie auch im vorliegenden Buch.

Wie alle Wissenschaften hat auch die Betriebswirtschaftslehre die **Aufgabe**, aussagefähige Theorien bzw. Ansätze zu entwickeln, die beim Nachdenken über Probleme helfen und Zusammenhänge erklären bzw. zukünftige Ereignisse voraussagen können. Diese Aussagen sollen anwendungsorientiert sein und Erkenntnisse vermitteln.

1.2 Ansätze

Es gibt zahlreiche Auffassungen zur Erklärung der Betriebswirtschaftslehre. Als grundlegende Ansätze der Betriebswirtschaftslehre sollen näher beschrieben werden:

► **Produktionsfaktoransatz**

► **Entscheidungsansatz**

► **Systemansatz**

► **Prozessansatz**.

Weitere Ansätze, die nicht vertiefend dargstellt werden sollen, sind:

► Der **Führungsansatz**, der auf der Führungstheorie beruht und mehrere Führungskonzepte zusammenfasst. Das sind Konzepte, die folgende Orientierung aufweisen (*Steinle*):

Personenorientierung	Sie betrifft die Führungsbeziehungen der Führungskräfte und der geführten Mitarbeiter.
Positionsorientierung	Sie bezieht sich auf die Rollen der im Unternehmen tätigen Arbeitskräfte und die Machtverhältnisse.
Interaktionsorientierung	Bei ihr ist die Wechselwirkung zwischen den Führungskräften und ihren Mitarbeitern vorrangig.
Strukturorientierung	Sie bezieht sich auf die Gestaltung der betrieblichen Aufbau-, Prozess- und Projektorganisation.
Situationsorientierung	Sie ist auf Führungssituationen und das Verhältnis des Unternehmens zu seiner Umwelt gerichtet.

► Der **Ökologieansatz**, dem in den vergangenen Jahren – wie bereits angesprochen – erheblich verstärkte Bedeutung zugemessen wird. Dementsprechend ist der Umweltschutz als elementarer Bestandteil des betrieblichen Zielsystems anzusehen (*Strebel, Seidel/Menn*), sodass als Grundlage unternehmerischen Handels die Vereinbarkeit von ökonomischen und ökologischen Aspekten unerlässlich ist.

► Der **institutionenökonomische Ansatz**, der darauf gerichtet ist, Organisationen, Märkte und Rechtsnormen, die Bestandteile des Transaktionsprozesses bzw. der mehrstufigen Wertschöpfungskette von der Urproduktion bis zum Endabnehmer sind, eingehend zu analysieren.

Auf der Grundlage der gewonnenen Erkenntnisse wird das Unternehmen in die Lage versetzt, die **Transaktionskosten** durch geeignete Gestaltung bzw. Zuordnung der Prozesse zu **minimieren**. Dabei gewinnen insbesondere **vertragliche Maßnahmen** besondere Bedeutung, aufgrund derer Verfügungsrechte auf andere Wirtschaftssubjekte übertragen werden, z. B. im Rahmen von Fremdfertigung (*Göbel, Richter/Furubotn*).

1.2.1 Produktionsfaktoransatz

Die deutsche Betriebswirtschaftslehre wurde entscheidend von *Gutenberg* beeinflusst, der als erster eine anspruchsvolle, in sich geschlossene Lehre vorlegte. Sie kann als Produktionsfaktoransatz bezeichnet werden, weil die Produktionsfaktoren im Mittelpunkt stehen. So unterscheidet er:

▸ **Elementare Produktionsfaktoren**, die den Prozess der betrieblichen Leistungserstellung ermöglichen, indem sie unmittelbar auf die Objekte der Leistungserstellung einwirken bzw. in diese eingehen als:

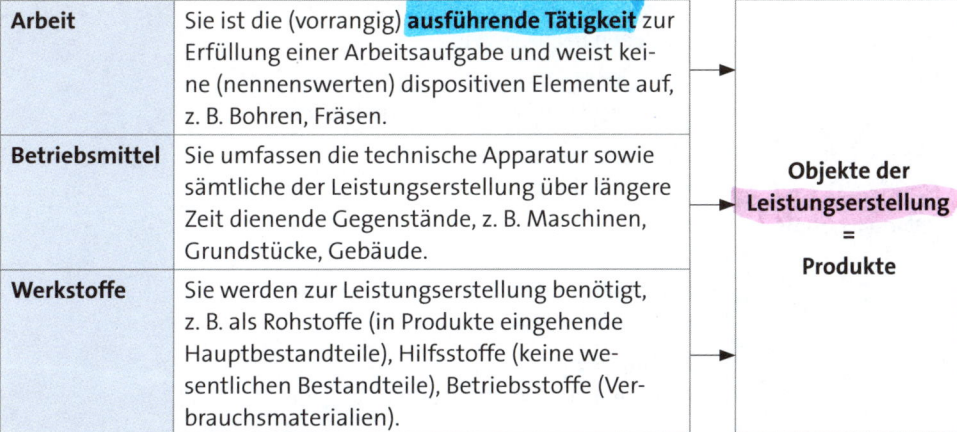

Arbeit	Sie ist die (vorrangig) **ausführende Tätigkeit** zur Erfüllung einer Arbeitsaufgabe und weist keine (nennenswerten) dispositiven Elemente auf, z. B. Bohren, Fräsen.	
Betriebsmittel	Sie umfassen die technische Apparatur sowie sämtliche der Leistungserstellung über längere Zeit dienende Gegenstände, z. B. Maschinen, Grundstücke, Gebäude.	**Objekte der Leistungserstellung** **=** **Produkte**
Werkstoffe	Sie werden zur Leistungserstellung benötigt, z. B. als Rohstoffe (in Produkte eingehende Hauptbestandteile), Hilfsstoffe (keine wesentlichen Bestandteile), Betriebsstoffe (Verbrauchsmaterialien).	

▸ **Dispositive Produktionsfaktoren**, welche die elementaren Produktionsfaktoren ergänzen und in geeigneter Weise kombinieren. Sie basieren (vorwiegend) auf geistiger Arbeit und dienen als gestalterische Tätigkeiten dazu festzulegen, wann/wo/wie die elementaren Produktionsfaktoren eingesetzt werden. Zu unterscheiden sind:

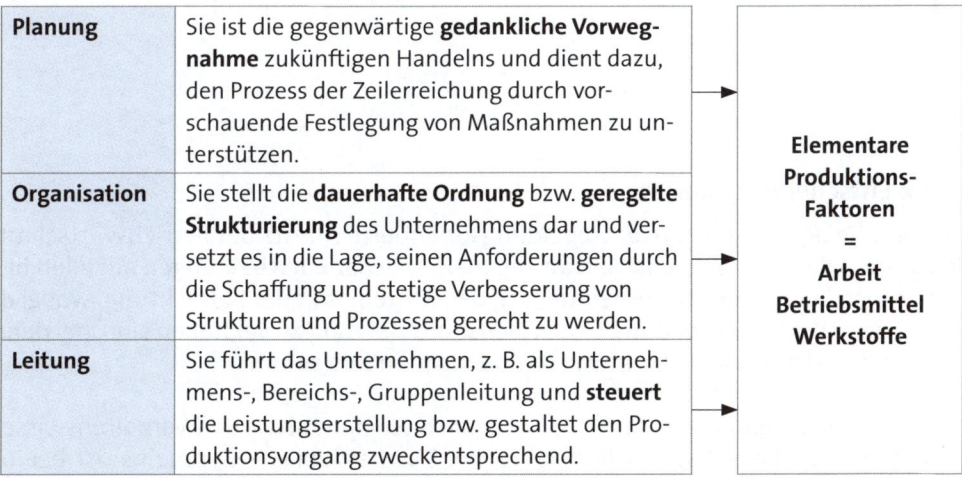

Planung	Sie ist die gegenwärtige **gedankliche Vorwegnahme** zukünftigen Handelns und dient dazu, den Prozess der Zeilerreichung durch vorschauende Festlegung von Maßnahmen zu unterstützen.	
Organisation	Sie stellt die **dauerhafte Ordnung** bzw. **geregelte Strukturierung** des Unternehmens dar und versetzt es in die Lage, seinen Anforderungen durch die Schaffung und stetige Verbesserung von Strukturen und Prozessen gerecht zu werden.	**Elementare Produktions-Faktoren** **=** **Arbeit Betriebsmittel Werkstoffe**
Leitung	Sie führt das Unternehmen, z. B. als Unternehmens-, Bereichs-, Gruppenleitung und **steuert** die Leistungserstellung bzw. gestaltet den Produktionsvorgang zweckentsprechend.	

Das Ziel des betrieblichen Handelns besteht in der Leistungserstellung (Produktion) und der Leistungsverwertung (Absatz), die in den unterschiedlichen **Wirtschaftssystemen** vorkommen.

Dementsprechend kann als ein **Unternehmen** der spezielle Betriebstyp einer Marktwirtschaft gesehen werden. Grundsätzlich ist jedes Unternehmen ein **Betrieb**, aber nicht jeder Betrieb ist ein Unternehmen, sondern nur marktwirtschaftlich ausgerichtete Betriebe. Als **Determinanten** eines Betriebes gelten:

► **Systembezogene Tatbestände,** deren Vorhandensein, von dem zu Grunde liegenden Wirtschaftssystem abhängt, das grundsätzlich sein kann:

Marktwirtschaft	Ihr liegen zu Grunde: ► Erwerbswirtschaftliches Prinzip = Streben nach Gewinn ► Autonomieprinzip = Selbstständigkeit des Unternehmers ► Alleinbestimmungsprinzip = Entscheidungsfreiheit des Unternehmers.
Planwirtschaft	Ihre Kennzeichen sind: ► Plandeterminierte Leistungserstellung = Mehr-Jahrespläne ► Organprinzip = Betriebe als unselbstständige Organe ► Mitbestimmung = Beteiligung der Belegschaft am Entscheidungsprozess.

► **Systemindifferente Tatbestände**, die vom jeweiligen Wirtschaftssystem unabhängig sind, z. B. die Produktionsfaktoren, die Wirtschaftlichkeit und das finanzielle Gleichgewicht.

Aufgabe 1 > Seite 279

1.2.2 Entscheidungsansatz

Der von *Heinen* entwickelte entscheidungsorientierte Ansatz der Betriebswirtschaftslehre stellt die Erklärung und Gestaltung menschlicher **Entscheidungen** auf allen hierarchischen Ebenen des Unternehmens in den Mittelpunkt der Betrachtung, wobei darunter Akte der Willensbildung und Willensdurchsetzung zu verstehen sind, bei denen ein Mensch sich entschließt, etwas so und nicht anders zu tun.

Mit dem Entscheidungsansatz gehen Erkenntnisse der Sozial- und Verhaltenswissenschaften in die Betriebswirtschaftslehre ein. Das betriebliche Geschehen ist bei ihm durch Entscheidungssubjekte und Entscheidungsobjekte geprägt, und der **Entscheidungsprozess** steht dementsprechend im Vordergrund. Er umfasst:

Willensbildung	Sie besteht aus der Anregungsphase und Suchphase sowie der Auswahlphase, mit welcher der Willensbildungsprozess abschließt.

$$\downarrow$$

Willensdurchsetzung	Sie folgt der Willensbildung und beinhaltet die Phase der Verwirklichung sowie die Kontrollphase, mit welcher der Entscheidungsprozess beendet wird.

In der betrieblichen Praxis ist eine Vielzahl von Entscheidungen zu treffen, z. B. fortwährend in den einzelnen funktionalen Bereichen des Unternehmens, aber auch als grundlegende Entscheidungen über die betrieblichen Systeme in Form von (*Heinen*):

► Entscheidungen über das **Zielsystem,** die Ausdruck der langfristigen geschäftspolitischen Grundsätze des Unternehmens sind

► Entscheidungen über das **Informationssystem**, die das nötige zweckorientierte Wissen regeln, das zur Aufgabenlösung erforderlich ist

► Entscheidungen über das **Sozialsystem**, welche die Beziehungen zwischen den im Unternehmen tätigen Personen bestimmen.

Die entscheidungsorientierte Betriebswirtschaftslehre soll dazu beitragen, den Entscheidungsträgern des Unternehmens ausgewogene Hilfestellungen bei der Lösung ihrer ökonomischen Probleme zu gewähren.

1.2.3 Systemansatz

Der von *Ulrich* entwickelte systemorientierte Ansatz der Betriebswirtschaftslehre stellt ein Konzept dar, das die Führung des Unternehmens in den Mittelpunkt rückt. Er ist eine auf der **Kybernetik** aufbauende Lehre, die ein in sich vernetztes System von Regelkreisen umfasst. Dabei wird die allgemeine Systemtheorie als Rahmen genutzt und auf betriebswirtschaftliche Probleme übertragen.

Die dem Systemansatz zu Grunde liegenden **Regelkreise** bestehen aus folgenden Elementen:

► der **Führungsgröße**, die den Soll-Wert bildet, der vorgegeben wird, z. B. 4 % Steigerung des Umsatzes eines Unternehmens

► der **Regelstrecke**, die das zu regelnde Wirksystem darstellt, z. B. als Steigerung des Umsatzes eines Unternehmens

► der **Störgröße**, die sich als negative Einflussgröße auf die Regelstrecke zeigt, z. B. als Preissenkung bei einem konkurrierenden Unternehmen

► der **Regelgröße**, die den gegebenen Ist-Wert darstellt, der sich aus der Realisierung des Verkaufes ergibt, z. B. als 1 % Umsatzsteigerung

- dem **Regler**, der die Regelgröße erfasst, z. B. wenn der Marketingleiter den erzielten Ist-Wert des Umsatzes ermittelt und einen Soll-Ist-Vergleich anschließt
- der **Stellgröße**, die als Maßnahme vom Marketingleiter ergriffen wird, um die Führungsgröße zu erreichen, z. B. in Form einer entsprechenden Werbemaßnahme.

Der auf den beschriebenen Elementen beruhende **Kreislaufprozess** lässt sich in folgender Weise darstellen:

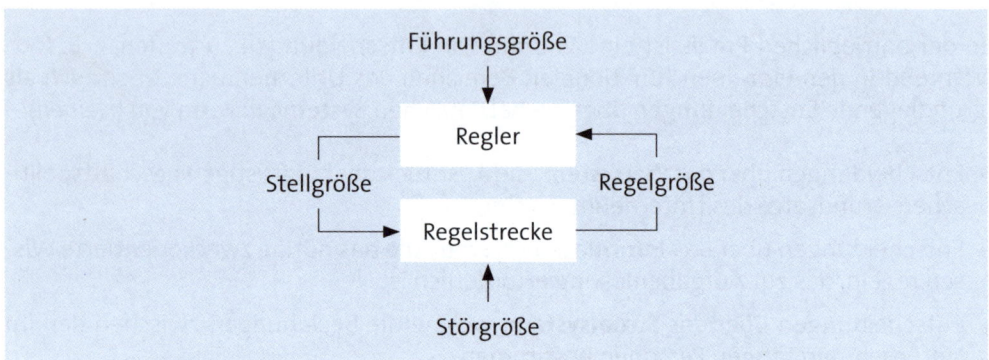

Regelkreise, die miteinander vernetzt sind, gibt es auf allen Ebenen des Unternehmens und in allen Unternehmensbereichen in großer Zahl. Da beim Systemansatz das Unternehmen als **offenes System** angesehen wird, werden auch die Umwelteinflüsse berücksichtigt, mit denen sich das Unternehmen auseinanderzusetzen hat.

1.2.4 Prozessansatz

Der prozessorientierte Ansatz stellt ein aktuelles Konzept der Betriebswirtschaftslehre dar. Mit ihm werden die Unternehmensprozesse in den Vordergrund der Betrachtungen gestellt. Sie zeichnen sich durch komplexe Phasen aus, die zwischen externen und internen Teilnehmern des Unternehmens ablaufen.

In den letzten Jahren haben die **Prozessorganisation** und das **Prozessmanagement** in der betrieblichen Praxis zunehmende Aufmerksamkeit erfahren. Das **Reengineering** ist Ausdruck des fundamentalen Überdenkens aller betriebswirtschaftlichen Prozesse (*Hammer, Hammer/Champy*), z. B. als **Business Process Reengineering** bezeichnet (*Gaitanides, Staehle*).

Als (einzelner) **Prozess** wird eine Kette zwangsläufig aufeinander aufbauender Vorgänge verstanden, die einen definierten Beginn, definierte Elemente und ein definiertes Ende hat. Es gibt verschiedene Arten von Prozessen, z. B. Unternehmensprozesse als Geschäfts- und Führungsprozesse, Kernprozesse und Unterstützungsprozesse – siehe S. 86.

Die für die Organisation von Prozessen im Unternehmen verantwortlichen Mitarbeiter haben die Aufgabe, die einzelnen Prozesse auf ihre **Effizienz** hin zu analysieren und nach Kosteneinsparungen zu suchen, z. B. durch:

- ► Feststellung von Kostenminderungen
- ► Minimierung von Durchlaufzeiten
- ► Senkung von Fehlerquoten
- ► Reduzierung von Arbeitszeit.

Der Prozessansatz verfolgt als revolutionäre Prozessorganisation betriebswirtschaftliche Quantensprünge, die sich allerdings nicht in jedem Falle realisieren lassen *(Gaitanides)*. Sein Anliegen ist, die betrieblichen Prozesse zu beschleunigen und zu vereinfachen, um damit zu qualitativ besseren und kostengünstigeren Ergebnissen zu gelangen.

Aufgabe 2 > Seite 279

2. Betriebswirtschaften

Betriebswirtschaften agieren als Unternehmen in einer arbeitsteiligen Wirtschaft. Sie sind Ausdruck der **Unternehmenspraxis**, die ein System von Gegebenheiten der betrieblichen Wirklichkeit darstellt. In Bezug auf die Betriebswirtschaften sollen betrachtet werden:

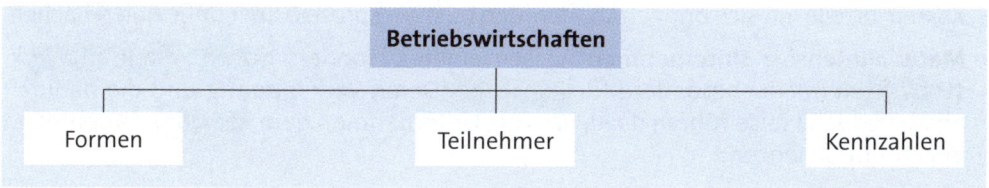

2.1 Formen

Die Unternehmen lassen sich aus unterschiedlicher Sicht einteilen. Zu unterscheiden sind als Formen vor allem:

► **faktorbezogene Formen**

► **standortbezogene Formen**

► **größenbezogene Formen**

► **branchenbezogene Formen**

► **rechtsformbezogene Formen**.

2.1.1 Faktorbezogene Formen

Nach dem im Unternehmen vorherrschenden Produktionsfaktor können genannt werden:

► **Arbeitsintensive Unternehmen**, die sich durch einen besonders hohen Lohnkostenanteil an den gesamten Produktionskosten auszeichnen. Er bezieht sich auf die ausführenden Arbeiten. Das sind alle Tätigkeiten, die unmittelbar mit der Leistungserstellung und Leistungsverwertung in Zusammenhang stehen, ohne dispositiver Natur zu sein.

  Die ausführende Arbeit wird vielfach arbeitsteilig abgewickelt. Dabei erledigen die einzelnen Mitarbeiter in ständiger Wiederholung jeweils gleichartige Teilaufgaben, z. B. Bohren, Sägen. In den vergangenen Jahrzenten wurden Konzepte entwickelt, die zu einer Verminderung der Arbeitsteilung führten und stattdessen eine Erweiterung bzw. Anreicherung der Arbeitsaufgaben bewirkten.

► **Anlageintensive Unternehmen** haben einen besonders hohen Anteil an Betriebsmitteln. Wesentliche Teile der Produktionskosten bestehen dementsprechend aus Abschreibungen und Zinsen. Die Entwicklung in den Unternehmen führt vielfach zu spezialisierten und automatisierten Betriebsmitteln, die – bei völliger Auslastung – Kostenvorteile mit sich bringen können, den Leistungsprozess aber unflexibler machen.

► **Materialintensive Unternehmen** weisen einen besonders hohen Anteil an Werkstoffkosten auf, insbesondere für Rohstoffe. Deren Verknappung und die dadurch ansteigenden Preise führen dazu, dass die Unternehmen dem Recycling zunehmend Beachtung schenken.

  Die Unternehmen der verschiedenen Branchen versuchen dabei immer mehr, dem Prinzip der Umweltschonung gerecht zu werden, z. B. durch Wiederverwendung, Weiterverwendung und Wiederverwertung von Abfallstoffen.

2.1.2 Standortbezogene Formen

Der günstigste Standort ist derjenige, der dem Unternehmen den größtmöglichen Gewinn und damit die bestmögliche Verzinsung des eingesetzten Kapitals ermöglicht

(Wöhe/Döring). Bei der Standortwahl darf indessen das Prinzip der Umweltschonung nicht unbeachtet bleiben, d. h. die Gewinnmaximierung hat vor der Umweltschonung keinen Vorrang.

Als **konstitutive Entscheidung** kann sich die Standortwahl z. B. auf die Ansiedlung einer Fabrik als Betriebsstätte oder den Sitz eines Stammhauses als Unternehmenssitz beziehen.

Welcher Standort eines Unternehmens vorteilhaft ist, kann sich im Einzelnen an verschiedenen **Kriterien** orientieren:

► Der **Materialorientierung**, bei der es um das Bestreben geht, die Transportkosten für die Materialien so günstig wie möglich zu gestalten. Die Orientierung am Fundort der benötigten Materialien hat früher zur Bildung großer Industriegebiete geführt. Heute sind die günstigsten Transportkosten entscheidend.

► Der **Arbeitsorientierung**, wobei jene Regionen für arbeitsintensive Unternehmen von besonderer Bedeutung sind, die sich durch niedrige Lohnkosten auszeichnen. Vielfach verfügen diese Regionen aber nicht über die erforderlichen Fachkräfte. Insofern müssen nicht selten Kompromisse geschlossen werden.

► Der **Abgabenorientierung**, bei der berücksichtigt wird, dass in verschiedenen Orten oder Regionen unterschiedliche Steuer- und Abgabensätze gelten können. Dadurch lässt sich die Ansiedlung von Unternehmen an einem Ort oder in einer Region fördern bzw. die Abwanderung verhindern.

► Der **Verkehrsorientierung**, mit der angestrebt wird, dass die Transportleistungen der Unternehmen kostengünstig, rasch und sicher erfolgen. Aus Gründen einer höchstmöglichen Transportflexibilität kann es sich darüber hinaus anbieten, die Standorte in die Nähe von Verkehrsknotenpunkten zu legen.

► Der **Energieorientierung**, die für Unternehmen ebenfalls Bedeutung aufweisen kann. Sie hat heute aber vielfach einen geringeren Stellenwert als in der Vergangenheit, so z. B. weil Kohle durch elektrische Energie verdrängt wurde.

► Der **Absatzorientierung**, die vor allem für den Groß- und Einzelhandel eine entscheidende Rolle spielt. Bei Gütern des täglichen Bedarfes ist heute eine günstige Lage in der Innenstadt häufig nicht mehr ausschlaggebend. Zunehmend werden die Mietkosten bzw. die Verfügbarkeit von Parkplätzen entscheidend.

► Der **Umweltorientierung**, die in den letzten Jahren immer mehr an Bedeutung gewonnen hat. Sie macht die Ansiedlung von Unternehmen in bestimmten Regionen nicht mehr bzw. nur noch unter erheblichen Auflagen möglich.

► Der **Landschaftsorientierung**, die für Unternehmen des Fremdenverkehrs von zentraler Bedeutung ist. Die Ansprüche an Landschaft und Klima sind beim Verbraucher in den letzten Jahren größer geworden.

► Der **Auslandsorientierung**, bei der es darum geht, dass verschiedene Staaten direkte Investitionen fördern. Außerdem besteht vor allem im Falle niedriger Lohnkosten für inländische Unternehmen ein besonderer Anreiz, ihren Standort ins Ausland zu verlagern.

Den oftmals niedrigen Lohnkosten und/oder günstigen Steuersätzen stehen aber nicht selten Probleme gegenüber, z. B. eine schwache Infrastruktur oder die mangelnde Qualifikation der Arbeitskräfte vor Ort.

2.1.3 Größenbezogene Formen

Unternehmen können auch unter dem Gesichtspunkt der Betriebsgröße unterschieden werden. Zu ihrer Messung lassen sich z. B. als **Bezugsgrößen** heranziehen:

- Anzahl der Beschäftigten
- Umsatz pro Geschäftsjahr
- investiertes Kapital
- Anzahl der Arbeitsplätze
- Lohn- und Gehaltssumme
- Ausbringungsmenge
- Rohstoffeinsatz.

Die Betriebsgröße kann durch eine einzelne oder auch durch mehrere Bezugsgrößen gemeinschaftlich bestimmt werden. Nach ihrer Größe werden **Großbetriebe**, **Mittelbetriebe** und **Kleinbetriebe** unterschieden. Dazu gibt es:

- In **§ 267 HGB** die Bestimmung der Betriebsgrößen nach der Zahl der Beschäftigten, der Bilanzsumme und der Höhe des Umsatzes, wie aus der folgenden Tabelle ersichtlich ist:

	Kleinbetrieb	Mittelbetrieb	Großbetrieb
Zahl der Beschäftigten	bis 50	bis 250	über 250
Bilanzsumme	bis 4,840 Mio. €	bis 19,250 Mio. €	über 19,250 Mio. €
Höhe des Umsatzes	bis 9,680 Mio. €	bis 38,500 Mio. €	über 38,500 Mio. €

Für die Zuordnung zur jeweiligen Größe des Unternehmens müssen mindestens zwei der obigen Merkmale erfüllt sein.

- Seit 2005 eine (neue) **Definition der Europäischen Kommission** bezüglich der Unterscheidung von **KMU** (Klein- und Mittelunternehmen), z. B. um Kleinstunternehmen zu fördern, den Kapitalzugang zu verbessern, Innovation zu fördern und den Zugang zu Forschung und Entwicklung voranzubringen.

Für die Einordnung sind **zwei Kriterien** maßgeblich:

Größenklasse	Mitarbeiterzahl	Jahresumsatz *oder* Jahresbilanzsumme	
Mittleres Unternehmen	< 250	≤ 50 Mio. €	≤ 43 Mio. €
Kleines Unternehmen	< 50	≤ 10 Mio. €	≤ 10 Mio. €
Kleinstunternehmen	< 10	≤ 2 Mio. €	≤ 2 Mio. €

▶ Nach **Beschäftigungs-Größenklassen** lassen sich unterscheiden:

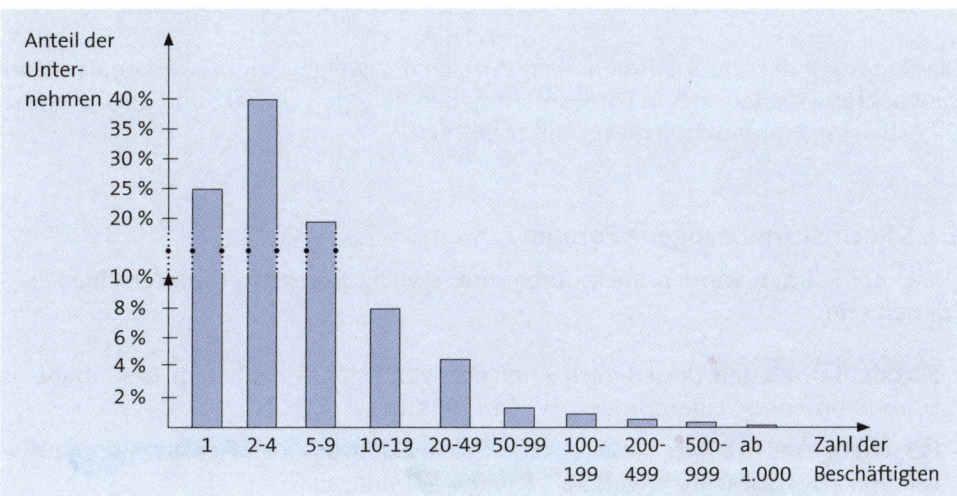

Es ist festzustellen, dass über 85 % deutscher Unternehmen nur 1 - 9 Beschäftigte haben, dagegen lediglich 0,06 % der Unternehmen 1.000 Beschäftigte und mehr aufweisen.

2.1.4 Branchenbezogene Formen

Die Unternehmen lassen sich nach unterschiedlichen **Wirtschaftszweigen** – und den damit von ihnen jeweils erstellten Leistungen – unterteilen in:

▶ **Sachleistungsunternehmen**, die sich z. B. mit der Rohstoff- bzw. Materialgewinnung oder der Veredlung und Herstellung von Gütern befassen. Als **Industrieunternehmen** sind sie Gegenstand der Industriebetriebslehre.

▶ **Dienstleistungsunternehmen**, die Leistungen in Form von Diensten bereitstellen. Zu ihnen können gerechnet werden:

- **Handelsunternehmen**, die selbst keine Produkte fertigen, sondern ausschließlich die Aufgabe der Distribution der angebotenen Güter wahrnehmen. Sie werden in der Handelsbetriebslehre behandelt.

- **Bankunternehmen**, die unter anderem Finanzmittel der Sparer aufnehmen und damit in der Lage sind, Kredite zu vergeben. Mit ihnen setzt sich die Bankbetriebslehre auseinander.

- **Verkehrsunternehmen**, die im Luft-, Schienen-, Wasser- und Straßenverkehr tätig sind, z. B. als Personentransportunternehmen, Speditionen, Luftfahrtgesellschaften. Mit ihnen beschäftigt sich die Verkehrsbetriebslehre.

- **Versicherungsunternehmen**, welche sich mit der Deckung von Schäden oder Vermögensbedarfen beschäftigen, die durch bestimmte Ereignisse hervorgerufen werden. Sie sind Gegenstand der Versicherungsbetriebslehre.

- **Sonstige Dienstleistungsunternehmen**, die z. B. als Hotelunternehmen, Wirtschaftsprüfungsgesellschaften oder Steuerberaterbetriebe tätig sind.

Die Erfassung der Unternehmen nach Wirtschaftszweigen kann Zwecken der Marktbeobachtung dienen, z. B. in Form von Angaben über den Umsatz und die Güter- bzw. Dienstleistungsproduktion dieser Unternehmen.

2.1.5 Rechtsformbezogene Formen

Die Unternehmen werden auch durch ihre jeweilige Rechtsform unterschieden. Sie können sein:

► **Einzelunternehmen**, die lediglich einen einzigen Eigentümer haben. Der Inhaber des Unternehmens ist Eigentümer bzw. Unternehmer.

► **Personengesellschaften**, die mindestens zwei Eigentümer als Gesellschafter aufweisen und keine eigenständigen Rechtspersonen sind, als: _min._
- Offene Handelsgesellschaft OHG
- Kommanditgesellschaft KG
- Stille Gesellschaft
- Gesellschaft des bürgerlichen Rechts.

► **Kapitalgesellschaften**, die meistens mehrere Eigentümer als Gesellschafter bzw. Aktionäre haben und stets eigenständige Rechtspersonen darstellen:
- Gesellschaft mit beschränkter Haftung GmbH
- Haftungsbeschränkte Unternehmergesellschaft
- Aktiengesellschaft AG
- Kommanditgesellschaft. KG auf Aktien

► **Genossenschaften**, welche als juristische Personen von mehreren Mitgliedern (Genossen) betrieben werden, und einen wirtschaftlichen Zweck verfolgen, wofür sie sich des gemeinsamen Geschäftsbetriebs bedienen.

► **Vereine**, die als nicht-rechtsfähige Vereine Gesellschaften des bürgelichen Rechts oder rechtsfähige Vereine juristische Personen sind, die einem wirtschaftlichen oder ideellen Zweck dienen.

► **Versicherungsvereine auf Gegenseitigkeit**, die als juristische Personen in der Versicherungswirtschaft zu finden sind, wobei ihre Versicherungsnehmer auch Mitglieder des Unternehmens sind.

Die Rechtsformen werden in Kapitel B. ausführlich dargestellt. Auf öffentliche Unternehmen und private Haushalte soll nicht eingegangen werden.

Rechtspersonen

2.2 Teilnehmer

Als Teilnehmer am Unternehmensgeschehen können Personen oder Institutionen bezeichnet werden, die im Unternehmen selbst agieren oder der betrieblichen Umwelt zuzuordnen sind. Sie zeichnen sich dadurch aus, dass sie als Anspruchsgruppen **unterschiedliche Interessen** verfolgen, als:

► **interne Teilnehmer**
► **externe Teilnehmer**.

Aber nicht nur interne Teilnehmer einerseits und externe Teilnehmer andererseits weisen voneinander abweichende Interessen auf, auch innerhalb der beiden Gruppierungen ist dies festzustellen.

2.2.1 Interne Teilnehmer

Als interne Teilnehmer am Unternehmensgeschehen lassen sich nennen:

► **Kapitalgeber**, die den Unternehmen das erforderliche Eigenkapital zur Verfügung stellen, z. B. als Eigentümer, Aktionäre bzw. Gesellschafter
► **Top Manager**, die als Vorstände oder Geschäftsführer die Aufgabe haben, die Unternehmen insgesamt zu führen, d. h. sie zielgerichtet zu gestalten, zu steuern und zu entwickeln
► **Aufsichtsräte**, welche die Interessen der Eigenkapitalgeber gegenüber der Unternehmensleitung wahrzunehmen und Kontrollaufgaben zu erfüllen haben
► **Vorgesetzte**, denen die Aufgabe – z. B. als Bereichsleiter, Abteilungsleiter oder Gruppenleiter – zukommt, die ihnen unterstellten Mitarbeiter so zu führen, dass diese erfolgreich und motiviert arbeiten
► **Mitarbeiter**, die als Arbeitnehmer von Unternehmen an die Weisungen ihrer Vorgesetzten gebunden sind, d. h. deren Entscheidungen im Rahmen des Betriebsgeschehens umsetzen
► **Betriebsräte**, die nach dem Betriebsverfassungsgesetz die zuständigen Vertretungsorgane der Arbeitnehmer sind und deren Interessen wahrnehmen.

2.2.2 Externe Teilnehmer

Zu den externen Teilnehmern am Unternehmensgeschehen zählen:

► **Kunden**, welche die Dienstleistungen der Unternehmen nutzen und als Haushalte oder Unternehmen die angebotenen Produkte kaufen
► **Lieferanten**, die den Unternehmen die benötigten Werkstoffe, Betriebsmittel und Dienstleistungen im In- und Ausland verkaufen

- **Konkurrenten**, die sich ebenfalls um die Kunden des Unternehmens bemühen und mit dem Unternehmen im Wettbewerb stehen

- **Kreditinstitute**, die z. B. als Banken den Unternehmen benötigtes Fremdkapital zum Zwecke der Finanzierung zur Verfügung stellen

- **Gläubiger**, die z. B. als Geschäftspartner oder Behörden einen Anspruch auf Erfüllung ihrer Forderungen an das Unternehmen haben

- **Schuldner**, die z. B. als belieferte Firmen ihre Verbindlichkeiten gegenüber dem liefernden Unternehmen vertragsgerecht zu begleichen haben.

Außerdem lassen sich z. B. noch Absatzmittler, Verbände, Behörden und die interessierte Öffentlichkeit als externe Teilnehmer nennen. *, Staat, Gewerkschaften*

Aufgabe 3 > Seite 279

27.10

2.3 Kennzahlen

Kennzahlen haben im Unternehmen einen hohen Stellenwert. Sie dienen der Unternehmensleitung dazu, rasch einen Überblick über die Leistungsfähigkeit des Unternehmens zu erhalten. Im Rahmen der **Unternehmensanalyse** gewonnene Kennzahlen sind Ausgangspunkte für die Steuerung des Unternehmens.

Es sollen unterschieden werden – siehe ausführlich *Olfert*:

- **Wirtschaftlichkeit**

- **Produktivität**

- **Rentabilität**

- **Liquidität**.

2.3.1 Wirtschaftlichkeit */ Ökonomisches Prinzip*

Die Wirtschaftlichkeit zeigt, inwieweit eine Tätigkeit dem Wirtschaftlichkeitsprinzip genügt. Zu ihrer Berechnung bedient sich die betriebliche Praxis vielfach folgender Formeln:

Rewe

$$\text{(Ertrags-) Wirtschaftlichkeit} = \frac{\text{Erträge}}{\text{Aufwendungen}}$$

(GuV) ⇒ Extern / Berechnungsgrundlage

$$\text{(Leistungs-) Wirtschaftlichkeit} = \frac{\text{Leistungen}}{\text{Kosten}}$$

Die Wirtschaftlichkeit ist bei beiden Formeln umso höher, je größer der Wert des sich ergebenden Quotienten ist.

Beispiel

Ein Pkw-Hersteller erwirtschaftet Erträge von 75,9 Mrd. €. Seine Ist-Kosten liegen bei 74,2 Mrd. € und die Soll-Kosten bei 72,9 Mrd. €. Die gesamten Aufwendungen haben eine Höhe von 75,1 Mrd. €. Daraus ergibt sich:

$$\text{(Ertrags-) Wirtschaftlichkeit} = \frac{75,9}{75,1} = \mathbf{1,01}$$

Das Ergebnis zeigt, dass die Erträge größer sind als die Aufwendungen. Je höher das Ergebnis ausfällt, desto wirtschaftlicher arbeitet das Unternehmen.

Nachteilig bei dieser Berechnung ist, dass es sich um bewertete Größen handelt, die zueinander in Beziehung gesetzt werden. Bei Veränderungen der Beschaffungspreise von Produktionsfaktoren und/oder der Absatzpreise verändert sich somit auch die Wirtschaftlichkeit.

Zweckmäßiger erscheint deshalb die folgende Berechnung, wenngleich auch hier auf mögliche Preisschwankungen zu achten ist:

KLR

$$\text{(Kosten-) Wirtschaftlichkeit} = \frac{\text{Sollkosten}}{\text{Istkosten}}$$

(Macht man für sich) => Intern → Spielraum nicht normiert

Die Wirtschaftlichkeit – wie zuvor schon – liegt umso höher, je größer der Wert des Quotienten wird.

Beispiel

Die Berechnung der Wirtschaftlichkeit als Verhältnis von Soll- und Istkosten ergibt unter Verwendung der Daten aus obigem Beispiel:

$$\text{(Kosten-) Wirtschaftlichkeit} = \frac{72,9}{74,2} = \mathbf{0,98}$$

Die Ist-Kosten waren um 1,3 Mrd. € höher als es das Budget vorsah. Es wurde demnach nicht wirtschaftlich gearbeitet.

Anstelle einer wertbezogenen Berechnung ist es auch möglich, die Wirtschaftlichkeit **mengenbezogen** zu ermitteln. Dabei wird das Verhältnis des mengenmäßigen Ertrages (Stück, kg usw.) dem mengenmäßigen Einsatz (z. B. Arbeitsstunden, Betriebsmittel- und Werkstoffeinheiten) von Produktionsfaktoren gegenübergestellt. Sie wird auch als **technische Wirtschaftlichkeit** bezeichnet und entspricht der Produktivität.

2.3.2 Produktivität / Mengenmäßige Ergiebigkeit

Die Produktivität ist eine betriebswirtschaftliche Kennzahl für die mengenmäßige Ergiebigkeit der Kombination der Produktionsfaktoren. Sie ergibt sich grundsätzlich in folgender Weise:

$$\text{Produktivität} = \frac{\text{Mengenergebnis der Faktorkombination}}{\text{Faktoreinsatzmengen}}$$

$$\text{Produktivität} = \frac{\text{Output}}{\text{Input}}$$

Die Produktivität als **einzelne Maßzahl** ermöglicht keine Aussagen. Erst durch den Vergleich mit anderen Produktivitäten, z. B. ähnlich strukturierter Unternehmen oder früherer Perioden, ist diese Kennzahl für die Unternehmensführung nutzbar.

Da dem Produktionsprozess viele Leistungsarten zu Grunde liegen, ist es erforderlich, **Teilproduktivitäten** zu ermitteln, um aussagekräftige Ergebnisse zu erzielen. Das sind z. B.:

$$\textbf{Material}\text{produktivität} = \frac{\text{Erzeugte Menge}}{\text{Materialeinsatz}}$$

$$\textbf{Arbeits}\text{produktivität} = \frac{\text{Erzeugte Menge}}{\text{Arbeitsstunden } oder \text{ Beschäftigungszahl}}$$

$$\textbf{Betriebsmittel}\text{produktivität} = \frac{\text{Erzeugte Menge}}{\text{Maschinenstunden}}$$

(maschinen-)

Die jeweilige Produktivität ist also umso höher, je größer der Output bzw. je geringer der Input ist.

Beispiel

Ein Pkw-Hersteller stellt mit 270.000 Beschäftigten 3 Mio. Kraftwagen her. Dementsprechend liegt seine Arbeitsproduktivität bei:

$$\text{Arbeitsproduktivität} = \frac{3.000.000}{270.000} = \mathbf{11,1}$$

Ein Konkurrenzunternehmen produziert nur 890.000 Pkw mit einer Beschäftigtenzahl von 45.000 Mitarbeitern. Die Arbeitsproduktivität beträgt:

$$\text{Arbeitsproduktivität} = \frac{890.000}{45.000} = \mathbf{19,8}$$

Damit ist die Arbeitsproduktivität des Konkurrenten deutlich höher.

Aufgabe 4 > Seite 279

2.3.3 Rentabilität / *Periodenerfolg*

Die Rentabilität zeigt das Verhältnis des Erfolges einer Periode (als Gewinn oder Verlust) zu anderen Größen, z. B. dem Umsatz oder Kapital. Dementsprechend ist sie berechenbar als:

$$\text{Umsatzrentabilität} = \frac{\text{Erfolg (Gewinn)}}{\text{Umsatz}} \cdot 100$$

$$\text{Eigenkapitalrentabilität} = \frac{\text{Erfolg}}{\text{Eigenkapital}} \cdot 100$$

$$\text{Gesamtkapitalrentabilität} = \frac{\text{Erfolg + verrechnete Fremdkapitalzinsen}}{\text{Gesamtkapital}} \cdot 100$$

Beispiel ▓▓

Eine Aktiengesellschaft hat ein Eigenkapital von 300.000 € und ein Fremdkapital von 450.000 €. Es wurden ein Umsatz von 720.000 € und ein Gewinn von 35.000 € erwirtschaftet. Dementsprechend beträgt die Umsatzrentabilität:

$$\text{Umsatzrentabilität} = \frac{35.000}{720.000} \cdot 100 = \textbf{4,86 \%}$$

Als **einzelne Maßzahl** führt die Rentabilität als Kennzahl zu keiner Aussage. Erst durch den Vergleich mit anderen Rentabilitäten, z. B. von ähnlich strukturierten Unternehmen oder aus früheren Perioden, ist sie für die Führung eines Unternehmens bedeutsam.

Die zuvor beschriebenen Kennzahlen stehen in Verbindung zueinander. Eine gute Wirtschaftlichkeit oder Produktivität lässt aber nicht darauf schließen, dass auch die Rentabilität positiv zu beurteilen ist. Das kann der Fall sein, wenn unter günstigen Bedingungen produzierte Erzeugnisse am Markt nicht absetzbar sind.

Beispiel ▓▓

Ein Fertigungsunternehmen hat in einer Periode eine gute Kosten-Wirtschaftlichkeit erzielt, weil die Ist-Kosten erheblich unter den Sollkosten lagen. Leider ist in dieser Periode der Umsatz um 30 % gefallen, sodass der zurückgehende Erfolg zu einer Senkung der Umsatzrentabilität führte.

2.3.4 Liquidität / Zahlungsfähigkeit → Zukunftsorientiert

Die Liquidität stellt die Zahlungsfähigkeit des Unternehmens dar. Sie ist für die Erhaltung des Unternehmens **lebensnotwendig**, d. h. ist sie nicht gegeben, gilt dies als Grund für die Eröffnung eines Insolvenzverfahrens. Obgleich Liquidität eigentlich entweder vorhanden oder nicht vorhanden ist, erfolgt vielfach eine **graduelle Einstufung** der Liquidität als:

► **optimale Liquidität**, die eine gewinn- oder rentabilitätsmaximale Zahlungsbereitschaft aufzeigt

► **Überliquidität**, wenn das Unternehmen über mehr Zahlungsmittel verfügt, als voraussichtlich für zu leistende Auszahlungen benötigt werden

► **Unterliquidität**, die durch eine zwar gegebene, aber dennoch eingeschränkte Zahlungsfähigkeit des Unternehmens gekennzeichnet ist.

Die Liquidität kann nach ihrem **bilanziellen Bezug** sein:

► **Absolute Liquidität**, die eine Eigenschaft von Vermögensteilen ist, als Zahlungsmittel verwendet oder in Zahlungsmittel umgewandelt zu werden. Sie betrifft nur die Aktiv-Seite der Bilanz und beschreibt eher die **Liquidierbarkeit** der Vermögensgegenstände, die nicht geeignet ist, den Bestand des Unternehmens zu sichern.

► **Relative Liquidität**, die sich auch auf die Passiv-Seite der Bilanz bezieht. Sie kann zeitpunkt- oder zeitraumbezogen gesehen werden, weshalb zu unterscheiden sind:

Statische Liquidität	Sie beschreibt als **kurzfristige** Kennzahl das Verhältnis zwischen Teilen des Umlaufvermögens und kurzfristigen Verbindlichkeiten:
Enger Maßstab	$$\text{Liquidität 1. Grades} = \frac{\text{Zahlungsmittelbestand}}{\text{Kurzfristige Verbindlichkeiten}} \cdot 100$$ *(Bargeld...)* → *max. 1 Jahr*
weit Maßstab	$$\text{Liquidität 2. Grades} = \frac{\text{Kurzfristiges Umlaufvermögen}}{\text{Kurzfristige Verbindlichkeiten}} \cdot 100$$ *(Zahlungsmittel Forderungen)*
weiter Maßstab	$$\text{Liquidität 3. Grades} = \frac{\text{Gesamtes Umlaufvermögen}}{\text{Kurzfristige Verbindlichkeiten}} \cdot 100$$ *(+ Vorräte, Ware...)*
	Langfristig können vor allem Eigenkapital, langfristiges Fremdkapital und Anlagevermögen zueinander in Beziehung gesetzt werden.
	Die statische Liquidität ist lediglich **zeitpunktbezogen** und **bilanzorientiert**, weshalb der Bestand des Unternehmens mit ihr nicht gesichert werden kann.
Dynamische Liquidität	Das ist die Fähigkeit des Unternehmens, die zu einem Zeitpunkt zwingend fälligen Zahlungsverpflichtungen uneingeschränkt erfüllen zu können. Sie wird durch ein geeignetes Finanzmanagement erreicht und ist **zeitraumbezogen** im Stande, den Erhalt des Unternehmens zu sichern.

→ zeitpunkt X → diese Zahlung uneingeschränkt möglich

Finanzmanagement / Erhalt des Unternehmens → sichern

Das Finanzmanagement hat darauf zu achten, dass sich das Unternehmen im finanziellen Gleichgewicht befindet. **Störgrößen** der Liquidität sind z. B.:

► Beschaffungsprobleme, z. B. bei den Werkstoffen

► Fertigungsprobleme, z. B. Störungen im Fertigungsprozess

► Absatzprobleme, z. B. unerwartete Absatzrückgänge

► Finanzierungsprobleme, z. B. Zahlungsausfälle, gekündigte Kredite.

Wird ein Unternehmen **illiquide**, ist von einer Unternehmenskrise zu sprechen.

Aufgabe 5 > Seite 280

3. Wirtschaftsrecht

Die unternehmenspolitischen Gestaltungsmöglichkeiten sind durch vielfältige Rechtsvorschriften geregelt bzw. begrenzt, die beachtet werden müssen. Für das Unternehmen sind folgende Rechtsgrundlagen bedeutsam:

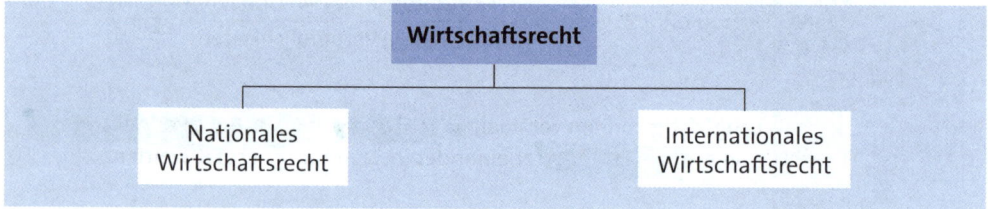

3.1 Nationales Wirtschaftsrecht

Das nationale Wirtschaftsrecht umfasst alle Grundsätze über die selbstständige Erwerbstätigkeit in Deutschland und alle Rechtsnormen, die das Verhalten von in Deutschland tätigen Unternehmen betreffen. Bedeutsame **Grundlagen** sind *(Brox u. a., Boesche, Bornhofen, Rose, Larenz/Wolf, Palandt, Steckler)*:

► **Bürgerliches Recht**

► **Handelsrecht**

► **Gesellschaftsrecht**

► **Schutzrecht**

► **Arbeitsrecht**

► **Sozialrecht**

► **Steuerrecht**.

3.1.1 Bürgerliches Recht (von 1900)

Die Regelungen zum Bürgerlichen Recht sind im Bürgerlichen Gesetzbuch (BGB) verankert. Darin werden u. a. die Rechtsverhältnisse für natürliche Personen und juristische Personen geregelt, z. B.:

► Die **Rechtsgeschäfte**, die von dazu berechtigten Mitarbeitern des Unternehmens abgeschlossen werden. Hierbei handelt es sich um rechtliche Tatbestände, die Rechtsfolgen bewirken. Es gibt **einseitige Rechtsgeschäfte**, bei denen die Willenserklärung einer Person rechtswirksam ist, z. B. Kündigung, Mahnung (empfangsbedürftig) bzw. Testament (nicht empfangsbedürftig).

Bei **mehrseitigen Rechtsgeschäften** liegen mindestens zwei **Willenserklärungen** als Verhalten geschäftsfähiger Personen vor, die einen auf die Herbeiführung einer Rechtsfolge gerichteten Willen ausdrücken. Solche Rechtsgeschäfte sind z. B.:

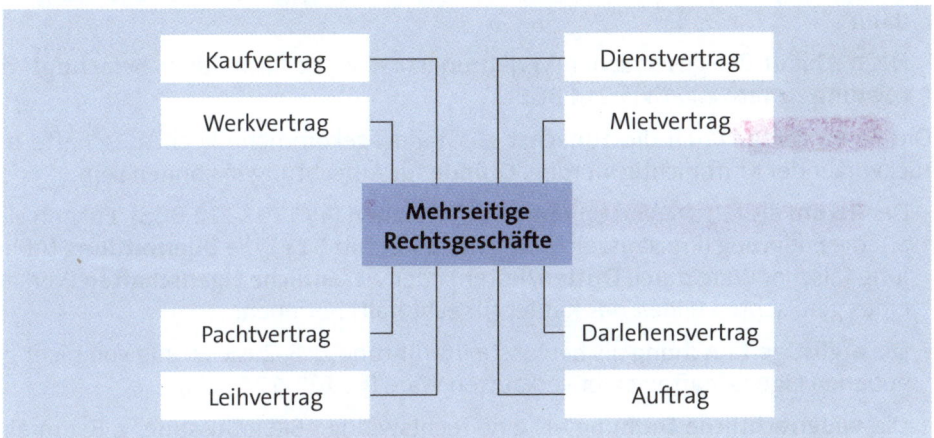

Rechtsgeschäfte können **nichtig** (unwirksam) sein, z. B. wenn sie gegen ein gesetzliches Verbot oder die guten Sitten verstoßen, zum Schein oder Scherz abgegeben werden, Formmängel (Schriftform, notarielle Beurkundung) aufweisen oder von nicht geschäftsfähigen Personen abgeschlossen werden.

Ansprüche aus Rechtsgeschäften lassen sich nur innerhalb einer bestimmten Frist gerichtlich durchsetzten. Ist sie überschritten, wird von **Verjährung** gesprochen. Sie ist der Verlust der Durchsetzbarkeit eines Anspruchs, der innerhalb einer gesetzlichen Frist nicht geltend gemacht worden ist. Es gibt:

- Die **3-jährige Verjährungsfrist** als regelmäßige Frist nach § 195 BGB. Sie bezieht sich auf alle Forderungen der Privatpersonen und Gewerbetreibenden. Die Frist beginnt mit dem Schluss des Kalenderjahres, in dem der Anspruch entstanden ist (§ 199 BGB).

- Die **10-jährige Verjährung** nach § 196 BGB für Ansprüche auf Übertragung des Eigentums an einem Grundstück.

- Die **30-jährige Verjährungsfrist** nach § 197 BGB für Herausgabeansprüche aus Eigentum, familien- und erbrechtliche Ansprüche, Ansprüche aus vollstreckbaren Urkunden und Ansprüche aus Insolvenzverfahren.

- Die **2-jährige Verjährungsfrist** nach § 438 Abs. 1, Nr. 3 BGB als verkürzte Verjährungsfrist für Ansprüche auf Gewährleistung beim Kaufvertrag für Sach- und Rechtsmängel.

- Die **5-jährige Verjährungsfrist** als verkürzte Verjährungsfrist nach § 438 Abs. 1, Nr. 2 BGB für Mängelgewährleistungsansprüche aus Werkverträgen, z. B. auf Nacherfüllung, Schadensersatz, Aufwendungsersatz – § 634a BGB.

- Verkürzte Verjährungsfristen, wobei unterschieden werden:

  Die **Unterbrechung** der Verjährung tritt nach § 212 BGB im Falle der Anerkenntnis (z. B. Abschlagszahlung) und des Gerichtsbescheids (z. B. Vollstreckungshandlung) ein, die Frist beginnt dann erneut zu laufen.

  Die **Hemmung** der Verjährung ist nach § 204 BGB z. B. bei Stundungen einer Leistung, durch Klageerhebung, Zustellung eines gerichtlichen Mahnbescheids und bei Anmeldung eines Anspruchs im Insolvenzverfahren gegeben. Die Verjährung ruht dann.

  Nach **Ablauf** der gesetzlichen Verjährungsfrist ist der Schuldner berechtigt, die Leistung zu verweigern (§ 214 BGB).

► Die **Anfechtung**, durch die zunächst zu Stande gekommene Rechtsgeschäfte mit rückwirkender Kraft nichtig werden. **Gründe** für Anfechtungen können sein:

- Der **Irrtum** als falsche Vorstellung über Tatsachen (§§ 119 - 122 BGB). Er kann sich auf die **Erklärung** (Preisauszeichnung mit 15 € statt 51 €), die **Übermittlung** (Abholung falscher Ware durch Dritten/Boten) oder **wesentliche Eigenschaften** (Verkauf eines gefälschten Bildes, das Käufer für echt hält) beziehen.

- Die **arglistige Täuschung** als bewusste Irreführung, z. B. Zusicherung von nicht gegebenen Eigenschaften einer verkauften Ware (§§ 123, 124 BGB).

- Die **widerrechtliche Drohung** als eine rechtswidrige Beeinflussung, z. B. um eine Handlung zu erzwingen (§§ 123, 124 BGB).

Bei einem **Motivirrtum** als Irrtum im Beweggrund ist kein Anfechtungsgrund gegeben. Er liegt z. B. vor, wenn ein Anleger Wertpapiere in der irrigen Annahme erwirbt, dass die Aktienkurse steigen werden.

► Die **Leistungsstörungen** als Störungen der vom Unternehmen zu erbringenden Leistungen, die nach der Schuldrechtsreform von 2002 sein können:

- Die **Unmöglichkeit**, bei der ein Schuldner nicht in der Lage ist, die versprochenen Leistungen auszuführen, z. B. weil ein verkaufter Pkw zum Zeitpunkt des Vertragsabschlusses bereits einen Totalschaden hatte (§§ 275, 311a BGB).

- Der **Verzug**, der eine Verspätung ist, die Rechte für den anderen Vertragspartner nach sich zieht. Es gibt den **Schuldnerverzug**, z. B. bei ausstehender Warenlieferung oder Zahlung (§§ 280, 286), und den **Gläubigerverzug** bei nicht rechtzeitiger Annahme der Ware oder Zahlung (293 ff. BGB).

- Die **Pflichtverletzung**, bei welcher der Schuldner nicht so handelt, wie es ihm durch das Schuldverhältnis vorgeschrieben ist. Sie kann sich auf einen **Sach- bzw. Rechtsmangel** beziehen, z. B. wenn der Kaufgegenstand mit einem Fehler behaftet ist (Sachmangel nach § 434 BGB) bzw. ihm eine zugesicherte Eigenschaft fehlt (Rechtsmangel nach § 435 BGB).

- Die **Störung der Geschäftsgrundlage** gemäß § 313 BGB, wenn sich bestimmte Umstände, die zur Grundlage eines Vertrages geworden sind, nach dem Abschluss des Vertrages schwerwiegend verändert haben, z. B. aufgrund wirtschaftlicher bzw. Naturkatastrophen, beidseitiger Irrtümer und Zweckstörungen. Der Umstand darf jedoch nicht im Risikobereich einer einzelnen Partei liegen, z. B. indem ein gekaufter Hochzeitsanzug nicht mehr nützlich ist, weil das Brautpaar sich überraschend getrennt hat.

3.1.2 Handelsrecht

Während das BGB sich auf die Rechtsgeschäfte aller natürlichen und juristischen Personen bezieht, regelt das Handelsrecht ausschließlich die **Rechtsverhältnisse für Kaufleute und Unternehmen**. Die für sie geltenden rechtlichen Rahmenbedingungen werden insbesondere bei Vertragsabschlüssen durch das Handelsgesetzbuch (HGB) vorgegeben. Es umfasst die Bücher über den Handelsstand, die Handelsgesellschaften, die Handelsbücher, die Handelsgeschäfte und den Seehandel.

Wichtige Vorschriften des Handelsgesetzbuches beziehen sich auf:

▶ Den **Kaufmann**, der kraft Gesetzes ein Handelsgewerbe betreibt und im Handelsregister eingetragen ist. Zu unterscheiden sind folgende Kaufleute:

- Der **Istkaufmann**, der nach § 1 HGB Kaufmann kraft Gewerbebetrieb ist. Dieser erfordert nach Art und Umfang einen in kaufmännnischer Weise eingerichteten Geschäftsbetrieb. Der Istkaufmann muss sich ins Handelsregister eintragen lassen.

- Der **Kannkaufmann**, der Kaufmann kraft gewählter, berechtigter Eintragung ins Handelsregister ist, z. B. als Kleingewerbetreibender nach § 2 HGB bzw. als Land- und Forstwirt nach § 3 HGB.

freiwillig
Forstwirt
Eisverkäufer

- Der **Scheinkaufmann**, der nach § 5 HGB Kaufmann kraft faktischer Eintragung im Handelsregister ist. Der Eingetragene wird wie ein Istkaufmann behandelt. Für fälschlicherweise im Handelsregister eingetragene Freiberufler gilt § 5 HGB nicht.

- Der **Formkaufmann**, der nach § 6 HGB Kaufmann kraft Rechtsform ist. Hierunter fallen Unternehmen, die aufgrund ihrer Rechtsform die Kaufmannseigenschaft erlangen, z. B. AG oder GmbH und Genossenschaft.

Der Kaufmann hat die Vorschriften des HBG zu beachten. Aufgrund seiner Eigenschaft nach §§ 1 bis 6 HGB – siehe oben – hat er das **Recht**, eine Firma zu führen (§ 17 ff. HGB), Prokuristen zu ernennen (§ 48 HGB) und Bürgschaftserklärungen mündlich zu erteilen (§ 350 HGB).

Als **Pflichten** obliegen ihm die Eintragung in das Handelsregister (§ 5 HGB), die Führung von Büchern (§ 238 ff. HGB) sowie die unverzügliche Untersuchungs- und Rügepflicht (§ 377 HGB).

"Nicht-Kaufleute

Dem Kaufmann stehen die **Nichtkaufleute** gegenüber, die in Ausübung eines Freien Berufes (z. B. Ärzte, Rechtsanwälte, Steuerberater, Notare) oder einer anderen selbstständigen Arbeit (im Sinne des § 18 EStG) tätig sind.

► Die **Firma**, die der Name eines Kaufmanns ist, unter dem er im Handel seine Geschäfte betreibt und die Unterschrift abgibt (§ 17 HBG). Im Handelsverkehr tritt der Kaufmann mit seiner Firma auf. Sie kann eine **Personenfirma** (z. B. Peterson & Schmidt OHG), **Sachfirma** (z. B. Metallbau GmbH), **Fantasiefirma** (z. B. CocaCola) oder gemischte Firma (z. B. PhotoPost AG) sein.

Der Kaufmann kann unter seiner Firma klagen und verklagt werden. Die Firma stellt einen Bestandteil seines Unternehmens dar und ist deshalb gesetzlich geschützt (§ 37 HGB).

► Das **Handelsregister**, das ein öffentliches Register ist, welches von den Amtsgerichten geführt wird (§ 8 HGB). Sie nehmen die Eintragungen für alle Kaufleute vor, die in dem jeweiligen Gerichtsbezirk ihren Geschäftssitz haben.

Mit dem Gesetz über **elektronische Handelsregister** und **Genossenschaftsregister** sowie das **Unternehmensregister** müssen Anmeldungen zum Register in Form von Neueinträgen, Veränderungen und Löschungen seit 2007 elektronisch in beglaubigter Form erfolgen (§ 12 Abs. 1 HGB). Die Einsicht in das Handelsregister sowie in die zum Handelsregister eingereichten Schriftstücke ist jedem gestattet (§ 9 HGB).

Die Eintragung in das Handelsregister kann **konstitutiv** sein, d. h. rechtserzeugend, wenn die Rechtswirkung erst durch die Eintragung eintritt oder **deklaratorisch**, wenn die Rechtswirkung bereits vor der Eintragung eintritt, z. B. bei Personengesellschaften.

► Die **Vollmachten**, die von der Unternehmensleitung geeigneten Mitarbeitern zur Durchführung ihrer Aufgaben erteilt werden als:

- **Prokura**, die ausdrücklich mündlich oder schriftlich erteilt und zur Eintragung in das Handelsregister angemeldet wird (§§ 48 - 53 HGB). Der Prokurist ist zu allen Arten von gerichtlichen und außergerichtlichen Geschäften und Rechtshandlungen ermächtigt, die der Betrieb irgendeines Handelsgewerbes mit sich bringt.

  Die Prokura kann z. B. als **Einzelprokura** einen einzelnen Prokuristen oder als **Gesamtprokura** zwei oder mehr Prokuristen gemeinschaftlich gewährt werden.

- **Handlungsvollmacht**, die vom Inhaber eines Handelsgewerbes erteilt wird. Der Handlungsbevollmächtigte ist zur Vornahme von Rechtsgeschäften ermächtigt, die dieses Handelsgewerbe gewöhnlich mit sich bringt (§ 54 HGB).

  Sie kann sich – als **Einzelvollmacht** (jeweils ein einzelner Bevollmächtigter) oder **Gesamtvollmacht** (mehrere Bevollmächtigte gemeinschaftlich) – auf all diese Rechtsgeschäfte, bestimmte Arten dieser Rechtsgeschäften oder lediglich fallweise einzelne Rechtsgeschäfte beziehen.

Vollmachten sind erforderlich, weil ein Kaufmann nicht sämtliche in seinem Unternehmen anfallenden Rechtsgeschäfte selbst abschließen und ausführen kann. Außer Mitarbeiter als unselbstständige Hilfspersonen, denen er Vollmachten erteilt, können ihn dabei auch selbstständige Hilfspersonen unterstützen, z. B. Handelsvertreter, Kommissionäre, Spediteure.

Aufgabe 6 > Seite 280

3.1.3 Gesellschaftsrecht

Als Gesellschaften werden sämtliche durch Vertrag begründete Personenvereinigungen zur Verfolgung eines gemeinschaftlichen Zweckes bezeichnet. Die Aufgabe des Gesellschaftsrechts ist es, die Verhältnisse zwischen Eigentümern und Unternehmensleitung zu regeln. Die Vorschriften über die Gesellschaften sind im BGB, HGB, GmbHG, AKtG und GenG zu finden.

Rechtsformen von Gesellschaften sind – siehe ausführlich Kapitel B.:

▸ **Einzelunternehmen**, die einen Gewerbebetrieb darstellen, deren Vermögen jeweils einer Person zusteht, die Eigentümer des Unternehmens ist. Sie sind mit rund 90 % aller deutschen Unternehmen die am häufigsten vorkommende Rechtsform. Ihre Leitung erfolgt durch die Eigentümer als Unternehmer.

▸ **Personengesellschaften**, die Unternehmen darstellen, welche keine Rechtsfähigkeit besitzen und deren Gesellschafter in der Mehrzahl der Fälle natürliche Personen sind. Sie haben mindestens zwei Gesellschafter als:

- **Offene Handelsgesellschaft** (OHG nach §§ 105 - 160 HGB), bei der die Leitung aus den Gesellschaftern besteht, die unbeschränkt haften

- **Kommanditgesellschaft** (KG nach §§ 161 - 177a HGB), bei welcher mindestens ein Komplementär mit unbeschränkter Haftung die Leitung wahrnimmt und mindestens ein Kommanditist als Teilhafter gegeben ist

- **Stille Gesellschaft** (§§ 230 - 237 HGB), bei der ein Kapitalgeber stiller Gesellschafter ist, dessen Einlage in das Vermögen eines Kaufmanns als Unternehmensleiter eingeht

- **Gesellschaft des bürgerlichen Rechts** (GdbR nach §§ 705 - 740 BGB), bei der ein oder mehrere Gesellschafter als Unternehmensleiter fungiert(en)

- **Partnerschaftsgesellschaft** (PartGG von 1994) für Angehörige freier Berufe, z. B. Ärzte, Steuerberater, Rechtsanwälte zur Ausübung ihrer Berufe.

▸ **Kapitalgesellschaften** sind als juristische Personen rechtsfähig und verfügen über ein festes Nominalkapital, das gezeichnetes Kapital genannt wird. Zu unterscheiden sind:

- **Gesellschaft mit beschränkter Haftung** (GmbH nach GmbHG) mit mindestens einem Geschäftsführer als Unternehmensleiter

- **Haftungsbeschränkte Unternehmergesellschaft** („Mini" GmbH nach GmbHG) mit mindestens einem Geschäftsführer als Unternehmensleiter

- **Aktiengesellschaft** (AG nach dem AktG), bei welcher der ein- oder mehrköpfige Vorstand unter eigener Verantwortung das Unternehmen leitet
- **Kommanditgesellschaft auf Aktien** (KGaA nach AktG und HGB), die mindestens von einem Komplementär als Vollhafter geführt wird.

Der Vielgestaltigkeit der Bedürfnisse entsprechend werden Gesellschaften mit unterschiedlichen Zielsetzungen gegründet. Bei **Wirtschaftsunternehmen** ist der Zweck regelmäßig auf den Betrieb eines bestimmten Gewerbes gerichtet.

3.1.4 Schutzrecht

In und zwischen Unternehmen sowie gegenüber ihren Marktpartnern gibt es Vorgänge und Sachverhalte, die eines besonderen Schutzes bedürfen. Deshalb sind besondere Schutzgesetze zu beachten. Es gibt z. B.:

▸ Den **gewerblichen Rechtsschutz**, bei dem neue Erzeugnisse und Verfahren geschützt werden, die im Unternehmen entstanden sind, z. B. Patente, Gebrauchsmuster, Geschmacksmuster und Marken. Die Rechte an Erfindungen, die ein Arbeitnehmer während des Arbeitsverhältnisses hervorbringt, regelt das Arbeitnehmererfindungs-Gesetz (ArbNErfG).

▸ Den **Wettbewerbsschutz**, der im Gesetz gegen unlauteren Wettbewerb (UWG) geregelt ist. Es ist auf den Schutz der Mitwerber, Verbraucher und sonstigen Marktteilnehmer vor unlauteren geschäftlichen Handlungen gerichtet und schützt das Interesse der Allgemeinheit an einem unverfälschten Wettbewerb. Dabei liegt ihm der Rechtsgedanke der guten Sitten im Wettbewerb zu Grunde.

▸ Den **Datenschutz**, der im Bundesdatenschutzgesetz (BDSG) und in Landesdatenschutzgesetzen geregelt ist. Die Verarbeitung personenbezogener Daten durch Unternehmen gehört zum Anwendungsbereich dieser Gesetze, soweit die Unternehmen die Daten in oder aus Dateien geschäftlich oder beruflich nutzen oder verarbeiten.

Diese Daten unterliegen bei ihrer Verarbeitung einer staatlichen Kontrolle durch **Datenschutzbeauftragte** des Bundes und der Länder.

▸ Den **Umweltschutz**, der auf die Gesamtheit der Maßnahmen ausgerichtet ist, welche dazu dienen, die natürlichen Lebensgrundlagen von Menschen und Pflanzen zu erhalten. Das Umweltbewusstsein ist in der Bevölkerung und den Unternehmen in den letzten Jahren deutlich gestiegen. Es gibt eine Vielzahl von Umweltschutzgesetzen und Verordnungen.

Wer ein Schutzrecht verletzt und dadurch einem anderen einen durch das Gesetz geschützten Schaden zufügt, ist zum **Schadenersatz** verpflichtet, weil er eine unerlaubte Handlung begeht.

3.1.5 Arbeitsrecht

Die Interessen der Kapitaleigner, der Unternehmensleitungen, der Arbeitnehmer und der Allgemeinheit sind sehr unterschiedlich. Sie werden in vielfältigen Rechtsquellen geregelt, die gegliedert werden können in – ausführlicher siehe *Olfert*:

▶ Das **Individualarbeitsrecht**, welches die Grundlagen einzelner Arbeitsverhältnisse regelt und davon ausgeht, dass im Rahmen eines Arbeits- bzw. Dienstvertrages (§ 611 BGB) eine Dienstleistung erbracht wird. Wesentliche **individualrechtliche Regelungen** sind:

- Das **Arbeitsvertragsrecht**, das sich auf die Rechte und Pflichten der Parteien des Arbeitsvertrages bezieht. **Arbeitgeber** ist, wer mindestens einen Arbeitnehmer beschäftigt. **Arbeitnehmer** können Arbeiter, Angestellte, und Auszubildende sein, aber auch Leitende Angestellte mit arbeitgeberähnlicher Funktion (§ 5 BetrVG). *Geber Nehmer*

- Das **Arbeitszeitrecht** (ArbZG) bestimmt z. B. die maximale tägliche Arbeitszeit, Mindestruhepausen, Nachtarbeit und Arbeitsruhe. Über das ArbZG hinaus gelten Regelungen von Tarifverträgen, Betriebsvereinbarungen und Arbeitsverträgen.

- Das **Arbeitnehmerschutzrecht** regelt den Arbeitsplatzschutz (ArbPlSchG), die Urlaubsgewährung (BUrlG), die Lohnsicherung (SGB III), den Kündigungsschutz (KSchG), den Jugendarbeitsschutz (JArbSchG), den Mutterschutz (MuSchG) und den Schwerbehindertenschutz (SGB IX).

- Seit 08/2006 ist das **Allgemeine Gleichbehandlungsgesetz (AGG)** in Kraft, das Benachteiligungen in Beschäftigung und Beruf wirksam begegnen soll, die auf Geschlecht, Rasse oder ethnischer Herkunft, Religion oder Weltanschauung, Alter, Behinderung und sexueller Identität beruhen.

- Das **Arbeitssicherheitsrecht (ASiG)** enthält verschiedene Regelungen zur Sicherheit der Arbeitnehmer. Zur staatlichen Überwachung gibt es die **Gewerbeaufsicht**. Auf den Gebieten der Unfallverhütung und Unfallversicherung sind die **Berufsgenossenschaften** tätig.

▶ Das **Kollektivarbeitsrecht** umfasst Vereinbarungen zwischen Arbeitgeber und Betriebsrat sowie zwischen den Tarifvertragsparteien. Es gibt:

- Das **Tarifvertragsrecht**, das im Tarifvertragsgesetz (TVG) geregelt ist. Der Tarifvertrag ist eine schriftliche Vereinbarung zwischen einem Arbeitgeber oder einem Arbeitgeberverband und einer Gewerkschaft.

- Das **Arbeitskampfrecht** bezieht sich auf Streik und Aussperrung als Arbeitskampfmaßnahmen der Tarifparteien. Diese Maßnahmen haben den Zweck, den Abschluss von Tarifverträgen nach ergebnislosen Verhandlungen zu erzwingen.

- Das **Betriebsverfassungsrecht** regelt den Umfang des Einflusses der Arbeitnehmer auf Angelegenheiten des Unternehmens als:

  · **Mitwirkung**, die verschiedene Arten der rechtlich abgesicherten Einflussnahme von Arbeitnehmern auf betriebliche Entscheidungsprozesse umfasst, z. B. Beratung und Mitsprache des Betriebsrats bei bestimmten Entscheidungen des Arbeitgebers. Die **letzte Entscheidung** bleibt aber **beim Arbeitgeber**, d. h. er behält das Recht, seine Absichten auch gegen die Vorstellungen des Betriebsrates durchzusetzen.

- **Mitbestimmung,** die eine institutionelle Teilhabe des Betriebsrates an Willensbildungs- und Entscheidungsprozessen im Unternehmen darstellt und weiter geht als die Mitwirkung. Der Betriebsrat hat die Möglichkeit, einer Entscheidung des Unternehmers zu widersprechen oder sie zu verhindern. Die Mitbestimmung bezieht sich auf **soziale**, **arbeitsplatzbezogene**, **personelle** und **wirtschaftliche Angelegenheiten**.

Die Interessen der Arbeitnehmer werden überwiegend kollektiv von gewählten Vertretern der Arbeitnehmer (**Betriebsrat**) wahrgenommen.

- Das **Betriebsvereinbarungsrecht** enthält Regelungen für alle Arbeitnehmer eines Unternehmens. Die Betriebsvereinbarung ist ein schriftlicher Vertrag zwischen Arbeitgeber und Betriebsrat zur Regelung betriebsinterner Angelegenheiten, die zum Aufgabenbereich des Betriebsrates gehören (§ 77 BetrVG).

Dass es kein Arbeitsgesetzbuch gibt, sondern eine Vielzahl von Gesetzen, Verordnungen und anderen Rechtsquellen, die das Arbeitsrecht darstellen, liegt vor allem an der historischen Entwicklung der rechtlichen Ordnung des Arbeitslebens.

3.1.6 Sozialrecht

Das Sozialrecht bezieht sich auf die Sozialversicherung, die Sozialversorgung, die Sozialhilfe bzw. die Sozialfürsorge. Im Zuge der Fortentwicklung der Sozialaufgaben des Staates sind zahlreiche Einzelgesetze entstanden. Zu unterscheiden sind:

► Das **Sozialgesetzbuch**, das der Verwirklichung sozialer Gerechtigkeit und sozialer Sicherheit dient und zurzeit folgende Teile enthält:

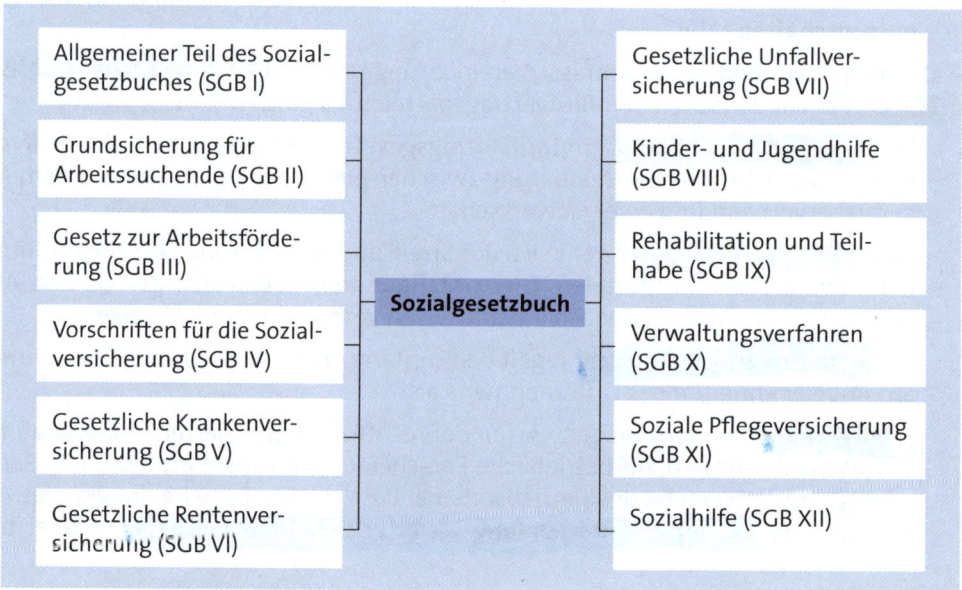

Allgemeiner Teil des Sozialgesetzbuches (SGB I)	Gesetzliche Unfallversicherung (SGB VII)
Grundsicherung für Arbeitsuchende (SGB II)	Kinder- und Jugendhilfe (SGB VIII)
Gesetz zur Arbeitsförderung (SGB III)	Rehabilitation und Teilhabe (SGB IX)
Vorschriften für die Sozialversicherung (SGB IV)	**Sozialgesetzbuch** · Verwaltungsverfahren (SGB X)
Gesetzliche Krankenversicherung (SGB V)	Soziale Pflegeversicherung (SGB XI)
Gesetzliche Rentenversicherung (SGB VI)	Sozialhilfe (SGB XII)

▸ Die **Sozialversicherung**, die eine gesetzliche Zwangsversicherung ist, mit der eine Mindestversicherung garantiert wird. Ihre Leistungen dienen in erster Linie der **sozialen Sicherung des Arbeitnehmers** beim Ausfall der Arbeitsvergütung infolge von Krankheit, Arbeitsunfall, Alter und Arbeitslosigkeit.

Dementsprechend kann die gesetzliche Sozialversicherung untergliedert werden in:

Kranken-versicherung	Träger der gesetzlichen Krankenversicherung sind die Orts-, Betriebs- und Innungskrankenkassen, die Seekrankenkasse, die landwirtschaftlichen Krankenkassen und die Ersatzkassen. Die Mittel dieser Krankenversicherung werden von den Versicherten, Arbeitgebern, Rehabilitationsträgern und dem Staat erbracht (§§ 20, 220 ff. SGB IV, 249 ff. SGB V). Arbeitnehmer und Arbeitgeber trugen die Beiträge früher je zur Hälfte, seit 07/2005 übernehmen die Arbeitnehmer zusätzlich einen Beitragssatz von 0,9 %
Pflege-versicherung	Sie gibt es seit 1995, und sie versichert Mitglieder gesetzlicher Krankenkassen sowie privat Versicherte. Ihre Leistungen beziehen sich auf die häusliche sowie stationäre Pflege. Die Beiträge werden von Arbeitgebern und Arbeitnehmern je zur Hälfte aufgebracht, bei Kinderlosen über 23 Jahre kommen seit 2005 noch 0,25 % dazu. Bei Rentnern trägt die Rentenversicherung die Hälfte des Beitrages. Die Beiträge für Arbeitslose übernimmt die Bundesagentur für Arbeit.
Unfall-versicherung	Zu ihren Aufgaben zählen die Verhütung von Arbeitsunfällen, die Entschädigung der Verletzten sowie ihrer Angehörigen nach Eintritt eines Arbeitsunfalls. Träger der Unfallversicherung sind die **Berufsgenossenschaften**. Die erforderlichen Mittel werden ausschließlich durch Beiträge der Arbeitgeber aufgebracht.
Renten-versicherung	Durch die gesetzliche Rentenversicherung werden die Versicherungsfälle der Erwerbsminderung und des Alters einschließlich der Leistungen an Hinterbliebene erfasst. Die dafür notwendigen Mittel werden je zur Hälfte durch die Beiträge der Versicherten und der Arbeitgeber sowie durch Zuschüsse des Bundes erbracht.
Arbeitslosen-versicherung	Die Beiträge zur Arbeitslosenversicherung werden je zur Hälfte vom Arbeitgeber und vom Arbeitnehmer aufgebracht. Wenn ein Arbeitnehmer die Arbeitslosigkeit nicht verhindern kann, hat er Anspruch auf Arbeitslosengeld I (SGB II).

Das Sozialrecht bildet einen wesentlichen Teil des Wirtschaftsrechts. Das Sozialstaatsprinzip des Grundgesetzes stellt die Grundlage des sozialen Auftrages unseres Staates dar (Art 20 GG).

3.1.7 Steuerrecht

Steuern sind nach § 3 Abs. 1 Abgabenordnung (AO) Geldleistungen, die keine Gegenleistung für eine besondere Leistung darstellen und von einem öffentlich-rechtlichen Gemeinwesen zur Erzielung von Einnahmen auferlegt werden. Zu ihnen zählen auch **Zölle** und **Abschöpfungen**.

Die Erhebung von Steuern erfolgt in einem Rechtsstaat aufgrund von Steuergesetzen. **Rechtsquellen** auf dem Gebiet der Besteuerung sind Gesetze, Rechtsverordnungen, die Rechtsprechung und Verwaltungsanweisungen, z. B. Richtlinien, Erlasse, Verfügungen. Mit den Steuern beschäftigt sich die Steuerlehre – siehe ausführlich *Grefe*.

Besondere **rechtliche Grundlagen** für das Steuerrecht sind:

► das **Grundgesetz** (Art. 104a bis 115 GG), das u. a. die Gesetzgebungskompetenz, Steuerverteilung, Steuerverwaltung und die Angaben zum Haushalt regelt.

► die **Abgabenordnung** (AO), welche die Rechte und Pflichten der Steuerzahler, allgemeine Verfahrensvorschriften, die Durchführung der Besteuerung und das Erhebungsverfahren zum Inhalt hat.

► das **Bewertungsgesetz** (BewG), das Vorschriften über Gegenstände der steuerlichen Bewertung enthält, die Personen und/oder Vermögensarten zuzurechnen sind. Außerdem sind in ihm Bewertungsmäßstäbe und Bewertungsverfahren festgelegt.

Als **Steuerarten** können unterschieden werden:

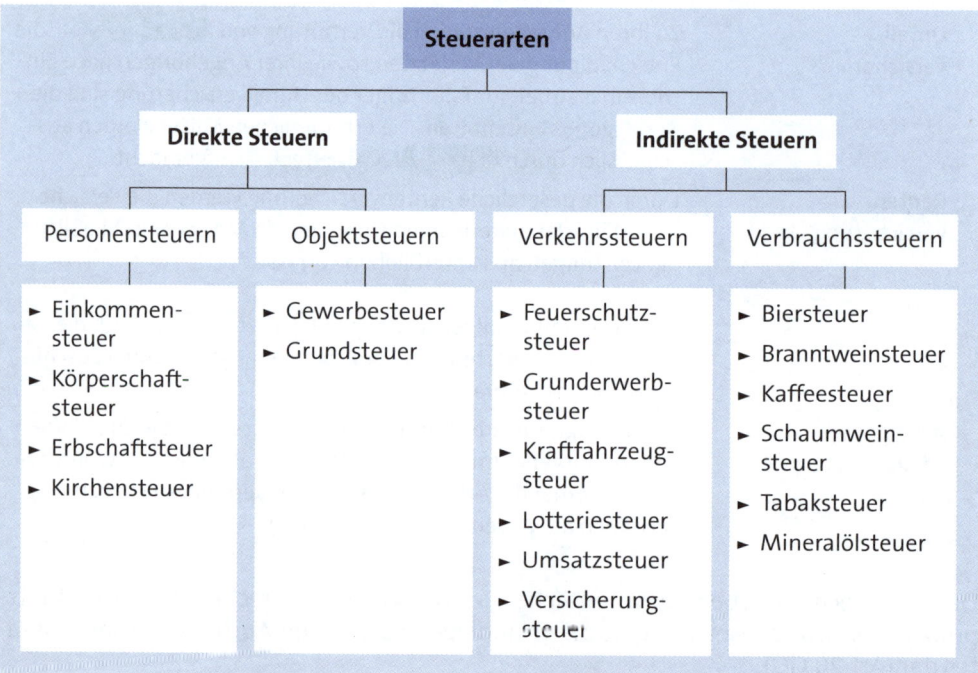

Zum nationalen Wirtschaftsrecht gehört auch das in Kapitel B. ausführlicher behandelte **Insolvenzrecht**, das mit den verschiedenen Insolvenzverfahren verbunden ist.

Aufgabe 7 > Seite 281

3.2 Internationales Wirtschaftsrecht

Das internationale Wirtschaftsrecht geht über das nationale Recht hinaus. Als nicht nur die Europäische Gemeinschaft betreffendes Recht gibt es z. B. das UN-Kaufrecht, internationale Handelsklauseln und Rechnungslegungsvorschriften.

Rechtsvorschriften, welche ausschließlich die Mitgliedstaaten der Europäischen Gemeinschaft betreffen, sind – siehe ausführlich *Rahn, Steckler*:

► Das **Europäische Gesellschaftsrecht**, das die Aufgabe hat zu klären, welches nationale Recht auf einen grenzüberschreitenden Sachverhalt mit gesellschafts-rechtlichem Bezug anwendbar ist. In seinem Mittelpunkt steht die **Anerkennung ausländischer Gesellschaften**. Es nennt die Voraussetzungen, unter denen es einer ausländischen juristischen Person möglich ist, im Inland Rechte zu erwerben und Verpflichtungen einzugehen.

► Die Rechtsform der **Europäischen Wirtschaftlichen Interessenvereinigung (EWIV)**, mit der zum ersten Mal eine europäische Gesellschaftsform geschaffen wurde, die eine grenzüberschreitende Kooperation europäischer Unternehmen erleichtert (EG-Verordnung, EWiV-Ausführungsgesetz).

Für ihre **Gründung** sind mindestens zwei Mitglieder aus verschiedenen Mitgliedsländern der EU erforderlich. Es wird ein Gründungsvertrag abgeschlossen, die Eintragung der Gesellschaft geschieht im nationalen Handelsregister. Der **Firmenzusatz** „EWIV" ist zwingend.

Ein bestimmtes Kapital ist für die Gründung der EWIV nicht vorgesehen. Die **Organe** sind Geschäftsführer und Gesellschafterversammlung. Die **Haftung** der Mitglieder der EWIV erfolgt unbeschränkt und gesamtschuldnerisch für alle Verbindlichkeiten.

► Die „Euro-AG" als **Europäische Gesellschaft**, die auch als „SE" bezeichnet wird, was „Societas Europaea" bedeutet. Ihre Ziele sind z. B. Fusionen von Gesellschaften verschiedener Mitgliedstaaten, die Gründung gemeinsamer Tochtergesellschaften und die Gründung europäischer Holdinggesellschaften.

Die Euro-AG kann im gesamten Gebiet der Europäischen Gemeinschaft gegründet werden. Dazu sind mindestens zwei **Gründer** vorgeschrieben Das gezeichnete **Kapital** muss mindestens 120.000 € betragen.

Die **Leitung** der Gesellschaft obliegt einem Vorstand, dessen Geschäftsführung von einem Aufsichtsrat überwacht wird, oder von einem Verwaltungsrat, der für die laufende Geschäftsführung geschäftsführende Direktoren beruft.

► Die **Europäischen Betriebsräte**, deren Bedeutung in der Schaffung eines übernationalen, zentralen Konsultationsorgans liegt, in dem Länder übergreifende Arbeitnehmerinteressen behandelt werden sollen. Die Rechtsgrundlage ist das Gesetz über Europäische Betriebsräte (EBRG).

Ein gemeinschaftsweit tätiges Unternehmen muss für die Einrichtung eines Europäischen Betriebsrates mindestens 1.000 Arbeitnehmer in den Mitgliedsstaaten beschäftigen, davon in mindestens zwei Mitgliedsstaaten jeweils wenigstens 150 Personen.

Die **Beteiligungsrechte** des Betriebsrates liegen im Recht auf Information über die Geschäftslage durch die zentrale Unternehmensleitung und auf Anhörung vor wichtigen Entscheidungen, z. B. Betriebsverlagerungen, Stilllegungen, Massenentlassungen.

► Das **Europäische Wettbewerbsrecht**, zu dem vor allem Ordnungsnormen gegen wettbewerbsbeschränkende Verhaltensweisen, gegen den Missbrauch einer marktbeherrschenden Stellung und zur Kontrolle von Unternehmenszusammenschlüssen zählen (EG-Vertrag).

Aufgabe 8 > Seite 281

B. Unternehmen

Unternehmen sind planmäßig organisierte Einzelwirtschaften, in denen Güter bzw. Dienstleistungen beschafft, verwertet, verwaltet und abgesetzt werden. Sie sollen unter folgenden Aspekten betrachtet werden:

Unternehmen	Rechtsformen
	Zusammenschlüsse
	Organisation
	Phasen

1. Rechtsformen

Die Rechtsformen sind Ausdruck der Regelungen, welche die Rechtsbeziehungen des Unternehmens im Innen- und Außenverhältnis als „juristisches Kleid" von Einzelwirtschaften betreffen, d. h. mit ihnen werden die Unternehmen rechtlich fassbare Einheiten.

Die Grundlage bildet das **Gesellschaftsrecht**, das nicht in einem einheitlichen Gesetzbuch geregelt ist, sondern aus mehreren Gesetzen besteht. Dazu zählen das BGB, AktG, GmbHG, GenG, HGB. Zu unterscheiden sind – siehe ausführlich *Olfert*:

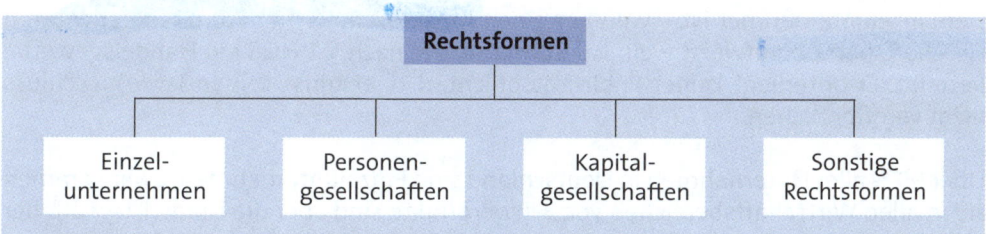

Außerdem gibt es seit 1995 noch die **Partnergesellschaft**, die nicht im Einzelnen dargestellt werden soll. Sie ist eine Gesellschaft, in der sich Angehörige Freier Berufe (z. B. Ärzte, Steuerberater, Rechtsanwälte) als natürliche Personen zur Ausübung ihrer Berufe zusammenschließen (§ 1 Abs. 1 PartGG). Die Partnergesellschaft übt **kein Handelsgewerbe** aus. Der Firmenname muss als Rechtsformangabe „und Partner" oder „Partnerschaft" tragen.

1.1 Einzelunternehmen

Das Einzelunternehmen stellt einen Gewerbebetrieb dar, dessen Vermögen einer Person zusteht. Der Inhaber eines Einzelunternehmens ist **Eigentümer** bzw. **Unternehmer**. Er führt das Unternehmen selbstständig und eigenverantwortlich. Als Rechtsgrundlage gelten die Vorschriften des BGB und HGB.

Bei den Einzelkaufleuten muss die **Firma** außer dem Familiennamen und einem ausgeschriebenen Vornamen die Bezeichnung „eingetragener Kaufmann", „eingetragene

Kauffrau" oder eine allgemein verständliche Abkürzung dieser Bezeichnung enthalten, z. B. „e. K.", „e. Kfm." oder „e. Kfr." (§ 19 Abs. 1 Ziff. 1 HGB).

Das Einzelunternehmen wird in die Abteilung A des **Handelsregisters** eingetragen. Eine bestimmte Kapitalausstattung ist bei der Gründung nicht erforderlich.

Der Einzelunternehmer hat alle Rechte eines Eigentümers, muss aber auch dessen sämtliche Pflichten tragen:

Rechte	Pflichten
► Er schließt die Geschäfte des Unternehmens ab, kann hierfür aber Vertreter bestellen.	► Er hat die erforderlichen finanziellen Mittel allein bereitzustellen.
► Ihm steht allein der erwirtschaftete Gewinn zu.	► Das unternehmerische Risiko obliegt ihm allein.
► Er kann über Privatentnahmen allein entscheiden.	► Er haftet unbegrenzt mit seinem Geschäfts- und Privatvermögen.
► Auf einen sich ergebenden Liquidationserlös hat er allein Anspruch.	► Einen möglichen Verlust muss er allein tragen.

Der Einzelunternehmer ist – wenn er einen in kaufmännischer Weise eingerichteten Geschäftsbetrieb aufweist – ein **Istkaufmann**, der nach § 1 HGB ein Handelsgewerbe betreibt. Er unterliegt keiner Publizitätspflicht, d. h. er muss seinen Jahresabschluss nicht veröffentlichen.

Über 90 % aller Unternehmen in Deutschland sind Einzelunternehmen. Zwar kommen sie in allen Wirtschaftsbereichen vor, Schwerpunkte sind aber die Landwirtschaft, der Einzelhandel und das Handwerk. Der Anteil der in Einzelunternehmen beschäftigten Arbeitnehmer beträgt ca. 40 %.

Die Rechtsform der Einzelunternehmen kommt für Unternehmen mit kleineren bzw. mittleren Unternehmensgrößen infrage.

1.2 Personengesellschaften

Personengesellschaften sind Unternehmen, die **keine eigene Rechtsfähigkeit** besitzen und deren Gesellschafter in der Mehrzahl der Fälle natürliche Personen sind. Sie weisen mindestens zwei Gesellschafter auf und können sein:

- ► **Offene Handelsgesellschaft**
- ► **Kommanditgesellschaft**
- ► **Stille Gesellschaft**
- ► **Gesellschaft des bürgerlichen Rechts**.

1.2.1 Offene Handelsgesellschaft

Die Offene Handelsgesellschaft (OHG) stellt den Betrieb eines Handelsgewerbes unter gemeinschaftlicher Firma durch zwei oder mehr Personen dar, die im Regelfall unbeschränkt haften. Sie ist in §§ 105 - 160 HGB und ergänzend in §§ 705 - 740 BGB geregelt.

Die **Gründung** der OHG erfolgt mit Abschluss eines Gesellschaftsvertrages durch mindestens zwei Gesellschafter, die natürliche und juristische Personen sein können und in die Abteilung A des Handelsregisters eingetragen werden. Obgleich die OHG keine eigene Rechtspersönlichkeit besitzt, ist sie grundbuchfähig, prozessfähig und deliktfähig.

Die **Firma** der OHG kann eine Personen-, Sach-, Fantasie- oder eine Mischfirma sein. Sie muss die Bezeichnung „Offene Handelsgesellschaft" oder eine allgemein verständliche Abkürzung dieser Bezeichnung enthalten, üblicherweise OHG (§ 19 Abs. 1 Ziff. 2 HGB), z. B. Schröter & Buschmann OHG.

Die Gesellschafter der OHG haben folgende Rechte und Pflichten:

Rechte	Pflichten
▸ Jeder Gesellschafter ist nach HGB allein zur Geschäftsführung berechtigt.	▸ Jeder Gesellschafter ist nicht nur berechtigt sondern auch verpflichtet, an der Geschäftsführung teilzunehmen.
▸ Nicht geschäftsführende Gesellschafter haben jederzeit ein Recht auf Information über die Geschäftslage.	▸ Jeder Gesellschafter ist verpflichtet, den vertraglich festgelegten Beitrag fristgerecht zu leisten.
▸ Geschäftsführende Gesellschafter dürfen widersprechen, wenn sie nicht einverstanden sind.	▸ Jeder Gesellschafter ist an Verlusten beteiligt, die nach (mangels anderer Regelungen) Köpfen verteilt werden.
▸ Jeder Gesellschafter ist nach HGB allein zur Vertretung ermächtigt.	▸ Alle Gesellschafter haften für Verbindlichkeiten der OHG persönlich als Gesamtschuldner, das bedeutet:
▸ Jeder Gesellschafter erhält nach HGB vom jährlichen Reingewinn 4 % seines zu Beginn des Geschäftsjahres vorhandenen Kapitalanteils, der restliche Gewinn wird nach Köpfen verteilt.	- solidarisch („Einer für alle, alle für einen") - unbeschränkt, auch mit dem Privatvermögen
▸ Jeder Gesellschafter darf bis zu 4 % seines Kapitalanteils privat entnehmen.	- unmittelbar, d. h. jeder Gläubiger kann sich an jeden Gesellschafter wenden.
▸ Jeder Gesellschafter hat einen Anspruch auf den Liquidationserlös im Verhältnis der Kapitalanteile.	▸ Jeder Gesellschafter unterliegt einem Wettbewerbsverbot, d. h. er darf ohne Einwilligung der anderen Gesellschafter im Handelsgewerbe der Gesellschaft keine Geschäfte auf eigene Rechnung betreiben.
▸ Jeder Gesellschafter kann auf den Schluss eines Geschäftsjahres mit einer Frist von sechs Monaten kündigen.	

Die OHG stellt nach der Anzahl der Unternehmen in Deutschland die zweitbedeutendste Rechtsform dar. Sie ist vor allem bei kleinen und mittleren Unternehmen zu finden. Häufig handelt es sich um **Familienunternehmen**.

Die solidarische, unbeschränkte und unmittelbare **Haftung** macht die OHG relativ kreditwürdig. Andererseits schafft sie erhebliche Abhängigkeiten der Gesellschafter untereinander. Persönliche Streitigkeiten können den Bestand der OHG leicht gefährden. Da Leitung und Kapitalaufbringung zusammenfallen, bestehen für die Gesellschafter erhebliche Leistungsanreize.

Aufgabe 9 > Seite 282

1.2.2 Kommanditgesellschaft

Die Kommanditgesellschaft (KG) ist der Betrieb eines Handelsgewerbes unter gemeinschaftlicher Firma durch zwei oder mehr Personen. Dabei haftet mindestens ein Gesellschafter unbeschränkt und mindestens ein Gesellschafter beschränkt. Der vollhaftende Gesellschafter wird **Komplementär** genannt, der teilhaftende Gesellschafter ist der **Kommanditist**. Die KG ist in §§ 161 - 177a HGB geregelt.

Die **Gründung** der KG erfolgt wie bei der OHG. Sowohl Komplementäre als auch Kommanditisten können natürliche und juristische Personen sein. Sie sind in die Abteilung A des Handelsregisters namentlich und mit der Höhe der Einlage einzutragen.

Die **Firma** der KG kann eine Personen-, Sach-, Fantasie- oder Mischfirma sein. Sie muss die Bezeichnung „Kommanditgesellschaft" oder eine allgemein verständliche Abkürzung dieser Bezeichnung enthalten (§ 19 Abs.1 Ziff. 3 HGB), z. B. Schröter KG, Schröter & Buschmann KG. Die in der Firma enthaltene(n) Person(en) muss bzw. müssen Vollhafter sein.

Die Rechte und Pflichten der **Komplementäre** entsprechen denen, die für die OHG-Gesellschafter genannt wurden – siehe oben.

Die **Kommanditisten** haben kein Recht auf Geschäftsführung, organschaftliche Vertretung und private Entnahmen. Sie verfügen somit über folgende Rechte und weisen als Pflichten auf:

Rechte	Pflichten
► Sie können Handlungen widersprechen, die über den gewöhnlichen Betrieb des Handelsgewerbes hinausgehen.	► Sie sind verpflichtet, die vertraglich festgelegte Kapitaleinlage fristgerecht zu leisten.
	► Sie haften bis zum Betrag ihrer Kapitaleinlage, nicht dagegen mit ihrem Privatvermögen.

Rechte	Pflichten
▶ Sie erhalten nach HGB vom jährlichen Reingewinn bis zu 4 % ihres zu Beginn des Jahres vorhandenen Kapitalanteils. Der Restgewinn wird in angemessenem Verhältnis verteilt. ▶ Sie können nach § 166 HGB eine Abschrift des Jahresabschlusses verlangen, um die Handelsbücher zu prüfen. ▶ Sie sind am Liquidationserlös in angemessenem Verhältnis von Kommanditisten und Komplementären beteiligt. ▶ Sie können auf den Schluss des Geschäftsjahres unter Einhaltung einer Frist von sechs Monaten kündigen.	▶ Sie sind am Verlust in angemessenem Verhältnis der Kapitalanteile beteiligt.

Die Rechtsform der KG wird vor allem von kleineren und mittleren Unternehmen genutzt. Häufig handelt es sich um **Familienunternehmen**.

Für die **Komplementäre** ist es vorteilhaft, dass zusätzliche Kapitalgeber mit beschränkter Haftung und ohne Geschäftsführungs- bzw. Vertretungsbefugnis in das Unternehmen aufgenommen werden können. Dem Unternehmen entstehen durch die Aufnahme von Kommanditisten keine festen Zinsverpflichtungen, wie dies im Falle der Kreditaufnahme bei einer Bank gegeben wäre. —> Kommandit Kapital ohne Zinsen

Wie bei der OHG macht die solidarische, unbeschränkte und unmittelbare Haftung der Komplementäre die KG relativ kreditwürdig. Andererseits schafft sie erhebliche Abhängigkeiten der Komplementäre untereinander. Persönliche Streitigkeiten können den Bestand der KG gefährden. Es ist möglich, den **Kommanditisten** Vertretungsbefugnisse und damit einen entsprechenden Einfluss einzuräumen, z. B. als Prokuristen.

1.2.3 Stille Gesellschaft

Die stille Gesellschaft ist der vertragliche Zusammenschluss eines Kaufmannes mit einem Kapitalgeber als stillem Gesellschafter, dessen Einlage in das Vermögen des Kaufmannes eingeht. Sowohl der Geschäftsinhaber (Kaufmann) als auch der stille Gesellschafter können natürliche oder juristische Personen sein, auch eine OHG oder KG. Rechtsgrundlagen der stillen Gesellschaft sind §§ 230 - 236 HGB.

Die **Gründung** der stillen Gesellschaft basiert auf einem Vertrag. Es handelt sich um eine Innengesellschaft. Sie stellt **keine gemeinsame Firma** dar und tritt nach außen nicht in Erscheinung, weshalb keine Eintragung in das Handelsregister erfolgt.

Vertrag —> Innengesellschaft = keine gemeinsame Firma => trittnicht in Erscheinung, keine Eintragung Handelsregister

Der stille Gesellschafter kann – je nach vertraglicher Gestaltung – an den während seiner Zugehörigkeit zur stillen Gesellschaft erwirtschafteten stillen Reserven beteiligt (**atypische stille Gesellschaft**) oder nicht beteiligt (**typische stille Gesellschaft**) sein.

Die Rechte und Pflichten des **stillen Gesellschafters** sind begrenzt:

▸ Seine **Rechte** bestehen in einem „angemessenen" Gewinnanteil bzw. in dem vertragsgemäßen Anteil. Er hat eingeschränkte Kontrollrechte, d. h. er kann z. B. eine abschriftliche Mitteilung der Bilanz verlangen.

  Auf die Unternehmensleitung hat der stille Gesellschafter keinen direkten Einfluss. Ihm stehen keine Entnahmerechte zu, er kann aber die Auszahlung seines Gewinnanteils fordern.

▸ Seine **Pflichten** beziehen sich auf die Teilnahme am Verlust, allerdings nur bis zum Betrag seiner Einlage, nicht dagegen haftet er mit seinem Privatvermögen. Weiterhin hat er die Einlage zu leisten, wobei deren Höhe nach außen aber nicht in Erscheinung tritt.

Die stille Gesellschaft bietet sich als Gesellschaftsform an, wenn ein Beteiligungsverhältnis angestrebt wird, das Dritten gegenüber grundsätzlich nicht bekannt und ohne Formalitäten abgewickelt werden soll.

1.2.4 Gesellschaft des bürgerlichen Rechts

Die Gesellschaft des bürgerlichen Rechts (GdbR) ist in §§ 705 - 740 BGB geregelt. Sie stellt die vertragliche Vereinigung zwischen mehreren Personen dar, die sich verpflichten, vereinbarte Beiträge zu leisten und die Erreichung eines gemeinsamen Zieles zu fördern, z. B. als:

▸ Arbeitsgemeinschaften (Arge) im Baugewerbe

▸ Gemeinschaftspraxen von Ärzten

▸ Bankenkonsortien.

Die **Gründung** der GdbR hat durch mindestens zwei Gründer zu erfolgen. Ein Mindestkapital ist nicht vorgeschrieben. Die Gesellschaft des bürgerlichen Rechts hat **keine Firma**, und sie wird nicht in das Handelsregister eingetragen. Sie ist nicht rechtsfähig, auch nicht grundbuch-, prozess- oder deliktfähig. Das Vermögen der GdbR ist gemeinschaftliches Vermögen.

Die **Gesellschafter** haben verschiedene Rechte und Pflichten:

▸ Ihre **Rechte** beziehen sich auf die Geschäftsführung bzw. Vertretung, die den Gesellschaftern gemeinschaftlich zustehen. In der Praxis wird die Geschäftsführung aber oft einem Gesellschafter übertragen. Soweit die Gewinnverteilung nicht durch Vertrag geregelt ist, besteht das Recht auf gleichen Gewinnanteil.

► Die **Pflichten** der Gesellschafter umfassen vor allem die persönliche Haftung. Sie besteht unbeschränkt und gesamtschuldnerisch mit dem Gesellschafts- und Privatvermögen. Eine **Haftungsbeschränkung** auf das Gesellschaftsvermögen ist nur durch Individualabrede zwischen Gesellschaft und Vertragspartner möglich. Bezeichnungen z. B. als GbRmbH, oder Regelungen in den AGB sind dazu nicht ausreichend.

Die **Bedeutung** der Gesellschaft des bürgerlichen Rechts liegt darin, dass größere Geschäfte durchgeführt werden können und dabei die Risikohaftung verteilbar ist. Die Gesellschaft erfordert nur eine relativ einfache Organisationsstruktur. Es ist für die Gesellschafter allerdings nachteilig, dass sie i. d. R. mit ihrem ganzen Vermögen haftbar sind.

Für die Gesellschaft des bürgerlichen Rechts besteht keine Verpflichtung zur Veröffentlichung des Jahresabschlusses.

1.3 Kapitalgesellschaften

Kapitalgesellschaften sind Unternehmen, die – im Gegensatz zu den Personengesellschaften – rechtsfähig sind. Sie stellen **juristische Personen** dar und verfügen über ein festes Nominalkapital. Zu unterscheiden sind:

3 Dinge
⌐> rechtsfähig
⌐> juristische Personen
⌐> Nominalkapital

► **Gesellschaft mit beschränkter Haftung**

► **Haftungsbeschränkte Unternehmergesellschaft**

► **Aktiengesellschaft**

► **Kommanditgesellschaft auf Aktien**.

1.3.1 Gesellschaft mit beschränkter Haftung *GMBH*

Die Gesellschaft mit beschränkter Haftung (GmbH) ist eine Handelsgesellschaft mit eigener Rechtspersönlichkeit, deren Gesellschafter mit Einlagen auf das in Geschäftsanteile zerlegte Stammkapital als gezeichnetes Kapital von mindestens 25.000 € beteiligt sind. Rechtsgrundlage ist seit 11/2008 das bestehende Gesetz zur Modernisierung des GmbH-Rechts und zur Bekämpfung von Missbräuchen (MoMiG), mit dem das GmbHG reformiert wurde.

Jeder **Geschäftsanteil** muss auf volle Euro lauten, jeder Gesellschafter darf mehrere Geschäftsanteile übernehmen (§ 5 Abs. 2 GmbHG). Die **Gründung** einer GmbH erfolgt durch eine oder mehrere Personen mit Abschluss eines Gesellschaftsvertrages (Satzung), der notariell zu beurkunden ist. Die Gesellschafter der GmbH können natürliche und juristische Personen sein.

Seit 11/2008 ist eine **vereinfachte Gründung** unter Verwendung des Musterprotokolls (als Anlage des GmbHG) möglich, wobei maximal drei Gesellschafter und ein Geschäftsführer dafür zulässig sind.

Die GmbH entsteht als juristische Person durch die Eintragung in das **Handelsregister**, die in der Abteilung B erfolgt. Vor der Eintragung haften Gesellschafter, die Rechtshandlungen vornehmen, persönlich und gesamtschuldnerisch.

Die **Firma** der GmbH kann eine Personenfirma, Sachfirma, Fantasiefirma oder gemischte Firma sein. Außerdem muss sie die Bezeichnung „Gesellschaft mit beschränkter Haftung" oder eine allgemein verständliche Abkürzung dieser Bezeichnung enthalten, üblicherweise „GmbH" (§ 4 GmbHG), z. B. Robert Bosch GmbH.

Rechte und Pflichten eines GmbH-Gesellschafters sind:

Rechte	Pflichten
► Er kann in der Gesellschafterversammlung nach dem Verhältnis der Geschäftsanteile mitstimmen.	► Er muss vor der Anmeldung zum Handelsregister auf seine Einlage eine Einzahlung von mindestens 25 % leisten.
► Er hat Anspruch auf Anteile am Jahresüberschuss im Verhältnis der Geschäftsanteile aufgrund eines Gewinnverwendungsbeschlusses.	► Er hat seine Stammeinlage fristgerecht einzuzahlen. Geschieht das nicht, kann ihm der Geschäftsanteil aberkannt (kaduziert) werden.
► Er hat ein Recht auf unverzügliche Auskunft des Geschäftsführers über Angelegenheiten der Gesellschaft.	► Er haftet (nur) mit seinem Geschäftsanteil, sofern der Gesellschafter im Handelsregister eingetragen ist.
► Er kann vom Geschäftsführer die Einsicht in die Bücher und Schriften verlangen.	► Er muss u. U. Nachschüsse als über die Einlage hinaus zu erbringende Geldleistungen erbringen, wenn eine Nachschusspflicht vertraglich vereinbart ist.
► Er kann seinen Geschäftsanteil übertragen, wobei Voraussetzungen dafür im Vertrag genannt sein können. Verkaufen	► Eine Wettbewerbsbeschränkung wird nur wirksam, wenn sie im Gesellschaftsvertrag vereinbart ist.
► Er hat ein Recht auf Anteil am Liquidationserlös, der sich nach dem Verhältnis der Geschäftsanteile bemisst.	

Die GmbH bedarf als juristische Person verschiedener **Organe**, welche die GmbH innerhalb und außerhalb des Unternehmens vertreten. Das sind:

► Der oder die **Geschäftsführer**, denen die Leitung der GmbH obliegt. Sie müssen nicht Gesellschafter sein. Ein **Arbeitsdirektor** ist nach MitbG notwendig, wenn die GmbH mehr als 2.000 Arbeitnehmer aufweist.

► Der **Aufsichtsrat**, der erst ab einer bestimmten Mitarbeiterzahl einzurichten ist und vor allem die Tätigkeit der Geschäftsleitung zu überwachen hat. Es gilt:

- das **BetrVG**, das ab 500 Arbeitnehmern einen Aufsichtsrat vorschreibt, bei dem ein Drittel der Aufsichtsräte von der Belegschaft zu wählen ist

- das **MitbG**, nach dem ab 2.000 Arbeitnehmern der Aufsichtsrat zu gleichen Teilen von Anteilseignern und Arbeitnehmern zu wählen ist.

► Die **Gesellschafterversammlung**, die das beschließende Organ der GmbH ist und z. B. die Jahresbilanz feststellt, Geschäftsführer bestellt und entlastet und die Verteilung des Reingewinns durch Abstimmung festlegt – siehe ausführlich § 46 GmbHG.

Die GmbH ist eine häufig vorzufindende Rechtsform bei Unternehmen mittlerer Größe, die als **Familienunternehmen** betrieben werden, aber auch bei **Großunternehmen**, z. B. in Form von Tochtergesellschaften.

Von **Vorteil** für die Gesellschafter ist, dass deren Haftung auf die Stammeinlage beschränkt ist. Durch die Aufnahme neuer Gesellschafter kann die Kapitalbasis erweitert werden. Zur Gründung der GmbH wird nur ein relativ niedriges Anfangskapital benötigt. Es besteht im Übrigen für die Gesellschafter eine recht hohe Entscheidungs- und Gestaltungsfreiheit. ● Haftung ● Neue Gesellschafter ● Niedriges Anfangskapital ● Hohe Entscheidungsfreiheit

Nachteilig ist, dass die GmbH eine kompliziertere Gründung und höhere Kosten als die Personengesellschaften erfordert. Die Wahl der Rechtsform einer GmbH ist nur mit erheblichen steuerlichen Lasten rückgängig zu machen – siehe § 3 UmwStG. Im Vergleich zur AG bleibt einer GmbH der Kapitalmarkt weitgehend verschlossen. Die hohe Insolvenzanfälligkeit dieser Rechtsform ist auffallend. ● Komplizierte Gründung ● Schwer Rückgängig zu machen ● Kapitalmarkt verschlossen ● Insolvenzanfällig

1.3.2 Haftungsbeschränkte Unternehmergesellschaft

Die haftungsbeschränkte Unternehmergesellschaft (UG haftungsbeschränkt) ist eine Rechtsformvariante der GmbH, die es seit 11/2008 gibt. Ihre Rechtsgrundlage ist das GmbHG. Insofern stellt sie **keine neue Rechtsform** dar. Ihr bedeutendster Unterschied zur GmbH liegt im Mindeststammkapital, weshalb sie auch als **Mini GmbH** bezeichnet wird.

Die Gesellschaft soll dazu dienen, Existenzgründern und Kleinunternehmern – z. B. im Dienstleistungsbereich – mit wenig verfügbarem Kapital die Gründung einer haftungsbeschränkten Gesellschaft zu ermöglichen. Wesentliche ihrer **Merkmale** sind (§ 5a GmbHG):

► Das **Stammkapital** liegt zwischen 1 € und 24.999 €. Die Einlagen auf das Stammkapital dürfen ausschließlich nur in Form von **Bareinlagen** erfolgen. Die Handelsregisteranmeldung erfordert die vorherige Einzahlung des gesamten Stammkapitals.

► Der **Jahresüberschuss** muss zu 25 % in die Rücklage eingestellt werden, bis Rücklage und Stammkapital zusammen 25.000 € betragen. Mit Erreichen dieses Betrages kann die Gesellschaft sich in eine **„normale" GmbH** umwandeln, muss es aber nicht tun.

► Wie bei der GmbH kann zur Gründung der Gesellschaft das **Musterprotokoll** verwendet werden, das hier aufgrund einer kostenrechtlichen Privilegierung sogar zu Kostenersparnis führt.

1.3.3 Aktiengesellschaft

Die Aktiengesellschaft (AG) ist eine Handelsgesellschaft mit eigener Rechtspersönlichkeit, deren Gesellschafter mit Einlagen auf das in Aktien zerlegte Grundkapital beteiligt sind. Rechtsgrundlage für die AG ist das Aktiengesetz (AktG). Ihre Merkmale sollen nachfolgend dargestellt werden, wobei darauf hinzuweisen ist, dass es zwei **Sonderformen** der AG gibt.[1]

Das **Grundkapital** beträgt als gezeichnetes Kapital mindestens 50.000 €. Die Nennwerte aller Aktien und des Grundkapitals entsprechen sich. Der Mindest-Nennbetrag der Aktien ist 1 €. **Aktien** dürfen nicht unter ihrem Nennwert (= unter pari) ausgegeben werden. Dagegen ist es zulässig, Aktien über ihrem Nennwert (= über pari) auf den Markt zu bringen. Die Differenz zwischen Ausgabewert und Nennwert wird als **Agio** bezeichnet.

Zur **Gründung** einer AG sind ein oder mehrere Gründer notwendig, die alle Aktien gegen Einlagen übernehmen müssen. Sie stellen den Gesellschaftsvertrag (Satzung) auf, der notariell zu beurkunden ist. Über die Gründung wird ein Gründungsbericht erstellt.

Die **Firma** der AG kann eine Personenfirma, Sachfirma, Fantasiefirma oder gemischte Firma sein. Sie muss den Zusatz „Aktiengesellschaft" bzw. „AG" enthalten, z. B. Deutsche Bank AG. Die Eintragung der AG in die Abteilung B des **Handelsregisters** hat konstitutive Wirkung, d. h. die Rechtswirkung tritt erst durch die Eintragung ein.

---

[1] **Sonderformen** der AG sind:

- ▶ Die seit 1994 durch das Gesetz über kleine Aktiengesellschaften geschaffene **kleine Aktiengesellschaft**. Danach gelten für kleine, nicht börsennotierte Aktiengesellschaften verschiedene Sonderregelungen, z. B.:
  - erleichterte Gründungsvorschriften (Einmann-Gründung)
  - Vereinfachung bezüglich der Hauptversammlung (Einberufung, Abhaltung, notarielle Beurkundung der Beschlüsse)
  - Freistellung von Mitbestimmungsregelungen (unter 500 Arbeitnehmern).
- ▶ Seit 2005 kann die **Europäische Aktiengesellschaft** (SE = Societas Europaea) als supranationale Gesellschaftsform gegründet werden. Ihr Mindestkapital umfasst 120.000 € und ihre Ausführungsgesetze entsprechen den Gesetzen des Mitgliedsstaates der Europäischen Gemeinschaft, in dem sie gegründet wurde.

  Die Europäische Aktiengesellschaft besteht aus zwei Unternehmen aus verschiedenen EU-Mitgliedstaaten. Ihr Sitz liegt in dem Mitgliedstaat, in dem sich die Hauptverwaltung befindet. Sie kann ihn innerhalb der EU verlegen, ohne dass dies die Gesellschaft auflöst oder eine Neugründung erzwingt.

  Mit der Europäischen Aktiengesellschaft bietet sich Unternehmen die Möglichkeit, europaweit **rechtlich einheitlich** zu **firmieren** und als Rechtspersönlichkeit zu **fungieren**. Damit soll insbesondere die Expansion kleiner und mittlerer Firmen im europäischen Ausland gefördert werden.

Die **Aktionäre** stellen die Gesellschafter einer AG als Inhaber der von ihr ausgegebenen Aktien dar. Sie haben folgende Rechte und Pflichten:

Rechte	Pflichten
▶ Teilnahme an der Hauptversammlung und Stimmrecht entsprechend ihrer Aktiennennbeträge	▶ Pflicht zur Leistung übernommener Einlagen
▶ Recht auf Auskunft über Angelegenheiten der Gesellschaft, soweit sie zur sachgemäßen Beurteilung des Gegenstandes der Tagesordnung nötig ist (§ 131 AktG)	▶ Die Satzung kann den Aktionären Nebenverpflichtungen auferlegen, z. B. nicht in Geld bestehende Leistungen (§ 55 AktG)
▶ Anfechtung eines Beschlusses der Hauptversammlung, wenn dieser gegen ein Gesetz verstößt	▶ Haftung bis zur Höhe des Ausgabebetrages der Aktien, wenn die AG im Handelsregister eingetragen ist
▶ Recht auf Anteil am Bilanzgewinn als Dividende im Verhältnis der Aktiennennbeträge	
▶ Recht auf Bezug neuer (junger) Aktien im Verhältnis der Kapitalerhöhung zum alten Grundkapital	
▶ Recht auf Anteil am Liquidationserlös nach dem Verhältnis der Aktiennennbeträge	

Im Wirtschaftsverkehr handelt die AG als juristische Person durch ihre **Organe**, die gesetzlich vorgeschrieben sind. Das sind:

▶ Der **Vorstand** als das leitende Organ der AG. Er besteht aus einer oder mehreren Personen, die vom Aufsichtsrat auf höchstens fünf Jahre bestellt werden und keine Mitglieder des Aufsichtsrats sein dürfen, wobei eine wiederholte Bestellung oder eine Verlängerung möglich ist. Nach dem MitbG gehört dem Vorstand ein **Arbeitsdirektor** an, wenn die AG mehr als 2.000 Arbeitnehmer beschäftigt.

▶ Der **Aufsichtsrat** bestellt den Vorstand, beruft ihn ab und überwacht seine Geschäftsführung. Dabei ist er berechtigt, die Bücher und Unterlagen der Gesellschaft einzusehen. Der Aufsichtsrat besteht nach AktG aus drei Mitgliedern (§ 95 AktG), die Satzung der AG kann eine höhere Zahl festlegen. Er wird von der Hauptversammlung auf vier Jahre gewählt.

▶ Die **Hauptversammlung** besteht aus den Aktionären und ist das beschließende Organ der Gesellschaft. Sie entscheidet in den im AktG und in der Satzung bestimmten Fällen, z. B. über die Bestellung der Mitglieder des Aufsichtsrats, die Verwendung des Bilanzgewinns und die Entlastung der Mitglieder des Vorstandes und des Aufsichtsrates (§§ 118 ff. AktG).

Die AG ist die bedeutendste Rechtsform der Kapitalgesellschaften. Für sie ist von **Vorteil**, dass ein großes Finanzvolumen über den Kapitalmarkt (Börse) aufgebracht werden kann. Der Erwerb und die Übertragung von Aktien – in der verbreiteten Form der Inhaberaktie – erfolgen durch Einigung und Übergabe. *Hohes Finanzvolumen*

Als **Nachteil** ist anzusehen, dass die Gründung kompliziert ist. Die Gründungskosten wie auch die laufenden Kosten sind hoch. Dazu kommen umfassende Prüfungs- und Publizitätspflichten. Die organisatorische Aufbaustruktur ist vielfältig. Außerdem können sich Interessenkonflikte über die Gewinnverwendung ergeben. *Komplizierte Gründung* *Gewinnverwendung* *Struktur* *Publizitätspflichten* *Kosten*

Eine Konzentration durch Zusammenschlüsse von Aktiengesellschaften (Verschmelzungen) ist möglich, was die Gefahr der Marktbeherrschung mit sich bringen kann.

Aufgabe 10 > Seite 282

1.3.4 Kommanditgesellschaft auf Aktien

Die Kommanditgesellschaft auf Aktien (KGaA) ist eine juristische Person mit mindestens einem persönlich haftenden Gesellschafter, der das Unternehmen leitet. Die übrigen Gesellschafter sind als Kommanditaktionäre mit Einlagen auf das in Aktien zerlegte Grundkapital beteiligt, ohne dass sie mit ihrem Privatvermögen haften.

Die KGaA ist eine Kombination zwischen der AG und KG, wobei der Charakter als Kapitalgesellschaft im Vordergrund steht. Ihre **Rechtsgrundlagen** lassen sich sowohl im AktG – §§ 278 - 290 AktG – als auch im HGB – §§ 161 - 177 HGB – finden.

Die **Gründung** der KGaA kann durch eine oder mehrere Personen erfolgen, von denen mindestens eine persönlich haftender Gesellschafter sein muss. Zur Gründung ist ein Mindestkapital von 50.000 € erforderlich.

Die **Firma** kann eine Personenfirma, Sachfirma, Fantasiefirma oder gemischte Firma sein und muss den Zusatz „Kommanditgesellschaft auf Aktien" bzw. „KGaA" enthalten, z. B. Henkel KGaA.

Die KGaA wird als Kapitalgesellschaft in der Abteilung B des **Handelsregisters** eingetragen. Die Wirkung der Eintragung ist konstitutiv, d. h. Rechtsgeschäfte der KGaA können erst nach deren Eintragung rechtswirksam abgeschlossen werden.

Hinsichtlich der **Gesellschafter** gibt es bei den Komplementären und Kommanditisten unterschiedliche Regelungen:

Rechte	Pflichten
► Ein Komplementär hat als „geborener Vorstand" das Recht der Geschäftsführung und Vertretung. ► Die Kommanditaktionäre erhalten ihren Gewinn im Verhältnis der Aktiennennbeträge.	► Ein Komplementär haftet unbeschränkt mit seinem ganzen Vermögen. ► Die Kommanditaktionäre haften demgegenüber nur mit ihrer Einlage.

Die **Organe** einer KGaA sind:

► der **Vorstand** als leitendes Organ, das aus dem oder den Komplementär(en) der KGaA besteht

► der **Aufsichtsrat** als überwachendes Organ, das von der Hauptversammlung gewählt wird

► die **Hauptversammlung** als beschließendes Organ, das die Kommanditaktionäre umfasst.

Die **Bedeutung** der KGaA zeigt sich bei der Kapitalbeschaffung, denn über den Kapitalmarkt kann ein großes Finanzvolumen aufgebracht werden. Bei der voll haftenden Geschäftsführung ist eine stärkere persönliche Bindung als bei den von Managern geleiteten Aktiengesellschaften anzunehmen.

Die Konstruktion der KGaA ist relativ kompliziert und verursacht hohe Gründungskosten wie auch laufende Kosten, was einen **Nachteil** darstellt.

1.4 Sonstige Rechtsformen

Über die genannten Formen hinaus gibt es weitere Rechtsformen mit unterschiedlicher Strukturierung. Es sollen beschrieben werden:

► **GmbH & Co. KG**

► **Genossenschaft**

► **Verein**.

1.4.1 GmbH & Co. KG

Die typische GmbH & Co. KG ist eine Kommanditgesellschaft, bei der eine GmbH der Komplementär ist und die GmbH-Gesellschafter zugleich die Kommanditisten der KG darstellen. Die **Gründung** ist als Einperson-GmbH & Co. KG möglich, bei welcher der GmbH-Gesellschafter gleichzeitig den einzigen Kommanditisten der KG darstellt.

Die **Firma** der GmbH & Co. KG muss den Namen des Komplementärs enthalten mit dem Zusatz „& Co. Kommanditgesellschaft" bzw. „& Co. KG", z. B. als Brose Fahrzeugteile GmbH & Co. KG oder Gilette Deutschland GmbH & Co. KG. Damit wird die Haftungsbeschränkung gekennzeichnet.

Mit der GmbH & Co. KG werden die **Vorteile** der KG als einer Personengesellschaft erhalten, andererseits erfolgt aber die Beschränkung der vollen Haftung des Komplementärs auf das Vermögen der GmbH. In der Praxis sind die Gesellschafter, die als Vollhafter auftreten, meist mit einem geringen Betrag an der GmbH beteiligt. Sie bestellen sich als Geschäftsführer der GmbH, die wiederum geschäftsführender Gesellschafter der KG ist. Das Kapital wird in Form von Kommanditeinlagen geleistet.

1.4.2 Genossenschaft

Die Genossenschaft ist eine Gesellschaft mit nicht geschlossener Mitgliederzahl, welche die Förderung des Erwerbs oder der Wirtschaftlichkeit ihrer Mitglieder (wirtschaftliche Zwecke) oder deren soziale bzw. kulturelle Belange (ideelle Zwecke) mittels gemeinschaftlicen Geschäftsbetriebes bezweckt. **Rechtsgrundlage** ist das 2006 reformierte Genossenschaftsgesetz (GenG).

Die Mitglieder der Genossenschaft werden als **Genossen** bezeichnet. Sie sind i. d. R. natürliche Personen, können aber auch juristische Personen sein. Genossenschaften sind z. B. Volks- und Raiffeisenbanken, Wohnungsgenossenschaften.

Zur **Gründung** einer Genossenschaft sind mindestens drei Mitglieder erforderlich, die eine Satzung (Statut) aufstellen, worin u. a. die Höhe der Geschäftsanteile der Mitglieder sowie die darauf zu leistende Einzahlung festgelegt werden.

Die Genossenschaft hat eine offene Mitgliederzahl und grundsätzlich kein festes Stammkapital. Sie entsteht erst, wenn sie in das Genossenschaftsregister eingetragen ist.

Die **Firma** der Genossenschaft kann eine Personenfirma, Sachfirma, Fantasiefirma oder gemischte Firma sein. Sie muss den Zusatz „eingetragene Genossenschaft" bzw. „eG" tragen, z. B. VG-Bank Ludwigshafen eG.

Die **Haftung** der Genossen erfolgt grundsätzlich nur mit ihrer Einlage als Geschäftsanteil. Die Vereinbarung einer Nachschusspflicht ist für den Fall einer Insolvenz möglich. Sie kann unbegrenzt oder auf eine bestimmte Summe begrenzt sein, aber auch ausgeschlossen werden.

Die **Organe** der Genossenschaft sind:

- ► der Vorstand (mindestens 2 Mitglieder)
- ► der Aufsichtsrat (mindestens 3 Genossen)
- ► die Generalversammlung (ähnlich Hauptversammlung).

Die **Bedeutung** der Genossenschaft zeigt sich in der Zusammenarbeit ihrer Mitglieder, z. B. von Bauern oder Handwerkern, zur Selbsthilfe im Wettbewerb mit Großunternehmen. Sie wird dadurch erhöht, dass sich Genossenschaften zu Verbänden zusammenschließen.

Die Genossenschaft ist weder Personengesellschaft noch Kapitalgesellschaft, sondern als **wirtschaftlicher Verein** eine juristische Person.

1.4.3 Verein

Der Verein ist eine vom Wechsel seiner Mitglieder unabhängige Vereinigung von Personen, die unter einem Vereinsnamen ein gemeinschaftliches Ziel verfolgen. Als **Rechtsgrundlage** gelten die §§ 21 - 79 BGB. Der Verein kann ein nicht-rechtsfähiger Verein oder – als juristische Person – rechtsfähiger Verein sein. In beiden Fällen dient er entweder wirtschaftlichen oder ideellen Zwecken, d. h. stellt er einen wirtschaftlichen oder ideellen Verein dar.

Die **Bedeutung** der Vereine zeigt sich in ganz unterschiedlichen Bereichen, z. B. auf wirtschaftlichen, sozialen, politischen und religiösen Gebieten. Sowohl beim nicht-rechtsfähigen als auch beim rechtsfähigen Verein fungieren als **Organe** der Vorstand und die Mitgliederversammlung.

Zur **Gründung** eines rechtsfähigen Vereins sind mindestens sieben Gründer erforderlich, die eine Satzung aufstellen. Der Verein gilt erst dann als rechtsfähig, wenn er in das Vereinsregister beim Amtsgericht eingetragen ist.

Weitere **Regelungen für rechtsfähige Vereine** sind:

► Sie müssen über eine Vereinssatzung verfügen, in der Zweckbestimmung, Erwerb/Verlust der Mitgliedschaft, Beiträge der Mitglieder und Bildung des Vorstandes geregelt werden.

► Nicht-wirtschaftliche Vereine als „Idealvereine" werden beim Amtsgericht ins Vereinsregister eingetragen und damit rechtsfähig. Wirtschaftliche Vereine erlangen ihre Rechtsfähigkeit ausschließlich durch staatliche Verleihung.

► Für die Schulden des Vereins haftet nur das Vereinsvermögen, d. h. die Mitglieder haften nicht persönlich.

► Die Auflösung des Vereins ist mit einer Drei-Viertel-Mehrheit der Mitgliederversammlung möglich.

Aufgabe 11 > Seite 283

2. Zusammenschlüsse

Zusammenschlüsse sind durch die Zusammenarbeit zwischen Unternehmen gekennzeichnet. Viele Unternehmen können ihre langfristigen Ziele besser erreichen, wenn sie mit anderen Unternehmen zusammenwirken. Je nach Art des Zusammenschlusses sind die Folgen hinsichtlich der Selbstständigkeit der sich zusammenschließenden Unternehmen unterschiedlich. *− Ziele besser erreichen / − Selbstständigkeit*

Als Zusammenschlüsse sollen unterschieden werden:

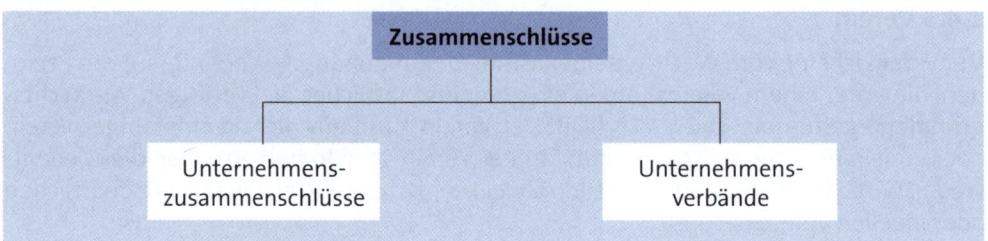

2.1 Unternehmenszusammenschlüsse

Unternehmenszusammenschlüsse sind Verbindungen von rechtlich und wirtschaftlich selbstständigen Unternehmen zu größeren Wirtschaftseinheiten, die folgenden **Zielen** dienen können:

▸ bessere Ausnutzung von Beschaffungsmöglichkeiten *− Kernprozesse*

▸ bessere Auslastung von Kapazitäten

▸ Verbesserung der Absatzmöglichkeiten

▸ bessere Finanzierbarkeit von Großprojekten

▸ Verbesserung der Forschungs- und Entwicklungsmöglichkeiten */Innovationen*

▸ Verbesserung des Images.

Unter **wirtschaftlicher Selbstständigkeit** wird das Maß des Einflusses auf die Geschäftsführung verstanden, als **rechtliche Selbstständigkeit** das Fortbestehen im Sinne eines eigenständigen Rechtssubjektes bzw. einer juristischen Person. Danach lassen sich unterscheiden:

Art des Zusammenschlusses	Beispiele für Zusammenschlüsse	Rechtliche Selbstständigkeit	Wirtschaftliche Selbstständigkeit		Art der Verbindung
Bestimmte Kartelle	„Frühstückskartell"	Bleibt voll erhalten	Großer Teil bleibt erhalten	Kleiner Teil geht verloren	**Kooperation**[1]
Arbeitsgemeinschaft	Bauprojekt	Bleibt voll erhalten			
Konsortium	Bankenkonsortium	Bleibt voll erhalten			
Interessengemeinschaft (i. e. S.)	Gewinngemeinschaft	Bleibt voll erhalten	Teilweise erhalten	Großer Teil geht verloren	
Konzern	Mutter-Tochter-Gesellschaft	Bleibt voll erhalten	Geht voll verloren		**Konzentration**[2]
Fusioniertes Unternehmen	Zusammenschluss selbstständiger Unternehmen	Geht voll verloren	Geht voll verloren		

Das **Gesetz gegen Wettbewerbsbeschränkungen** (GWB) dient der Erhaltung des Wettbewerbs. Danach sind Kartelle anzumelden bzw. genehmigen zu lassen. Sie werden im Bundesanzeiger bekannt gemacht. In der Praxis ist es allerdings schwierig, im Falle der Nichtbefolgung von Vorschriften entsprechende Nachweise von Absprachen zu erbringen.

Das **Bundeskartellamt** in Berlin überwacht die Erhaltung des Wettbewerbs. Bei Nichtbeachtung der Vorschriften des GWB drohen Geldbußen, die in Millionenhöhe liegen können. Nach dem Art. 81 des EG-Vertrages sind allen Unternehmen der Mitgliedstaaten Vereinbarungen verboten, die dem **Wettbewerb** schaden.

Als Unternehmenszusammenschlüsse sollen dargestellt werden:

► **Interessengemeinschaften**

► **Gelegenheitsgesellschaften**

► **Kartelle**

---

[1] Die zusammengeschlossenen Unternehmen **bleiben rechtlich selbstständig**, geben aber einen mehr oder weniger großen Teil ihrer wirtschaftlichen Selbstständigkeit auf.

[2] Die zusammengeschlossenen Unternehmen **verlieren** ihre **rechtliche Selbstständigkeit** und/oder **wirtschaftliche Selbstständigkeit**.

- **Konzerne**
- **Fusionen**.

Außer diesen Formen von Zusammenschlüssen gibt es in der Praxis auch **Gemein-schaftsunternehmen**. Im internationalen Bereich werden sie als **Joint Ventures** bezeichnet. Solche Verbundformen erfreuen sich in jüngerer Zeit zunehmender Beliebtheit, z. B. zur Nutzung gemeinsamer Betriebskapazitäten, zur Rohstoffsicherung oder zur Erschließung neuer Auslandsmärkte.

2.1.1 Interessengemeinschaften

Interessengemeinschaften können begrifflich unterschiedlich weit gefasst werden:

- Im **weiteren Sinne** sind Interessengemeinschaften vertragliche Verbindungen von mehreren Personen zur Erreichung eines gemeinsamen Zieles. Danach weisen alle Interessengemeinschaften die Rechtsform einer **GdbR** auf. Sie entstehen meist durch die **horizontale Zusammenfassung** von Unternehmen, die auf vertraglicher Basis rechtlich selbstständig bleiben und dienen z. B.:
  - gemeinsamem Einkauf
  - gemeinsamer Forschung
  - gemeinsamer Fertigung
  - gemeinsamem Absatz.

- In **engerem Sinne** können Interessengemeinschaften als Gewinn- und Verlustgemeinschaften gebildet werden, d. h. die Gewinne fließen in eine gemeinsame Kasse und werden – wie auch die Verluste – nach einem bestimmten Schlüssel auf die Unternehmen verteilt. Das setzt entsprechende gesellschaftsvertragliche Vereinbarungen voraus.

Die in Interessengemeinschaften zusammengeschlossenen Unternehmen erhoffen sich durch den Zusammenschluss eine Steigerung ihres Erfolges.

2.1.2 Gelegenheitsgesellschaften

In Gelegenheitsgesellschaften schließen sich rechtlich und meistens auch wirtschaftlich selbstständige Unternehmen zur Durchführung von Einzelgeschäften auf gemeinsame Rechnung mit dem Ziel zusammen, eine bestimmte Aufgabe zu lösen. Dies geschieht meist in der Rechtsform der **GdbR**.

Gelegenheitsgesellschaften können sein:

- **Arbeitsgemeinschaften**, die Zusammenschlüsse zum Erfahrungsaustausch, zur Interessenvertretung oder zur Lösung gemeinsamer Probleme sind, z. B. in Verbindung mit der Abwicklung größerer Projekte im Bau- und Industriebereich oder zur Durchführung aufwändiger Forschungs- und Entwicklungsvorhaben. Sie werden als **ARGE** abgekürzt.

► **Konsortien**, die Zusammenschlüsse zur gemeinsamen Durchführung bestimmter Geschäfte auf der Grundlage eines Konsortialvertrages darstellen, z. B. als Bankkonsortien zur Übernahme bzw. zum Verkauf von Wertpapieren oder zur Gewährung von Großkrediten. Sie gibt es auch als Industriekonsortien zur Abwicklung einmaliger Großanlagengeschäfte, z. B. im Autobahnbau.

Durch die Zusammenschlüsse in Gelegenheitsgesellschaften bleibt die rechtliche Selbstständigkeit der beteiligten Unternehmen erhalten. Je nach der Art der Gelegenheitsgesellschaften geht dabei aber ein kleinerer oder größerer Teil der wirtschaftlichen Selbstständigkeit verloren.

2.1.3 Kartelle

Kartelle sind vertragliche Zusammenschlüsse von Unternehmen, die ihre kapitalmäßige und rechtliche Selbstständigkeit erhalten, deren wirtschaftliche Selbstständigkeit aber durch den Gegenstand des Kartells eingeschränkt wird.

Das Hauptziel von Kartellen besteht in der **Marktbeherrschung** durch die Beseitigung oder zumindest Beschränkung des Wettbewerbs *(Hefermehl/Köhler/Bornkamm, Herdegen, Streinz)*. Die Kartellabsprachen können relativ weitreichend sein. Sie beziehen sich z. B. auf Geschäftsbedingungen, Absatzpreise, Forschung und Entwicklung.

Zwischen den Kartellmitgliedern wird ein **Kartellvertrag** geschlossen, durch den eine nach außen weniger in Erscheinung tretende Vereinigung, z. B. ein Kartell **niedriger Ordnung** in der Rechtsform der Gesellschaft des bürgerlichen Rechts entstehen kann. In vielen Fällen wird aber die Unternehmensleitung auf einen eigenen Rechtsträger ausgegliedert, beispielsweise auf eine GmbH. Damit entsteht ein Kartell **höherer Ordnung**.

Folgende **Arten** von Kartellen können z. B. unterschieden werden *(Jung, Schierenbeck/ Wöhle, Wöhe/Döring)*:

► Die **Konditionenkartelle**, die sich auf die Vereinheitlichung der geschäftlichen Nebenbedingungen als allgemeine Geschäfts-, Liefer-, Zahlungsbedingungen richten, keinesfalls aber auf Preisabsprachen, die dem Wettbewerb nicht dienen.

► Die **Produktionskartelle**, die z. B. aus Gründen der Rationalisierung bzw. zur Normung/Typung nur produktionstechnische Vereinbarungen treffen, die aber auch Wettbewerbsbeschränkungen mit sich bringen können.

► Die **Absatzkartelle** oder die **Beschaffungskartelle**, wenn das Absatz- oder Beschaffungsgebiet von den Mitgliedern des Kartells räumlich aufgeteilt wird, z. B. bei einem **Gebietskartell**.

► Das **Syndikat**, das als straffste Kartellform gilt, die meistens den Wettbewerb beschränkt. Zwar bringt es in der Regel Kosteneinsparungen mit sich und führt gegenüber den Abnehmern und der Konkurrenz zu einer starken Machtposition.

► Die **Preiskartelle**, die Einheits-, Mindest- oder Höchstpreise sowie zugehörige Produktions- oder Beschaffungsquoten festlegen bzw. **Gewinnverteilungskartelle**, die einen Gewinnausgleich der Beteiligten regeln. *Beide sind verboten.*

Da die Kartellabsprachen i. d. R. den Wettbewerb zwischen den Unternehmen einschränken, widersprechen sie den wirtschaftspolitischen Zielsetzungen der Marktwirtschaft. Deshalb sind ordnungspolitische Regelungen nötig:

► Nach der **früheren Rechtslage** wurde im **Kartellrecht** zwischen anmeldepflichtigen, Widerspruchskartellen und Erlaubniskartellen unterschieden. Inzwischen ist diese Einteilung der Kartelle **nicht mehr gültig**, was darin begründet ist, dass das in Deutschland geltende Gesetz gegen den unlauteren Wettbewerb (UWG) sowie das Gesetz gegen Wettbewerbsbeschränkungen (GWB) durch ihre Neufassung 06/2005 an europäische Gegebenheiten angepasst wurden.

Nach § 1 GWB sind Vereinbarungen zwischen Unternehmen, Beschlüsse von Unternehmensvereinigungen und aufeinander abgestimmte Verhaltensweisen verboten, die eine Verhinderung, Einschränkung oder Verfälschung des Wettbewerbs bezwecken oder bewirken.

Das System der früheren Anmeldung von Kartellabsprachen beim Kartellamt als **„Administrativfreistellung"** gibt es seit 06/2005 nicht mehr. An ihre Stelle ist die **„Legalausnahme"** getreten, die besagt, dass die an einem Kartell beteiligten Unternehmen nun eigenverantwortlich beurteilen müssen, ob ihr Verhalten kartellrechtlich zulässig ist.

► Ein **Kartellverbot** gilt umfassend für alle Vereinbarungen zwischen Unternehmen, Beschlüsse von Unternehmensvereinbarungen sowie aufeinander abgestimmte Verhaltensweisen (§ 2 GWB). Von diesem Verbot gibt es **Ausnahmen** (§§ 28, 30 GWB):

- Sonderregelungen für die Landwirtschaft
- Preisbindung bei Druckerzeugnissen.

Nach § 2 GWB sind Vereinbarungen zwischen Unternehmen **vom Kartellverbot** des § 1 GWB **freigestellt**, z. B. wenn Verbraucher angemessen am entstehenden Gewinn beteiligt werden, die Warenerzeugung und -verteilung verbessert und der technische und wirtschaftliche Fortschritt gefördert wird sowie für einen wesentlichen Teil der Ware der Wettbewerb nicht ausgeschlossen wird.

Unter bestimmten Bedingungen sind auch **Mittelstandskartelle** zulässig, wenn die Kartellvereinbarung oder der Beschluss dazu dient, die Wettbewerbsfähigkeit von kleinen oder mittleren Unternehmen zu verbessern (§ 3 GWB).

Bei **Verstößen** gegen das Kartellrecht können seit 06/2005 Geldbußen bis zu 1 Mio. € oder in Höhe von bis zu 10 % des im Vorjahr erzielten Gesamtumsatzes verhängt werden. Die deutschen Kartellbehörden (Bundeskartellamt, Landeskartellbehörden) konnen nicht nur bestimmte Verhaltensweisen von Kartellpartnern verbieten, sondern auch ein bestimmtes Verhalten positiv anordnen.

Außerdem können die Kartellbehörden **Verpflichtungszusagen** annehmen und für bindend erklären sowie Verstöße gegen das Kartellrecht bei berechtigtem Interesse **nachträglich** feststellen.

Der **Bundesminister für Wirtschaft und Technologie** hat auf Antrag die Möglichkeit, einen vom Bundeskartellamt untersagten Zusammenschluss innerhalb von vier Monaten doch unter bestimmten Voraussetzungen zu erlauben, wenn das Ausmaß der Wettbewerbsbeschränkung die marktwirtschaftliche Ordnung nicht gefährdet (§ 42 GWB).

Aufgabe 12 > Seite 283

2.1.4 Konzerne

Konzerne sind Zusammenfassungen rechtlich selbstständiger Unternehmen unter **einheitlicher Leitung**. Die zusammengefassten Unternehmen weisen i. d. R. eine wirtschaftliche Verbindung miteinander auf. Aufgrund der einheitlichen Leitung sind sie in ihrer internen Willensbildung nicht selbstständig.

Die **Zusammenfassung** der Unternehmen kann beruhen:

► beim Vertragskonzern auf einem **Beherrschungsvertrag**
► beim faktischen Konzern auf einer **Mehrheitsbeteiligung**.

Als **Arten** von Konzernen lassen sich unterscheiden:

► **Strukturbezogene Konzerne**, welche den Beziehungszusammenhang des jeweiligen Konzerns betreffen. Hier gibt es:
  - **Horizontale Konzerne**, welche durch die Ausschaltung der Konkurrenz eine Markt beherrschende Position zu erringen versuchen, z. B. um die Möglichkeit einer autonomen Preispolitik zu schaffen. Es erfolgt eine „waagerechte" Anordnung der Konzernunternehmen, d. h. eine Anordnung auf der gleichen Branchenebene.

Beispiel

Kaufhaus A AG → Kaufhaus B AG

  - **Vertikale Konzerne**, die Zusammenschlüsse von Unternehmen aufeinander folgender Produktionsstufen darstellen, also auf unterschiedlichen Branchenebenen existieren. Sie sind weniger auf die Marktbeherrschung ausgerichtet als auf die Sicherung der Rohstoffbasen bzw. der Absatzmärkte.

Beispiel

Bergwerk AG
↓
Hüttenwerk AG
↓
Röhrenwerk AG
↓
Röhrenhandel AG

- **Diagonale Konzerne**, die Zusammenschlüsse von Unternehmen sind, zwischen denen keine leistungsmäßig direkten Zusammenhänge bestehen, durch die aber mehrere „Standbeine" auf unterschiedlichen Märkten angestrebt bzw. der Liquiditäts- und Risikoausgleich zwischen den Unternehmen verbessert werden soll.

Beispiel

Personalkraftwagen AG
↓
Elektronik AG
↓
Luftfahrt AG

▶ **Ordnungsbezogene Konzerne**, die mehr oder weniger große Abhängigkeitsverhältnisse im Konzern aufweisen als:

- **Unterordnungskonzerne**, die durch Abhängigkeitsverhältnisse der Tochtergesellschaften von Muttergesellschaften auf der Basis von Beteiligung von mindestens 50 % entstehen. Das untergeordnete ist vom übergeordneten Unternehmen abhängig. Diese Abhängigkeit kann auch zu 100 % gegeben sein. In der Praxis haben Unterordnungskonzerne große Bedeutung.

Beispiel

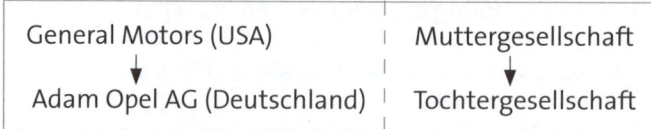

General Motors (USA)	Muttergesellschaft
↓	↓
Adam Opel AG (Deutschland)	Tochtergesellschaft

- **Gleichordnungskonzerne**, bei denen mindestens zwei voneinander unabhängige Unternehmen eine gemeinsame Leitung haben. Diese resultiert aber nicht aus einem Abhängigkeitsverhältnis, sondern auf einer vertraglichen Absprache. In der Praxis ist der Gleichordnungskonzern von eher geringer Bedeutung.

Beispiel

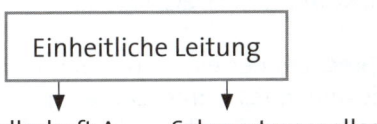

Schwestergesellschaft A   Schwestergesellschaft B

▸ **Branchenbezogene Konzerne**, die sich auf gleiche oder unterschiedliche Wirtschaftszweige beziehen. Das können sein:

- **Organische Konzerne**, bei denen Unternehmen zusammengeschlossen sind, die
aufgrund ihrer Branchenstruktur zusammenpassen:

Beispiel

Bauunternehmen X
Bauunternehmen Y

- **Anorganische Konzerne**, deren Unternehmen in verschiedenen Geschäftszweigen
tätig sind.

Beispiel

Brauereiunternehmen A

Verlag B

In der betrieblichen Praxis gibt es viele **Mischkonzerne**, die einzelne Elemente der oben
dargestellten Konzernformen enthalten.

2.1.5 Fusionen

Unter fusionierten Unternehmen werden Zusammenschlüsse zuvor selbstständiger
Unternehmen verstanden, die nach der Fusion keine rechtliche und wirtschaftliche
Selbstständigkeit mehr besitzen. An ihrer Stelle entsteht eine neue wirtschaftliche und
rechtliche Einheit.

Gründe für Fusionen können insbesondere im Streben nach Rationalisierung im Leistungsbereich oder nach Konzentration von Markt- und Kapitalmarkt liegen. Die fusio-
nierenden Unternehmen können z. B. gleiche oder vor- bzw. nachgelagerte **Leistungsstufen** aufweisen.

— Rationalisierung in Leistungsbereich
— Konzentration von Markt - und Kapitalmarkt
↳ Gleiche, vor -oder nachgelagerte Leistungsstufen

73

Das Umwandlungsgesetz (UmwG) unterscheidet im Hinblick auf alle Arten zu fusionierender juristischer Personen (AG, KGaA, GmbH, eG, Verein):

▸ Die **Verschmelzung durch Aufnahme**, bei der ein Unternehmen sein Vermögen als Ganzes auf ein anderes, bereits bestehendes Unternehmen überträgt. Nach der Fusion existiert nur noch die übernehmende Gesellschaft als selbstständiger Rechtsträger.

▸ Die **Verschmelzung durch Neubildung**, bei der zwei oder mehr Gesellschaften ihr Vermögen jeweils als Ganzes auf eine neue, von ihnen gegründete Gesellschaft übertragen.

Beide Verschmelzungen erfolgen **ohne Liquidation** im Wege der Gesamtrechtsnachfolge, im Gegensatz zu Fusionen **mit Liquidation**, die im Wege der Einzelrechtsnachfolge bei Einzelunternehmen und Personengesellschaften geschehen müssen.

2.2 Unternehmensverbände

Unternehmen können sich in Verbänden zusammenschließen, die ihre gemeinsamen Belange nach innen und der Öffentlichkeit gegenüber vertreten. Zu unterscheiden sind:

▸ Die **Fachverbände** bzw. **Spitzenverbände** der Wirtschaft, die meist in der Rechtsform eingetragener Vereine geführt werden. Die Mitgliedschaft in diesen Verbänden ist **freiwillig**, z. B. bei:

- Bundesverband der Deutschen Industrie (BDI)

- Hauptgemeinschaft des deutschen Einzelhandels (HdE)

- Gesamtverband des Deutschen Groß- und Außenhandels (BGA)

- Innungen als Zusammenschlüsse selbstständiger Handwerker.

▸ Die **Kammern** als Zwangsverbände, deren Pflichtmitglieder jeweils die Unternehmen eines räumlichen Bereiches sind, des betreffenden Kammerbezirkes. Sie werden als Körperschaften des öffentlichen Rechts geführt und sind:

- **Industrie- und Handelskammern**, welche die Interessen der gewerblichen Wirtschaft ihres Bezirkes vertreten. Ihre Mitglieder sind Handelsgesellschaften bzw. natürliche und juristische Personen. Sie finanzieren die Aktivitäten der Industrie- und Handelskammern durch ihre Beiträge.

  Die Industrie- und Handelskammern sind im **Deutschen Industrie- und Handelskammertag** (DIHK) als Spitzenverband zusammengefasst.

- **Handwerkskammern**, zu deren Mitgliedern vor allem selbstständige Handwerker und Inhaber handwerksähnlicher Gewerbebetriebe zählen.

  Sie sind auf Landesebene im Handwerkstag und auf Bundesebene im **Deutschen Handwerkskammertag** (DHKT) zusammengeschlossen. Der Spitzenverband ist dem **Zentralverband des Deutschen Handwerks** (ZDH) zugeordnet, der alle Handwerkskammern vereinigt.

▶ Die **Arbeitgeberverbände**, die als Gegenpol zu den Gewerkschaften mehr sozialpolitisch orientiert sind. Zu ihren Aufgaben zählen:

- lohnpolitische und arbeitsrechtliche Fragestellungen
- Auseinandersetzungen mit Personalentwicklungsfragen
- Beschäftigung mit Problemen der Altersversorgung
- Unternehmervertretung bei der Sozialgesetzgebung
- allgemeine Öffentlichkeitsarbeit.

Den Spitzenverband der Arbeitgeberverbände bildet die **Bundesvereinigung der Deutschen Arbeitgeberverbände** (BDA). Sie selbst schließt keine Tarifverträge ab. Ihre tarifpolitische Aufgabe beschränkt sich darauf, die Absichten ihrer Mitglieder zu vereinheitlichen und zu koordinieren.

Aufgabe 13 > Seite 283

3. Organisation

Organisation ist die **Strukturierung** zur Erfüllung von Daueraufgaben *(Grochla)*. Sie wird als eine geregelte Verbindung der menschlichen Arbeit und der Sachmittel angesehen, die sich an der betrieblichen Aufgabe und an Organisationsgrundsätzen orientiert.

Damit die Organisation funktionsfähig wird, sind für alle Teilnehmer zweckdienliche **Organisationsregelungen** notwendig. Das sind Festlegungen der Ergebnisse von Organisationsentscheidungen, z. B. als Normen, Anordnungen, Gebote, Verbote.

Formen der Organisation sind ihrem Anlass nach:

▶ die **Neuorganisation**, die ein erstmalig zu gestaltendes System betrifft, das ohne eine bestehende Ausgangsbasis zu entwickeln ist, z. B. bei der Gründung eines Unternehmens

▶ die **Reorganisation**, die eine tiefgreifende, umfassende Veränderung eines bereits bestehenden Systems betrifft, z. B. als wesentliche Veränderung eines Produktionsprozesses.

Eine durch Neuorganisation geschaffene Struktur muss in Zeiten starken Wandels notwendigerweise Änderungen unterzogen werden, wenn das Unternehmen leistungsfähig bleiben soll. Das geschieht im Rahmen der Reorganisation.

Der Einleitung organisatorischer Maßnahmen liegt üblicherweise ein **Organisationsauftrag** zu Grunde, den die Unternehmensleitung dem Organisator oder der Organisationsabteilung erteilt.

Hinsichtlich der Gestaltung organisatorischer Strukturen lassen sich unterscheiden – siehe ausführlich *Olfert, Olfert/Rahn*:

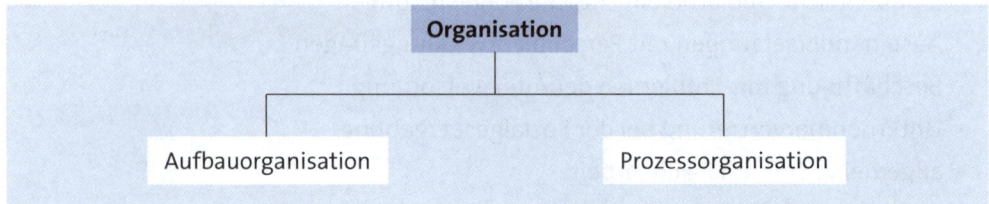

Als weitere Art der Organisation gibt es die **Projektorganisation**, die sich im Regelfall nicht auf das Gesamtunternehmen bezieht, sondern auf die in ihm durchzuführenden Projekte. Sie wird vom **Projektmanagement** vorgenommen. Die Projektorganisation umfasst folgende Aufgaben – siehe ausführlich *Olfert*:

► Die **Projektaufbauorganisation**, welche die Zuständigkeiten für Projekte und die zugehörigen Strukturen zeigt. Dabei sind u. a. Entscheidungen hinsichtlich des Projektleiters, der Projektgruppen und der Gestaltungsformen zu treffen.

► Die **Projektprozessorganisation**, welche die befristete Gestaltung von ablauforientierten Gesamtvorhaben bzw. von Einzelvorhaben innerhalb des Unternehmens ist, z. B. als Bauvorhaben, Einführung der gleitenden Arbeitszeit, Umweltschutzvorhaben.

Die **Phasen**, in denen die Projektprozessorganisation abläuft, sind:

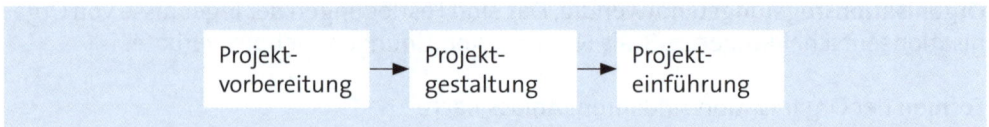

Dabei gilt:

► Die **Projektvorbereitung** besteht aus der Problemermittlung, Problemanalyse, Projektanalyse und der Projektplanung.

► Die **Projektgestaltung** schließt sich der Projektplanung an und wird auch als Projektdurchführung bezeichnet.

► Die **Projekteinführung** realisiert die Problemlösung, z. B. durch Lösungseinführung, Einführungskontrolle und Abschlussarbeiten.

Das **Projektcontrolling** ist den Projektaktivitäten parallel- bzw. übergelagert und zielt auf die Effizienz von Projekten ab. Es verbindet den Koordinationsprozess der Projektplanung, Projektsteuerung und Projektkontrolle mit der Informationsversorgung.

3.1 Aufbauorganisation

Die Aufbauorganisation zeigt die betriebliche Ordnung der Zuständigkeiten und Bestandsstrukturen. Sie ist Ausdruck der wirksamen Gestaltung des statischen Beziehungszusammenhanges in einem Unternehmen. Als **Maßnahmen** der Aufbauorganisation sind zu unterscheiden – siehe ausführlich *Olfert, Olfert/Rahn*:

- **Aufbauvorbereitung**
- **Aufbaugestaltung**
- **Aufbaustrukturierung**
- **Aufbaueinführung**.

3.1.1 Aufbauvorbereitung

Bevor der Organisator mit der Gestaltung des Unternehmensaufbaus beginnen kann, hat er vorbereitende Arbeiten zu erledigen. Sofern es sich um eine **Reorganisation** handelt, umfassen sie:

- Die **Aufbauanalyse**, welche die Erfassung und kritische Untersuchung der bestehenden Bedingungen des Unternehmens darstellt.

  Zunächst sind im Rahmen einer **Ist-Aufnahme** verfügbare Daten über die bisher gegebene Aufbaustruktur zu sammeln, zu ordnen und zu untersuchen. Daran schließt sich die **Ist-Kritik** an, bei welcher der Organisator nach Schwachstellen sucht und Verbesserungsvorschläge entwickelt.

- Die **Aufbauplanung**, die der Aufbauanalyse folgt. Mit ihr legt der Organisator in der Gegenwart fest, welche Struktur der Aufbauorganisation für einen bestimmten Planungszeitpunkt zu entwickeln ist.

  Dabei wird mit der **Zielplanung** begonnen, wobei die anzustrebenden Ziele aus den Organisationszielen abzuleiten sind. Auf dieser Grundlage kann sodann die **Konzeptplanung** erfolgen, um die Anforderungen zu definieren, welche durch die Aufbauplanung zu erfüllen sind.

Der Aufbauvorbereitung folgt die Gestaltung des organisatorischen Aufbaus, die eine umfangreiche Aufgabe des Organisators darstellt.

3.1.2 Aufbaugestaltung

Die Aufbaugestaltung geschieht unter Berücksichtigung der Analyse und der Planung des zu entwickelnden organisatorischen Aufbaus. Sie wird in mehreren **Schritten** vorgenommen:

- Der **Bildung der Stellen** als Gestaltung einzelner organisatorischer Einheiten zur Erfüllung der betrieblichen Aufgaben. Um Stellen als Kombinate von Aufgaben zu bilden, ist von der Gesamtaufgabe des Unternehmens auszugehen.

Bei der Stellenbildung lässt sich in zwei **Stufen** vorgehen:

Aufgaben-analyse	Hier wird eine schrittweise **Zerlegung der Gesamtaufgabe** in ihre einzelnen Bestandteile vorgenommen. Sie kann sein (*Kosiol*): ▸ **Verrichtungsanalyse**, wobei die Analyse nach der Tätigkeit im Vordergrund steht, z. B. bei einer Brieferstellung mit Computer: Verfassen, Anschalten, Eintippen, Speichern. ▸ **Objektanalyse**, d. h. es wird der Bezug zu Objekten gesucht, z. B. Personalcomputer, Drucker, Papier, Bildschirm, Tastatur. ▸ **Ranganalyse**, bei welcher zunächst über den Briefinhalt zu entscheiden ist, bevor der Brief geschrieben wird, z. B. Schreibentscheidung, Schreibdurchführung. ▸ **Phasenanalyse**, d. h. es ist nach einem Prozess zu analysieren, z. B. Planung, Realisierung und Kontrolle der Inhalte des Briefes. ▸ **Zweckanalyse**, wobei Zweckaufgaben, z. B. Anfrage bzw. Mahnung und Verwaltungsaufgaben unterschieden werden, z. B. Pflege der Daten.
Aufgaben-synthese	Sie **fügt** die mittels Aufgabenanalyse gewonnenen **Teilaufgaben** zu Stellen **zusammen**. Hierbei ist darauf zu achten, dass sich die Ergebnisse der Synthese am normalen Leistungspotenzial und an der normalen Leistungsbereitschaft von Aufgabenträgern orientieren, denn diese sollen weder überfordert noch unterfordert werden.

▸ Die **Definition der Stellen**, die sich der Stellenbildung anschließt und die entwickelten Organisationseinheiten bezeichnet. Sie können sein:

Instanzen	Das sind Stellen mit Leitungsbefugnis, bei denen Führungsaufgaben überwiegen und Entscheidungen hinsichtlich anderer Stellen zu treffen sind. Instanzen sind **mit Weisungsbefugnissen** auszustatten. Mehrere Instanzen bilden den Instanzenweg.
Linienstellen	Sie sind Aufgabenkombinate, die aus dauerhaft zu verrichtenden Teilaufgaben bestehen. Linienstellen sind zweckorientiert und von anderen Linienstellen abgrenzbar, aber auch mit ihnen verbindbar. Sie sind Stellen **mit** oder **ohne Weisungsbefugnis**.
Stabsstellen	Dabei handelt es sich um Leitungshilfsstellen, die **keine Entscheidungs-** und **Weisungsbefugnisse** besitzen, sondern nur Vorschlagsrechte haben. Stabsstellen unterstützen beratend ihnen übergeordnete Instanzen und können bei der Übernahme von Entscheidungsvorbereitungen entlastend wirken.

Diesen mit Leitungsaufgaben betrauten Stellen stehen **Ausführungsstellen** gegenüber, die keine Leitungsbefugnisse besitzen, sondern z. B. Verwaltungs-, Abwicklungs-, Abrechnungs- oder Lageraufgaben wahrnehmen.

▸ Die **Gestaltung der Verbindungswege** zwischen den Stellen, wobei es die folgenden Möglichkeiten der Verbindung gibt:

Längsverbin-dungen (———)	Sie sind mit **voller Weisungsbefugnis** des Vorgesetzten ausgestattet, zeigen die Über- und Unterordnungsverhältnisse und sind z. B. mit Weisungen, Aufträge, Anordnungen verbunden.
Querverbin-dungen (—·—·—·—)	Sie enthalten **keine Weisungsbefugnisse**, sondern bestehen aus reinen Sachkontakten, z. B. zwischen zwei Bereichsleitern des Unternehmens.
Diagonalver-bindungen (– – – – – –)	Sie sind mit **begrenzter Weisungsbefugnis** verbunden, d. h. sie gewähren dem Stelleninhaber ausschließlich auf einem begrenzten Teilsektor ein endgültiges Entscheidungsrecht.

Die Stellen und die Verbindungswege werden so zusammengefasst, dass ein **Organigramm** entsteht, in dem die gesamte Aufbaustruktur eines Unternehmens abgebildet wird, also auch die Bereiche, Abteilungen und Gruppen. Es wird auch als **Organisationsplan** bezeichnet.

Bei der Aufbaugestaltung ist auch darüber zu entscheiden, inwieweit die Organisationseinheiten an ein Zentrum gebunden werden. Grundsätzlich gibt es dafür zwei **Ordnungsprinzipien**:

▸ Die **Zentralisation** als Zusammenfassung gleichartiger Teilaufgaben zu einem Zentrum als Mittelpunkt, z. B. einer Abteilung oder Stelle. Sie ist nach verschiedenen Merkmalen möglich.

▸ Die **Dezentralisation** als Verteilung gleichartiger Teilaufgaben auf mehrere Organisationseinheiten. Es gibt kein Zentrum für ihre Erledigung, sondern z. B. mehrere Abteilungen oder Stellen dafür.

Für die Gestaltung der gesamten Aufbaustruktur ist die Entscheidung zu Gunsten des einen oder anderen Ordnungsprinzips von großer Bedeutung. Das Ergebnis dieser Entscheidung zeigt, ob der Einfluss von Aufgabenträgern des Zentrums gestärkt oder gemindert wird.

Aufgabe 14 > Seite 284

3.1.3 Aufbaustrukturierung

Durch die Aufbaustrukturierung ergibt sich das Abbild der Aufbauorganisation des gesamten Unternehmens als **Organisationsform**. Sie besteht aus Organisationseinheiten und ihren Verbindungen. Als Organisationsformen lassen sich unterscheiden:

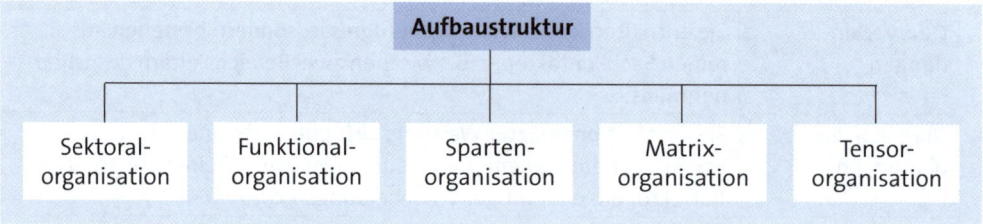

3.1.3.1 Sektoralorganisation

Die Sektoralorganisation ist eine Form der Aufbauorganisation, deren zentrale Organisationsstruktur durch eine **Zweiteilung** auf der zweiten Hierarchieebene in einen technischen und einen kaufmännischen Sektor geprägt ist, was einer sektoralen Zentralisierung entspricht. Somit kann eine Sektoralorganisation kann z. B. folgenden **Aufbau** haben:

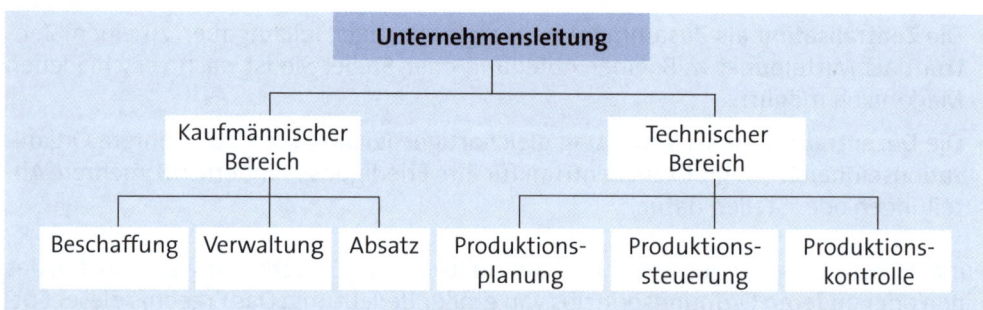

Der **Einsatz** der Sektoralorganisation bietet sich bei einer geringen Unternehmensgröße, einer relativ stabilen Umwelt und einem relativ homogenen Leistungsprogramm an.

3.1.3.2 Funktionalorganisation

Die Funktionalorganisation ist eine Organisationsform, die auf der zweiten Hierarchieebene nach **Verrichtungen** gegliedert ist. Sie knüpft an den leistungswirtschaftlichen Prozess des Unternehmens an. Daraus ergibt sich z. B. folgender **Aufbau** einer Funktionalorganisation:

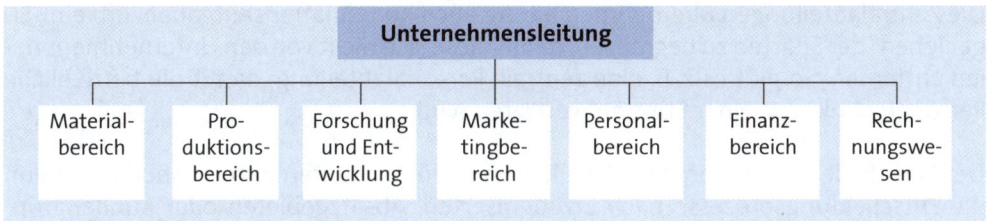

In den Organisationseinheiten auf der zweiten hierarchischen Ebene werden gleichartige Funktionen zusammengefasst. Die jeweiligen Funktionsbereiche können je nach Wirtschaftszweig inhaltlich verschieden sein.

Der **Einsatz** der Funktionalorganisation kann bei kleinen bis mittleren Unternehmen, relativ stabiler Umwelt und verhältnismäßig homogenem Leistungsprogramm vorteilhaft sein.

3.1.3.3 Spartenorganisation

Die Spartenorganisation ist eine Organisationsform, deren Organisationsstruktur hauptsächlich durch die Dezentralisierung geprägt ist. Sie wird auch als **Divisionalorganisation** bezeichnet.

Die zweite Hierarchieebene des Unternehmens ist nach **Objekten** gegliedert, die Produkte, Werke, Regionen oder Kunden sein können. In den letzten Jahren werden die einzelnen Sparten zunehmend als **Profit Center** geführt.

Eine produktbezogene Spartenorganisation weist z. B. folgenden **Aufbau** auf:

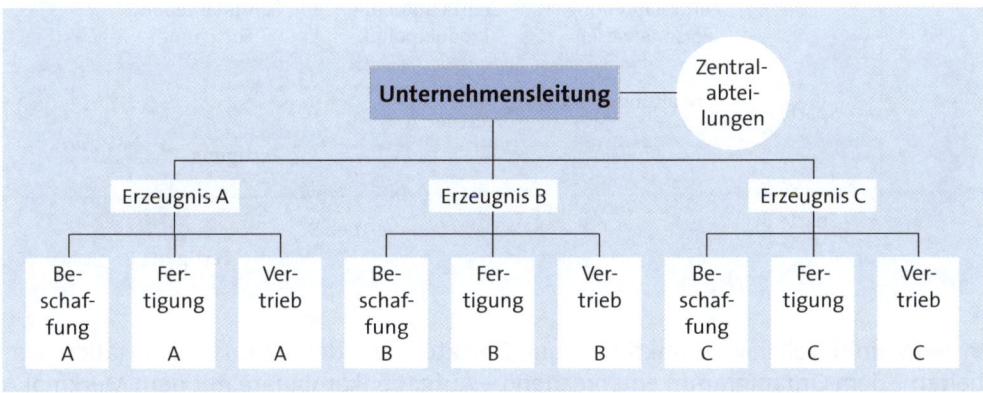

Wesentliche Elemente bei der Spartenorganisation sind die **Zentralabteilungen**, die für die verschiedenen Bereiche vielfältige Dienstleistungen erbringen, z. B. als Organisations-, Rechts-, Personal-, Revisionsabteilung.

Die Zentralabteilungen übernehmen häufig auch Koordinationsaufgaben, um ein „Eigenleben" der Sparten zu begrenzen, damit diese sich nicht von den Unternehmenszielen entfernen. So gibt es z. B. eine zentrale Personalabteilung, damit die betriebliche Personalpolitik „mit einer Stimme" vertreten wird.

Der **Einsatz** der Spartenorganisation kann sich für ein Unternehmen anbieten, wenn die Entscheidungsprozesse nach Erzeugnisarten, Absatzgebieten oder Kundengruppen dezentralisiert ablaufen sollen.

3.1.3.4 Matrixorganisation

Bei sehr großen Unternehmen erweisen sich die Funktionalorganisation und Spartenorganisation nicht als vorteilhaft. Stattdessen kann sich die Matrixorganisation anbieten. Sie ist eine Organisationsform, bei der auf der zweiten Hierarchieebene **zwei Gliederungsprinzipien** gleichzeitig und gleichberechtigt verfolgt werden:

► In der **Horizontalen** der Matrix erfolgt die Aufnahme zentraler Funktionen, z. B. Personalwesen, Produktpolitik, Forschung.

► Die **Vertikale** der Matrix weist Objekte als dezentrale Organisationseinheiten aus, z. B. Produkte bzw. Produktgruppen in Sparte A bzw. Sparte B.

Der **Aufbau** der Matrixorganisation ist z. B. wie folgt möglich:

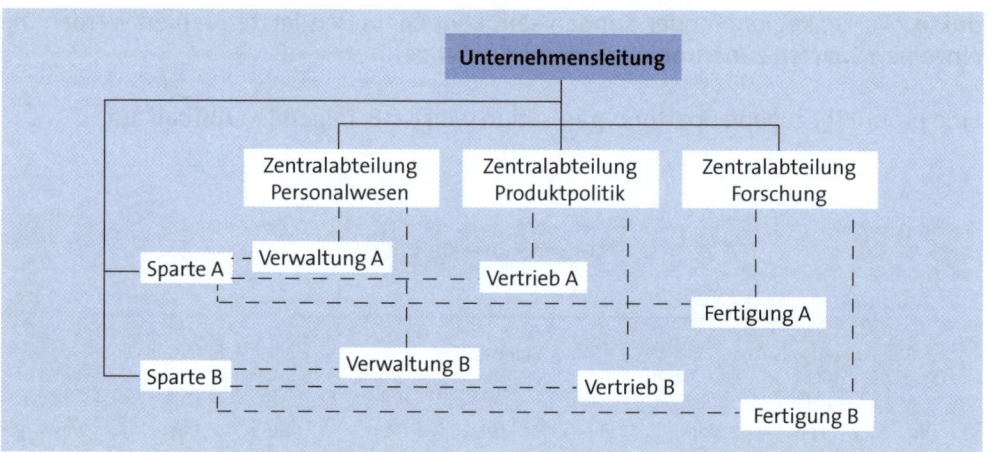

In den Schnittstellen von Funktionen und Objekten befinden sich als Organisationseinheiten – dem Organigramm entsprechend – Aufgabenkombinate mit dem Merkmal A bzw. B. Für A gilt z. B.:

► Die **Verwaltung A** ist in Fragen der Personalverwaltung der Zentralabteilung Personalwesen und die Produkte betreffend der Sparte A unterstellt.

▶ Der **Vertrieb A** ist in Fragen der Produktpolitik der Zentralabteilung und bezüglich der Produkte selbst der Sparte A zugeordnet.

▶ Die **Fertigung A** ist hinsichtlich der Forschung der Zentralabteilung und im Hinblick auf die Produkte der Sparte A unterstellt.

Der **Einsatz** der Matrixorganisation kann sich bei relativ instabiler Umwelt und heterogenem Leistungsprogramm anbieten. Um Konfliktpotenziale in Grenzen zu halten, sind besondere Regelungen der Kompetenzabgrenzung nötig, z. B. hinsichtlich der Weisungsbefugnisse.

Konflikte zwischen den Abteilungen sind aber vorprogrammiert, weil viele Personen am Entscheidungsprozess beteiligt sind. Wichtig ist deshalb auch, dass die Mitarbeiter ein hohes Maß an Kooperationsfähigkeit mitbringen.

3.1.3.5 Tensororganisation

Die Tensororganisation ist eine Organisationsform, bei der **drei Dimensionen** berücksichtigt werden. Zu den zentralen Bereichen und den Produkten oder Produktgruppen kommen z. B. noch unterschiedliche Regionen. In diesem Fall umfasst das Organigramm:

▶ **Zentralbereiche** (Forschung und Entwicklung, Beschaffung usw.)

▶ **Produktbereiche** (Pkw, Lkw, Bus)

▶ **Regionalbereiche** (West, Süd, Ost).

Daraus ergibt sich z. B. folgender **Aufbau** der Tensororganisation:

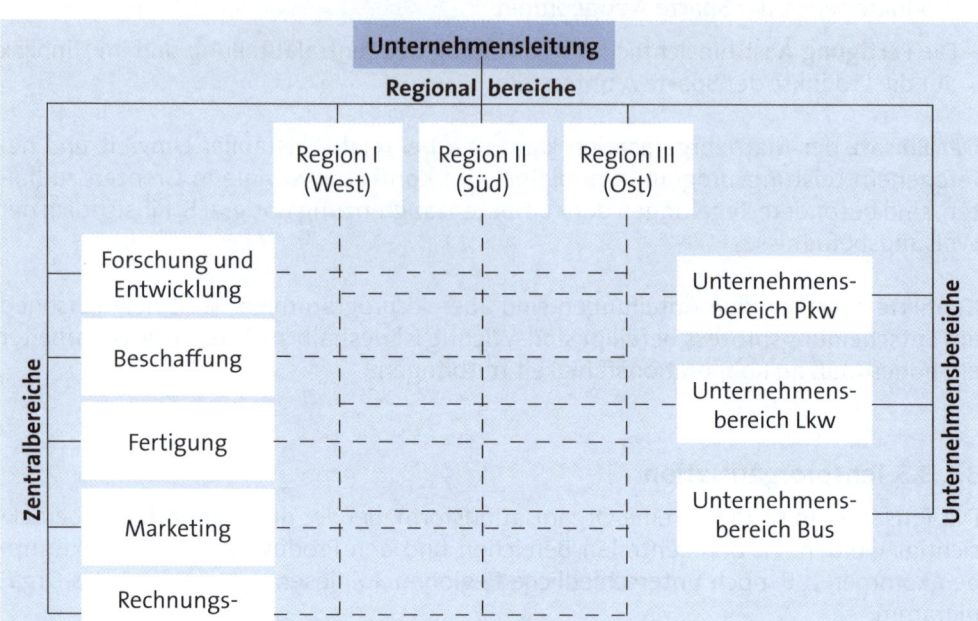

Der **Einsatz** der Tensororganisation geschieht vielfach bei multinationalen Großunternehmen, die auf unterschiedlichen Märkten bei relativ instabilen Umwelten tätig sind. Die Organisationsform stellt extrem hohe Anforderungen an die Kooperationsfähigkeit der Stelleninhaber.

Aufgabe 15 > Seite 285

Aus den dargestellten Organisationsformen sind zahlreiche spezielle Organisationsformen abgeleitet worden. Dazu zählen z. B. die **Center-Organisation** (mit relativ autonomen Entscheidungsmöglichkeiten ihrer Leiter) die **Holding-Organisation** (mit nicht selbst am Markt auftretender Dachgesellschaft und zugehörigen Beteiligungsgesellschaften) das **SGE-Management** (mit strategischen Geschäftseinheiten – SGE) – siehe ausführlicher *Olfert*.

3.1.4 Aufbaueinführung

Die Einführung der neuen Aufbauorganisation bildet die letzte Phase des Gestaltungsprozesses. Sie ist eine Bewährungsprobe für den Organisator. Zur Aufbaueinführung durch den Organisator gehören folgende **Elemente**:

► Die **Aufbauvorbereitung**, deren Ergebnisse sich im **Abschlussbericht** niederschlagen, welcher zunächst alle bedeutenden Fakten zur bereits vorgenommenen Ist-Aufnahme bzw. Ist-Kritik der bisherigen Aufbauorganisation enthält. Daraufhin folgt eine überzeugende Darstellung der neuen Aufbauorganisation.

▸ Die **Aufbaupräsentation**, mit welcher angestrebt wird, die Unternehmensleitung vom entwickelten Aufbaukonzept zu überzeugen. Sobald sie über die neue Aufbauorganisation positiv entschieden hat, muss die Organisationsabteilung dafür Sorge tragen, dass sie durchgesetzt wird.

▸ Die **Aufbaurealisierung**, die der Umsetzung der neuen Aufbauorganisation dient. Dabei soll und kann das neue Aufbaukonzept den Führungskräften und Mitarbeitern jedoch nicht aufgezwungen werden. Vielmehr ist Überzeugungsarbeit zu leisten, um Akzeptanz zu erreichen.

▸ Die **Aufbaukontrolle**, die Informationen darüber gibt, ob die Vorgaben des Organisationsauftrages erreicht wurden oder Nachbesserungen erforderlich sind. Dementsprechend ist mit ihrer Hilfe der Ist-Zustand mit dem Soll-Zustand der Aufbauorganisation zu vergleichen.

▸ Die **Aufbaudokumentation**, welche die längerfristige Absicherung der neuen Aufbauorgansation zum Ziel hat. Dazu dienen vor allem folgende **Organisationsinstrumente** – siehe ausführlich *Olfert, Olfert/Rahn*:

- das **Organisationshandbuch**, das eine gegliederte Zusammenfassung aller wesentlichen Organisationsregelungen darstellt

- die **Stellenbeschreibungen**, welche z. B. die Stelleneinordnung, Stellenaufgaben, Stellenbefugnisse und Stellenverantwortung zeigen

- der **Organisationsplan**, der die gesamte Aufbauorganisation in der Form eines Organigrammes ausweist

- der **Stellenbesetzungsplan**, der die Stellen aufzeigt und ihnen die entsprechenden Stelleninhaber zuordnet.

Die Dokumentation der Aufbauorganisation soll eindeutig und verständlich erfolgen. Sie ist ständig zu pflegen, d. h. veränderte Daten bzw. Änderungen in Teilbereichen und Maßnahmen der Reorganisation müssen aktuell erfasst werden, was zweckmäßigerweise computergestützt erfolgt.

3.2 Prozessorganisation

Die Prozessorganisation ist die wirksame Gestaltung der dynamischen Beziehungszusammenhänge in einem Unternehmen. Sie wurde in der Vergangenheit als **Ablauforganisation** bezeichnet, was auch heute noch mitunter geschieht.

In der letzten Zeit hat sich die Prozessorganisation dahin entwickelt, die kontinuierliche Verbesserung der Prozesse als vorrangiges Ziel zu konzipieren, das es nachdrücklich zu verwirklichen gilt. Sie wird auch als **Reengineering** bezeichnet *(Hammer/Champy)*.

Prozesse sind Ketten zwangsläufig aufeinander aufbauender Vorgänge, die einen definierten Beginn, definierte Elemente und ein definiertes Ende aufweisen. Als **Unter-**

nehmensprozesse, mit denen sich die Betriebswirtschaftslehre befasst, sind zu unterscheiden:

► **Geschäftsprozesse**, die zusammenhängende, abgeschlossene Folgen von Tätigkeiten zur Erfüllung betrieblicher Aufgaben darstellen. Sie können je nach Unternehmensebene bzw. inhaltlich unterschiedlich verlaufen. Dabei hängt die Reichweite von Geschäftsprozessen entscheidend von der Betrachtungsweise des Gestalters und des Nutzers ab.

► **Führungsprozesse**, die zeitliche Abläufe der zweckgerichteten Beeinflussung des Unternehmens bzw. seiner Mitarbeiter durch Führungskräfte zeigen.

Die **Geschäftsprozesse**, die im Rahmen der Prozessorganisation zu gestalten sind, können unterteilt werden in:

► **Kernprozesse**, die der betrieblichen Leistungserstellung und Leistungsverwertung dienen. Sie beruhen auf den Kernkompetenzen des Unternehmens und werden im **Industrieunternehmen** auch als Leistungsprozesse oder leistungswirtschaftliche Prozesse bezeichnet. Industrielle Kernprozesse sind– siehe Kapitel D.:

  - Prozesse im **Materialbereich**, welche die Leistungserstellung ermöglichen
  - Prozesse im **Fertigungsbereich**, die sich auf die Leistungserstellung beziehen
  - Prozesse im **Marketingbereich**, die bei der Leistungsverwertung erfolgen.

Die genannten Prozesse umfassen als logistische Abläufe die Beschaffung der Produktionsfaktoren, die Be- und Verarbeitung der Werkstoffe und den Absatz der erstellten Produkte.

Die Kernkompetenzen von **Dienstleistungsunternehmen** verlagern sich je nach Wirtschaftszweig in unterschiedlicher Weise. So hat z. B. ein Bankunternehmen seine Kernkompetenz im Finanzwesen und eine Personalleasingfirma im Personalwesen.

► **Unterstützungsprozesse**, die für ein Unternehmen unverzichtbar sind und zum Kernprozess hinzukommen. Sie werden auch als **Supportprozesse** bezeichnet. Im Industrieunternehmen werden die Leistungserstellung und Leistungsverwertung z. B. notwendigerweise ergänzt durch:

  - Prozesse im **Finanzbereich**, die sich auf die Finanzierung, Investition und den Zahlungsverkehr beziehen – siehe Kapitel E.
  - Prozesse im **Personalbereich**, die z. B. Personalplanung, Personalbeschaffung, Personaleinsatz und Personalkontrolle umfassen – siehe Kapitel F.
  - Prozesse im **Rechnungswesen**, die sich auf Abläufe in der Buchhaltung, beim Jahresabschluss und in der Kostenrechnung beziehen – siehe Kapitel G.
  - Prozesse im **Informationsbereich**, die Vorgänge umfassen, welche die Informatik betreffen.

Als **Maßnahmen** der Prozessorganisation sind zu unterscheiden – siehe ausführlich *Olfert, Olfert/Rahn*:

- **Prozessvorbereitung**
- **Prozessgestaltung**
- **Prozessstrukturierung**
- **Prozesseinführung**.

3.2.1 Prozessvorbereitung

Bevor mit der Gestaltung der Prozessorganisation begonnen werden kann, sind vorbereitende Arbeiten zu verrichten. Sie umfassen bei einer schon bestehenden Organisation:

- Die **Prozessanalyse**, die ein Verfahren zur Ermittlung und kritischen Beurteilung des Ist-Zustandes von Unternehmen darstellt. Sie dient der Gestaltung der Prozessorganisation und bezieht sich auf die bestehende Ablaufstruktur.

  Dabei bildet die **Ist-Aufnahme** eine Bestandsaufnahme der bestehenden Prozessorganisation, z. B. mithilfe von Interviews, Fragebögen, Konferenzen, Selbstaufschreibungen. Auf diese Weise lassen sich Informationen über die gegebenen Arbeitsabläufe ermitteln. Ihr schließt sich die **Ist-Kritik** an, die dazu dient, Schwachstellen deutlich zu machen und Verbesserungsvorschläge zu initiieren.

- Die **Prozessplanung**, welche der Prozessanalyse folgt. Mit ihr legt der Organisator zum gegenwärtigen Zeitpunkt fest, welche Struktur der Prozessorganisation bis zu einem bestimmten Planungszeitpunkt entwickelt werden soll.

  Hierbei wird mit der **Zielplanung** begonnen, in deren Rahmen die prozessbezogenen Ziele zu formulieren sind. Auf dieser Grundlage kann eine **Konzeptplanung** erfolgen, bei der die Anforderungen zu definieren sind, die durch die Prozessplanung erfüllt werden sollen.

Der Prozessvorbereitung schließt sich die Prozessgestaltung an, die einen erheblichen Zeitaufwand erfordert.

3.2.2 Prozessgestaltung

Die Prozessgestaltung wird auf der Basis der Prozessvorbereitung vorgenommen. Sie zielt auf eine möglichst kostengünstige und nutzenbringende Prozessorganisation des Unternehmens ab. Die Prozessgestaltung wird auch als **Business Reengineering** im Sinne eines fundamentalen Überdenkens und radikalen Redesigns von Kernprozessen verstanden *(Hammer/Champy)*.

Die hohe wirtschaftliche Dynamik und der steigende Wettbewerbsdruck zwingen die Führungskräfte in den Unternehmen, sich verstärkt mit den Arbeitsprozessen auseinander zu setzen und daraufhin die betrieblichen Strukturen entsprechend anzupassen.

Die Prozessgestaltung geschieht grundsätzlich in drei **Schritten** *(Olfert)*:

► Der **Groborganisation**, die eine grundlegende und rahmenmäßige Gestaltung der Prozessorganisation ist, welche mehrere Maßnahmen umfasst:

- die **Alternativenermittlung** als die Auslotung von organisatorischen Möglichkeiten der Prozessgestaltung
- die **Alternativenauswahl** als Auswahl eines einzelnen Prozesskonzeptes aus den oben erkannten Möglichkeiten
- die **Konzeptentwicklung** als Konkretisierung der ausgewählten Alternative hinsichtlich des Entwurfes und der Aufgaben
- die **Konzeptentscheidung** als eine Entscheidung für oder gegen ein organisatorisches Konzept.

Heute erfolgt die Groborganisation meist computergestützt.

► Die **Detailorganisation**, die sich der Groborganisation anschließt als *(Kosiol, Olfert, Olfert/Rahn)*:

Arbeitsanalyse	Sie geht von einer vollständigen Aufgabenanalyse als schrittweiser **Zerlegung** der Gesamtaufgabe **in Teilaufgaben** aus, z. B. wird die Gesamtaufgabe des Herstellens einer Maschine zunächst in die Teilaufgaben des Drehens, Bohrens, Fräsens usw. zerlegt.
	Diese werden dann in weitere Elementaraufgaben untergliedert, bis das Ziel der Arbeitsanalyse erreicht ist, z. B. wird die Teilaufgabe des Fräsens zerlegt in die Arbeiten der Planung, Einrichtung, Steuerung, Überwachung bzw. die Qualitätskontrolle.
Arbeits-synthese	Aus der **Zusammenfügung** der gewonnenen Elementaraufgaben ergibt sich – unter Berücksichtigung der betrieblichen Ziele und Intentionen der Verantwortlichen – die konkrete Gestaltung der Arbeitsabläufe, z. B. der Arbeitsprozess der Planung, Einrichtung, Steuerung und Kontrolle des Fräsens.

Die Ergebnisse der Groborganisation und der Detailorganisation führen zu der betrieblichen Prozessstruktur.

► Die **Programmierung** ist der letzte Schritt der Prozessgestaltung. Sie muss für bestimmte Prozessteile vorgenommen werden. Dabei handelt es sich um die Entwicklung eines Programmes zur automatischen Verarbeitung von Anweisungen durch den Rechner einer EDV-Anlage, die in einer Programmiersprache zu erfolgen hat *(Holey/Welter/Wiedemann)*.

Voraussetzung für das Programmieren von Prozessteilen ist das Vorliegen einer ausführungsreifen Programmvorgabe. Daraufhin erfolgt die Programmausarbeitung, die mit einer Testdurchführung abschließt.

3.2.3 Prozessstrukturierung

Im Anschluss an die Prozessgestaltung ist der Organisator in der Lage, die gesamte Prozessstrukturierung vorzunehmen. Im industriellen Unternehmen sind dabei als **vertikale Geschäftsprozesse** zu unterscheiden *(Rahn)*:

▸ **Gesamtprozesse**, die komplexe Phasen umfassen und das gesamte Unternehmen und dessen Umfeld betreffen. Sie beziehen sich sowohl auf interne Unternehmensprozesse als auch auf nach außen gerichtete Prozesse im Hinblick auf die Gütermärkte (Beschaffungs-/Absatzmärkte) sowie den Kapital-, Arbeits- und Informationsmarkt. Die Gesamtprozesse sind von der Unternehmensleitung zweckentsprechend zu steuern.

▸ **Bereichsprozesse**, die nicht auf das ganze Unternehmen gerichtet sind, sondern auf Teilprozesse des Unternehmens. Dabei geht es um Abläufe in Hauptabteilungen bzw. Abteilungen, die von Bereichsleitern zu steuern sind, z. B. Prozesse im Fertigungsbereich oder Personalbereich.

▸ **Gruppenprozesse**, die als Teile von Bereichsprozessen z. B. auf Materialgruppen, Fertigungsgruppen, Marketinggruppen, Personalwesengruppen bezogen sind. Sie werden von Gruppenleitern gesteuert. Der Bedarf an gruppenbezogener Koordination steigt mit wachsender Differenzierung einer Organisation.

▸ **Einzelprozesse**, die sich auf einzelne Stellen bzw. Arbeitsplätze der Ausführungsebene beziehen. Es handelt sich um Abläufe auf unteren Ebenen, in denen Entscheidungen der Führungskräfte umgesetzt werden.

Die dargestellten Prozesse sind von den Verantwortlichen auch erfolgsgerichtet und zweckentsprechend zu koordinieren. Diese Führungsaufgaben sind nicht einfach zu bewältigen, zumal die Unternehmen ständigen Veränderungen unterliegen.

Folgende Teilprozesse des Unternehmens vollziehen sich als **horizontale Geschäftsprozesse** zwischen dem Beschaffungs- und dem Absatzmarkt:

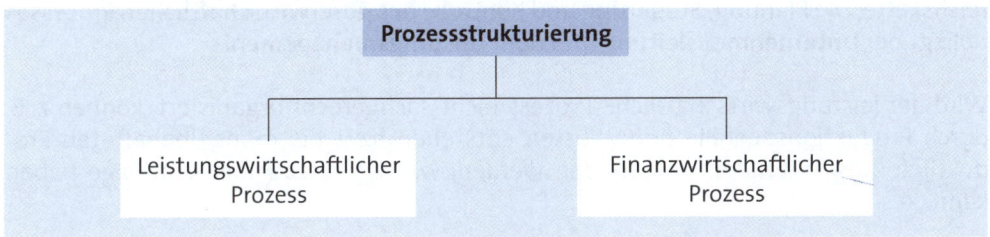

3.2.3.1 Leistungswirtschaftlicher Prozess

Der leistungswirtschaftliche Prozess bezieht sich auf die Leistungserstellung und Leistungsverwertung. Er erfordert, dass die Produktionsfaktoren beschafft und planvoll eingesetzt werden, um die betrieblichen Leistungen in Form der Be- und Verarbeitung von Werkstoffen zu bewirken und am Absatzmarkt zu verwerten.

Dieser Prozess geht von den Lieferanten aus, setzt sich über den Leistungsbereich fort und endet beim Kunden, der die Marktleistung des Unternehmens erhält. Im **industriellen Unternehmen** läuft der leistungswirtschaftliche Prozess grundsätzlich in folgender Weise ab:

Wie zu erkennen ist, sind im leistungswirtschaftlichen Prozess als Funktionsbereiche des Unternehmens beteiligt – siehe ausführlich Kapitel D.:

▶ der **Materialbereich**, der den Bedarf an Materialien ermittelt, die benötigten Materialien beschafft, lagert, verteilt und entsorgt, z. B. Roh-, Hilfs- und Betriebsstoffe

▶ der **Fertigungsbereich**, der unter Einsatz der erforderlichen Arbeitskräfte und Betriebsmittel für die Be- und Verarbeitung der Werkstoffe zuständig ist

▶ der **Marketingbereich**, der die Aufgabe hat, die gefertigten Produkte bzw. Dienstleistungen unter Einsatz der marketingpolitischen Instrumente an den Kunden abzusetzen.

Die drei Bereiche handeln nicht losgelöst voneinander, sondern sie bilden – zwischen dem Beschaffungsmarkt und dem Absatzmarkt – eine miteinander verwobene Bereichskette. Die Planung, Steuerung und Kontrolle des güterwirtschaftlichen Prozesses obliegt der **Unternehmensleitung** und dem **Leistungsmanagement**.

Wird der leistungswirtschaftliche Prozess nicht sachgerecht organisiert, können z. B. durch Produktionsausfälle hohe Kosten entstehen bzw. bei mängelbehafteten Produktlieferungen Kunden unzufrieden werden, was Umsatzausfälle zur Folge haben kann.

Da die Unternehmens(um)welt sich in den vergangenen Jahren erheblich verändert hat, muss den neuen Problemstellungen organisatorisch Rechnung getragen werden.

Deshalb sollen im Hinblick auf die leistungswirtschaftlichen Prozesse ergänzend hingewiesen werden auf:

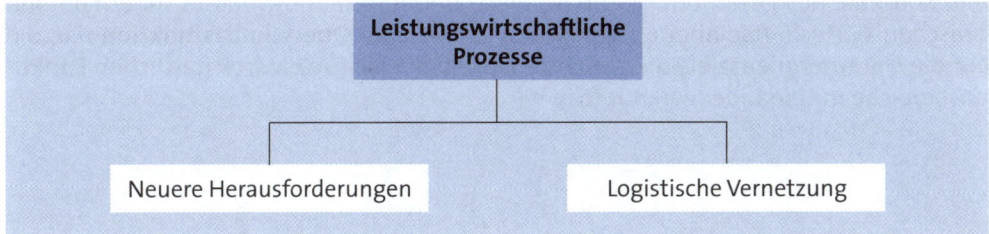

3.2.3.1.1 Neue Herausforderungen

Die drei leistungsbezogenen Bereiche als funktional ausgerichtete Abteilungen des Unternehmens handelten in der Vergangenheit relativ **eigenständig** voneinander, obgleich ein erheblicher Abstimmungsbedarf zwischen ihnen bestand. Durch **Veränderungen**, die vor allem im Umfeld des Unternehmens lagen, wurden indessen neue organisatorische Gestaltungsansätze notwendig. Zu den Veränderungen zählten:

► die Globalisierung der Märkte

► die Verschärfung des Wettbewerbs

► die Verkürzung der Produktlebenszyklen

► die Steigerung der Rohstoff- und Halbfabrikationspreise.

Die notwendigerweise engere Vernetzung der funktionalen Aufgabenstellungen sowie die damit verbundenen prozessualen Ausrichtungen haben zum Aufbau **logistischer Bereiche** in den Unternehmen geführt, in die material-, fertigungs- und absatz- bzw. marketingbezogene Aufgaben aus den Funktionsbereichen verlagert wurden.

3.2.3.1.2 Logistische Vernetzung

Die **Logistik** umfasst die Summe aller Tätigkeiten, die sich mit der Planung, Steuerung und Kontrolle des gesamten Material-, Wert- und Informationsflusses innerhalb und zwischen Wirtschaftseinheiten befasst. Sie stellt eine **Querschnittsfunktion** dar, die auf die Unternehmensziele ausgerichtet ist und die leistungswirtschaftlichen Funktionsbereiche miteinander verknüpft:

Dementsprechend sollen – logistisch vernetzt – unterschieden werden – siehe ausführlich *Ehrmann, Oeldorf/Olfert*:

▶ materialwirtschaftlich die **Beschaffungs-Logistik**, deren Aufgabe ist, die Beschaffung bzw. Bereitstellung der vom Unternehmen benötigten Materialien ab den Beschaffungsmärkten bis in die Läger bzw. die Produktion optimal zu gestalten

▶ fertigungs- bzw. produktionswirtschaftlich die **Fertigungs-Logistik** bzw. **Produktions-Logistik**, die sich mit der optimalen Gestaltung des Leistungsflusses von der Übernahme der bereitgestellten Produktionsfaktoren bis zur Abgabe der fertiggestellten Produkte an die Distribution befasst

▶ absatz- bzw. marketingbezogen die **Distributions-Logistik**, die dazu dient, den Leistungsprozess der Übernahme der Produkte aus der Produktion sowie deren Weiterleitung und Übergabe an die Verwender oder Verbraucher als Käufer optimal zu gestalten.

3.2.3.2 Finanzwirtschaftlicher Prozess

Dem leistungswirtschaftlichen Prozess läuft der finanzwirtschaftliche Prozess entgegen. Er bezieht sich auf die **Einzahlungen**, die aus der Leistungsverwertung freigesetzt werden sowie die für die Leistungserstellung notwendigen **Auszahlungen**. Der finanzwirtschaftliche Prozess steht in wechselseitiger Beziehung zum leistungswirtschaftlichen Prozess und fließt vom Kunden über den Absatzmarkt zum Beschaffungsmarkt:

Im Rahmen des finanzwirtschaftlichen Prozesses sind zu unterscheiden – siehe ausführlich Kapitel E.:

▸ die **Kapitalbeschaffung** oder **Finanzierung**, die zur Aufgabe hat, das Unternehmen mit dem erforderlichen Kapital zu versorgen

▸ die **Kapitalverwendung** oder **Investition**, die dazu dient, das beschaffte Kapital im Unternehmen zweckentsprechend einzusetzen

▸ die **Kapitalverwaltung**, welche die dispositive Abwicklung der Einzahlungen und Auszahlungen ermöglicht, die im Rahmen des Zahlungsverkehrs erfolgt.

Die Planung, Steuerung und Kontrolle des finanzwirtschaftlichen Prozesses obliegt der finanzwirtschaftlichen Führung, die auch als **Finanzmanagement** bezeichnet wird. Erfolgt seine Gestaltung nicht sachgerecht, können Verzögerungen und Liquiditätsprobleme auftreten.

Die dargestellten Prozesse und die damit zu organisierenden Daten beziehen sich nicht nur auf die betrieblichen Bereiche bzw. Kunden und Lieferanten, sondern z. B. auch auf Verbindungen zu sonstigen **Marktteilnehmern**, die sein können:

▸ **Kreditinstitute**, die dem Unternehmen das von ihm benötigte Fremdkapital bereit stellen

▸ **Konkurrenten**, die bei den Kunden auf dem Absatzmarkt ebenfalls im Wettbewerb stehen

▸ **Unternehmensberater**, welche die Leitung des Unternehmens in ihrer Aufgabenerfüllung unterstützen

▸ **Verbände**, die als Fachverbände, Kammern oder Arbeitsgeberverbände in Erscheinung treten

▸ **Öffentlichkeit**, die als Medien, Bildungs- und Forschungsinstitute sowie als freie Aktionsgruppen erhebliche Bedeutung aufweist

▸ **Behörden** des Bundes, der Länder und Gemeinden, z. B. Ministerien, Agentur für Arbeit, Finanzamt.

Diese Außenverbindungen sind zweckentsprechend und kostengünstig zu gestalten.

3.2.4 Prozesseinführung

Das Ergebnis der Prozessgestaltung ist das neue Prozesskonzept, das in die betriebliche Realität zu überführen ist. Der Erfolg der neuen Prozessorganisation hängt in besonderer Weise davon ab, wie die Prozesseinführung vorgenommen wird.

Für die Einführung der neuen Prozessorganisation sollte ein geeigneter Zeitraum ausgewählt werden, denn neue Ablaufsysteme bringen sowohl für die betroffenen Mitarbeiter als auch für das Unternehmen vielfältige **Umstellungsprobleme** mit sich, z. B. Anlaufprobleme, hohe Kosten.

Um Schwierigkeiten möglichst gering zu halten, sind sie vom Organisator für die Einführungsphase gedanklich vorwegzunehmen und einzuplanen. Die Prozesseinführung umfasst:

► Die **Prozessvorbereitung**, deren Ergebnisse in einem **Abschlussbericht** zusammengefasst werden. Er umfasst sowohl die Aufnahme und kritische Untersuchung der bestehenden Prozessorganisation als auch die überzeugende Veranschaulichung der neuen Prozessorganisation durch den Organisator.

► Die **Prozesspräsentation**, die dazu dient, dem Auftraggeber die Inhalte des vorbereiteten Abschlussberichtes vorzustellen. Um den Erfolg der Präsentation zu sichern, muss sie gut strukturiert werden, z. B. durch Einsatz von Beamer, Projektor, Tafel, Flip Chart.

► Die **Prozessrealisation**, bei der auf die Bereitstellung der Sachmittel, die Schulung der Mitarbeiter, die auszuführenden Aufgaben, die Information des Personals, die Absicherung der Einführung der neuen Prozessorganisation und auf einen zielentsprechenden Prozessanlauf zu achten ist.

► Die **Prozesskontrolle**, die sowohl begleitend zur gesamten Prozessgestaltung als auch nach Abschluss der Anlaufphase erfolgt. Träger der Kontrolle können dabei z. B. der Organisationsleiter, Organisatoren oder ein Gremium sein.

► Die **Prozessdokumentation**, welche die schriftliche Ordnung von Daten der Prozessorganisation zeigt. Mit ihrer Hilfe erfolgt die detaillierte Darstellung der Prozessstruktur, z. B. in Form von Entscheidungstabellen, Ablaufplänen.

Die Prozessorganisation und die Aufbauorganisation bilden den **strukturellen Rahmen** für das betriebliche Handeln. Deshalb ist es notwendig, dass die Unternehmensleitung für eine zweckdienliche Organisation sorgt.

4. Phasen

Mit seiner Gründung entsteht ein Unternehmen. Danach kann es verschiedene Phasen durchlaufen, die sowohl positive Entwicklungen als auch negative Entwicklungen aufweisen können. Als Unternehmensphasen sollen unterschieden werden:

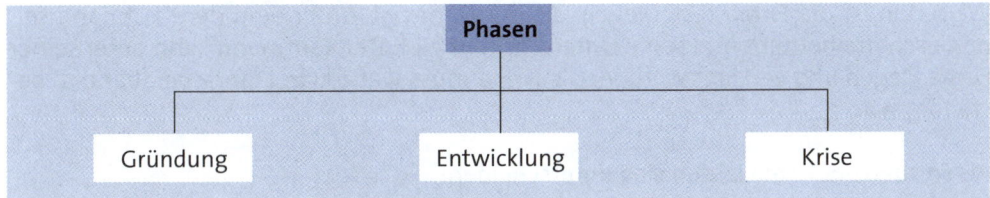

Am Anfang steht grundsätzlich die **Idee** des potenziellen Unternehmers in Bezug auf eine bestimmte anzustrebende Marktleistung. Sie ist einer kritischen Betrachtung bzw. Prüfung zu unterziehen, um herauszufinden, inwieweit sie sich am Markt durchsetzen bzw. eine Marktlücke finden lässt.

4.1 Gründung

Unter einer Gründung werden alle Maßnahmen zur Errichtung eines funktionsfähigen Unternehmens in einer Marktwirtschaft verstanden. Um erfolgreich zu sein, ist es notwendig, dass bereits im Vorfeld bestimmte **Voraussetzungen** beachtet werden, die sind:

► **persönliche Voraussetzungen**, d. h. ein Unternehmer muss geschäftsfähig, wendig, urteilsfähig sein sowie die nötigen Kenntnisse und Erfahrungen mitbringen

► **örtliche Voraussetzungen**, die bei Entscheidungen über den Standort eines Unternehmens zu berücksichtigen sind, z. B. in Bezug auf die Beschaffung von Personal oder Material

► **sachliche Voraussetzungen**, d. h. es werden z. B. Geschäftszweig, Art der Kapitalbeschaffung bzw. der Investitionen, Bankverbindungen festgelegt

► **rechtliche Voraussetzungen**, die sich auf die Art der Rechtsform beziehen. Außerdem sind die Anmeldung des Gewerbes und die Eintragung der Firma in das Handelsregister notwendig.

Eine Gründung muss gut vorbereitet sein. Vielfach erfordert sie einen zumindest auf mittlere Sicht hohen persönlichen Arbeitseinsatz, der nicht selten 60 - 80 Stunden in der Woche ausmacht.

Im Vorfeld einer Gründung ist auch zu überlegen, in welcher Form die notwendigen Mittel in das neue Unternehmen eingebracht werden sollen. Es gibt diesbezüglich drei **Möglichkeiten** der Gründung:

► die **Bargründung**, bei der ausschließlich Geldmittel als Eigenkapital in das Unternehmen gelangen

- die **Sachgründung**, bei der allein Sachgüter dem Unternehmen zufließen, z. B. Grundstücke bzw. Maschinen als Gegenstände oder Wertpapiere als Rechte
- die **gemischte Gründung**, bei der sowohl Geldmittel als auch Sachmittel eingebracht werden.

Weiterhin ist die **Firma** festzulegen, die der Name ist, unter dem der Kaufmann seine Geschäfte betreibt und seine Unterschrift abgibt. Der Kaufmann kann unter seiner Firma klagen und verklagt werden. Die Firma muss wahr, klar, unterscheidbar und beständig sein.

Als **Formen** der Firma lassen sich unterscheiden:

- die **Personenfirma**, die einen oder mehrere Namen voll haftender Personen mit dem notwendigen Zusatz enthält, z. B. „Heinz Keller e. K." als eingetragener Kaufmann oder „Müller & Schulz OHG"
- die **Sachfirma**, die aus dem Gegenstand des Unternehmens abgeleitet wird, so z. B. „Deutsche Bank AG"
- die **Fantasiefirma**, die häufig einen von Markenzeichen abgeleiteten Namen enthält, z. B. „Coca Cola GmbH"
- die **gemischte Firma**, die eine Mischung aus obigen Merkmalen beinhaltet, sie weist Personenelemente und Sachelemente auf z. B. als „Porst KG", „Kreativ Fertigteile AG" oder „Sport Meyer OHG".

Die Firma des Unternehmens muss zum Eintrag in das **Handelsregister** als amtlichem Verzeichnis der Kaufleute eines Amtsgerichtsbezirks oder mehrerer Amtsgerichtsbezirke angemeldet werden, was seit 01/2007 **elektronisch** in beglaubigter Form zu erfolgen hat. Das Handelsregister besteht aus zwei **Abteilungen**, einer Abteilung A für Einzelunternehmen und Personengesellschaften sowie einer Abteilung B für Kapitalgesellschaften.

Die **Wirkungen** der Eintragungen in das Handelsregister können unterschiedlich sein. Es lassen sich nennen:

- Die **konstitutive Wirkung** ist rechtserzeugend. Dies bedeutet, dass die Rechtswirkung erst durch die Eintragung eintritt, z. B. bei den Kapitalgesellschaften und bei der Kaufmannseigenschaft von Kannkaufleuten.
- Die **deklaratorische Wirkung** ist rechtsbezeugend. Bei ihr ergibt sich die Rechtswirkung bereits vor der Eintragung, z. B. bei der Rechtsform von Personengesellschaften bzw. bei der Ernennung eines Prokuristen.

Aufgabe 16 > Seite 285

4.2 Entwicklung

Die Entwicklung eines Unternehmens zeigt sich in den Phasen, die es im Laufe der Zeit durchläuft. Nach seiner Gründung kann sein Streben nach positiver wirtschaftlicher Entwicklung unterschiedlich verlaufen. Der Erfolg der unternehmerischen Leistung und damit das betriebliche Ergebnis der wirtschaftlichen Tätigkeit ist vor allem von folgenden **Faktoren** abhängig:

- dem Engagement und den Fähigkeiten des Unternehmers
- der Leistungskraft und Leistungsfähigkeit der Führungskräfte
- dem Leistungspotenzial der Mitarbeiter
- der Qualität der eingesetzten Betriebsmittel und Werkstoffe
- der Güte der gegebenen und verarbeiteten Informationen
- der Qualität der betrieblichen Fertigung und des Absatzes.

Je nach Ausprägung wirken sich diese Faktoren auf den Erfolg eines Unternehmens unterschiedlich aus. Die Entwicklung des Unternehmens kann grundsätzlich sein:

- **positive Entwicklung**
- **negative Entwicklung**.

In der Praxis gibt es vielfach **keine kontinuierliche Entwicklung**, weder nach „oben" noch nach „unten". So können z. B. positive Phasen durch Phasen der Stagnation abgelöst werden und umgekehrt.

4.2.1 Positive Entwicklung

Eine positive Entwicklung des Unternehmens wirkt sich in fast allen seinen Bereichen aus, z. B.:

- im **Marketingbereich** durch einen erheblichen Umsatzanstieg, volle Auftragsbücher, verstärkte Werbung, umfangreiche Öffentlichkeitsarbeit, zunehmende Lieferzeiten
- im **Fertigungsbereich** durch die Aufnahme neuer Erzeugnisse in das Fertigungsprogramm, umfangreiche Fertigungsplanung, hohe Auslastung der Kapazitäten
- im **Materialbereich** durch zunehmend erforderlich werdende Aktivitäten im Rahmen der Materialbeschaffung, des Materialzuganges, des Materialabganges und der Materialverteilung
- im **Finanzbereich** durch verstärkte Kapitalbeschaffung und Kapitalverwendung, die als Folge eines erhöhten Bedarfes an Werkstoffen, Betriebsmitteln und Personal auftreten
- im **Informationsbereich** durch den Einsatz fortschrittlicher EDV-Programme und die Verwendung moderner Techniken bei der Leistungserstellung und Leistungsverwertung

► im **Personalbereich** durch die Notwendigkeit, mehr qualifiziertes Personal für die Erstellung der Leistungen des Unternehmens einzusetzen.

Die positive Entwicklung kann dazu führen, dass die Unternehmensleitung erwägt, ob eine **Expansion** angebracht ist. Sie lässt sich vor allem durch eine eigenständige Erweiterung des Unternehmens, einen Aufkauf von Unternehmen oder durch einen Zusammenschluss mit anderen Unternehmen bewirken.

Die Expansion sollte von der Unternehmensleitung sorgfältig geplant und umsichtig vorgenommen werden, da sie auch Gefahren birgt, die sich z. B. in Überkapazitäten oder auf lange Sicht in zu hohen Fixkostenblöcken zeigen können.

4.2.2 Negative Entwicklung

Sinkende Umsätze, steigende Kosten bzw. eine abnehmende Rentabilität und/oder eine sich vermindernde Produktivität können auf eine negative Entwicklung des Unternehmens hindeuten. Sie zeigt sich z. B.:

► im **Marketingbereich** durch niedrigere Preise der Konkurrenten, die dadurch einen großen Teil unserer Kunden gewinnen

► im **Fertigungsbereich** durch eine erhöhte Ausschussproduktion, die dazu führt, dass die Fertigungskosten steigen

► im **Materialbereich** durch lange Lieferzeiten der Beschaffungsgüter, die betriebliche Fertigungsprobleme mit sich bringen können

► im **Finanzbereich** durch zu geringe Höhe des Eigenkapitals, was zu einer Abhängigkeit von Fremdkapitalgebern und hohen Zinsbelastungen führen kann

► im **Rechnungswesen** durch ein Übermaß an gesetzlichen Auflagen zur Rechnungslegung, die hohe Kostensteigerungen auslösen können

► im **Informationsbereich** durch veraltete EDV-Programme, die eine zeitgerechte Informationsverarbeitung nicht zulassen

► im **Personalbereich** durch hohe Tarifabschlüsse, die eine erhebliche Steigerung der Personalkosten mit sich bringen können.

Die Unternehmensleitung muss damit rechnen, dass eine negative Entwicklung sich in eine **Krisensituation** ausweitet. In solchen Fällen wird nicht selten die Kooperation mit anderen Unternehmen gesucht oder von existenziell bedeutsamen Abnehmern angeboten. Sie kann auf diese Weise zu einer **Unternehmenskonzentration** führen.

4.3 Krise

Eine Krise kann ein Unternehmen in Not bringen, d. h. zu einer Existenz bedrohenden Situation führen. Häufig zeigt sie sich in Zahlungsschwierigkeiten, die bis hin zur **Zahlungsunfähigkeit** gehen können. Sie ist gegeben, wenn ein Unternehmen nicht mehr in der Lage ist, die fälligen Zahlungsverpflichtungen zu erfüllen. Dieser Zustand wird auch als **Illiquidität** bezeichnet.

Die **Gründe** für eine Krise sind vielfältiger Natur. Es lassen sich nennen:

▶ **Innerbetriebliche Gründe**, die z. B. sein können:

- Mangel an Kapital
- fehlerhafte Finanzierung
- falsche Finanzierungspolitik
- Fehlinvestitionen
- falsche Abschreibungspolitik
- mangelnde Rationalisierung
- fehlender technischer Fortschritt
- Organisationsmängel
- hohe Privatentnahmen
- ungenügende Kontrolle
- mangelhafte Mitarbeiterqualifikation.

▶ **Außerbetriebliche Gründe**, zu den z. B. zählen:

- Änderung des Verbraucherverhaltens
- hohe Forderungsausfälle
- wirtschaftspolitische Maßnahmen → - höhere Steuern.
- rückläufige Konjunktur
- verschärfte Konkurrenz

Die Überwindung von Existenz gefährdenden Krisen erfordert ein **Krisenmanagement**, durch das die Ursachen einzuschätzen und Gegenmaßnahmen zu ergreifen sind. Größere Unternehmen können dabei vielfach eher externe Faktoren beeinflussen als kleinere Unternehmen *(Krystek)*.

Die Krise des Unternehmens kann im Extremfall zu seiner Gesundung oder Auflösung führen. Als **Maßnahmen**, mit denen auf die Krise reagiert werden kann, kommen in Betracht:

▶ **Sanierung**

▶ **Insolvenz**

▶ **Liquidation**.

Während die Sanierung eine selbst herbeigeführte Möglichkeit der Krisenbewältigung darstellt, erfolgt die Krisenbewältigung beim Insolvenzverfahren zwangsweise unter Einschaltung des Amtsgerichtes. Demgegenüber kann die Liquidation sowohl eine freiwillige als auch durch Sachzwänge veranlasste Auflösung des Unternehmens sein, mit welcher die Erwerbstätigkeit des Unternehmens beendet wird.

4.3.1 Sanierung

Die Sanierung ist eine Maßnahme zur Vermeidung bzw. Behebung einer negativen Unternehmensentwicklung. Durch sie soll das Unternehmen „geheilt" werden. Das **Ziel** der Sanierung ist die Erhaltung und Fortführung des Unternehmens durch die Wiederherstellung seiner Leistungsfähigkeit.

Die Sanierung kann in mehreren **Schritten** erfolgen:

Wahrnehmung	Als akute Krise kann sie durch die Unternehmensleitung bzw. die Aufsichtsgremien oder sogar durch Dritte, z. B. Kunden, Gläubigerbanken, Lieferanten erkannt werden. Eventuelle Liquiditätsprobleme sollten durch ein Frühwarnsystem frühzeitig festgestellt werden.

↓

Ursachenanalyse	Sie erfolgt durch die Offenlegung der Ursachen, die zu der Krise geführt haben, z. B. die bereits dargestellten Gründe. Auf dieser Basis ist eine Vorentscheidung zu treffen, ob eine Sanierung möglich ist.

IST Sanierung möglich?

↓

Sofort-maßnahmen	Sie basieren auf der Prüfung der Sanierungsfähigkeit des Unternehmens. Unter Zugrundelegung der gegebenen Erfolgspotenziale wird analysiert, ob eine Sanierung wirtschaftlich zu vertreten ist. Daraufhin sind **Sanierungsziele** festzulegen.

↓

Sanierungs-strategie	Sie ist eine Verfahrensweise zur Lösung der Sanierungsprobleme. Damit soll den durch die Krise bedingten Herausforderungen begegnet werden, denen das Unternehmen ausgesetzt ist. Als konkrete **Maßnahmen** der Sanierung sind zu unterscheiden:

▸ **personelle Maßnahmen**, indem bedeutsame Positionen im Unternehmen neu besetzt werden, z. B. durch Bestellung neuer Geschäftsführer oder Prokuristen

▸ **organisatorische Maßnahmen**, bei denen durch Veränderungen im Aufbau und/oder Ablauf des Unternehmens rationalisiert werden kann, wodurch z. B. Kosteneinsparungen möglich sind

▸ **finanzielle Maßnahmen**, indem z. B. neue zahlungskräftige Gesellschafter aufgenommen werden, um die Kapitalbasis des Unternehmens zu verbessern

▸ **sonstige Maßnahmen**, wobei unwirtschaftlich arbeitende Betriebsmittel oder Teile des Unternehmens abgestoßen werden.

↓

Kontrolle	Sie erfolgt durch Koordination und Überwachung der zu treffenden Maßnahmen. Hier ist zu prüfen, ob die Maßnahmen mit den Sanierungszielen in Einklang stehen. Es muss rechtzeitig erkannt werden, wenn diese Ziele nicht erreichbar sind.

Ist eine Sanierung des Unternehmens nicht möglich, wird es notwendig, ein Insolvenzverfahren oder eine Liquidation einzuleiten.

4.3.2 Insolvenz

Von Insolvenz wird gesprochen, wenn Zahlungsunfähigkeit (§ 17 InsO), drohende Zahlungsunfähigkeit (§ 18 InsO) oder Überschuldung (§ 19 InsO) vorliegen. Eine **Überschuldung** ist dann gegeben, wenn das Vermögen des Schuldners die bestehenden Verbindlichkeiten nicht mehr deckt.

Die Insolvenz wird im Rahmen des **Insolvenzverfahrens** abgewickelt, das seit 1999 an die Stelle des früheren Konkursverfahrens (alte Bundesländer) bzw. des Gesamtvollstreckungs-Verfahrens (neue Bundesländer) getreten ist.

Es gibt verschiedene Insolvenzverfahren, die zum Ziel haben, den Schuldner zu erhalten oder zu liquidieren bzw. sein Vermögen zu liquidieren. Als solche werden von der Insolvenzordnung (InsO) unterschieden *(Eickmann/Flessner/Irschlinger, Köhler)*:

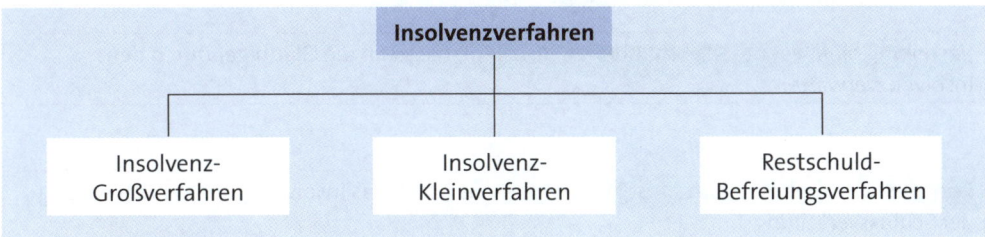

4.3.2.1 Insolvenz-Großverfahren

Das Insolvenz-Großverfahren gilt als **Regelinsolvenzverfahren** für juristische Personen (AG, GmbH, Genossenschaft, Vereine) und gleichgestellte Personengesellschaften (OHG, KG, GdbR). Außerdem ist es für alle natürlichen Personen anzuwenden, die eine selbstständige wirtschaftliche Tätigkeit ausüben. Es läuft in mehreren **Phasen** ab:

Antrag beim örtlich zuständigen Insolvenzgericht (Amtsgericht) durch den Schuldner selbst oder den bzw. die Gläubiger

↓

Prüfung des Antrages durch das Insolvenzgericht und Bestellung eines vorläufigen Insolvenzverwalters

↓

Eröffnung des Verfahrens durch das Insolvenzgericht oder **Abweisung** des Antrages wegen Unzulässigkeit, Grundlosigkeit oder mangels Masse

↓

Einberufung der Gläubigerversammlung zur Wahrnehmung der Gläubigerinteressen durch das Insolvenzgericht

↓

Einsetzen eines Gläubigerausschusses (nicht zwingend) durch das Insolvenzgericht zur Unterstützung und Überwachung des Insolvenzverwalters

Verfahrensabwicklung durch den gerichtlich bestellten Insolvenzverwalter, der gegenüber allen Beteiligten haftet

Bericht des Insolvenzverwalters über die wirtschaftliche Lage des Schuldners und die ihr zugrundeliegenden Ursachen

Verteilung einer eventuell vorhandenen Insolvenzmasse an die Gläubiger durch den Insolvenzverwalter

Beschluss der Aufhebung des Insolvenzverfahrens durch das Insolvenzgericht nach Vollzug der Schlussverteilung

Nach der Eröffnung des Insolvenzverfahrens im Großverfahren gibt es drei **Alternativen** zur weiteren Durchführung:

► die **Insolvenzverwaltung**, die mit der Verwertung der Insolvenzmasse nach den gesetzlichen Vorschriften verbunden ist (§§ 35, 148 ff. InsO)

► die **Eigenverwaltung**, die den Schuldner berechtigt, unter Aufsicht eines Sachverwalters die Insolvenz selbst abzuwickeln (§§ 270 - 285 InsO)

► das **Insolvenzplanverfahren**, das die Befriedigung der Gläubiger, die Verwertung der Insolvenzmasse und deren Verteilung in einem Insolvenzplan regelt (§§ 217 - 269 InsO).

Der **Insolvenzplan** besteht aus zwei Teilen (§ 219 InsO), der Plandarstellung (getroffene/zu treffende Maßnahmen) und der Plangestaltung (zu verändernde Rechtsstellung der Beteiligten). Ihm ist eine Vermögensübersicht sowie eine Übersicht über Erträge und Aufwendungen beizufügen (§ 229 InsO).

Mit dem Insolvenzplan hat die Gläubigergemeinschaft die Möglichkeit, die Weichen für die Zukunft des Schuldners und seines Unternehmens selbst zu stellen. Dabei ergeben sich zwei **Möglichkeiten** der Krisenbewältigung:

► die **Sanierung**, die bei erfolgreicher Durchführung die Rettung des in Not geratenen Unternehmens bzw. Schuldners ermöglicht

▶ die **Liquidation**, die mit Auflösung des Unternehmens verbunden ist, wobei das ganze Vermögen in flüssige Mittel verwandelt wird.

In beiden Fällen wird mit einer besseren Vermögensverwertung gerechnet, als sie bei der Insolvenzverwaltung nach Gesetz zu erzielen wäre.

4.3.2.2 Insolvenz-Kleinverfahren

Das Insolvenz-Kleinverfahren gilt für alle **natürlichen Personen**, die zu keiner Zeit eine selbstständige wirtschaftliche Tätigkeit ausgeübt haben (§ 304 InsO). Es wird auch als **Verbraucherinsolvenzverfahren** bezeichnet und kann in Gang gebracht werden:

▶ Auf **Antrag des Schuldners**, wobei das Insolvenz-Kleinverfahren dabei in folgenden Phasen abläuft:

Schuldenbereinigungsverfahren	Es ist außergerichtlich von einer **Schuldnerberatungsstelle** oder von einem **Rechtsanwalt** durchzuführen (§ 305 InsO). Dabei wird versucht, zwischen Gläubiger(n) und Schuldner eine Einigung herbeizuführen. Beim Scheitern erfolgt der Einstieg in die nächste Stufe.

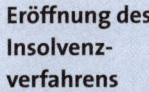

Eröffnung des Insolvenzverfahrens	Sie wird beim Insolvenzgericht durch den Schuldner beantragt (§§ 306 - 310 InsO). Daraufhin hat er dem Amtsgericht einen **Schuldenbereinigungsplan** vorzulegen, der den Gläubigern zur Stellungnahme zugesandt wird. Nehmen die Gläubiger den Plan an, ist das Verfahren beendet. Beim Scheitern der Bemühungen folgt die dritte Stufe.

Kostenprüfung des Verfahrens	Sie erfolgt durch das **Insolvenzgericht**, indem es analysiert, ob die Verfahrenskosten durch das Vermögen des Schuldners (Insolvenzmasse) gedeckt sind. Wird dies verneint, kann der Schuldner einen Kostenvorschuss einzahlen. Geschieht das nicht, erfolgt die **Abweisung des Verfahrens** mangels Masse. Ist genügend Masse vorhanden, wird die **Verwertung** des Schuldnervermögens zu Gunsten der Gläubiger **durch** einen **Treuhänder** vorgenommen (§§ 311 - 313 InsO).

▶ Auf **Antrag eines Gläubigers** beim Insolvenzgericht, was dazu führt, das die ersten beiden Stufen des Insolvenz-Kleinverfahrens entfallen, weil sofort mit der **Kostenprüfung** des Verfahrens begonnen wird.

Das Insolvenz-Kleinverfahren hat in der Praxis große Bedeutung erlangt, was sich aus der steigenden Zahl von Verbraucherinsolvenzen ablesen lässt.

4.3.2.3 Restschuld-Befreiungsverfahren

Nach Abschluss des Insolvenzverfahrens wird auf Antrag des Schuldners das Rest-schuld-Befreiungsverfahren eingeleitet (§§ 286 - 303 InsO). Dabei kann ein Schulden-erlass auch gegen den Willen der Gläubiger ausgesprochen werden, wenn der Schuld-ner eine natürliche Person ist.

Dieses Verfahren soll **Privatpersonen** helfen, ihre Schulden mit einem „Befreiungs-schlag" loszuwerden. Der Schuldner muss daraufhin für die Dauer einer Wohlverhal-tensperiode von sieben Jahren seine gesamten pfändbaren Einkünfte an einen Treu-händer abtreten, der vom Amtsgericht bestimmt wird (§ 291 InsO).

Der **Treuhänder** soll die Interessen der Gesamtgläubiger gegenüber dem Schuldner vertreten. Nach der Verwertung des Vermögens im vorausgegangenen Insolvenzver-fahren wird z. B. das jetzt noch laufende Einkommen zur Tilgung der Schulden heran-gezogen. Der Treuhänder verteilt das Geld an die Gläubiger.

Der **Schuldner** ist in der Wohlverhaltensperiode verpflichtet, ihm weiter auferlegte **Pflichten** und **Obliegenheiten** zu erfüllen, z. B. hat er nach § 295 InsO:

- ► in der gesamten Laufzeit eine angemessene **Erwerbstätigkeit** anzustreben und kei-ne zumutbare Tätigkeit abzulehnen
- ► jeden **Wechsel** des **Wohnsitzes** oder der **Beschäftigungsstelle** unverzüglich dem Amtsgericht und dem Treuhänder anzuzeigen
- ► **Zahlungen** zur Befriedigung der Insolvenzgläubiger **nur an** den **Treuhänder** zu leisten und keinem Insolvenzgläubiger einen Sondervorteil zu verschaffen.

Wer die Wohlverhaltensperiode durchsteht, kann vom Amtsgericht für **schuldenfrei** er-klärt werden, wodurch er von allen Restschulden befreit ist. Für Personen, die schon vor 1997 zahlungsunfähig waren, verkürzt sich die Wohlverhaltensperiode auf fünf Jahre.

4.3.3 Liquidation

Die Liquidation ist die freiwillige oder durch Sachzwänge veranlasste Auflösung des Unternehmens. Mit ihr wird der Erwerbstätigkeit des Unternehmens ein Ende gesetzt. Nach Einleitung der Liquidation besteht der **Betriebszweck** nur noch in der Abwicklung.

Gründe für eine Liquidation können personenbezogener oder sachbezogener Natur sein, z. B. als:

- ► Alter oder Tod des Unternehmens, fehlende Erben (= personenbezogen)
- ► schlechte Ertragsaussichten, erreichtes Unternehmensziel (= sachbezogen).

Die bisherige Erwerbsgesellschaft wird zu einer **Abwicklungsgesellschaft**, deren Auf-gabe in der Verwertung der Vermögensgegenstände besteht, indem die Sachwerte in Geld umgewandelt werden. Aus dem **Liquidationserlös** werden zunächst die Gläubiger befriedigt. Der verbleibende Rest steht dann dem bzw. den Eigenkapitalgebern als Liquidationserlös entsprechend ihrer Anteile zu.

Die **Durchführung** der Liquidation erfolgt je nach der Rechtsform des Unternehmens:

► beim Einzelunternehmen durch den Unternehmer

► bei Personengesellschaften durch alle Gesellschafter (§ 146 Abs. 1 HGB)

► bei der GmbH durch den bzw. die Geschäftsführer (§ 66 GmbHG)

► bei der AG durch die Vorstandsmitglieder (§ 265 Abs. 1 AktG).

Auf Beschluss der Versammlung der Gesellschafter bzw. der Hauptversammlung können bei der **GmbH** bzw. der **AG** auch außerhalb des Unternehmens stehende Personen mit der Durchführung der Liquidation beauftragt werden. Unter besonderen Voraussetzungen ist es auch möglich, dass Liquidatoren durch das **Gericht** bestellt werden.

Der **Ablauf** der s geschieht in folgenden **Schritten**:

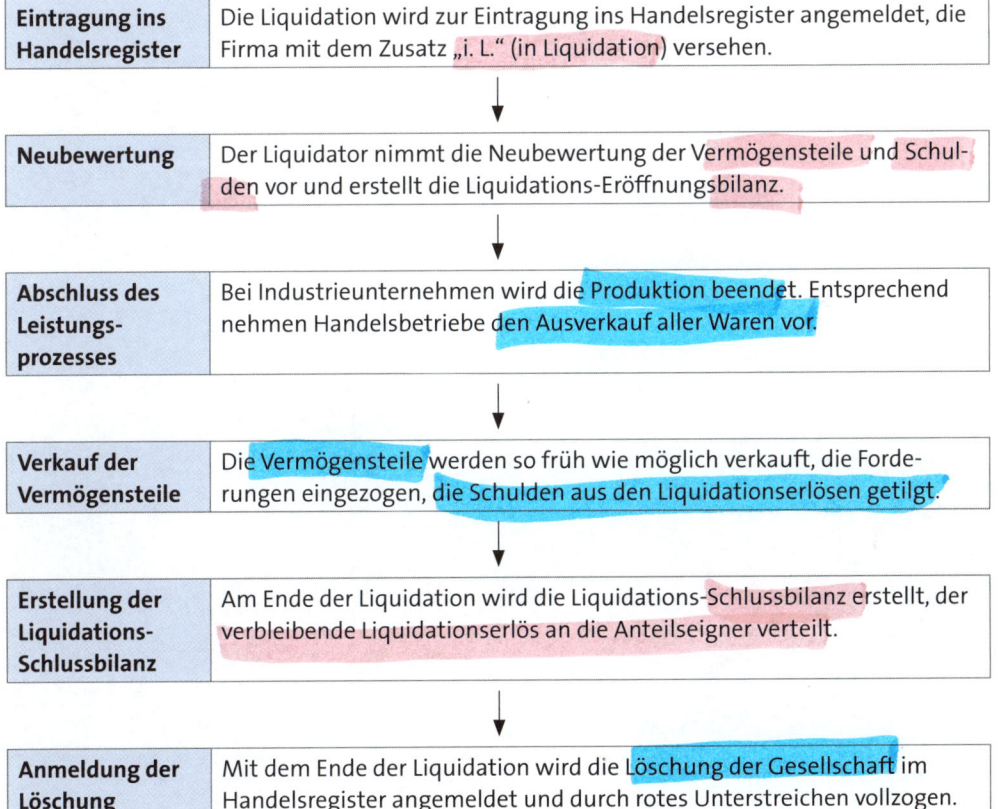

Eintragung ins Handelsregister	Die Liquidation wird zur Eintragung ins Handelsregister angemeldet, die Firma mit dem Zusatz „i. L." (in Liquidation) versehen.
Neubewertung	Der Liquidator nimmt die Neubewertung der Vermögensteile und Schulden vor und erstellt die Liquidations-Eröffnungsbilanz.
Abschluss des Leistungsprozesses	Bei Industrieunternehmen wird die Produktion beendet. Entsprechend nehmen Handelsbetriebe den Ausverkauf aller Waren vor.
Verkauf der Vermögensteile	Die Vermögensteile werden so früh wie möglich verkauft, die Forderungen eingezogen, die Schulden aus den Liquidationserlösen getilgt.
Erstellung der Liquidations-Schlussbilanz	Am Ende der Liquidation wird die Liquidations-Schlussbilanz erstellt, der verbleibende Liquidationserlös an die Anteilseigner verteilt.
Anmeldung der Löschung	Mit dem Ende der Liquidation wird die Löschung der Gesellschaft im Handelsregister angemeldet und durch rotes Unterstreichen vollzogen.

Gesellschafter der **OHG** und persönlich haftender Gesellschafter der **KG** haften noch fünf Jahre ab Eintragung der Auflösung in das Handelsregister für die Schulden des liquidierten Unternehmens (§ 159 HGB). Die Bücher und Belege der aufgelösten Gesellschaft werden einem der Gesellschafter oder einem Dritten in Verwahrung gegeben.

Aufgabe 17 > Seite 285

C. Führung

Die Führung ist die Gestaltung, Steuerung und Entwicklung eines Unternehmens. Sie wird auch als **Management** bezeichnet und beinhaltet die Beeinflussung sowohl des Unternehmens als auch des darin tätigen Personals *(Bleicher, Ulrich)*. Insofern kann von der Führung *von* und *in* Unternehmen gesprochen werden. Dementsprechend lassen sich in der Betriebswirtschaftslehre unterscheiden:

- ► Die **Unternehmensführung**, die als vorrangig sachbezogen anzusehen ist. Sie stellt die Gesamtheit aller Maßnahmen dar, die das Verhalten des Unternehmens festlegen und auf ein übergeordnetes Gesamtziel hin ausrichten *(Olfert/Pischulti, Rahn)*.

- ► Die **Personalführung**, die personenbezogen ausgerichtet ist. Sie umfasst sämtliche Maßnahmen, mit denen das Verhalten der Mitarbeiter beeinflusst wird. Mit ihrer Hilfe werden die Ziele und Entscheidungen auf den einzelnen Ebenen des Unternehmens durchgesetzt *(Olfert, Rahn)*.

Unter **Führung** und **Leitung** kann Gleiches verstanden werden. Beide Begriffe lassen sich aber auch unterschiedlich interpretieren. So ist es möglich, die Führung als tätigkeitsbezogen im Sinne konkreter Aktivitäten und die Leitung als institutionell anzusehen. Ebenso werden **Führung** und **Management** begrifflich vielfach gleichgesetzt.

Im Hinblick auf die Führung sollen dargestellt werden:

Führung	Personenbezogene Führung
	Sachbezogene Führung
	Controlling

1. Personenbezogene Führung

Die personenbezogene Führung ist die zielgerichtete Beeinflussung der Mitarbeiter durch den Vorgesetzten. Er nimmt Motivationsaufgaben wahr und hat Weisungsbefugnisse gegenüber seinen Mitarbeitern. Ein erfolgreicher Vorgesetzter wird sich für sein Personal einsetzen und ein gutes Verhältnis zu ihm suchen.

Personenbezogene Führung bedeutet für die Führungskraft, das Personal unter Einsatz von **Führungsinstrumenten** und unter Berücksichtigung der jeweiligen **Situation** auf einen gemeinsam zu erzielenden Erfolg in geeigneter Weise hin zu beeinflussen *(Olfert, Rahn)*.

Im Hinblick auf die personenbezogene Führung sind darzustellen:

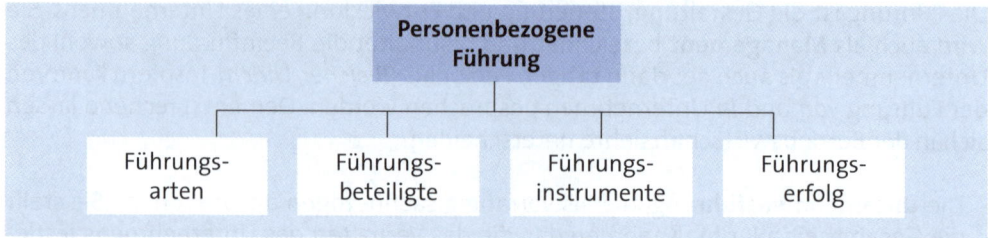

1.1 Führungsarten

Führungsarten zeigen Möglichkeiten der personenbezogenen Führung im Unternehmen. Da die Personalführung auf den einzelnen Ebenen des Unternehmens unterschiedlichen Schwierigkeitsgraden unterliegt, erscheint eine differenzierte Betrachtung der Führungsarten zweckmäßig. Es sind zu unterscheiden – siehe ausführlich *Rahn*:

- **Gesamtführung**
- **Bereichsführung**
- **Gruppenführung**
- **Individualführung.**

Im Rahmen der personenbezogenen Führung sind zahlreiche (arbeits)rechtliche Vorschriften zu beachten, seit 08/2006 insbesondere auch das **Allgemeine Gleichbehandlungsgesetz**.

1.1.1 Gesamtführung

Die Gesamtführung ist ein wesentlicher Teil der personenorientierten Führung. Ihr Wirkungsbereich ist das Unternehmen als Ganzes *(Ulrich)*. In personenorientierter Sicht betrifft sie alle Mitarbeiter und wird von der **Unternehmensleitung** vorgenommen, die auch als **Top Management** bezeichnet wird.

Als **Träger** der Unternehmensleitung sind z. B. zu unterscheiden:

- Unternehmer in einem Einzelunternehmen
- Vorstand einer Aktiengesellschaft bzw. Genossenschaft
- Geschäftsführer einer Gesellschaft mit beschränkter Haftung
- Geschäftsführende(r) Gesellschafter einer Offenen Handelsgesellschaft
- Geschäftsführende(r) Komplementär einer Kommanditgesellschaft
- Komplementär(e) als Vorstand einer Kommanditgesellschaft auf Aktien.

Die Mitarbeiter sind durch die Gesamtführung so zu führen bzw. zu motivieren, dass sie die gegebenen Rahmenbedingungen nicht nur akzeptieren sondern sich auch mit der Unternehmensphilosophie identifizieren. Sie sollen motiviert werden und dazu beitragen, dass die Unternehmensziele erreicht werden *(Olfert/Pischulti, Rahn)*.

Bezüglich der Gesamtführung sind als strategisch ausgerichtete **Festlegungen** zu beachten:

► Der **Führungsrahmen**, der sich auf das nach innen und außen schlüssig dargestellte Selbstverständnis des Unternehmens bezieht, z. B. als:

- **Unternehmensphilosophie**, welche die „Weltanschauung" des Unternehmens darstellt und seiner Positionierung im wirtschaftlichen und gesellschaftlichen Umfeld dient sowie der Offenlegung seiner Zwecke, Werte bzw. Normen, Ziele und Potenziale.

- **Unternehmensleitbild**, das dazu dient, die in der Unternehmensphilosophie verankerten Werte und Normvorstellungen der Unternehmensleitung in Form von Unternehmensgrundsätzen festzuschreiben und damit den Handlungsrahmen und die Handlungsperspektive für die Entscheidungen auf allen Führungsebenen zu vermitteln.

- **Unternehmenskultur**, die ein unternehmensbezogenes Wertsystem von Vorstellungen, Orientierungsmustern, Verhaltensnormen, Denk- und Handlungsweisen ist *(Carl/Kiesel)*. Durch sie wird das Verhalten der Führungskräfte und Mitarbeiter eines Unternehmens entscheidend geprägt.

► Die **Führungsprinzipien**, die Grundsätze für die einheitliche Handhabung der Führungsinstrumente im Unternehmen sind und z. B. umfassen:

- Informationsprinzipien
- Zielvereinbarungsprinzipien
- Delegationsprinzipienn

- Beurteilungsprinzipien
- Kontrollprinzipien
- Konfliktlösungsprinzipien.

Die Gesamtführung betrifft intern das Personal aller Ebenen des Unternehmens. Sie hat aber auch eine **Außenwirkung**, die von externen Teilnehmern am Firmengeschehen – z. B. Verbrauchern, Kapitalgebern, Lieferanten – interessiert aufgenommen wird und zu Reaktionen bei diesen führen kann.

1.1.2 Bereichsführung

Die Bereichsführung bezieht sich auf die Mitarbeiter der Bereiche des Unternehmens. Das Personal ist einer **Bereichsleitung** unterstellt, z. B. als Hauptabteilungsleitung oder Abteilungsleitung. Die Bereichsführung wird auch als **Middle Management** bezeichnet.

Unter Bereichsführung ist die gezielte und situationsbezogene Beeinflussung des Bereichspersonals durch den Bereichsleiter zu verstehen, die auf einen gemeinsam zu erzielenden Bereichserfolg ausgerichtet ist. In **industriellen Unternehmen** umfasst die Bereichsführung z. B. *(Olfert/Rahn, Rahn)*:

- Die Führung im **Materialbereich**, bei welcher der Leiter der Materialwirtschaft auf seine Mitarbeiter einzuwirken und alle Anstrengungen zur Zielerreichung zu unternehmen hat. Es werden materialwirtschaftliche Planungen vorgenommen, die zu realisieren und zu kontrollieren sind.

- Die Führung im **Fertigungsbereich**, bei welcher der Leiter der Fertigungswirtschaft zweckmäßige Fertigungspläne erstellt. Außerdem hat er Sorge für eine zielentsprechende Durchführung der Fertigung zu tragen. Mit der Kontrolle schließt sich der Führungskreislauf.

- Die Führung im **Marketingbereich**, bei welcher der Marketingleiter die Gegebenheiten im Absatzbereich plant und seinen Mitarbeitern Realisierungsanreize gibt, damit die Plandaten erfüllt werden. Aufgabe der Marketingkontrolle ist es, eine objektive Beurteilung der Ergebnisse des Marketing zu erreichen.

- Die Führung im **Finanzbereich**, bei welcher der Finanzleiter für die Planung, Realisierung und Kontrolle der Kapitalbeschaffung, Kapitalverwendung und Kapitalverwaltung zuständig ist. Er motiviert seine Mitarbeiter so, dass die Finanzierungs- und Investitionsziele erreicht werden.

- Die Führung im **Personalbereich**, bei der vom Leiter des Personalbereiches Ziele formuliert werden, die von allen Mitarbeitern des Unternehmens zu beachten sind. Die Vorgesetzten der Fachabteilungen und der Personalmanager haben die Aufgabe, das Geschehen so zu beeinflussen, dass die Ziele erfüllt werden.

- Die Führung im **Rechnungswesen**, bei welcher der Leiter des Rechnungswesens sein Personal so führt, dass die Ziele der Buchhaltung, der Bilanzierung bzw. der Kosten- und Leistungsrechnung erreicht werden. Dazu ist eine zweckentsprechende Planung, Durchführung und Kontrolle notwendig.

Die Bereichsleiter sind im Rahmen der **taktischen Führung** für die mittelfristige Umsetzung des strategischen Zielkonzeptes der Unternehmensleitung zuständig.

1.1.3 Gruppenführung

Gruppenführung bedeutet, dass ein einzelnes Gruppenmitglied oder eine Gruppe unter Berücksichtigung der jeweiligen Gruppensituation von der **Gruppenleitung** auf einen gemeinsam zu erzielenden Gruppenerfolg hin beeinflusst wird *(Rahn)*. Sie wird auch **Lower Management**, **Teamführung** oder **Teammanagement** genannt, z. B. als Büroleitung, Meister, Vorarbeiter.

Unter einer **Gruppe** ist eine Reihe von Personen zu verstehen, die in einer bestimmten Zeitspanne häufig miteinander Umgang hat. Deren Anzahl ist so gering, dass jede Person mit einer anderen Person in Verbindung treten kann. Es gibt **formelle Gruppen**, die im Sinne der betrieblichen Zielerreichung geplant und bestimmt werden, und **informelle Gruppen**, die sich aus menschlichen Gesichtspunkten heraus aufgrund von Sympatiebeziehungen bilden.

Wenn eine Gruppe erfolgreich sein soll, muss sie von ihrem Gruppenleiter in geeigneter Weise geführt werden. Dazu ist empfehlenswert, dass in der Gruppe gemeinsam zu erzielende aus den Bereichszielen bzw. Unternehmenszielen abzuleitende **Gruppenziele** vereinbart werden, an die sich alle Gruppenmitglieder zu halten haben. Es ist aber auch möglich, dass der Gruppenleiter die Gruppenziele vorgibt.

Der Gruppenleiter hat folgende **Aufgaben**:

▸ Lenkung der Aktivitäten auf die Erfüllung der Gruppenziele
▸ Förderung des Zusammenhaltes der gesamten Gruppe
▸ Hinwirken auf die Arbeitszufriedenheit der Gruppenmitglieder.

Dabei muss sich der Gruppenleiter einer Gruppe auf unterschiedliche Typen von Gruppenmitgliedern einstellen, die er zum **Erfolg** führen soll *(Olfert/Rahn, Rahn)*:

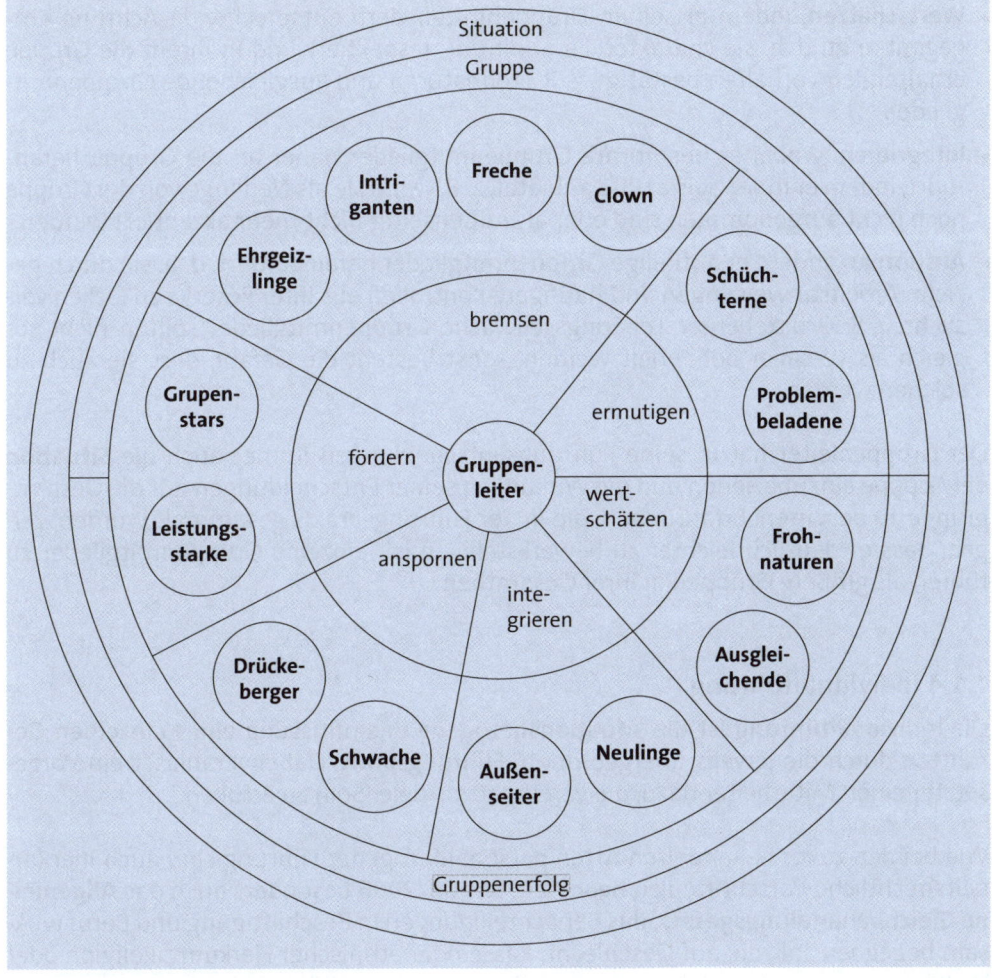

Um die Erreichung der Gruppenziele zu bewirken, kann der Gruppenleiter im Hinblick auf die Gruppenmitglieder – wie dargestellt – verschiedene **Führungsmaßnahmen** ergreifen. Das sind gemäß der obigen Abbildung:

- **Fördern**, indem er Anreize zur Zielerfüllung gibt, d. h. anspruchsvolle Aufgaben, Anerkennung der Leistungen, Einbindung in Entscheidungen, Übertragung von Verantwortung, z. B. bei Leistungsstarken und informellen Gruppenführern.

- **Bremsen**, indem er konsequent handelt, d. h. er zeigt mit Autorität die Verhaltensgrenzen von Gruppenmitgliedern auf und appelliert an die Einsicht der Betroffenen, z. B. bei frechen Gruppenmitgliedern, Ehrgeizlingen, Intriganten und Gruppenclowns.

- **Ermutigen**, indem er seine Gruppenmitglieder ermuntert, d. h. er verhält sich zu ihnen positiv und zeigt Verständnis. Außerdem sind gutes Zuhören, Zuwendung und Hilfe von ihm gefragt, z. B. bei problembeladenen bzw. schüchternen Gruppenmitgliedern.

- **Wertschätzen**, indem er seinen Gruppenmitgliedern entsprechende Achtung entgegenbringt, d. h. sie charakterlich annimmt, respektiert und in ihrem die Gruppe erhaltenden Verhalten bestätigt, z. B. Frohnaturen und ausgleichende Gruppenmitglieder.

- **Integrieren**, wobei er bestimmte Gruppenmitglieder näher an die Gruppe heranführt, indem er ihnen seine Hilfe anbietet, z. B. wenn sie als Neulinge von der Gruppe noch nicht aufgenommen sind oder als Außenseiter nicht mehr akzeptiert werden.

- **Anspornen**, indem er auffällige Gruppenmitglieder herausfordert, d. h. sie durch gezielte Arbeitsanweisungen und häufigere Kontrollen aus ihrer Reserve zu locken versucht, z. B. Drückeberger. Leistungsschwache Gruppenmitglieder sollten nicht sogleich als Versager behandelt werden, sonst besteht die Gefahr, dass sie auch zu solchen werden.

Der Gruppenleiter hat in seine Führungsentscheidungen immer auch die **Situation** der Gruppe einzubeziehen und die Wirkungen seiner Entscheidungen auf die Gesamtgruppe zu beachten. Erfahrungen, die in der Führungspraxis gesammelt wurden, zeigen, dass es deutlich leichter zu bewerkstelligen ist, einzelne Gruppenmitglieder zu führen als größere Gruppen in ihrer Gesamtheit.

1.1.4 Individualführung

Die Individualführung ist die situationsbezogene Beeinflussung eines einzelnen Geführten durch die jeweils übergeordnete **Führungskraft**. Dabei veranlasst ein Vorgesetzter einen Mitarbeiter dazu, die vereinbarten Ziele (Soll) zu erfüllen.

Wie bei den zuvor behandelten Arten personalbezogener Führung sind auch hier (arbeits)rechtliche Vorschriften zu beachten, seit 08/2006 besonders auch das **Allgemeine Gleichbehandlungsgesetz**, das Benachteiligungen in Beschäftigung und Beruf wirksam begegnen soll, die auf Geschlecht, Rasse oder ethnischer Herkunft, Religion oder Weltanschauung, Alter, Behinderung und sexueller Identität beruhen.

Die Wirkungen der Führung äußern sich im zu Tage tretenden **Verhalten** des Geführten (Ist), das abhängt von *(Neuberger, Olfert, Rahn)*:

- der **Persönlichkeit der Führungskraft**, die den Mitarbeiter führt
- der **Persönlichkeit des Geführten**, welche die Leistung beeinflusst
- den **Zielen**, die zwischen Führungskraft und Mitarbeiter vereinbart werden
- der Art der **Führungsinstrumente**, die vom Vorgesetzten eingesetzt werden
- dem **individuellen Erfolg**, der sich z. B. in der Zielerfüllung zeigt
- der **Führungssituation**, in der sich Vorgesetzter und Mitarbeiter befinden.

Daraus ergibt sich folgender Kreislauf der Individualführung als **personenbezogener Führungsprozess**:

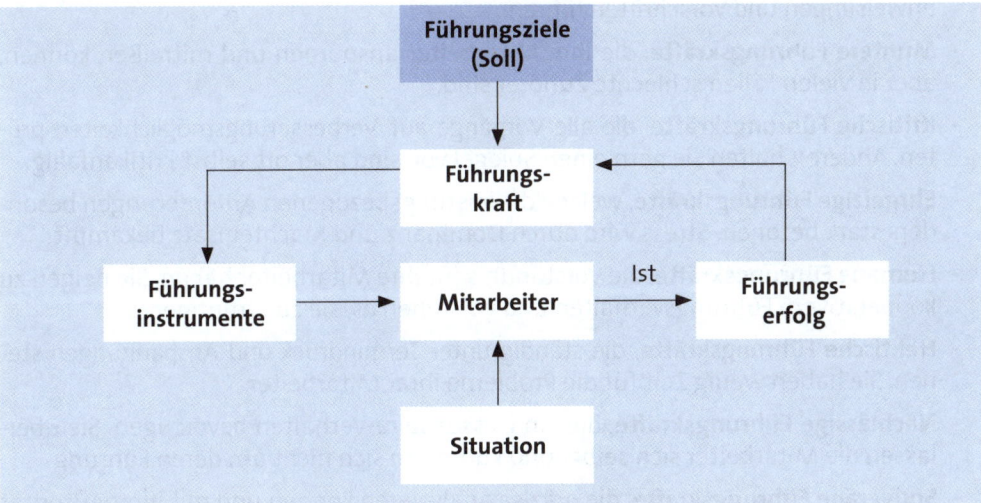

Der personenbezogene Führungsprozess zeigt den zeitlichen Ablauf der zweckgerichteten Beeinflussung des Personals. **Elemente** dieses Prozess sind:

- **Führungsziele** (z. B. Leistungsziele, Verhaltensziele)
- **Führungsinstrumente** (z. B. Führungsstile, Führungsmittel)
- **Mitarbeiter** (z. B. Jugendliche, Ältere, Behinderte, Ausländer)
- **Situation** (z. B. Unternehmens-, Arbeitsplatz- und Privatsituation)
- **Führungserfolg** (z. B. Leistungserfolg, Verhaltenserfolg).

Die Gesamt-, Bereichs-, Gruppen- und Individualführung stehen in einer **wechselseitigen Abhängigkeit** zueinander. Auf allen Ebenen finden sich Führungskräfte, die vereinbarte Ziele vorgeben, durch entsprechende Motivation der Mitarbeiter geeignete Wege zur Zielerreichung suchen und diese kontrollieren.

1.2 Führungsbeteiligte

Führungsbeteiligte sind jene Personen, die an der Führung teilnehmen. Als Träger der Personalführung sind im Unternehmen zu unterscheiden – siehe ausführlich *Olfert*:

► **Führungskräfte**, die als Vorgesetzte die Aufgabe haben, auf das ihnen unterstellte Personal so einzuwirken, dass es erfolgreich arbeitet. Sie können ihren Mitarbeitern verpflichtende Weisungen erteilen und sind dementsprechend mit Kompetenzen bzw. Machtbefugnissen ausgestattet.

Grundsätzlich lassen sich im Unternehmen folgende **Typen** von Vorgesetzten unterscheiden *(Rahn)*:

- **Strenge Führungskräfte**, die zu autoritärem Führungsverhalten neigen und erwarten, dass ihnen überall Respekt entgegengebracht wird.
- **Sachliche Führungskräfte**, die insbesondere über Richtlinien, Rundschreiben, Dienstanweisungen und Vorschriften führen.
- **Muntere Führungskräfte**, die ihre Mitarbeiter anspornen und mitreißen können, aber in vielen Fällen schlechte Zuhörer sind.
- **Kritische Führungskräfte**, die alle Vorgänge auf Verbesserungsmöglichkeiten prüfen. Anderen halten sie gern einen Spiegel vor, sind aber oft selbst kritikanfällig.
- **Ehrgeizige Führungskräfte**, welche die leistungsbezogenen Anforderungen besonders stark betonen. Stress wird durch Dominanz und Machteinsatz bekämpft.
- **Humane Führungskräfte**, die Verständnis für ihre Mitarbeiter haben. Sie neigen zu kooperativem Führungsverhalten und verstehen es, sie zu ermutigen.
- **Hektische Führungskräfte**, die ständig unter Termindruck und Anspannungen stehen. Sie haben wenig Zeit für die Probleme ihrer Mitarbeiter.
- **Nachlässige Führungskräfte**, die ein Laissez-faire-Verhalten bevorzugen. Sie überlassen die Mitarbeiter sich selbst und kümmern sich nicht um deren Führung.
- **Souveräne Führungskräfte**, die präzise analysieren können und mit ihrer Autorität schnell und richtig entscheiden. Sie haben erhebliche Überzeugungskraft.

Die Führungskräfte benötigen zur Erfüllung ihrer Aufgaben die nötige **Qualifikation** und das entsprechende **Engagement**, um die Mitarbeiter zum Erfolg zu führen. Bei ihrer Aufgabenerfüllung haben sie (arbeits)-rechtliche Vorschriften zu beachten, u. a. auch das Gleichbehandlungsgesetz.

► **Mitarbeiter**, die als Arbeitnehmer eines Unternehmens so vom Vorgesetzten zu führen sind, dass sie ihre Aufgaben den Zielen entsprechend wahrnehmen.

Die Mitarbeiter unterscheiden sich in ihrer **Leistungsfähigkeit** als körperliche und geistige Anlagen (z. B. Ausbildung, Wissen, Fähigkeiten, Fertigkeiten, Erfahrungen, Gesundheit, Belastbarkeit, Teamfähigkeit, Konfliktfähigkeit) und ihrer **Leistungsbereitschaft,** die z. B. von Initiative, innerer Motivation, Leistungswillen, aber auch von der Arbeitssituation abhängig ist.

Es gibt verschiedene **Typen** von Mitarbeitern, die im Rahmen der Führung zu berücksichtigen sind, z. B.:

- **jugendliche Mitarbeiter**, die das 14. Lebensjahr vollendet und das 18. Lebensjahr noch nicht überschritten haben, z. B. Auszubildende

- **ältere Mitarbeiter**, die mehr als 50 Jahre alt sind und sich vielfach durch Lebenserfahrung, Umsichtigkeit und Besonnenheit auszeichnen

- **behinderte Mitarbeiter**, die z. B. psychische oder körperliche Behinderungen aufweisen, denen Rechnung zu tragen ist

- **ausländische Mitarbeiter**, die keine deutsche Staatsangehörigkeit haben, z. B. Mitarbeiter aus EU-Staaten.

Die Vorgesetzten setzen gegenüber ihren Mitarbeitern verschiedene **Führungsinstrumente** ein. Sie kombinieren diese so, dass die Mitarbeiter eigene Ziele durch den persönlichen Einsatz für die Ziele des Unternehmens optimal realisieren können.

1.3 Führungsinstrumente

Führungsinstrumente stellen Inputs bestimmter Maßnahmen der Führung durch den Vorgesetzten dar. Sie sind Ausdruck des Führungs-Mix, das auf einen vom Vorgesetzten und Mitarbeiter gemeinsam zu erzielenden Erfolg ausgerichtet ist.

Als Führungsinstrumente sind hinsichtlich der zielgerichteten Beeinflussung der Mitarbeiter z. B. zu unterscheiden – siehe ausführlich *Olfert*:

► **Führungsstile**

► **Führungsmittel**.

1.3.1 Führungsstile

Führungsstile sind Führungsinstrumente, welche die Art und Weise ausdrücken, in der ein Vorgesetzter die ihm unterstellten Mitarbeiter führt. Mit ihnen wird ein konkretes **Verhaltensmuster** des Vorgesetzten beschrieben. Klassische Führungsstile sind *(Olfert)*:

► Der **autoritäre Führungsstil**, bei dem die betrieblichen Aktivitäten vom Vorgesetzten ausgehen, ohne die Untergebenen an den Entscheidungen zu beteiligen. Er trifft seine Entscheidungen allein und erwartet Gehorsam von seinen Mitarbeitern. Bei Fehlern wird bestraft statt zu helfen. Entscheidungen sind als Anordnungen anzusehen. Der Führungsstil ermöglicht eine relativ hohe Entscheidungsgeschwindigkeit.

► Der **kooperative Führungsstil**, bei dem die betrieblichen Aktivitäten im Zusammenwirken des Vorgesetzten und der Mitarbeiter geschehen. Der Vorgesetzte bezieht seine Mitarbeiter in den Entscheidungsprozess ein und erwartet dabei deren Unterstützung. Bei Fehlern wird i. d. R. Hilfe angeboten. Durch Delegation kommt es zu einer Übertragung der Verantwortung.

Neben dem „reinen" autoritären und kooperativen Führungsstil gibt es zahlreiche **Varianten**, die „mehr oder weniger" autoritär bzw. kooperativ sind, z. B.:

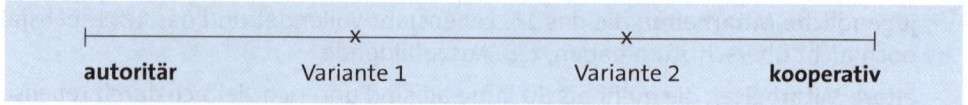

Der **Laissez-faire-Führungsstil**, bei dem die Mitarbeiter als isolierte Individuen betrachtet werden und ihre Motivation durch ein hohes Maß an Freiheit bewirkt wird. Die Informationen fließen zwischen den Beteiligten mehr oder weniger zufällig.

Es ist empfehlenswert, die Mitarbeiter **situativ** zu führen, d. h. den Führungsstil nach der Führungssituation auszulegen.

Aufgabe 18 > Seite 286

1.3.2 Führungsmittel

Führungsmittel sind Führungsinstrumente, die von einer Führungskraft im Rahmen eines Führungsstils eingesetzt werden, um einen gewünschten Führungserfolg zu bewirken. Dabei steht der Führungskraft eine Vielzahl von Führungsmitteln zu Verfügung, z. B. sind das – siehe ausführlich *Olfert*:

▶ **Prozessbezogene Führungsmittel**, die sich auf den betrieblichen Führungsprozess beziehen und im Rahmen der Personalführung umfassen können:
- **Ziele** setzen bzw. vereinbaren, damit die Mitarbeiter klare Vorstellungen haben
- **Pläne** besprechen und vorgeben, damit der Weg zur Zielerfüllung deutlich wird
- **Realisierung** kontrollieren, damit Fehler erkannt und beseitigt werden.

Die Ziele und Pläne haben den Charakter von **Vorgaben**, deren Einhaltung durch die Kontrolle überprüft wird. Wenn Abweichungen festgestellt werden, sind Maßnahmen der Steuerung angezeigt.

▶ **Informationsbezogene Führungsmittel**, die für die Personalführung unentbehrlich sind und sich auf die Kommunikation der Vorgesetzten mit den Mitarbeitern beziehen, z. B.:
- **Informationen** an Mitarbeiter, z. B. über eine neue Werbekampagne
- **Weisungen** an Mitarbeiter, z. B. zur Erledigung zusätzlicher Aufgaben
- **Gespräche** mit einzelnen Mitarbeitern, z. B. zur Einweisung, bei Beschwerden
- **Besprechungen** mit mehreren Teilnehmern, z. B. zur Beratung, Meinungsbildung
- **Konferenzen** mit vielen Personen, z. B. um gemeinsam ein Problem zu lösen.

▶ **Aufgabenbezogene Führungsmittel**, die mit der Aufgabenerfüllung der Mitarbeiter in einem unmittelbaren Zusammenhang stehen und zur Personalführung nötig sind, z. B. als:

- **Kooperation** im Sinne erfolgreicher Zusammenarbeit von Vorgesetzten und Mitarbeitern sowie der Mitarbeiter untereinander
- **Delegation** von Aufgaben, zugehörigen Kompetenzen und entsprechender Verantwortung, die sich in ihrem Umfang jeweils entsprechen sollten
- **Partizipation** der Mitarbeiter an den Entscheidungen des Vorgesetzten, die ihre – vielfach detaillierte – Sachkenntnis einbringen können.

► **Personenbezogene Führungsmittel**, die direkt auf die Mitarbeiter bezogen und im Rahmen der Personalführung unverzichtbar sind:
- **Personalbeurteilung**, bei der Leistung und Verhalten der Mitarbeiter (vergangenheitsbezogen) oder ihr Potenzial (zukunftsorientiert) offen gelegt wird
- **Kritik**, die positive Kritik (Lob, Anerkennung) oder negative Kritik (Tadel, Verweis, Abmahnung, Sanktion, Strafe) sein kann
- **Personalentlohnung**, bei der Mitarbeiter z. B. angemessene finanzielle Anreize zur Mehrleistung erhalten (u. a. als Zuschläge, Prämien, Gratifikationen)
- **Personalentwicklung**, die der Qualifikation der Mitarbeiter dient, z. B. als Ausbildung, Fortbildung, Umschulung, Personalförderung (u. a. Coaching, Mentoring)
- **Status** in Form von Statussymbolen, z. B. Firmentiteln, Büroausstattung, Dienstwagen Mitarbeiterausstattung, exklusiven Mitgliedschaften.

Die Führungsstile und die Führungsmittel dienen dazu, die Mitarbeiter zum Erfolg zu führen. Die Problematik der Personalführung liegt für den Vorgesetzten in der richtigen situationsbezogenen Kombination des **Führungs-Mix**, die in der Praxis nicht einfach zu handhaben ist.

Aufgabe 19 > Seite 286

1.4 Führungserfolg

Der Führungserfolg ist das Ergebnis, das die Führungskraft in Erfüllung ihrer Führungsaufgabe erzielt. Der Erfolg der Führung zeigt sich vor allem in der **Leistung** und im **Verhalten** der geführten Mitarbeiter. Er kann eine positive oder negative Ausprägung aufweisen.

Der Erfolg hängt nicht nur davon ab, dass der Vorgesetzte die Führungsinstrumente zweckentsprechend einsetzt, sondern es gibt weitere Führungsbedingungen, die zum Erfolg beitragen. Neben diesen Einflussfaktoren sollen auch die **Kriterien** betrachtet werden, mit deren Hilfe der Führungserfolg zu messen ist:

► **Einflussfaktoren**
► **Erfolgskriterien**.

1.4.1 Einflussfaktoren

Der Führungserfolg ist von verschiedenen Einflussfaktoren abhängig. Hervorzuheben sind dabei als Faktoren:

► Die **Führungskraft**, der eine hohe Bedeutung hinsichtlich des Führungserfolges zukommt, denn Autorität, Führungsinstrumente, Führungseigenschaften, Menschenbild und Verhalten des Vorgesetzten prägen die Leistung und das Verhalten des Mitarbeiters besonders.

► Die **Mitarbeiter**, deren Fähigkeiten, Eigenschaften, Einstellungen, Verhaltensweisen, geistige und körperliche Verfassungen für den gemeinsam zu erzielenden Erfolg bedeutsam sind.

► Die **Führungssituation**, die der Vorgesetzte in seine Führungsüberlegungen einzubeziehen hat. Nur wenn er situationsgerecht führt, kann ein hinreichender Führungserfolg erzielt werden, z. B. hinsichtlich der Arbeitsbedingungen und des Arbeitsklimas.

Diese drei Einflussfaktoren des Führungserfolges wirken in unterschiedlicher Weise zusammen, wie aus dem oben dargestellten Kreislauf der Individualführung – Seite 112 f. – ersichtlich ist. Der Vorgesetzte hat dafür Sorge zu tragen, dass **Misserfolge** vermieden werden, die sich z. B. in Unzufriedenheit, schlechtem Betriebsklima, Konflikten und Mobbing zeigen können.

1.4.2 Erfolgskriterien

Erfolgskriterien verdeutlichen, inwiefern die Führung durch den Vorgesetzten erfolgreich ist. Ob dessen Personalführung positiv oder negativ beurteilt wird, hängt davon ab, in welcher Weise insbesondere die folgenden Erfolgskriterien vom Vorgesetzten erfüllt werden:

► Die **Leistungswirksamkeit** der Führung, die sich in den vom Mitarbeiter erbrachten qualitativ und quantitativ messbaren Ergebnissen niederschlägt, z. B. als:
  - Umsatzzuwachs bei einem Verkäufer
  - Kosteneinsparungen durch einen Meister
  - Mengensteigerung durch einen Arbeiter.

► Die **Verhaltenswirksamkeit** der Führung, die sich in Handlungen, Benehmen, Gebaren und Reaktionen des Mitarbeiters zeigt, z. B. als:
  - Sozialverhalten gegenüber Vorgesetzten
  - Sozialverhalten gegenüber Kollegen
  - Sozialverhalten gegenüber Kunden.

Bei der personenbezogenen Führung müssen Führungskräfte und Mitarbeiter im Sinne der betrieblichen Zielsetzung zusammenarbeiten.

2. Sachbezogene Führung

Die sachbezogene Führung stellt die Gesamtheit aller Maßnahmen dar, die das Verhalten des Unternehmens in Bezug auf sachlich-rationale Tatbestände festlegen, z. B. zu betrieblichen Aufgaben, Strukturen und Prozessen, und auf ein übergeordnetes Gesamtziel ausrichten.

Demgemäß ist der sachbezogene Führungsprozess eine Abfolge der zweckgerichteten Beeinflussung von Aktivitäten des Unternehmens. Die sachbezogene Führung hat – wie auch die personenbezogene Führung – dafür zu sorgen, dass der betriebliche Führungsprozess zielbezogen abläuft.

Als **Phasen** des sachbezogenen Führungsprozesses sind zu unterscheiden – siehe ausführlich *Olfert/Pischulti, Olfert/Rahn, Rahn*:

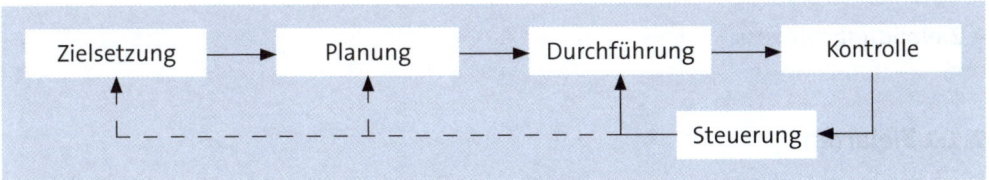

Die Zielsetzung und Planung haben für die Durchführung den Charakter von **Vorgaben**, deren Einhaltung durch die Kontrolle überprüft wird. Stimmen Soll-Werte und Ist-Werte nicht überein, sind Maßnahmen der **Steuerung** angezeigt. Sie beziehen sich vorrangig auf die Durchführung, können aber auch Veränderungen – z. B. unrealistischer – Zielsetzungen bzw. Planungsdaten zur Folge haben.

2.1 Zielsetzung

Die Zielsetzung oder Ziele sind Aussagen mit verpflichtendem Charakter, die einen gewünschten zukünftigen Zustand der Realität beschreiben *(Hauschildt)*. Sie geben der Unternehmensleitung, Bereichsleitung und Gruppenleitung bzw. den Mitarbeitern eine Orientierung für die Steuerung der betrieblichen Prozesse.

Damit die Orientierung zweifelsfrei möglich ist, sind die Ziele zwischen den Beteiligten abzustimmen, zu formulieren und verbindlich festzulegen. Ohne eindeutige Zielformulierung sind weder eine sinnvolle Planung noch eine zweckentsprechende Kontrolle möglich.

Die **Zielformulierung** soll so erfolgen, dass der Grad der Zielerreichung messbar und damit nachvollziehbar ist. Eindeutige Zielformulierungen weisen folgende Dimensionen auf:

► den **Inhalt** des Zieles, der die sachliche Zieldimension festlegt, z. B. Gewinnsteigerung, Reduzierung der Kosten, Erhöhung der Fertigungsmenge, Senkung der Fluktuation

► das **Ausmaß** des Zieles, welches den Prozentsatz, die Mengensteigerung oder Mengenreduktion angibt, z. B. Ertragssteigerung um 3 %, Erhöhung der Fertigungsmenge um 50 Stück

► die **Zeit**, die den Zeitraum oder Zeitpunkt angibt, für welchen die Zielsetzung gelten soll, z. B. für das Jahr 2014 oder vom 01.07. bis zum 31.12. des laufenden Jahres.

Die formulierten Ziele sollen die Betroffenen zur Leistung **motivieren**. Nicht eindeutig oder ungenau formulierte Ziele erreichen dies ebenso wenig wie Ziele, die von vornherein auch bei größten Anstrengungen als nicht erreichbar erkannt werden können.

Im Rahmen der Zielsetzung lassen sich unterscheiden:

► **Zielarten**

► **Zielbeziehungen**

► **Zielbildungsprozess**.

2.1.1 Zielarten

Die von einem Unternehmen anzustrebenden Ziele können sehr unterschiedlich sein. Sie lassen sich z. B. nach folgenden **Kriterien** darstellen:

► Nach der hierarchischen **Beziehung** der Ziele

Oberziele	Sie werden – häufig relativ global – vom **Top Management** formuliert und können **Formalziele** oder **Sachziele** sein, z. B. als Gewinnerhöhung oder Liquiditätssicherung.
	Im Regelfall sind aus den Oberzielen keine konkreten Handlungsanweisungen für die Mitarbeiter der nachfolgenden Hierarchieebenen zu entnehmen. Deshalb wird eine Fixierung von Unterzielen notwendig.
Unterziele	Sie werden zumeist vom **Middle Management** aus den Oberzielen abgeleitet und stellen konkrete Handlungsanweisungen an das **Lower Management** bzw. **Ausführende** dar.
	Unterziele stellen daher bereichsbezogene **Sachziele** dar, z. B. die Sicherstellung einer hohen Lieferbereitschaft, die Gewährleistung einer hohen Materialqualität oder die Minimierung der Kapitalbindung im Vorratsvermögen.

▸ Nach der unterschiedlichen **Ausrichtung** der Ziele

Monetäre Ziele	Sie lassen sich in Geldeinheiten erfassen und messen. Dazu zählen: ▸ **Marktleistungsziele**, z. B. als Umsatzsteigerung, Kostensenkung, Ertragssteigerung, Minimierung der Aufwendungen ▸ **Rentabilitätsziele**, z. B. als Erhöhung von Gewinn, Eigenkapitalrentabilität, Umsatzrentabilität, Gesamtkapitalrentabilität ▸ **finanzwirtschaftliche Ziele**, z. B. als Liquiditätsverbesserung, Kapitalkostensenkung, Kapitalstrukturveränderung.
Nicht monetäre Ziele	Sie sind nicht bzw. nur indirekt in Geldgrößen zu bestimmen, wie etwa: ▸ **ökonomische Ziele**, z. B. als Vergrößerung des Marktanteils Serviceverbesserung, Qualitätsverbesserung ▸ **soziale Ziele**, z. B. als soziale Sicherheit, soziale Integration, Steigerung von Arbeitszufriedenheit/Betriebsklima ▸ **Macht-/Prestigeziele**, z. B. als Unabhängigkeit, politischer Einfluss, gesellschaftlicher Einfluss, Streben nach Ansehen.

▸ Nach der **Fristigkeit** der Ziele

Kurzfristige Ziele	Sie umfassen einen Zeitraum von **bis zu einem Jahr** und sind der kurzfristigen bzw. operativen Planung zuzuordnen. Kurzfristige Ziele sind stark am aktuellen Geschehen ausgerichtet.
Mittelfristige Ziele	Sie gelten für einen Zeitraum von **einem bis zu fünf Jahren** und sind für die mittelfristige bzw. taktische Planung von Bedeutung.
Langfristige Ziele	Sie umfassen einen Zeitraum von **über fünf Jahren** und sind für die langfristige bzw. strategische Planung bedeutsam.

2.1.2 Zielbeziehungen

Zielbeziehungen ergeben sich aus dem **Zielsystem** des Unternehmens, das eine Vielzahl von Zielen enthält, die in irgendeiner Weise zueinander in Beziehung stehen. Als Ziele mit unterschiedlichen Beziehungen gelten:

▸ **Komplementäre Ziele**, bei denen Steuerungsmaßnahmen zur Erreichung eines Zieles gleichzeitig zur Förderung oder Erreichung eines anderen Zieles führen.

Beispiel

Eine Kostensenkung, die im Fertigungsbereich (Z_1) bewirkt wird, führt bei gleichen Umsätzen zu einer Erhöhung des durch das Unternehmen erzielten Gewinnes (Z_2).

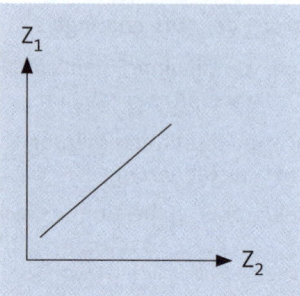

▸ **Konkurrierende Ziele**, bei denen Steuerungsmaßnahmen zur Erreichung eines Zieles die Abnahme des Zielerreichungsgrades bei einem anderen Ziel bewirken.

Beispiel

Wird eine Lohnerhöhung bei den Mitarbeitern angestrebt, kann das Ziel, Personalkosten zu senken, bei einer unveränderten Mitarbeiterzahl nicht erreicht werden.

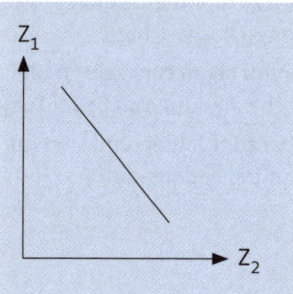

▸ **Indifferente Ziele**, bei denen die Steuerungsmaßnahmen zur Erreichung eines Zieles keinen Einfluss auf den Zielerreichungsgrad eines anderen Zieles hat.

Beispiel

Die Senkung der Kosten für Betriebsstoffe in der Fertigung und die Verbesserung der Arbeitsbedingungen im Finanzbereich sind völlig unabhängig voneinander.

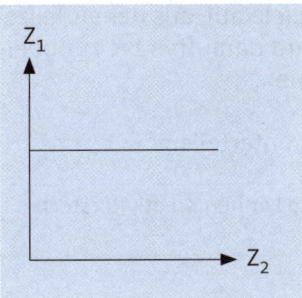

Zielbeziehungen bestehen nicht nur zwischen Zielen unterschiedlicher Bereiche des Unternehmens, sondern auch zwischen Zielen innerhalb eines Bereiches. **Zielkonflikte** erfordern, dass Prioritäten gesetzt werden. Konfliktfreie Zielhierarchien gibt es in der Praxis i. d. R. nicht.

2.1.3 Zielbildungsprozess

Ziele können durch die Unternehmensleitung bzw. durch den jeweiligen Vorgesetzten vorgegeben und/oder unter Mitwirkung der Mitarbeiter vereinbart werden. Grundsätzlich ist die Festlegung der Ziele **„von oben nach unten"** (Top-down-Prinzip) bzw. **„von unten nach oben"** (Bottom-up-Prinzip) möglich:

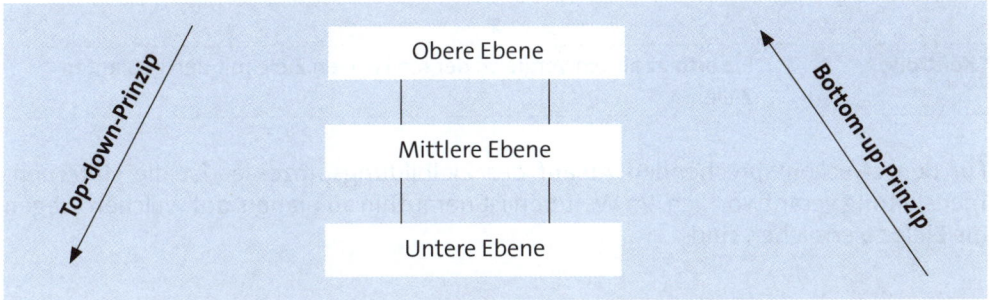

Beim **Top-down-Prinzip** erfolgt eine retrograde Zielbildung. Es geht von einer auf der oberen Führungsebene vorgenommenen Zielformulierung aus. Die nachgelagerten Ebenen konkretisieren die Vorgaben sukzessive.

Das **Bottom-up-Prinzip** zeichnet sich durch progressive Zielbildung aus. Hier steht die Realisierbarkeit der untergeordneten Teilziele im Vordergrund. Die untere Ebene entwickelt Teilziele, die schrittweise auf die jeweils übergeordnete Ebene zu einem integrierten Rahmenplan verdichtet werden.

Häufig kommen **Mischformen** zwischen beiden Prinzipien vor. Wird sowohl retrograd als auch progressiv verfahren, spricht man vom **Gegenstromverfahren**. Dabei stellen die Führungskräfte der oberen Ebene vorläufige Rahmenziele auf, aus denen Teilzeile abgeleitet werden. Ausgehend von der unteren Ebene wird daraufhin bis zur oberen Ebene hin eine Überprüfung der Zielvorgaben vorgenommen.

Der Zielbildungsprozess lässt sich in verschiedene **Phasen** unterteilen:

Suche	Es sind Zielideen zu finden. Bei ihrer Suche können Kreativitätstechniken eingesetzt werden.

$\downarrow$

Abstimmung	Hier werden Beziehungen zwischen den Zielen festgelegt. Außerdem erfolgt eine Ordnung der ermittelten Ziele nach ihrer Bedeutung.

$\downarrow$

Entscheidung	Die Unternehmensleitung bestimmt die anzustrebenden Ziele, die sie aus ermittelten Zielen auswählt.

$\downarrow$

Formulierung	Die Ziele werden operationalisiert (messbar formuliert) und festgehalten (dokumentiert).

$\downarrow$

Durchsetzung	Die Unternehmensleitung sorgt für die Realisierung der formulierten Ziele.

$\downarrow$

Kontrolle	Sie erfolgt als ein Vergleich der realisierten Ziele mit den geplanten Zielen.

Für den zweckentsprechenden Ablauf des Zielbildungsprozesses ist die Unternehmensleitung verantwortlich. Im Weiteren ist daraufhin zu planen, auf welchen Wegen die Ziele zu erreichen sind.

Aufgabe 20 > Seite 287

2.2 Planung

Die Planung ist die gegenwärtige gedankliche Vorwegnahme zukünftigen wirtschaftlichen Handels unter Beachtung des Rationalprinzips. Sie bildet die zweite Stufe des sachbezogenen Führungsprozesses.

Die in der Vergangenheit deutlich gestiegene Komplexität und Dynamik der betrieblichen Bedingungen haben zu einer erheblichen **Erschwerung** der Planung beigetragen *(Ehrmann)*.

Der Planung liegen die **Prognosen** zu Grunde, die Aussagen über wahrscheinliche zukünftige Entwicklungen, Ereignisse, Tatbestände, Zustände und Verhaltensweisen enthalten. Mit der Planung werden Soll-Werte festgelegt, die möglichst messbar zu formulieren und als **Planstandards** vorzugeben sind.

In den einzelnen Ebenen des Unternehmens sind die Unternehmensleiter, Bereichsleiter und Gruppenleiter für die Planung verantwortlich.

Die Planung kann je nach der jeweiligen **Planungsebene** sein – siehe ausführlich *Olfert/Pischulti, Olfert/Rahn*:

- **strategische Planung**
- **taktische Planung**
- **operative Planung**.

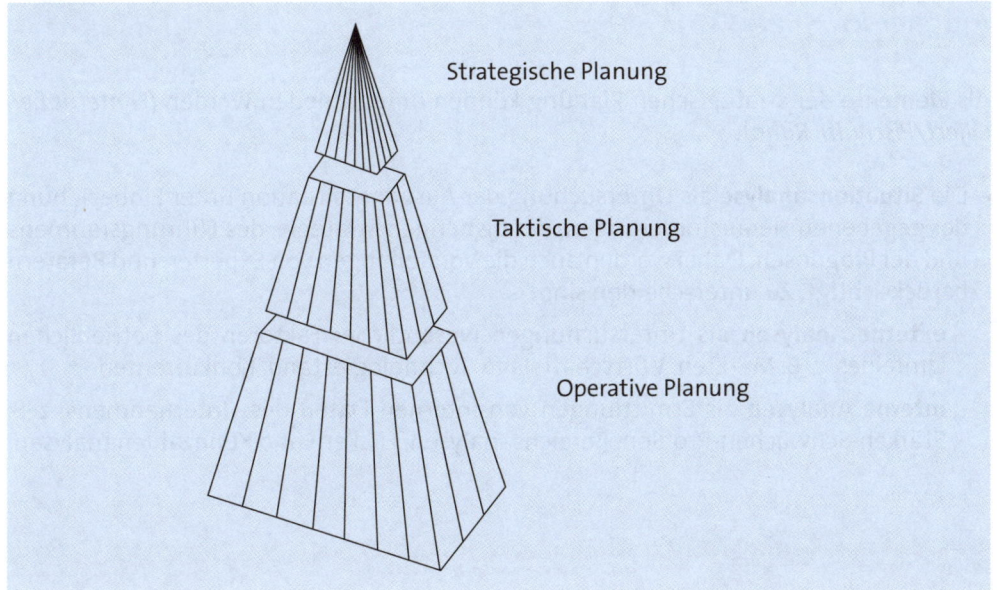

Die Zuordnung dieser Begriffe zu den Unternehmensebenen erfolgt in der Betriebswirtschaftslehre nicht immer einheitlich.

2.2.1 Strategische Planung

Die strategische Planung ist eine langfristige Planung, die über einen Zeitraum von **fünf Jahren** hinausgeht. Sie erfolgt als Grobplanung auf der oberen Leistungsebene durch die Unternehmensleitung.

Die Erarbeitung strategischer Pläne und die Formulierung von Strategien zählen zu den Hauptaufgaben der Unternehmensleitung. **Strategien** sind formulierte Handlungsanweisungen zur Lösung grundlegender langfristiger Probleme des Unternehmens und seiner Bereiche.

Mit Strategien soll den **Herausforderungen** begegnet werden, denen das Unternehmen in vielfältiger Weise ausgesetzt ist, z. B. gesättigten Märkten, neuen Technologien, Umweltschutz, Wertewandel. Wie ihre Herausforderungen sind auch die Strategien immer wieder verschieden, d. h. keine Strategie ist mit einer anderen vergleichbar.

Aufgabe 21 > Seite 287

Als **Elemente** der strategischen Planung können unterschieden werden *(Hinterhuber, Olfert/Pischulti, Rahn)*:

- ▸ Die **Situationsanalyse** als Untersuchung der Ausgangssituation unter Einbeziehung der gegebenen Herausforderungen, der bisherigen Strategie, des Führungsrahmens und der Prognosen. Dabei werden auch die Vorstellungen von Experten und Beratern berücksichtigt. Zu unterscheiden sind:
  - **externe Analysen** als Untersuchungen wesentlicher Faktoren des betrieblichen Umfeldes, z. B. Märkten, Wirtschaftslage, Technologiestand, Konkurrenten
  - **interne Analysen** als Ermittlungen von internen Daten des Unternehmens, z. B. Stärken-Schwächen-Profilen, Bereichsanalysen, Lücken- und Kennzahlenanalysen.

➤ Die verschiedenen **Strategien**, die sein können:

Grundstrategie	Sie dient zur Festlegung der grundsätzlichen Positionierung des Unternehmens im Markt, z. B. als Wettbewerbsstrategie, künftig Produkte mit hoher Qualität oder zu niedrigen Preisen anzubieten.
Unternehmens-strategie	Mit ihrer Hilfe erfolgt die Bestimmung der Hauptstoßrichtung, z. B. als Angriffsstrategie mit aggressiver Preisgestaltung oder als Verteidigungsstrategie, z. B. durch Erhöhung strukturbedingter Barrieren, um Angriffe von Konkurrenten zu verringern.
Bereichs-strategien	Als sorgfältig erarbeitete Aktionsprogramme dienen sie der Festlegung der Vorgehensweise im Material-, Fertigungs-, Marketing-, Personal-, Finanzbereich sowie erforderlichenfalls bei der Forschung und Entwicklung.
Portfolio-strategien	Sie dienen der Entscheidungsfindung, wie mit den Produkten strategisch umzugehen ist, z. B. welche Produkte vom Markt zu nehmen sind. Dazu werden sie in einem **4-Felder-Portfolio-Modell** eingetragen, um sie als Spitzen-, Verkaufs-, Nachwuchs- und Problemprodukte des Unternehmens zu klassifizieren.

Aufgrund mangelnder Vorausbestimmbarkeit und geringer Vorhersehbarkeit der Ereignisse ist die strategische Planung relativ **schwierig** durchzuführen.

Aufgabe 22 > Seite 287

2.2.2 Taktische Planung

Die taktische Planung basiert auf der strategischen Planung, aus der sie abgeleitet wird. Sie umfasst einen mittelfristigen Zeitrahmen von einem Jahr **bis zu fünf Jahren** und ist das Bindeglied zwischen strategischer und operativer Planung.

Mit der taktischen Planung befasst sich die **mittlere Leitungsebene** des Unternehmens. Ihre Hauptaufgabe besteht darin, die durch die strategische Planung vorgegebene Grobplanung in Plänen für die Funktionsbereiche des Unternehmens aufzubereiten.

Die **Bereichsleiter** der einzelnen Funktionsbereiche entwickeln Maßnahmenkataloge zur Umsetzung der strategischen Pläne, die eine taktische Ausrichtung aufweisen. Die einzelnen taktischen Pläne stehen in folgendem **Zusammenhang**:

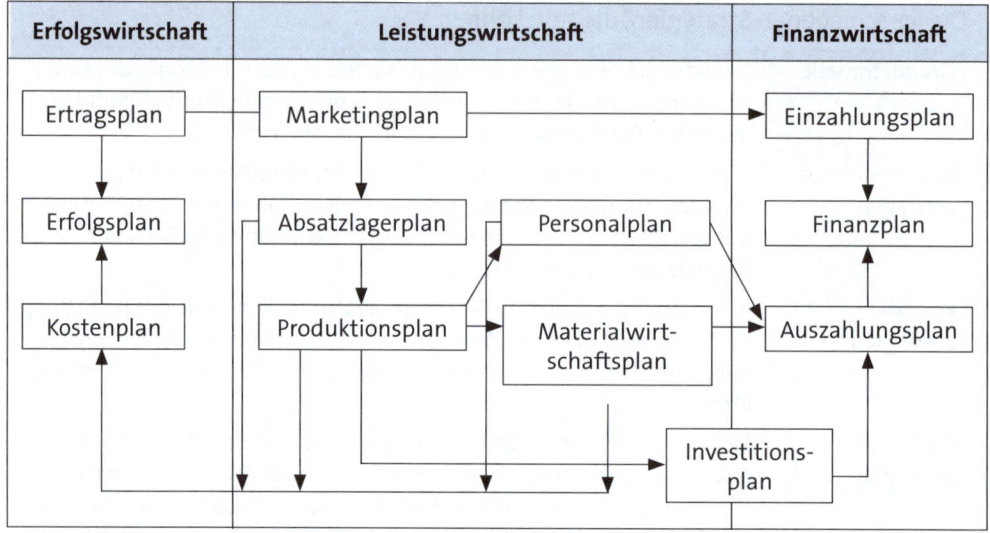

Üblicherweise geht die taktische Planung vom **Marketingplan** aus, der zeigt, wie viele Produkte am Absatzmarkt voraussichtlich abgesetzt werden können. Den Markt auszuschöpfen, liegt schließlich im Interesse des Unternehmens. Am Marketingplan haben sich die übrigen Pläne also grundsätzlich zu orientieren.

Das ist dann aber nicht möglich, wenn ein **Engpass** im Unternehmen vorhanden ist, der das vom Marketing vorgegebene Leistungsvolumen begrenzt, z. B. die Fertigungskapazität, mit der nur 80 % der verkaufbaren Produkte herzustellen ist, oder begrenzte finanzielle Möglichkeiten, die eine Erweiterung der Fertigungskapazität nicht zulassen.

In diesem Falle ist der betreffende Engpass der Ausgangspunkt der taktischen Planung, sofern er nicht behoben werden kann oder soll.

2.2.3 Operative Planung

Die operative Planung ist eine kurzfristige Ziel- und Maßnahmenplanung, mit der die Vorgaben der taktischen Planung auf der unteren Planungsebene umgesetzt werden. Sie kann aber auch bis in die mittlere Führungsebene hineinreichen.

Von der operativen Planung sind sämtliche Funktionsbereiche des Unternehmens betroffen. Die Einzelpläne weisen eine Verknüpfung miteinander auf, wie oben gezeigt wurde. Die operative Planung umfasst einen Zeitrahmen von **bis zu einem Jahr**.

Die Hauptaufgabe der operativen Planung besteht in der Detaillierung der taktisch vorgegebenen Pläne. Die Schwierigkeiten bei der operativen Planung liegen in der gedanklichen Vorwegnahme des „Alltagsgeschehens".

Der **operative Plan** ist das Ergebnis der kurzfristigen bzw. operativen Planung. Er enthält in detaillierter Form:

► alle im jeweiligen Unternehmensbereich zu verfolgenden Einzelziele

► die auf die Erreichung dieser Ziele ausgerichteten Maßnahmen, die z. B. auch einzuhaltende Termine umfassen.

Damit stellt der operative Plan einen konkreten **Ziel-** und **Maßnahmenplan** auf der Basis der taktischen Planung dar.

Aufgabe 23 > Seite 287

2.3 Durchführung

Die vom Unternehmen geplanten Maßnahmen bedürfen der Realisierung. Sie geschieht in der Durchführungsphase. An der Realisierung des Geschehens sind Führungskräfte und Mitarbeiter aller Bereiche des Unternehmens beteiligt.

Führungskräfte können dabei z. B. folgende **Funktionen** wahrnehmen:

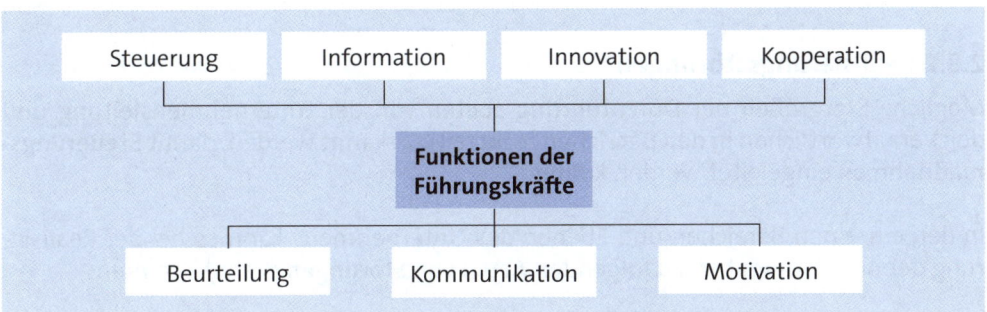

Bei der Durchführung des Geschehens sind zu berücksichtigen:

► **Realisierungsebenen**
► **Realisierungsstörungen**.

2.3.1 Realisierungsebenen

Die Realisierung der Planung vollzieht sich auf allen **hierarchischen Ebenen** des Unternehmens:

► Das **Top Management** ist mit der Ausführung der langfristigen Unternehmenspläne und deren Umsetzung in bereichsübergreifende und bereichsspezifische Strategien befasst.

▸ Dem **Middle Management** und dem **Lower Management** obliegt es dafür zu sorgen, dass die von der oberen Führungsebene vorgegebenen Ziele und Pläne in konkrete betriebliche Maßnahmen übergeleitet werden.

▸ Die **Ausführungsebene**, die keine Leitungsfunktion besitzt, hat die vom Management vorgegebenen Pläne im Detail auszuführen. Dabei sind z. B. folgende Aufgaben zu erledigen:

Materialbereich	▸ Angebote einholen	▸ Warenannahme durchführen
	▸ Warenproben entnehmen	▸ Waren einlagern
Marketingbereich	▸ Kunden gewinnen	▸ Werbung durchführen
	▸ Kundenaufträge bearbeiten	▸ Marktstudien erstellen
Finanzbereich	▸ Zahlungsmittel-Eingänge sicherstellen	▸ Investitionsrechnungen durchführen
	▸ Zahlungsausgänge bearbeiten	▸ Finanzplan erstellen

Die Aufgabenträger der Führungsebenen und der Ausführungsebene sind nicht losgelöst voneinander tätig, sondern sie wirken eng miteinander zusammen. Bei der Durchführung der Pläne treten immer wieder **Störungen** auf, die von den Führungskräften und Mitarbeitern zu erkennen bzw. zu beseitigen sind.

2.3.2 Realisierungsstörungen

Mögliche Störgrößen der Durchführung sollten von der Unternehmensleitung und den Verantwortlichen in den Bereichen rechtzeitig erkannt werden, damit **Steuerungsmaßnahmen** eingeleitet werden können.

In den einzelnen Bereichen und Ebenen des Unternehmens kann es bei der Realisierung der Arbeitsaufgaben zu folgenden **Arten von Störungen** *(Rahn)* kommen:

▸ **Leitungsbezogenen Störungen**, die von der Unternehmensleitung rechtzeitig festzustellen sind, um gegensteuern zu können. Sie können z. B. sein:

Interne Störungen	Ein Wechsel, der in der Unternehmensleitung erfolgt ist, kann sich auf die weitere Unternehmensentwicklung positiv oder negativ auswirken.
Externe Störungen	Langfristig wirksame Preissteigerungen am Weltmarkt für Rohöl können nicht nur das Unternehmen sondern eine ganze Branche in eine Krise führen.

▸ **Bereichsbezogenen Störungen**, die von der Unternehmensleitung bzw. der jeweiligen Bereichsleitung zu erfassen sind und z. B. bezogen sein können auf:

Fertigungsbereich	▸ Ausfall von Produktionsanlagen
	▸ Veralteter betrieblicher Maschinenpark
	▸ Mittelfristig wirksame Lieferprobleme
	▸ Kostendruck durch Niedriglohnländer
Marketingbereich	▸ Rückgang des Umsatzes
	▸ Änderung der Käuferbedürfnisse
	▸ Fehlgeschlagene Werbemaßnahmen
	▸ Falsche Einschätzung des Absatzmarktes
Personalbereich	▸ Überforderung von Mitarbeitern
	▸ Fehlzeiten von Mitarbeitern
	▸ Fluktuation von Mitarbeitern
	▸ Mobbing zwischen Mitarbeitern

Die Realisierung der betrieblichen Maßnahmen stößt in der Praxis vielfach auf **Schwierigkeiten**, weil die Störgrößen, die auf das Unternehmensgeschehen einwirken, häufig schwer erkennbar sind und somit für die Verantwortlichen eine große Herausforderung darstellen.

2.4 Kontrolle

Die Kontrolle ist ein Vorgang der personenbezogenen, sachbezogenen und zeitbezogenen Gewinnung von Informationen. Sie schließt sich als letzte Phase des Führungsprozesses der Durchführung des betrieblichen Geschehens an.

Ein hinreichender Nutzen der Kontrolle ist nur dann zu erwarten, wenn die ermittelten Daten einen **Informationswert** haben, der für künftige Handlungen bedeutsam ist.

Die Kontrolle kann vor der Durchführung erfolgen (**Ex ante-Kontrolle**), um zukunftsorientierte Informationen zum Zwecke der Frühwarnung zu gewinnen, oder im Verlaufe bzw. nach der Durchführung als Soll-Ist-Vergleich (**Ex post-Kontrolle**) erfolgen. Zu betrachten sind – siehe ausführlich *Olfert*:

▸ **Arten**

▸ **Vorgehensweise**.

2.4.1 Arten

Als Arten der Kontrolle sind von besonderer Bedeutung:

▸ Nach dem **Objekt** der Kontrolle

Ergebniskontrolle	Bei ihr wird geprüft, ob bzw. in welchem Umfang ein geplantes Ergebnis eingetreten ist, ohne dass festgestellt wird, wie dies erreicht wurde, z. B. als Beurteilung des Leistungsergebnisses eines Mitarbeiters.
Verfahrenskontrolle	Sie bezieht sich auf den Vergleich des geplanten Arbeitsverfahrens im Rahmen des technischen Arbeitsablaufes mit dem tatsächlich angewendeten Arbeitsverfahren sowie auf das Arbeitsverhalten der Mitarbeiter.

▸ Nach dem **Träger** der Kontrolle

Selbstkontrolle	Hier nimmt der für die Ausführung der Tätigkeit verantwortliche Mitarbeiter auch die Kontrolle vor. Das setzt entsprechendes Verantwortungsbewusstsein des Mitarbeiters voraus.
Fremdkontrolle	Die Kontrolle wird durch nicht an der Ausführung der Tätigkeit beteiligte Mitarbeiter oder Einrichtungen vorgenommen. Sie vermeidet Selbsttäuschungen und dient der Objektivierung.

▸ Nach dem **Umfang** der Kontrolle

Gesamtkontrolle	Dabei werden alle geplanten Tätigkeiten bestimmter Art kontrolliert, z. B. indem sämtliche hergestellten Teile auf ihre Richtigkeit hin überprüft werden.
Stichprobenkontrolle	Sie bezieht sich lediglich auf einzelne, meist zufällig ausgewählte Teile der geplanten Tätigkeiten bestimmter Art, z. B. indem lediglich einzelne der hergestellten Teile überprüft werden, etwa jedes 50. Teil der Fertigung.

Die Kontrolle bildet die Grundlage dafür, Fehler in der Planung und/oder der Realisierung zu erkennen. Damit schafft sie die Möglichkeit, notwendige Maßnahmen zur Beseitigung von Fehlentwicklungen ergreifen zu können. Sie kann aber auch als Grundlage der Informationsgewinnung im Hinblick auf kommende Perioden gesehen werden.

2.4.2 Vorgehensweise

Die Kontrolle soll als ständige Einrichtung zur Vermeidung von Fehlern beitragen. Sie ist für das Unternehmen als Ganzes, aber auch für einzelne Unternehmensbereiche erforderlich. Die Kontrolle muss sachlich vorgenommen werden und darf die Mitarbeiter nicht persönlich verletzen.

Grundsätzlich wird bei der Kontrolle in zwei **Schritten** vorgegangen. Das sind:

▸ Die **Überwachung**, die eher vergangenheitsbezogen ist, indem sie die Daten erfasst, die sich als Ist-Werte aus der Durchführungsphase ergeben, und mit den Plan- bzw. Zieldaten vergleicht und Differenzen ermittelt. Die **Ist-Werte** sind z. B.:

- Ist-Werte der Bilanz
- Ist-Werte der GuV-Rechnung
- Ist-Werte des Budgets
- Ist-Werte der Fluktuation
- Ist-Werte der Fehlzeiten
- Ist-Werte der Kosten.

Auf allen Ebenen ist darauf zu achten, dass möglichst frühzeitig angezeigt wird, wenn sich die Ist-Zahlen negativ entwickeln. Solche Veränderungen sollten rechtzeitig erkannt werden.

▸ Die **Untersuchung**, welche soll die Stärken und Schwächen des Unternehmens mithilfe der Abweichungsanalyse herausarbeiten soll. Sie ist vergangenheits- bis zukunftbezogen. Die Abweichungen ergeben sich aus dem **Soll-Ist-Vergleich**, z. B. der:

- Werte der Bilanz
- Werte der GuV-Rechnung
- Werte des Budgets
- Werte der Fluktuation
- Werte der Fehlzeiten
- Werte der Kosten.

Die Ergebnisse der Kontrolle können zu sofortigen Korrekturen der Ziel- bzw. Planwerte führen, wenn die Ursachen der Abweichungen erkannt sowie Maßnahmen zu ihrer Behebung möglich sind.

3. Controlling

Das Controlling dient dazu, die gesamten Aktivitäten des Unternehmens zielorientiert zu beeinflussen *(Horváth, Küpper, Schröder, Ziegenbein)*, wobei es nicht das unmittelbare Unternehmensgeschehen vollzieht, sondern die Unternehmensleitung und die Bereichsleitungen bei ihrer Arbeit unterstützt und deren Entscheidungen fundiert, indem es **Koordinationsaufgaben** der Planung, Steuerung, Kontrolle und Informationsversorgung wahrnimmt.

Controlling kommt sprachlich von „to control", was „regeln steuern, überwachen, prüfen" bedeutet. Damit geht das Controlling über die Kontrolle hinaus. Weitgehend besteht Einigkeit darüber, dass das Controlling ein **Teil der Führung** ist. Um hinreichend nutzbringend zu sein, setzt es beim Personal der betrieblichen Bereiche das Bewusstsein voraus, dass ein Unternehmen mit dem Controlling besser geführt werden kann als ohne Controlling *(Ziegenbein)*.

Als **Arten** des Controlling sind nach den Ebenen des Unternehmens zu unterscheiden *(Olfert/Rahn, Rahn)*:

► **Gesamtcontrolling**, das sich auf die obere Ebene des Unternehmens bezieht. Bei ihm laufen die gesamten betrieblichen Daten zusammen. Es ist auf das ganze Unternehmen ausgerichtet und damit ein **Unternehmenscontrolling**.

► **Bereichscontrolling**, das die mittlere Unternehmensebene betrifft, z. B. als Material-, Fertigungs-, Marketing- und Verwaltungscontrolling. Es geschieht aus der Sicht des Middle Managements.

► **Gruppencontrolling**, das auf die untere Ebene ausgerichtet ist, z. B. als Controlling von Fertigungsgruppen als teilautonome Gruppen. Es wird aus der Sicht des Lower Management durchgeführt.

Das Controlling bezieht sich vorrangig auf die Ergebnisse der **sachbezogenen** Führung, muss sich aber auch mit personenbezogenen Fragestellungen auseinander setzen, wenn die Erfüllung der Bereichsziele durch personale Problemstellungen gefährdet ist. Es ist dem sachbezogenen bzw. personenbezogenen **Führungsprozess** parallel- bzw. übergelagert.

Im Hinblick auf das Controlling sollen dargestellt werden:

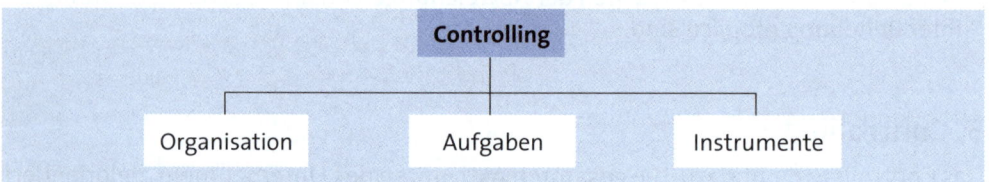

3.1 Organisation

Damit das Controlling zweckentsprechend funktioniert, ist sein Aufbau rational zu organisieren. Die Ausprägung der **Aufbauorganisation** des Controlling hängt vor allem von der Unternehmensgröße, dem Wirtschaftszweig und der sonstigen organisatorischen Gliederung ab *(Küpper)*. Nach ihrer organisatorischen Einordnung sind zu unterscheiden *(Olfert, Olfert/Rahn, Rahn)*:

► **Stabscontrolling**
► **Liniencontrolling**.

3.1.1 Stabscontrolling

Beim Stabscontrolling hat der Controller **keine Weisungsbefugnis**. Er liefert der Unternehmensleitung bzw. den einzelnen Bereichen die erforderlichen Informationen und unterbreitet ihnen Vorschläge zur Planung, Kontrolle und Steuerung des Betriebsgeschehens. Dem Controller obliegt somit eine **Unterstützungsfunktion** für sämtliche Leitungsebenen des Unternehmens.

Das Stabscontrolling ist in folgender Weise in die Aufbauorganisation des Unternehmens integrierbar:

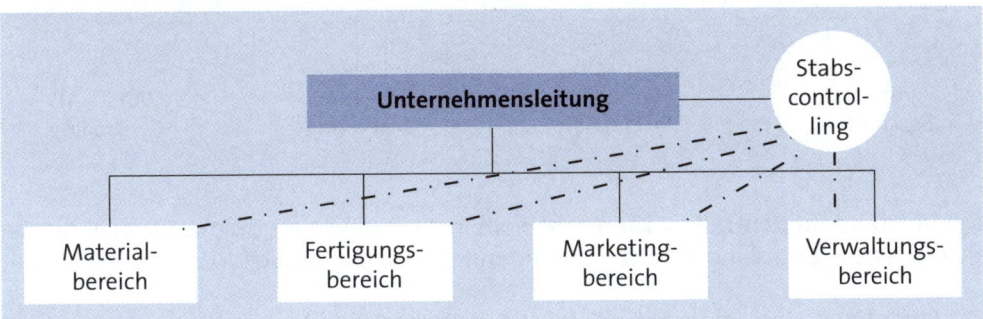

Die Leiter der einzelnen Fachabteilungen, die der Unternehmensleitung unterstellt sind, setzen ihre Ziele entsprechend der Unternehmensziele fest und planen, auf welchen Wegen diese Ziele zu erreichen sind. Die Einhaltung der Pläne wird im Anschluss an deren Realisierung intern kontrolliert.

Das Stabscontrolling kontrolliert ebenfalls die Ergebnisse bzw. unterstützt die Fachabteilungen bei ihrer Arbeit, indem es die Verbindungswege zu den Bereichen nutzt. Es gewährt Unterstützung bei der Erarbeitung der Pläne und stellt Grundlageninformationen zur Verfügung.

3.1.2 Liniencontrolling

Beim Liniencontrolling ist das Controlling in den Instanzenzug des Unternehmens eingegliedert und hat dementsprechend **volle Weisungsbefugnis**. Für seinen Erfolg ist bedeutsam, dass es nicht zu weit unten in der Unternehmenshierarchie eingeordnet wird. So sollte es in einem **Großunternehmen** z. B. in folgender Weise eingegliedert sein:

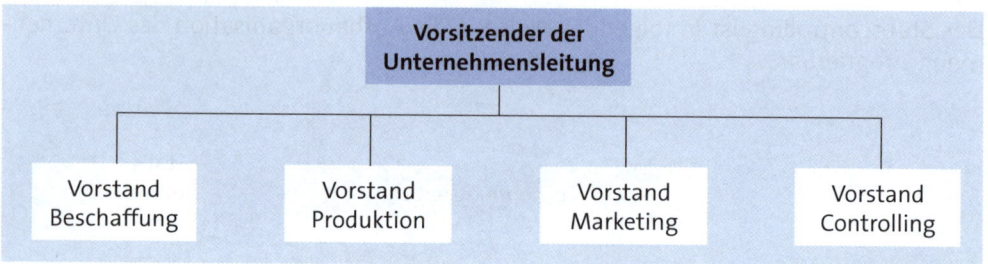

Der Vorstand für Controlling kann in seinem Instanzenweg als Liniencontroller die Aktivitäten des Controlling unmittelbar und mit dem nötigen Nachdruck durchsetzen.

Die Einordnung des Liniencontrolling kann auch erfolgen als:

► Instanz in verschiedenen **Bereichen**, z. B. als Bereichscontrolling
► Instanz, die dem **Finanz- und Rechnungswesen** zugeordnet ist.

Die Aufgaben des Controlling werden mitunter auch von der Unternehmensleitung oder von anderen Stelleninhabern wahrgenommen, ohne dass eine Controllingstelle oder Controllingabteilung im Unternehmen eingerichtet ist.

3.2 Aufgaben

Die zweckentsprechende Wahrnehmung der sich dem Controller stellenden Aufgaben dient der Erfüllung der Unternehmensziele. Dazu ist es notwendig, dass die Fachabteilungen mit dem Controller eng zusammenarbeiten. Die folgenden **Koordinationsaufgaben** eines Stabscontrollers der Unternehmensleitung gehören zum Controlling (*Horvath, Jung, Küpper*):

► **Planung**
► **Kontrolle**
► **Steuerung**
► **Informationsversorgung**.

3.2.1 Planung

Die Planung basiert auf der Zielsetzung. Es wird überlegt, auf welchen Wegen die Ziele als Soll-Werte zu erreichen sind. Dabei sind folgende **Möglichkeiten** denkbar:

- Die Bereiche und das Controlling planen **gemeinsam** und legen zusammen die zu erreichenden Ziele des jeweiligen Unternehmensbereiches fest.
- Das **Controlling** plant zentral und die Fachabteilung übernimmt die „von oben" vorgegebenen Ziele für den jeweiligen Bereich.
- Die **Bereichsleitung** legt ihre Bereichsziele fest und das Controlling übernimmt diese Zielsetzungen, deren Einhaltung es später kontrolliert.

Die Planungsmaßnahmen des Controlling können sich dabei insbesondere auf folgende **Planziele** bzw. **Sollgrößen** der Bereiche des Unternehmens beziehen:

- Produktivitätskennzahlen
- Wirtschaftlichkeitsdaten
- Gewinngrößen

- Rentabilitätsziffern
- Deckungsbeiträge
- Budgetvorgaben.

Die Planungsaufgaben des Controlling bestehen in der Koordination betrieblicher Planungsgegenstände in sachlicher und zeitlicher Hinsicht sowie im Aufbau eines geeigneten Planungssystems.

3.2.2 Kontrolle

Mit der Kontrolle gewinnt das Controlling die für seine Arbeit notwendigen Informationen, indem es die Aktivitäten der Bereiche beobachtet und deren Grad der Zielerfüllung misst. Ihre **Notwendigkeit** ergibt sich z. B. aus möglichen Planungs- und Realisierungsfehlern der am Prozess beteiligten Personen, aus Störgrößen des Umfeldes der Bereiche bzw. aus der Unvollkommenheit von Informationen.

Der **Prozess** der Kontrolle umfasst:

Erfassung der **Ist-Werte**

↓

Soll-Ist-Vergleich der Werte

↓

Soll-Ist-Analyse der Daten

Die Kontrolle bezieht sich nicht nur auf die Resultate der Bereiche, sondern bereits auch auf den laufenden Führungsprozess, was gegebenenfalls frühzeitige Steuerungsmaßnahmen ermöglicht. Als **Arten** der Kontrolle durch das Controlling sind zu nennen:

- ► Zielkontrolle
- ► Indikatorenkontrolle
- ► Budgetkontrolle
- ► Verhaltenskontrolle.

Grundsätzlich erfolgt die Kontrolle zunächst durch die Verantwortungsträger der Bereiche selbst, wie es im Rahmen der sachorientierten Führung dargestellt wurde. Solche **Selbstkontrollen** bewirken in den Fachabteilungen Lernprozesse hinsichtlich der Informationsgewinnung für die Zukunft.

Die Notwendigkeit des Controlling als **Fremdkontrolle** ergibt sich aus der Erkenntnis der Praxis, dass die selbst festgestellten Fehler nicht immer konsequent verfolgt und abgestellt werden.

3.2.3 Informationsversorgung

Das Controlling versorgt die Unternehmensleitung bzw. die Bereiche mit dem nötigen Wissen, z. B. über Erkenntnisse aus den Soll-Ist-Vergleichen. Dies geschieht mithilfe des **Berichtwesens**, das zweckentsprechend gestaltet werden muss.

Ein **Controllerbericht** umfasst bereichsbezogene und bereichsübergreifende Daten. Er dient dazu, Schwachstellen offen zulegen und die nötigen betrieblichen Aktivitäten auszulösen bzw. zielorientiert zu beeinflussen. Als **Berichtsarten** sind zu unterscheiden:

- ► **Standardberichte**, die regelmäßig nach einem Schema einem meist gleich bleibenden Empfängerkreis bestimmte Informationen übermitteln, z. B. die Ergebnisse monatlicher Kosten-, Leistungs-, Erlös-, Bestandsrechnungen.
- ► **Abweichungsberichte** für die jeweiligen Bereichsleiter, wenn das betriebliche Geschehen in ihren Bereichen bestimmte Toleranzen über- oder unterschreitet, z. B. bei Nichteinhaltung des Kostenbudgets.
- ► **Bedarfsberichte**, die fallweise für Führungskräfte erstellt werden, z. B. wenn die Informationen aus Standard- oder Abweichungsberichten nicht ausreichen. Sie werden auch als **Sonderberichte** bezeichnet und beim Controlling angefordert, wenn ein entsprechender Bedarf gegeben ist.

Das System der Informationsversorgung greift auf Daten der Bereiche des Unternehmens zurück und bereitet diese z. B. für Entscheidungen der Unternehmensleitung auf.

3.2.4 Steuerung

Die Steuerung umfasst Maßnahmen, die der Realisierung betrieblicher Ziele dienen. Sie löst in den betroffenen Bereichen zielbezogene Vorgänge aus. Die Vorschläge des Controlling zur Steuerung basieren auf den ermittelten Informationen.

Arten der Steuerung sind *(Olfert/Rahn, Rahn)*:

► Die **Vorsteuerung**, bei der die Vorschläge des Controllers vor dem Eintritt von Störgrößen zukunftbezogen und inputorientiert erfolgen, z. B. wenn ein Bereichsleiter offensichtlich zu weit vom Bereichsziel abkommt und der Controller die Abweichungen rechtzeitig erkennt.

Beispiel

Ein Auftrag ist am 31.12. abzuschließen. Da die voraussichtlich anfallenden Fehlzeiten, die eine Grundlage für die Mitarbeiterausstattung des Auftrages waren, in diesem Winter aber deutlich höher liegen als in vergangenen Jahren, werden ab 01.10. zwei weitere Mitarbeiter für den fristgerechten Abschluss des Auftrages freigestellt.

Durch Einleitung geeigneter Steuerungsmaßnahmen gilt es, negative Wirkungen frühzeitig festzustellen und von vornherein zu vermeiden.

► Die **Nachsteuerung**, bei der die Vorschläge zu Steuerungsmaßnahmen von den Soll-Werten und den Ist-Größen ausgehen. Der Steuernde handelt vergangenheitsbezogen und outputorientiert.

Beispiel

Am 31.12. wird festgestellt, dass der Auftrag trotz aller Anstrengungen der Mitarbeiter doch nicht abgeschlossen werden kann. Erst jetzt werden Mitarbeiter zur Verstärkung abgestellt und ggf. bestimmte Aufgaben an Dritte übertragen, z. B an freie Mitarbeiter, um wenigstens bis zum 31.03. abschließen zu können.

Die Koordinationsfunktion des Controlling zeigt sich im **Controlling-Prozess**, der in den folgenden Phasen ablaufen kann:

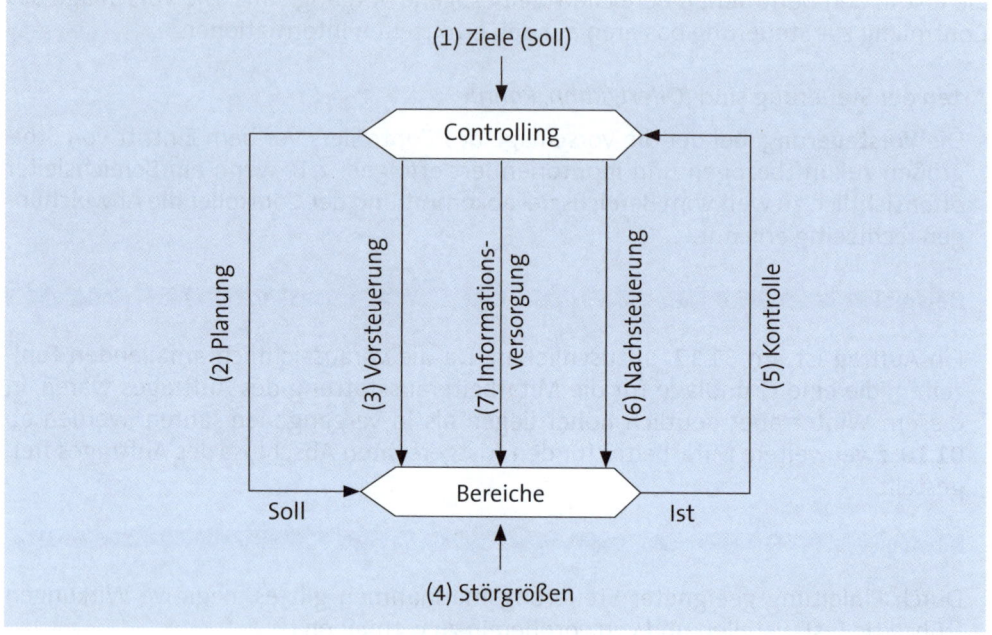

Wie zu erkennen ist, sollte unbedingt eine Vorsteuerung angestrebt werden, wo immer sich das als möglich erweist.

Aus diesem **Regelkreislauf** ist ersichtlich, dass das Controlling nicht das unmittelbare Unternehmensgeschehen vollzieht, sondern die einzelnen Unternehmensbereiche bei ihrer Arbeit lediglich unterstützt. Die Realisierungsaufgaben selbst obliegen ausschließlich den jeweiligen Führungskräften bzw. Mitarbeitern, die in den betreffenden Bereichen tätig sind.

Aufgabe 24 > Seite 288

3.3 Instrumente

Zur Erfüllung der Aufgaben des Controlling steht dem Controller eine Reihe von Instrumenten zur Verfügung, die hauptsächlich auf die **Aufbereitung** und **Verarbeitung von Informationen** gerichtet sind *(Jung, Olfert/Pischulti, Rahn, Weber, Ziegenbein)*. Zu den Instrumenten des Controlling zählen vor allem:

► Die **Kennzahlenanalyse**, die im Rahmen einer Unternehmens- bzw. einer Bereichsanalyse erfolgen kann. Deren Daten dienen dazu, sich rasch einen Überblick über die Leistungsfähigkeit des Unternehmens zu verschaffen. Es gibt:

- **absolute Kennzahlen** (Einzelzahlen, Summen, Differenzen)
- **relative Kennzahlen** (Beziehung von zwei Größen zueinander)
- **Unternehmenskennzahlen** (auf das Gesamtunternehmen ausgerichtet)
- **Funktionskennzahlen** (bezogen auf Funktionsbereiche).

Die ausschließlich isolierte Betrachtung von Kennzahlen ist zumeist ohne großen Informationswert. Ein Aussagewert ergibt sich häufig erst, indem ein zeitlicher bzw. sachlicher Zusammenhang zwischen den Kennzahlen hergestellt wird.

Unternehmen bedienen sich oftmals nicht lediglich mehrerer unabhängig voneinander stehender Kennzahlen, sondern sie verwenden **Kennzahlensysteme**. Mit ihrer Hilfe ist es möglich, betriebswirtschaftliche Zusammenhänge in ihren Wechselwirkungen offen zu legen – siehe *Olfert, Olfert/Pischulti*.

► Die **Stärken-Schwächen-Analyse**, die vergangenheits- und gegenwartsbezogen die positiven Merkmale (z. B. hoher Marktanteil, effizientes Führungssystem, kostengünstige Fertigung) und die negativen Merkmale (z. B. sehr hohe Kosten, wenig Forschung/Entwicklung, problematische Infrastruktur) des Unternehmens mit den bedeutendsten **Konkurrenten** vergleicht und auf ihre Ursachen hin untersucht, wie das folgende Beispiel zeigt – siehe *Olfert/Pischulti*.

Ressourcen (Leistungspotenzial)	Beurteilung				
	schlecht		gleich		besser
	1	2	3	4	5
Marktanteil					
Strategie					
Finanzsituation					
Forschung u. Entwicklung					
Produktion					
Infrastruktur					
Logistik					
Kosten					
Führungssysteme					
Produktivität					

Eigenes Unternehmen

Stärkster Wettbewerber

► Die **Wertkettenanalyse**, die dazu dient, mögliche Ansatzpunkte zur Verbesserung der Wettbewerbsposition eines Unternehmens zu erkennen. Sie beschränkt sich also nicht nur auf die Analyse interner Prozesse, sondern untersucht auch logistische Beziehungen zwischen Beschaffungsmarkt, Unternehmen und Absatzmarkt.

Die Wertkettenanalyse umfasst also auch eine markt- bzw. branchenbezogene Analyse möglicher Wettbewerbsvorteile, denn erfolgreiche Unternehmen müssen in der Lage sein, das für ihre Kunden wichtige Ergebnis des Leistungserstellungsprozesses preisgünstiger oder qualitativ besser als die Konkurrenten anzubieten – siehe *Olfert/Pischulti*.

Bei der Wertkettenanalyse wird ein Unternehmen in strategisch relevante Funktionsbereiche bzw. Aktivitäten gegliedert, die Kosten- und Differenzierungsvorteile gegenüber Wettbewerbern bewirken können. Der **Wert** ist dabei derjenige Preis, den die Kunden für eine bestimmte Problemlösung eines Unternehmens zu zahlen bereit sind. Um Wettbewerbsvorteile zu realisieren, muss er höher sein als die Kosten der Wertschöpfung.

▸ Die **Gemeinkostenwertanalyse**, die der Verbesserung des Verhältnisses zwischen Leistungen und Kosten der einzelnen Bereiche dient. Durch die Bestimmung der notwendigen innerbetrieblichen Leistungen, die Trennung von überflüssigen Leistungen bzw. durch Vorschläge zur Senkung der Gemeinkosten werden die Kosten-Nutzen-Relationen überprüft.

▸ Die **Frühwarnsysteme**, welche alle für die Führung bedeutsamen Informationen sammeln, die geeignet sind, künftige Schwierigkeiten und Gefahren für das Unternehmen abzuwenden. Sie umfassen die Suche nach ersten Signalen, die der Unternehmensleitung entsprechende Aufschlüsse geben, um Chancen und Risiken zu erkennen, z. B.:

- Expertenbefragungen
- Betriebsklima
- Lieferfristen
- Erfolgspotenziale
- Kostenstrukturen
- Fehlzeiten.

▸ Die **Budgetierung**, welche die Erstellung, wertmäßige Vorgabe und Kontrolle von Daten darstellt, z. B. als wertmäßige Vorgabe von Leistungszielen und die dafür notwendigen Kosten. Die vorgegebenen Standards haben für die Bereichsleiter die Funktion von Zielgrößen, die nicht unter- bzw. überschritten werden sollten.

Die Instrumente des Controlling haben den Zweck, der Unternehmensleitung bzw. den Bereichsleitern neue interne Erkenntnisse zu geben, Marktchancen aufzuspüren und Risiken rechtzeitig zu ermitteln, damit entsprechende Steuerungsmaßnahmen ausgelöst werden können.

Aufgabe 25 > Seite 288

D. Leistungsbereich

Unternehmen werden zu dem Zwecke betrieben, Leistungen zu erstellen und zu verwerten. Dazu dient der Leistungsbereich, der im **industriellen Unternehmen** umfasst:

► den **Materialbereich**, dem insbesondere die Beschaffung der von ihm benötigten Werkstoffe, aber auch zu kaufender Waren obliegt

► den **Fertigungsbereich**, in dem die Be- und Verarbeitung der Werkstoffe unter Einsatz von Arbeitsleistungen und Betriebsmitteln erfolgt

► den **Marketingbereich**, der für die Leistungsverwertung der erstellten Erzeugnisse bzw. Dienstleistungen zu sorgen hat.

Die genanten Bereiche sollen grundlegend dargestellt werden:

Leistungsbereich	Materialbereich
	Fertigungsbereich
	Marketingbereich

1. Materialbereich

Der Materialbereich beschäftigt sich mit der Beschaffung, Lagerung, Verteilung und – soweit erforderlich – Entsorgung der vom Unternehmen benötigten Güter. Solche **Materialien** können insbesondere sein – siehe ausführlich *Oeldorf/Olfert*:

► **Rohstoffe**, die unmittelbar in die zu fertigenden Erzeugnisse eingehen und deren Hauptbestandteil bilden, z. B. Blech in der Automobilindustrie, Tuch in der Bekleidungsindustrie.

► **Hilfsstoffe**, die ebenfalls in die zu fertigenden Erzeugnisse eingehen, aber im Vergleich zu den Rohstoffen nur eine Hilfsfunktion erfüllen, da ihr wert- und mengenmäßiger Anteil an den Erzeugnissen gering ist, z. B. Schrauben in der Automobilindustrie, Lack bei der Möbelherstellung.

► **Betriebsstoffe**, die selbst keinen Bestandteil der zu fertigenden Erzeugnisse bilden, sondern mittelbar oder unmittelbar bei der Herstellung der Erzeugnisse verbraucht werden. Sie ermöglichen den Leistungsprozess und halten ihn in Gang, z. B. als Energiestoffe, Schmierstoffe, Büromaterialien.

► **Zulieferteile**, die einen hohen Reifegrad aufweisen und in die zu fertigenden Erzeugnisse eingehen, z. B. Radiogeräte in der Automobilindustrie, Aggregate für Kühlschränke.

► **Erzeugnisse** als alle vom Unternehmen selbst gefertigten Vorräte an Gütern, z. B. Fertigerzeugnisse als versandfertige Vorräte oder unfertige Erzeugnisse aus Eigenfertigung, die noch nicht verkaufsfähig sind.

➤ **Waren** als gekaufte Vorräte, die das Produktionsprogramm ergänzen, weder be- noch verarbeitet werden, das Unternehmen also im gleichen Zustand verlassen, wie sie beschafft wurden. Sie sind im Verkaufsprogramm enthalten.

Der Materialbereich ist im industriellen Unternehmen ein Teil des **leistungswirtschaftlichen Prozesses**, der zwischen dem Güter bezogenen Beschaffungsmarkt und dem Absatzmarkt abläuft:

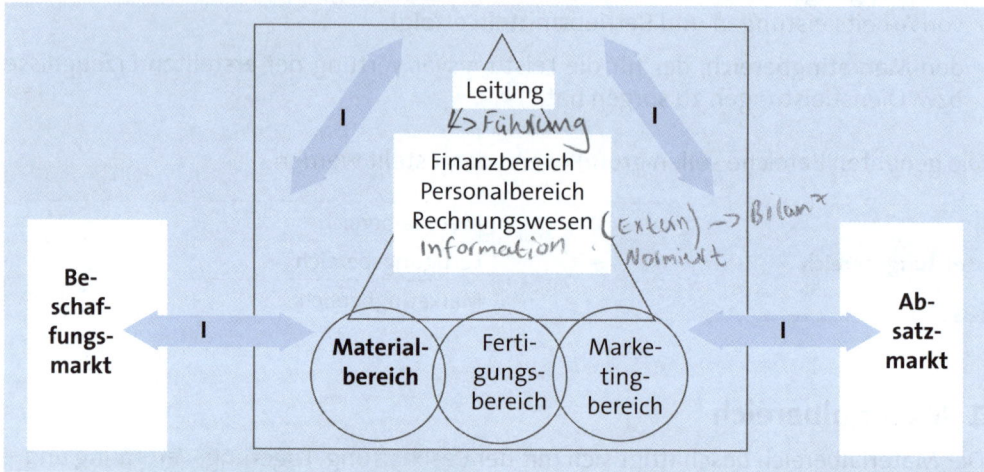

Der Materialbereich hat in industriellen Unternehmen erhebliche **Bedeutung**. Während die Materialkosten bei Dienstleistungsunternehmen häufig bei 10 % - 20 % der gesamten Herstellkosten liegen, betragen sie in Industrieunternehmen vielfach sogar 40 % bis 60 %. Deshalb ist im Materialbereich besonders sorgsam zu planen, zu steuern und zu kontrollieren.

Die hohen **Materialwerte**, die insbesondere in industriellen Unternehmen gebunden werden, erfordern Anstrengungen, die darüber hinausgehen, die benötigten Mengen lediglich zu möglichst günstigen Preisen zu beschaffen. Es ist auch zu überlegen, wie Kosten durch die Standardisierung und die Analyse der Materialien eingespart werden können:

➤ Bei der **Materialstandardisierung** handelt es sich um die Vereinheitlichung von Gütern, die sich auf bestimmte Eigenschaften bzw. Mengen bezieht.

Grundsätzlich können alle Güter individuell gestaltet sein, in der betrieblichen Praxis erweist sich eine Standardisierung wegen technischer bzw. wirtschaftlicher Zwänge aber vielfach als zweckmäßig oder notwendig.

Möglichkeiten der Standardisierung von Eigenschaften der Güter sind:

Normung	Sie ist die Vereinheitlichung von **Einzelteilen** durch das Festlegen von Größen, Abmessungen, Formen, Farben und Qualitäten, z. B. durch ISO-Normen (ISO = International Organization for Standardization) bzw. DIN-Normen (DIN = Deutsches Institut für Normung e. V.).
Typung	Sie betrifft die Vereinheitlichung **ganzer Erzeugnisse** hinsichtlich der Art, Größe und Ausführung. Es gibt z. B. überbetriebliche Typung (z. B. als Kooperation von Unternehmen) bzw. betriebliche Typung (z. B. mit Bausteinen aufgrund eines Programmes).

Neben der Standardisierung durch Normung und Typung kann bei der Materialstandardisierung auch eine **Standardisierung von Mengen** vorgenommen werden. Dabei handelt es sich praktisch um die „Normung" des Materialverbrauches, der zu minimieren ist, z. B. durch Festlegung des Verschnitts beim Stanzen von Blechen, der geringstmöglich sein soll.

► Durch die **Materialanalyse** können „wichtige" Materialien von „weniger wichtigen" Materialien getrennt werden. Als analytische Instrumente bieten sich an:

ABC-Analyse	Sie ist ein Instrument zur **Klassifizierung** von Materialien **nach der Verteilung ihrer Werthäufigkeit**. Es werden dabei wertmäßige und mengenmäßige Anteile der Güter erfasst und gegenübergestellt – siehe ausführlich *Oeldorf/Olfert*:
	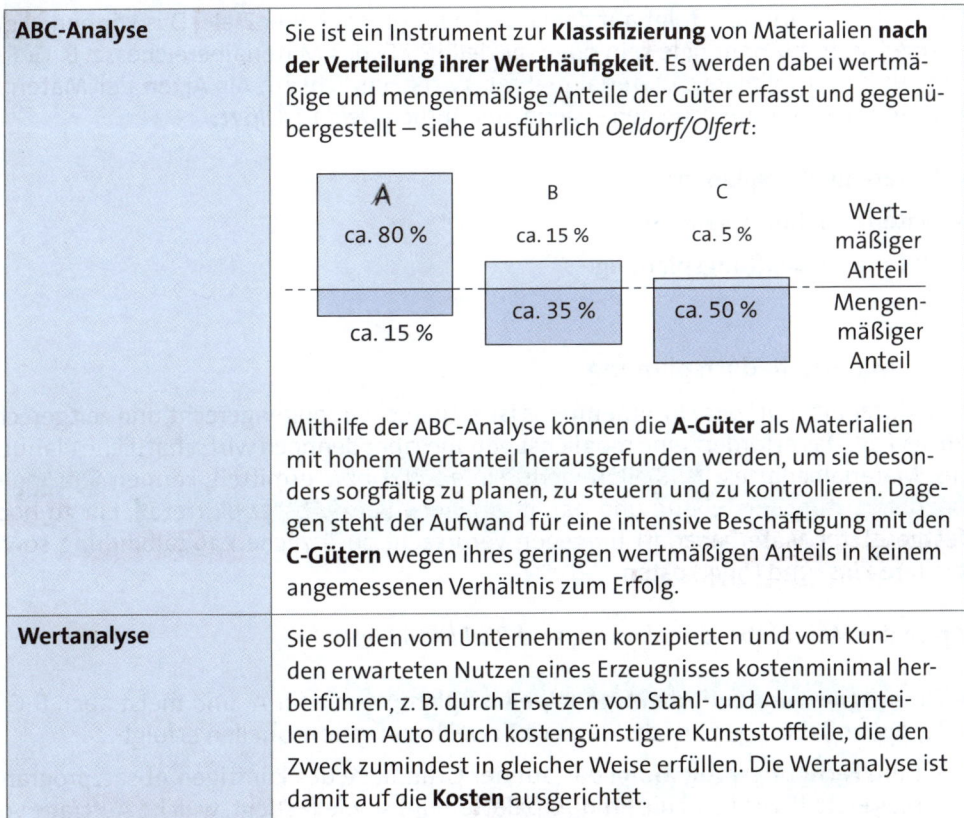
	Mithilfe der ABC-Analyse können die **A-Güter** als Materialien mit hohem Wertanteil herausgefunden werden, um sie besonders sorgfältig zu planen, zu steuern und zu kontrollieren. Dagegen steht der Aufwand für eine intensive Beschäftigung mit den **C-Gütern** wegen ihres geringen wertmäßigen Anteils in keinem angemessenen Verhältnis zum Erfolg.
Wertanalyse	Sie soll den vom Unternehmen konzipierten und vom Kunden erwarteten Nutzen eines Erzeugnisses kostenminimal herbeiführen, z. B. durch Ersetzen von Stahl- und Aluminiumteilen beim Auto durch kostengünstigere Kunststoffteile, die den Zweck zumindest in gleicher Weise erfüllen. Die Wertanalyse ist damit auf die **Kosten** ausgerichtet.

Neben der Standardisierung und Analyse von Materialien ist die **Materialnummerung** ein weiteres Instrument, um die Materialwirtschaft rationell zu gestalten. Sie hat die Aufgabe, sachlich zusammengehörende Gegenstände einem einheitlichen Ordnungsprinzip zu unterwerfen und dient dem Zweck der besseren Identifikation und Klassifikation des Materials. Die Materialnummerung wird auch **Verschlüsselung** genannt.

Die Tätigkeitsfelder sind im Materialbereich mit sachbezogenen **Prozessen** verbunden, die bestehen aus:

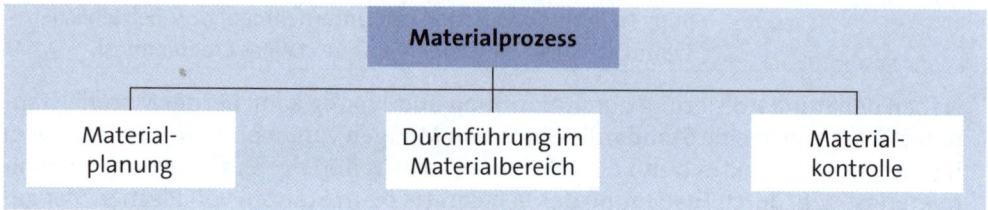

1.1 Materialplanung

Die Materialplanung erfolgt auf der Grundlage vorgegebener **Ziele**. Das können allgemeine Unternehmensziele sein oder spezielle Ziele des Materialbereiches, z. B. Lieferbereitschaft, Flexibilität, Materialqualität, Wirtschaftlichkeit. Als **Arten** der Materialplanung sind zu unterscheiden – siehe ausführlich *Oeldorf/Olfert*:

▸ **Materialbedarfsplanung**

▸ **Materialbestandsplanung**

▸ **Materialbeschaffungsplanung**.

1.1.1 Materialbedarfsplanung

Der Materialbedarf des Unternehmens ist artgerecht, mengengerecht und zeitgerecht zu decken. Das erfordert eine möglichst genaue, aber dennoch wirtschaftliche Planung des Materialbedarfes. Wird er zu niedrig angesetzt bzw. ermittelt, können Störungen bei der Leistungserstellung und damit ggf. auch beim Absatz eintreten. Ein zu hoch festgesetzter Materialbedarf hingegen verursacht zusätzliche Kapitalbindung sowie weitere Zins- und Lagerkosten.

Arten der Materialbedarfsplanung sind *(Oeldorf/Olfert)*:

▸ Die **programmorientierte Materialbedarfsplanung**, die für A- und meist auch B-Güter zukunftsbezogen auf der Basis von zwei Informationsquellen erfolgt:
  - Dem **Fertigungsprogramm**, das auf der Grundlage des künftigen Absatzprogrammes erstellt wird und die Produktpalette zeigt sowie festlegt, welche Aufträge von der Fertigung in bestimmten Perioden durchzuführen sind. Es beruht auf:

- **Lageraufträgen**, die als Basis dienen, wenn das Unternehmen für den anonymen Markt fertigt. Hier handelt es sich nicht um individuell herzustellende Erzeugnisse.

- **Kundenaufträgen**, bei denen ein direkter Bezug des Unternehmens zu den Abnehmern besteht, die individuell für sie zu fertigende Erzeugnisse bestellen.

- Den **Erzeugnissen**, die produziert werden sollen. Sie sind genau zu beschreiben, was möglich ist mithilfe von:

  - **Stücklisten**, die Verzeichnisse der Rohstoffe und Teile sowie Baugruppen von Erzeugnissen unter Angabe verschiedener Daten sind. Sie informieren über den qualitativen und quantitativen Aufbau der Erzeugnisse.

  - **Verwendungsnachweisen**, die – im Gegensatz zu den Stücklisten – angeben, in welchen Erzeugnissen die verwendeten Bestandteile enthalten sind.

▶ Die **verbrauchsorientierte Materialbedarfsplanung**, die im Rahmen der Bedarfsvorhersage vor allem für C-Güter erfolgt. Dabei wird der Materialbedarf aufgrund von Vergangenheitswerten prognostiziert. Das ist möglich, wenn eine ausreichende Zahl von Vergangenheitswerten vorliegt, und die Vergangenheitswerte eine gewisse **Kontinuität** über einen längeren Zeitraum hinweg aufweisen, z. B. konstant, trendbeeinflusst oder saisonabhängig verlaufen.

Es gibt verschiedene Verfahren der verbrauchsorientierten Bedarfsplanung. Bei konstantem Bedarfsverlauf bietet sich das **Mittelwert-Verfahren** an, mithilfe dessen zu ermitteln ist:

- **Gleitender Mittelwert**, bei dem alle Perioden das gleiche Gewicht haben:

$$V_1 = \frac{T_1 + T_2 + \ldots + T_n}{n}$$

wobei:

V_i = Vorhersagewert der nächsten Periode
T_i = Materialbedarf der Periode i
n = Anzahl der Perioden
G_i = Gewicht der Periode i

- **Gewogener gleitender Mittelwert**, der es ermöglicht, die einzelnen Perioden unterschiedlich zu gewichten. Dabei bietet sich meist eine stärkere Gewichtung jüngerer Perioden an:

$$V_2 = \frac{T_1 G_1 + T_2 G_2 + \ldots + T_n G_n}{G_1 + G_2 + \ldots + G_n}$$

Beispiel

Der Materialbedarf lag im Januar bei 600, im Februar bei 550, im März bei 530, im April bei 560 und im Mai bei 540 Stück. Als Vorhersagewert für Juni ergeben sich:

$$V_{Juni} = \frac{600 + 550 + 530 + 560 + 540}{5} = \textbf{556 Stück}$$

Bei Gewichtungen von 10 %, 15 %, 20 %, 25 %, 30 % für die Monate Januar - Mai ergeben sich:

$$V_{Juni} = \frac{600 \cdot 10 + 550 \cdot 15 + 530 \cdot 20 + 560 \cdot 25 + 540 \cdot 30}{10 + 15 + 20 + 25 + 30} = \textbf{550,5 Stück}$$

Der Materialbedarf wird mit der Zielsetzung ermittelt, das Fertigungsprogramm mengen- und termingerecht zu erfüllen bzw. die Lieferbereitschaft zu sichern.

Aufgabe 26 > Seite 289

1.1.2 Materialbestandsplanung

Die Materialbestandsplanung ist die gedankliche Vorwegnahme des zukünftigen Materialbestandes. Dabei gilt es, zu geringe wie auch zu hohe Bestände zu vermeiden, d. h. das Vorhandensein der erforderlichen Materialien nach Art, Zeit und Menge möglichst bedarfsorientiert sicherzustellen.

Um ermitteln zu können, wie viel Materialien für die Leistungserstellung nach Art, Menge und Zeit bereitzustellen sind, muss nicht nur der Bedarf festgestellt werden. Es ist auch der gegebenenfalls vorhandene bzw. bestellte sowie der bereits für andere Fertigungsaufträge reservierte Materialbestand zu berücksichtigen.

Beispiel

In einem Industrieunternehmen werden zum 14.11. 6.000 Aggregate benötigt. Im Lager befinden sich 3.700 Aggregate, wovon 900 Aggregate für einen anderen Fertigungsauftrag reserviert sind. Am 01.11. wurden 2.000 Aggregate bestellt, die am 12.11. eintreffen werden. Damit ist lediglich die Beschaffung von 6.000 - 3.700 + 900 - 2.000 = 1.200 Aggregaten notwendig.

Als **Arten** von Beständen lassen sich unterscheiden (Oeldorf/Olfert):

▶ Der **Lagerbestand**, der sich körperlich zum Planungs- und überprüfungszeitpunkt im Lager befindet. Seine Höhe hängt von der Höhe der jeweiligen Lagerzugänge und Lagerabgänge ab.

▶ Der **Höchstbestand**, der maximal am Lager sein darf. Mit seiner Hilfe sollen ein überhöhter Lagervorrat und damit eine zu hohe Kapitalbindung am Lager vermieden werden.

▶ Der **Sicherheitsbestand**, der einen Puffer darstellt, um die Leistungsbereitschaft des Unternehmens bei Lieferproblemen oder sonstigen Ausfällen bzw. bei ungeplantem Mehrbedarf – z. B. durch Ausschuss – zu gewährleisten, bis das Material (wieder) zur Verfügung steht. Er wird auch **eiserner Bestand**, **Mindestbestand** oder **Reserve** genannt.

▶ Der **Meldebestand**, bei dessen Erreichen eine Bestellung auszulösen ist, damit der Sicherheitsbestand im Verlaufe der Wiederbeschaffungszeit nach Möglichkeit nicht angegriffen wird. Er lässt sich auch als **Bestellbestand** oder **Bestellpunkt** bezeichnen.

Die **grafische Darstellung** des Lagerbestandes ❶, des Höchstbestandes ❷, des Sicherheitbestandes ❸, des Meldebestandes ❹ sowie der Bestellmenge ❺, der Zeitpunkte der Bestellung ❻, der Beschaffungszeit ❼ und des Zeitpunkts des Gütereinganges ❽ sowie des Verbrauches innerhalb der Beschaffungszeit ❾ ergibt folgendes Bild:

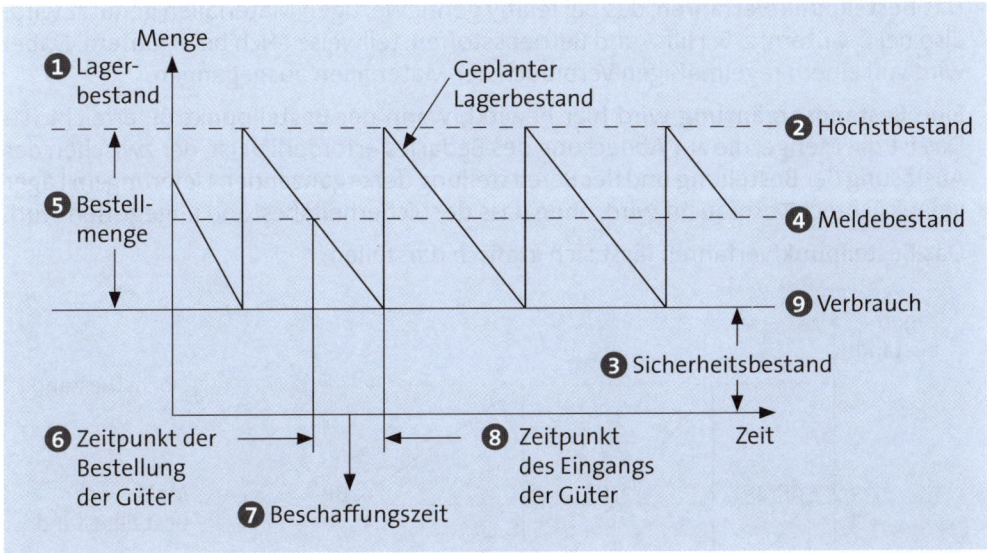

Neben den genannten Beständen gibt es noch:

▶ Den **Buchbestand**, der im Rechnungwesen geführt wird und sich aus Zu- und Abgängen ergibt. Er kann vom (tatsächlichen) Lagerbestand abweichen, z. B. bei Erfassungs- oder Dokumentationsfehlern, Schwund, Verderb.

▶ Den **Inventurbestand**, der sich tatsächlich im Lager befindet. Er wird durch körperliche Erfassung der gelagerten Güter ermittelt. Der Inventurbestand entspricht damit dem Lagerbestand.

Um die Bestände in geeigneter Weise planen zu können, sind **Bestandsstrategien** nötig, die auch **Lagerhaltungsstrategien** genannt werden. Sie dienen der Entscheidung, wann und wie viele Materialien bereitzustellen sind, und werden beeinflusst:

► Von der Höhe des **Lieferbereitschaftsgrades**, der angibt, welche Anteile an Bedarfsanforderungen das Lager auszuführen imstande ist. Beträgt er z. B. 80 %, können 80 % der Anforderungen vom Lager erfüllt werden. Da die Kosten mit jedem zusätzlichen Prozent an Lieferbereitschaftsgrad überproportional ansteigen, begnügt sich die Praxis vielfach mit einem 90- bis 95%igen Lieferbereitschaftsgrad.

► Von den möglichen **Fehlmengenkosten**, die entstehen, wenn das Unternehmen eingehende Bestellungen nicht ausführen kann. Sie steigen bei sinkendem Lieferbereitschaftsgrad an und umgekehrt.

Im Rahmen der Materialbestandsplanung sind **verbrauchsbedingte Bestandsergänzungen** vorzunehmen, deren zu Grunde liegende Verfahren von der jeweils betroffenen Materialart abhängen. Es lassen sich unterscheiden – siehe ausführlich *Oeldorf/Olfert*:

► Das **Bestellpunktverfahren**, das bei relativ geringwertigen Materialien genutzt wird, also bei C-Gütern, z. B. Hilfs- und Betriebsstoffen, teilweise auch bei B-Gütern. Dabei wird von einem regelmäßigen Verbrauch der Materialien ausgegangen.

Eine **Bestandsergänzung** wird hier bewirkt, wenn der Bestellpunkt BP erreicht ist. Das ist die Menge, die zur Abdeckung des Bedarfes erforderlich ist, der zwischen der Auslösung der Bestellung und der Bereitstellung der ergänzenden Lieferung im Lager voraussichtlich verbraucht wird, ohne dass der Sicherheitsbestand angegriffen wird.

Das Bestellpunktverfahren lässt sich **grafisch** darstellen:

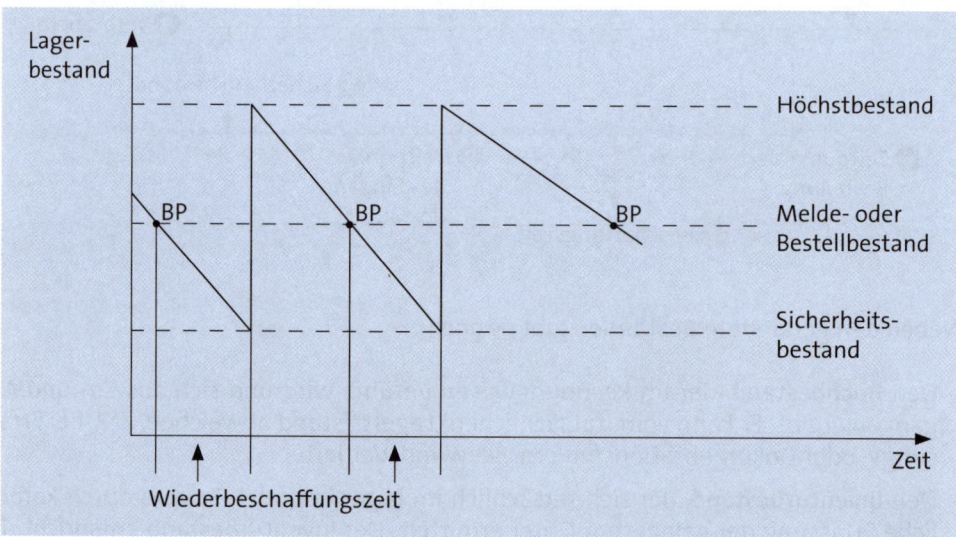

► Das **Bestellrhythmusverfahren**, welches festgelegte Beschaffungsrhythmen und variable Bestellmengen aufweist, deren Umfang vor allem vom Verbrauch zwischen den Überprüfungszeitpunkten abhängt. Voraussetzung für den Ablauf der Ermittlung ist eine periodische Vorratsüberprüfung, die den Verbrauch der vergangenen Bestellperiode zu erfassen hat.

Wenn hochwertige Materialien zu planen sind, wird eine **bedarfsbedingte Bestandsergänzung** angewandt. Dies geschieht in jedem Fall bei A-Gütern, häufig auch bei B-Gütern.

Die bedarfsbedingte Bestandsergänzung baut auf Materialbedarfsweten auf, die durch eine Auflösung des Materialbedarfs (als dessen genaue Bestimmung nach Art, Menge, Zeit unter Beachtung des Produktionsprogrammes und des Fristenplanes der Fertigung) auf der Grundlage von **Stücklisten** bzw. **Verwendungsnachweisen** gewonnen wurden. Ihre Aufgabe ist es, die Reichweite des Lagers festzustellen und rechtzeitig eine Lagerergänzung vorzunehmen – siehe ausführlich *Oeldorf/Olfert*.

1.1.3 Materialbeschaffungsplanung

Bei der Materialbedarfsplanung wurde ermittelt, welcher Bedarf an Materialien nach Art, Menge und Zeit besteht. Die Materialbestandsplanung diente der Feststellung, ob und wie viel der benötigten Materialien im Unternehmen vorhanden sind.

Die Planung der Materialbeschaffung geht von diesen Daten aus. Weitere erforderliche Informationen liefert die **Beschaffungs-Marktforschung**, z. B. über am Markt verfügbare Materialien, Marktstrukturen, Marktentwicklungen, alternative Lieferanten und Marktpreise.

Im Rahmen der Materialbeschaffung sind vor allem folgende Planungen vorzunehmen *(Oeldorf/Olfert)*:

▸ Die **Beschaffungsprinzipien**, wobei zunächst zu überlegen ist, für welchen Zeitraum die Materialien zu beschaffen sind. Aus Gründen der Kapitalbindung mag es vorteilhaft sein, die Materialien erst kurz vor ihrem Bedarf zu beziehen.

Andererseits kann diese Vorgehensweise sich nicht nur als risikoreich, sondern auch als teuer erweisen, weil größere Mengen gegebenenfalls günstiger zu beschaffen wären.

▸ Die **Beschaffungstermine**, die einer genauen Planung bedürfen, weil die Materialien meist nicht unverzüglich nach ihrer Anforderung zur Verfügung stehen. Gründe hierfür sind bestehende Lieferzeiten, erforderliche Beschaffungszeiten und Prüfungszeiten für die Materialien.

► Die **Beschaffungsmengen**, für die es gilt, die wirtschaftlichen Losgrößen festzulegen. Sie hängen insbesondere ab von:

Beschaffungs-kosten	Sie sind **bestellmengenabhängige Kosten**, die durch den Bezug der Materialien entstehen und sich aus den Einstandspreisen für die Materialien ergeben.
Bestell-kosten	Sie sind **bestellmengenunabhängige Kosten**, die für die jeweiligen Bestellabwicklungen anfallen, z. B. für die Beschaffung, Material- und Rechnungsprüfung.
Lagerhaltungs-kosten	Sie bestehen aus den im Lager anfallenden Kosten, z. B. für den Lagerraum, das Personal, Abschreibungen, Instandhaltung, Heizung, Beleuchtung und den Zinsen für das im Lager gebundene Kapital.

Die Optimierung der Beschaffungsmengen kann mithilfe verschiedener Verfahren erfolgen. Nach der klassischen **Losgrößenformel** von *Andler* ist die Beschaffungsmenge optimal, wenn die Kosten für die Bestellung und Lagerung zusammen ein Minimum ergeben:

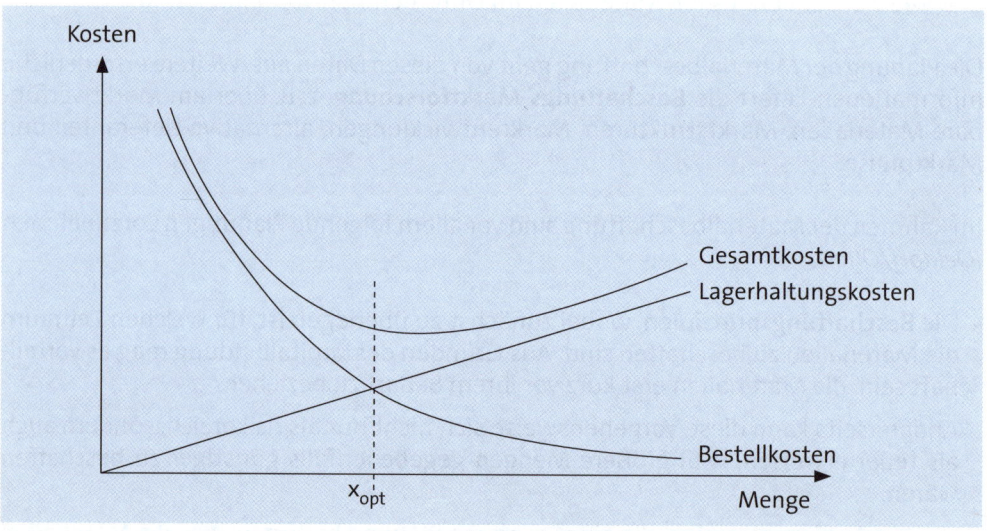

Rechnerisch wird die **optimale Beschaffungsmenge** ermittelt:

$$x_{opt} = \sqrt{\frac{200 \cdot M \cdot K_B}{E \cdot L_{HS}}}$$

x_{opt} = Optimale Beschaffungsmenge
M = Jahresbedarfsmenge
E = Einstandspreis pro Mengeneinheit
K_B = Bestellkosten je Bestellung
L_{HS} = Lagerhaltungskostensatz

Beispiel

Ein Industrieunternehmen benötigt in einem ganzen Jahr voraussichtlich 1.500 Mengeneinheiten eines Materials. Der Einstandspreis beträgt 6 € pro Einheit und die Bestellkosten pro Bestellung belaufen sich auf 42 €. Der Lagerhaltungskostensatz beträgt 10 % des durchschnittlichen Lagerbestandes. Wie hoch ist die optimale Beschaffungsmenge?

$$x_{opt} = \sqrt{\frac{200 \cdot 1.500 \cdot 42}{6 \cdot 10}} = \textbf{458,26 Stück}$$

Aufgabe 27 > Seite 289

1.2 Durchführung im Materialbereich

Die materialwirtschaftliche Planung ist Grundlage für die Durchführungsaufgaben im Materialbereich, die sich beziehen auf – siehe ausführlich *Oeldorf/Olfert*:

- **Materialbestand**
- **Materialbeschaffung**
- **Materiallagerung**
- **Materialentsorgung**.

1.2.1 Materialbestand

Der Materialbestand als Materialmenge, die der Sicherung eines kontinuierlich ablaufenden leistungswirtschaftlichen Prozesses dient, wird mithilfe der **Bestandsführung** festgestellt. Dabei erfolgt eine mengen- und wertmäßige Erfassung der durch die Bedarfsrechnung realisierten Materialabgänge *(Oeldorf/Olfert)*:

- Die **Mengenerfassung** kann mithilfe folgender Erfassungsmethoden vorgenommen werden:
  - Der **Skontrationsmethode**, bei der die Zugänge aufgrund der Lieferscheine und Abgänge mithilfe von Materialentnahmescheinen in einer Lagerkartei erfasst werden. Der buchmäßige Endbestand ergibt sich:

	Anfangsbestand
+	Zugang
-	Abgang
=	**Endbestand**

- Die **Inventurmethode**, bei welcher der Verbrauch sich erst am Ende der Rechnungsperiode durch Vergleich des Anfangsbestandes aus der letzten mit dem Endbestand einer neuen Inventur ergibt, wobei der Zugang an Materialien zu berücksichtigen ist:

> Anfangsbestand
> + Zugang
> - Endbestand
> _____
> = **Verbrauch**

- Die **retrograde Methode**, bei der von einem hergestellten Erzeugnis rückgerechnet wird, welches Material in welchen Mengen darin eingegangen ist. Der Soll-Verbrauch ergibt sich:

> Soll-Verbrauch = Hergestellte Stückzahl • Sollmenge pro Stück

► Die **Werterfassung**, ist je nach Organisation und Zielsetzung des Rechnungswesens unterschiedlich. Als **Wertansätze** sind z. B. zu unterscheiden:

Anschaffungswert	Er ist der bei der Beschaffung des Materials zu zahlende Preis, der auch als **Einstandspreis** bezeichnet wird.
Wiederbeschaffungswert	Er stellt den für die Wiederbeschaffung des Materials zu zahlenden Preis dar, der auch **Ersatzwert** genannt wird.
Tageswert	Er ist der am Tag des Angebotes, der Lagerentnahme, des Umsatzes oder Zahlungseinganges ermittelte Preis.
Verrechnungswert	Er ist ein über einen längeren Zeitraum festgelegter Preis, der künftig erwartete Preisschwankungen berücksichtigt.

Ein wichtiges Instrument der Bestandsführung ist die **Inventur**. Mit ihr wird der tatsächliche Bestand des Vermögens und der Schulden für einen bestimmten Zeitpunkt durch körperliche Bestandsaufnahme mengenmäßig und wertmäßig erfasst. Die Inventur kann sein:

► **Stichtagsinventur**, bei der die körperliche Bestandsaufnahme innerhalb von 10 Tagen vor oder nach dem Bilanzstichtag erfolgt. Bestandsveränderungen werden auf den Bilanzstichtag fort- oder rückgerechnet.

► **Permanente Inventur**, bei der die körperliche Bestandsaufnahme einmal im Verlaufe des Jahres geschieht. Der Bestand am Bilanzstichtag wird über die Fortschreibung der Lagerbuchhaltung ermittelt.

► **Verlegte Inventur**, bei der die körperliche Bestandsaufnahme für einen Tag innerhalb der letzten drei Monate vor bzw. der ersten zwei Monate nach Schluss des Geschäftsjahres durchgeführt wird. Bestandsveränderungen werden auf den Bilanzstichtag fort- oder rückgerechnet.

Bestandsänderungen können **körperlich** (Materialzugänge von außerhalb, Eigenfertigungen, Materialabgänge als Entnahmen) oder **nichtkörperlich** (Reservierungen als Vormerkungen für bestimmte Aufträge, Stornierungen als Freigaben früherer Reservierungen sowie Umbuchungen) sein.

Die korrekte Erfassung aller Bestände ist problematisch, wenn die Bestandspositionen nicht genau geführt worden sind. Häufig sind Abweichungen auf Zähl-, Mess-, Schreib- und Übertragungsfehler sowie auf Verlust und Verderb zurückzuführen.

1.2.2 Materialbeschaffung

Die Materialbeschaffung umfasst alle Maßnahmen, die darauf gerichtet sind, dem Unternehmen kostengünstig die benötigten Materialien art-, mengen-, qualitäts- und zeitgerecht bereitzustellen. Sie erfolgt in vier **Schritten**:

Angebote einholen	Der **Einkäufer** holt Angebote über die zu beschaffenden Materialien ein. Für die Auswahl der infrage kommenden Lieferanten sind Bezugsquellenverzeichnisse und Lieferantendateien nützlich.
Angebote prüfen	Durch die Prüfung der Angebote soll sichergestellt werden, dass **Angebot** und **Anfrage** übereinstimmen, insbesondere hinsichtlich Materialart, Materialmenge, Materialqualität, Materialpreis, Liefer- und Zahlungsbedingungen, Erfüllungsort und Gerichtsstand.
Angebote auswählen	Das **günstigste Angebot** ist auszuwählen. Es bietet sich an, für die Auswertung der Angebote ein standardisiertes Schema zu verwenden. Gegebenenfalls sind ergänzende **Verhandlungen** mit weiteren Anbietern aufzunehmen, um (noch) bessere Bedingungen zu erwirken.
Material bestellen	Schließlich ist die **Bestellung** vorzunehmen, die schriftlich oder mündlich erfolgen kann. Stimmen Angebot und Bestellung überein, kommt ein **Kaufvertrag** zu Stande, der ein zweiseitig verpflichtendes Rechtsgeschäft ist. *Zahlungsbedingungen*

Wenn das Material angeliefert wird, muss es einer genauen Kontrolle unterzogen werden. Die Daten der Bestellung und der Warenbegleitpapiere sind zu vergleichen, wie nachfolgend gezeigt wird.

1.2.3 Materiallagerung

Die Materiallagerung umfasst alle Tätigkeiten der Einlagerung, Umlagerung, Prüfung und Abgabe der Materialien in Lägern. Sie beginnt mit dem Materialeingang und endet mit dem Materialabgang. Zu unterscheiden sind:

► Die Prüfung des **Materialeinganges**, wobei als Prüfungen in der Praxis üblich sind:

Äußere Prüfung	Das angelieferte Material wird auf äußerlich erkennbare **Schäden** geprüft, z. B. auf Transportschäden. Solche Schäden sollte sich der Empfänger vom Transporteur zum Zwecke des Schadensnachweises sofort bestätigen lassen.

↓

Beleg-prüfung	Hier werden die Daten der **Warenbegleitpapiere** – z. B. der Lieferschein – mit den Daten der Bestellunterlagen verglichen, z. B. mit der Auftragsnummer bzw. der Artikelnummer.

↓

Mengen-prüfung	Die gelieferten Materialmengen werden durch Zählen, Messen, Wiegen den bestellten Materialmengen gegenübergestellt. **Quantitätsmängel** sind dem Lieferanten mitzuteilen.

↓

Qualitäts-prüfung	Die Materialien werden auf die der Bestellung zu Grunde gelegte Warengüte hin überprüft. Werden **Qualitätsmängel** festgestellt, müssen sie beim Lieferanten gerügt werden.

↓

Zeit-prüfung	Hier erfolgt ein Vergleich des **tatsächlichen Liefertermins** mit dem in der Bestellung **festgelegten Liefertermin**. Ein möglicher Verzug ist dem Lieferanten gegenüber geltend zu machen.

▶ Die **Materialeinlagerung**, die in Lägern erfolgt. Das sind Einrichtungen, die Materialien aufbewahren und verfügbar halten. Sie lassen sich nach verschiedenen Gesichtspunkten unterscheiden, z. B.:

Läger nach ihrer Bedeutung	▶ **Hauptläger**, welche die von ihnen aufgenommenen Güter aus werksexternen Quellen erhalten oder die Materialien an werksexterne Bezieher abgeben. ▶ **Nebenläger**, die keine Kontakte mit werksfremden Wirtschaftseinheiten haben, sondern das Material von werksinternen Quellen beziehen oder es an werksinterne Bezieher abgeben.
Läger nach ihrem Standort	▶ **Zentralläger**, bei denen mehrere Lagerstellen zu einem Lager zusammengefasst werden. Sie werden gebildet, um Lageraufgaben an ein Zentrum zu binden. ▶ **Dezentralläger**, in denen verschiedenartige Rohstoffe und schwere, sperrige Güter zu lagern sind. Bei räumlich getrennten Fertigungsstätten sind sie vielfach unumgänglich.
Läger nach ihrer Gestaltung	▶ **Eingeschossläger**, die sich bei ausreichender Grundstücksfläche anbieten, z. B. als Läger für Rohstoffe bzw. für Fertigteile oder als Läger für Hilfs- bzw. Betriebsstoffe. ▶ **Mehrgeschossläger**, die der Aufbewahrung von Materialien auf mehreren Ebenen dienen. Hier wird mit einer großen Zahl spezialisierter Hebe- und Förderwerkzeuge gearbeitet, die EDV-gesteuert sind.

▶ Der **Materialabgang**, der eine den Bestand vermindernde Lagerbewegung darstellt, die mengenmäßig erfasst wird und folgende **Schritte** umfasst:

Anforderung	Die Anforderung des Materials wird von unterschiedlichen Bereichen des Unternehmens in Form schriftlicher **Bedarfsanforderungen** an das Lager gegeben, das diese erfasst.

↓

Auslagerung	Die Auslagerung des angeforderten Materials erfolgt auf der Grundlage von **Materialentnahmescheinen**. Sie geschieht heute zunehmend EDV-gestützt, wobei per Computer eine Ausfassliste erstellbar ist.

↓

Erfassung	Der Erfassung der angeforderten und ausgelagerten Materialien dienen z. B. Materialentnahmescheine, Ausfassscheine.

Der Materialeingang, die Materialeinlagerung und der Materialabgang sind vom **Materialmanagement** möglichst kostengünstig abzuwickeln, damit die materialwirtschaftlichen Ziele erreicht werden.

1.2.4 Materialentsorgung

Die Materialentsorgung umfasst alle Maßnahmen der Begrenzung und Behandlung von betrieblichem Abfall.

Es ist möglich, dass Materialien nicht oder nicht in vollem Umfang zu Bestandteilen der Erzeugnisse werden. So führt z. B. eine spanabhebende Bearbeitung von Materialien zu **Abfällen**, oder es werden bei der Bearbeitung von Materialien Schmiermittel verwendet, die zu entsorgen sind.

Als Materialentsorgung kann im Einzelnen verstanden werden:

- das Erfassen, Sammeln und Einstufen der Rückstände nach der Möglichkeit der Verwertung, ihrer Gefährlichkeit und ihrer Umwelt belastenden Wirkung
- das Aufbereiten, Umformen, Regenerieren, Bearbeiten und Sichern der zur Entsorgung anstehenden Materialien
- die Suche nach Abnehmern sowie der Verkauf oder die Abgabe der zu entsorgenden Materialien an Dritte.

Mit der Materialentsorgung befasst sich das **Abfallrecht.** Dies geschieht in Form von Gesetzen und Verordnungen, die vom Bund und den Ländern erlassen werden. Dazu zählen z. B.:

- Kreislaufwirtschaftsgesetz von 2012
- Bundesimmissionsschutzgesetz von 2006
- Abfallnachweisverordnung von 2006
- Abfallbestimmungsverordnung von 2002
- Verordnung über Betriebsbeauftragte für Abfall von 2008
- Verpackungsverordnung von 2008.

Die **Bedeutung** der Materialentsorgung ist für die Unternehmen erheblich. Nach Erkenntnissen des „Bundesverbandes Materialwirtschaft, Einkauf und Logistik e. V." fallen bei 97 % der deutschen Unternehmen Rückstände zur Entsorgung an. Bei 70 % der Unternehmen gibt es Betriebsbeauftragte für Abfall.

1.3 Materialkontrolle

Die Kontrolle schließt den materialwirtschaftlichen Führungsprozess ab. Sie ist möglich als – siehe ausführlich *Oeldorf/Olfert*:

- **Kontrolle der materialwirtschaftlichen Planungen**, indem die Planwerte und Istwerte jeweils gegenübergestellt und die Abweichungen ermittelt werden, die einer Analyse zu unterziehen sind. Ist-Wert ⟷ Sollwert

▸ **Kennzahlenanalyse**, die sich auf eine Vielzahl von Kennzahlen beziehen kann, z. B. sind zu ermitteln:

$$\text{Bedarfsservice} = \frac{\text{Anzahl der sofort bedienten Anforderungen}}{\text{Anzahl der Anforderungen}} \cdot 100$$

$$\text{Durchschnittlicher Lagerbestand} = \frac{\text{Anfangsbestand} + \text{Endbestand}}{2}$$

oder

$$\text{Durchschnittlicher Lagerbestand} = \frac{\text{Jahres-Anfangsbestand} + \text{12 Monate-Endbestände}}{13}$$

oder

$$\text{Durchschnittlicher Lagerbestand} = \frac{\text{Jahres-Anfangsbestand} + \text{4 Quartalsbestände}}{5}$$

$$\text{Umschlagshäufigkeit} = \frac{\text{Jahresverbrauch}}{\text{Durchschnittlicher Lagerbestand}}$$

$$\text{Lagerdauer in Tagen} = \frac{\text{Zahl der Tage der Periode}}{\text{Umschlagshäufigkeit}}$$

Die Kontrolle ist ein Teil des Controllingprozesses, der außerdem die Planung, Steuerung und Informationsversorgung umfasst. Um steuernd eingreifen zu können, bedarf das **Materialcontrolling** eines Frühwarnsystems.

Als **Frühwarngrößen** kommen insbesondere Kennzahlen in Betracht, z. B. durchschnittliche Lagerdauer, Lieferbereitschaftsgrad, Beschaffungskosten und Bestellkosten. Mit ihrer Hilfe sind unplanmäßige Entwicklungen rasch erkennbar.

Aufgabe 28 > Seite 289

2. Fertigungsbereich

Die industrielle Leistungserstellung geschieht im Fertigungsbereich. Er befasst sich mit der Gesamtheit aller Einrichtungen und Maßnahmen zur Erstellung materieller Güter, die hauptsächlich dem Absatzmarkt zugeführt werden und wird auch **Produktionsbereich** genannt *(Ebel)*.

Der Fertigungsbereich wirkt eng mit dem Marketingbereich zusammen, damit solche Güter erstellt werden, die vom Marketing auf dem Absatzmarkt auch verkauft werden können. Er lässt sich in folgender Weise einordnen:

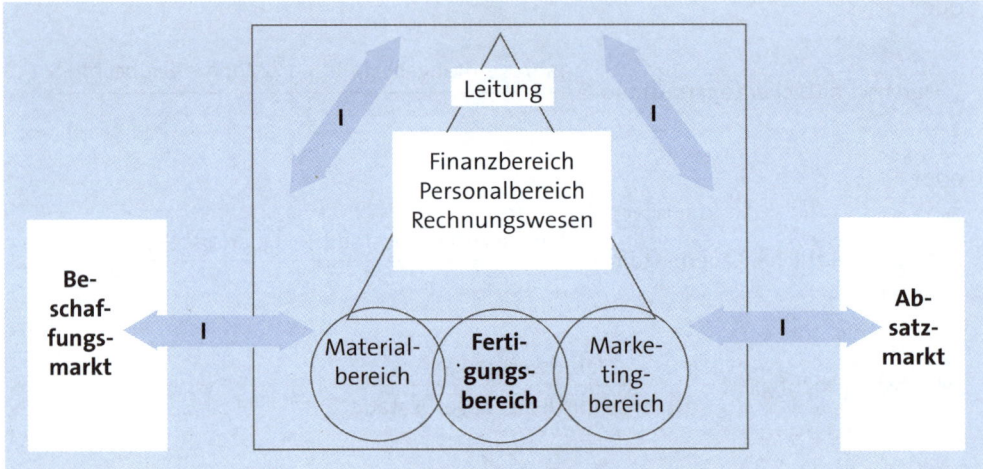

Im Rahmen der Fertigung werden Menschen, Betriebsmittel und Werkstoffe in geeigneter Weise kombiniert. Sie umfasst als sachbezogene **Prozesse**:

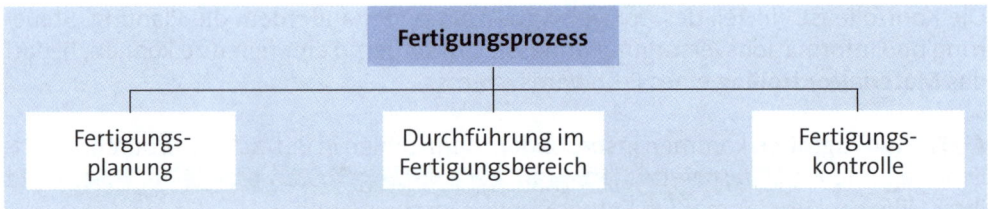

2.1 Fertigungsplanung

Die Planung im Fertigungsbereich erfolgt auf der Grundlage der vorgegebenen **Ziele**, die allgemeine Unternehmensziele sein können oder spezielle fertigungswirtschaftliche Ziele, z. B.:

- Minimierung der Fertigungszeiten
- Minimierung der Kapitalbindung

► Einhaltung der Fertigungstermine

► Optimierung der Kapazitätsnutzung

► Minimierung der Rüstkosten

► Minimierung der Transportkosten.

Die fertigungswirtschaftlichen **Ziele** werden von der Fertigungsleitung festgelegt, insbesondere als Qualitätsziele, Mengenziele, Zeitziele und Kostenziele. Dazu ist die fertigungswirtschaftliche Planung erforderlich. Der Fertigungsleiter hat dabei auch die Aufgabe, die Mitarbeiter des Fertigungsbereiches so zu beeinflussen, dass diese Ziele erreicht werden.

Die Fertigungsplanung wird in ihrer Gesamtheit vielfach auch als **Arbeitsvorbereitung** bezeichnet. Sie umfasst die nachfolgenden Planungen – siehe ausführlich *Ebel*:

► **Erzeugnisplanung**

► **Programmplanung**

► **Arbeitsplanung**

► **Bereitstellungsplanung**

► **Prozessplanung**.

2.1.1 Erzeugnisplanung

Die Erzeugnisplanung bezieht sich hinsichtlich der Aufnahme der Produkte in das Leistungsprogramm auf zwei **Festlegungen**:

► Die **Arten der Produkte**, die zu bestimmen sind. Da sich diese Entscheidungen stark am Absatzmarkt zu orientieren haben, erfolgen sie zu einem erheblichen Teil im **Marketingbereich**.

► Die jeweiligen **Merkmale** der Produkte, die beschreiben, wie die Erzeugnisse genau aussehen und aus welchen einzelnen Teilen sie bestehen sollen. Dafür ist der **Fertigungsbereich** zuständig. Als **Erzeugnisbeschreibungen** dienen:

Zeichnung	Als technische Zeichnung beschreibt sie das Erzeugnis grafisch. Damit jeder sachkundige Betrachter gleiche Informationen aus der Zeichnung gewinnt, unterliegt die Art ihrer Erstellung strengen **Normen**. Während die Zeichnungen früher manuell erstellt wurden, geschieht das heute vielfach bereits mithilfe des Computers.
Stückliste	Sie ist ein Verzeichnis der Rohstoffe, Teile und Baugruppen eines Erzeugnisses unter Angabe verschiedener Daten, die Auskunft über den qualitativen und quantitativen **Aufbau** des Erzeugnisses geben.
Nummerung	Sie hat die Aufgabe, sachlich zusammengehörende Gegenstände einem einheitlichen Ordnungsprinzip zu unterwerfen. Damit unterstützt sie die Erzeugnisplanung wirkungsvoll. Sie wird auch **Verschlüsselung** genannt.

2.1.2 Programmplanung

Im Rahmen der Programmplanung erfolgt die Aufstellung des **Fertigungsprogrammes**, das die Auflistung der zu fertigenden Erzeugnisse unter Angabe der Arten, Mengen und Zeiten darstellt. Es ist für die Fertigung als **Vorgabe** anzusehen und dient:

- der Ermittlung des Bedarfes an Personal, Betriebsmitteln, Materialien
- der Auslastung der im Unternehmen vorhandenen Kapazitäten.

Das Fertigungsprogramm ist durch zwei **Merkmale** gekennzeichnet:

- seine **Breite**, die sich aus der Zahl zu fertigender Erzeugnisarten bzw. Ausführungsformen ergibt
- seine **Tiefe**, die durch die Zahl der Fertigungsstufen bestimmt wird, z. B. die einzelnen Phasen bei einer Erzeugnismontage.

Die Planung des Fertigungsprogrammes ist sorgsam vorzunehmen, da spätere Änderungen mit Umdispositionen, Mehrarbeit und erhöhten Kosten verbunden sein können.

2.1.3 Arbeitsplanung

Die Arbeitsplanung liefert Informationen über die Zeit, Art und Reihenfolge der einzelnen Arbeitsaktionen eines **Fertigungsauftrages**, der z. B. von der Marketingabteilung an den Fertigungsbereich gegeben wurde. Sie erzeugt die für die Fertigung nötigen **Arbeitspapiere**. Zu ihnen zählen im Industrieunternehmen:

- **Terminkarten**, die als organisatorisches Hilfsmittel der Festlegung des zeitlichen Durchlaufes dienen, z. B. durch verschiedene Werkstätten.
- **Laufkarten**, die sämtliche Arbeitsgänge beinhalten. Nach Abschluss eines jeden Arbeitsganges werden Daten über den Stand der Realisierung eingetragen.
- **Materialentnahmescheine**, welche die Entnahmemengen aus dem Lager erfassen und eine Basis zur Ermittlung der Materialkosten darstellen.
- **Lohnscheine**, welche der Erfassung der geleisteten Arbeitszeit und der Ermittlung von entstandenen Lohnkosten dienen.

Das Ergebnis der Arbeitsplanung ist der **Arbeitsplan**, der die Zeichnungen und Stücklisten um diejenigen Angaben ergänzt, welche für die Ausführung der Fertigung erforderlich sind.

Aufgabe 29 > Seite 290

2.1.4 Bereitstellungsplanung

Um das Fertigungsprogramm realisieren zu können, bedarf es der Bereitstellung der erforderlichen **Produktionsfaktoren**. Dabei ist zu beachten, dass sie in der richtigen Qualität, Quantität und Zeit am richtigen Ort zur Verfügung stehen. Für die Planung der **Produktionsfaktoren** gilt:

► Die **Betriebsmittel** sind langfristig zu planen. Dazu ist es erforderlich, über einen langfristigen Programmplan zu verfügen, auf den die Betriebsmittel ausgerichtet werden können.

► Die Planung der **Arbeitskräfte** hat ebenfalls langfristig zu erfolgen. Sie orientiert sich sowohl an der Programmplanung als auch an der Planung der Betriebsmittel.

► Die **Werkstoffe** werden in engem Zusammenwirken mit dem Materialbereich mittelfristig geplant. Sie sollen rechtzeitig zur Verfügung stehen, ohne dass es jedoch zu einer kapitalbindenden Hortung kommen darf.

Sind die erforderlichen Produktionsfaktoren nicht plangemäß verfügbar, kann dies zu erheblichen Problemen der Fertigung führen.

2.1.5 Prozessplanung

Die Prozessplanung ist die gegenwärtige gedankliche Vorwegnahme des künftig verlaufenden Fertigungsprozesses. Sie umfasst:

► Die **Aufträge**, die Anweisungen an eine Stelle sind, bestimmte Aufgaben auszuführen. Ihre Planung kann auf folgenden **Grundlagen** beruhen:

Fertigungs- programm	Es wird ohne unmittelbaren Kundenbezug für den anonymen Markt geplant, an dem die Erzeugnisse abgesetzt werden sollen.
Betriebs- aufträge	Sie werden dem Unternehmen von einzelnen Kunden gegeben. Diese einzelnen Aufträge sind ebenfalls zu planen und individuell zu fertigen.
Innerbetrieb- liche Aufträge	Sie dienen der Aufrechterhaltung oder Erweiterung der eigenen Leistungsfähigkeit, z. B. Selbsterstellung eines Betriebsmittels.

Bei der Planung der Aufträge muss im Rahmen des Fertigungsprozesses sichergestellt sein, dass der Bedarf an Material, Personal und Betriebsmitteln gedeckt wird.

► Die **Fertigungszeiten**, die für die Auftragserstellung notwendig sind. Dabei ist als Ausgangspunkt jeder Zeitermittlung die Analyse der betreffenden Tätigkeiten anzusehen. Mit ihr wird ein Prozess in verschiedene Abschnitte gegliedert, die durch Zeitwerte beschrieben werden. Daraufhin können z. B. folgende **Ablaufarten** mit Zeitwerten versehen werden:

Haupttätigkeit	Der Mitarbeiter übt eine planmäßige Tätigkeit aus, die **unmittelbar** zur Erfüllung der Arbeitsaufgabe nötig ist, z. B. Bohren, Fräsen.
Nebentätigkeit	Der Mitarbeiter nimmt eine planmäßige Tätigkeit wahr, die **mittelbar** zur Erfüllung der Arbeitsaufgaben dient, z. B. Zeichnung lesen.

Zur Ermittlung der Fertigungszeiten können **Vorgabezeiten** dienen. Das sind Soll-Zeiten für Arbeitsabläufe, die von Menschen und Betriebsmitteln ausgeführt werden als:

Rüstzeiten	Sie werden zum Umrüsten von Anlagen im Fertigungsbereich benötig.
Ausführungs-zeiten	Sie werden – pro Mengeneinheit – die **Grundzeiten** zum Ausführen, die **Erholungszeiten** zum Erholen des Menschen und die **Verteilzeiten**, die zusätzlich zur planmäßigen Ausführung anzusetzen sind.

Um die tatsächliche Dauer eines Arbeitsvorganges festzustellen, können die **Ist-zeiten** ermittelt werden durch:

REFA-Zeitauf-nahme	Sie geschieht unter Einsatz von Zeitaufnahmegeräten mithilfe von, z. B. Stoppuhren.
Multimoment-aufnahme	Sie ist ein Stichprobenverfahren, das z. B. Aussagen über die prozentuale Häufigkeit von Vorgängen am Arbeitsplatz liefert.
Selbstauf-schreibung	Sie erfolgt durch den betroffenen Mitarbeiter, der die Zeitdaten selbst ermittelt.

▸ Die **Kapazitäten**, deren wirtschaftliche Auslastungen ebenfalls vorauszubestimmen sind. Dabei werden gegenübergestellt:

Verfügbare Kapazität	Sie ist das gegebene Fertigungsvermögen eines Unternehmens in einem bestimmten Zeitabschnitt, z. B. als Normalkapazität.
Erforderliche Kapazität	Sie ergibt sich aus den vorliegenden Fertigungsaufträgen und Terminierungen, die zu realisieren sind.

Stimmen beide Kapazitäten nicht überein, sind **Anpassungen** erforderlich. Lang- und mittelfristig gesehen können sie bei der Kapazität, den Terminen, den Aufträgen bzw. den Verfahren erfolgen. In kurzfristiger Sicht geschehen sie im Rahmen der Fertigungssteuerung.

Die **Durchlaufzeit** eines Fertigungsauftrages ergibt sich aus der Addition des Zeitbedarfes zur Durchführung aller Aufgaben.

Aufgabe 30 > Seite 290

2.2 Durchführung im Fertigungsbereich

Die Durchführung der geplanten Maßnahmen ist je nach dem eingesetzten Verfahren der Fertigung unterschiedlich. Im Hinblick auf die Durchführung der Fertigung als Realisierung der geplanten Fertigungsmaßnahmen sind zu betrachten:

▸ **Fertigungsverfahren**

▸ **Fertigungssteuerung**.

2.2.1 Fertigungsverfahren

Fertigungsverfahren sind Vorgehensweisen zur Durchführung der Fertigung. Sie können nach verschiedenen Kriterien unterschieden werden, z. B. als *(Corsten, Ebel, Hoitsch)*:

► Fertigungsverfahren mit unterschiedlichen **räumlichzeitlichen Strukturen**:

Werkstatt-fertigung	Hier werden alle Betriebsmittel und Arbeitsplätze **gleichartiger Arbeitsverrichtungen** räumlich zusammengefasst, z. B. Stanzerei, Dreherei, Fräserei. Der Fertigungsablauf wird vom Standort der Maschinen und Arbeitsplätze bestimmt. Die Werkstattfertigung ist sehr anpassungsfähig, weshalb sie sich für die Fertigung geringer Stückzahlen eignet, und wenig störanfällig ist. Jedoch sind bei ihr die Transportzeiten und Transportkosten hoch, Zwischenlänger erweisen sich als unvermeidlich.
Fließfertigung	Bei ihr werden die Betriebsmittel und Arbeitsplätze räumlich nach dem **Fertigungsprozess** angeordnet. Den geringen Durchlaufzeiten und Transportzeiten stehen die stark begrenzte Anpassungsfähigkeit, erhebliche Störanfälligkeit und psychologische Probleme beim Personal gegenüber. Die Fließfertigung kann erfolgen als: ► **Fließbandfertigung**, bei welcher die Werkstücke in einem bestimmten Zeittakt von Platz zu Platz transportiert werden. ► **Reihenfertigung**, bei der kein zeitlicher Zwangsablauf gegeben ist, d. h. es gibt keinen Zeittakt. Aus diesem Grund werden Zwischenläger geschaffen, und die Arbeiter können ihr Arbeitstempo in gewissen Grenzen selbst bestimmen.
Gruppen-fertigung	Sie ist eine **Kombination** von Werkstattfertigung und Fließfertigung, bei der die Betriebsmittel und Arbeitsplätze für bestimmte Teile des Fertigungsablaufes gruppenmäßig zusammengefasst, im Gesamtablauf aber nach dem Fließprinzip angeordnet sind.
Baustellen-fertigung	Sie bezieht sich auf **unbewegliche Erzeugnisse**. Bei ihr werden die Betriebsmittel und Arbeitsplätze zu den zu erstellenden Erzeugnissen gebracht, z. B. im Hochbau, Tiefbau, Schiffsbau.

▸ Fertigungsverfahren mit **unterschiedlicher Erzeugungsmenge**:

Einzel-fertigung	Bei ihr wird lediglich **ein einziges Erzeugnis** erstellt, z. B. im Schiffsbau oder Großmaschinenbau. Durch die Aneinanderreihung unterschiedlicher Einzelfertigungen entstehen hohe Vorbereitungskosten. Die Möglichkeit zur Rationalisierung ist sehr begrenzt.
Serien-fertigung	Bei ihr werden jeweils **mehrere gleichartige Erzeugnisse** einer Erzeugnisart aufgrund eines Auftrages gefertigt. Serien unterscheiden sich durch ihre fertigungstechnischen Besonderheiten. Je nach Anzahl der Erzeugnisse gibt es die **Klein**serienfertigung (z. B. im Apparatebau) und die **Groß**serienfertigung (z. B. bei Haushaltsgeräten). **Sonderformen** der Serienfertigung sind: ▸ Die **Sortenfertigung**, bei der aus einem gemeinsamen Ausgangsmaterial gewollt verschiedene Sorten einer Erzeugnisart hergestellt werden, z. B. bei Brauereien, die mehrere Biersorten anbieten. ▸ Die **Chargenfertigung**, bei der es trotz grundsätzlich einheitlicher Fertigungsabläufe ungewollt zu beschränkten Unterschieden in den Erzeugnissen kommen kann, z. B. bei der Stahlherstellung, weil die Ausgangsbedingungen und/oder die Prozesse nicht konstant gehalten werden können.
Massen-fertigung	Bei ihr wird keine Fertigungsmenge konkret festgelegt. Es wird **ohne Begrenzung** über eine lange Zeit gefertigt, z. B. in der Zigarettenindustrie.

2.2.2 Fertigungssteuerung

Die Fertigungssteuerung ist ein zielbezogener Vorgang, der die Aufgabe hat, die Durchführung der Fertigung zielgerecht aufgrund gegebener Aufträge zu veranlassen und sie bei allen Stellen durchzusetzen. Sie wird auch als **Werkstattsteuerung** bezeichnet und kann mithilfe der Arbeitspapiere, von Zustellungsbelegen, an Terminals oder mithilfe des Computers erfolgen.

Die Auslösung eines Auftrages geschieht durch **Auftragsfreigabe**. Sie erfordert die Bereitstellung folgender Fertigungspapiere:

▸ Terminkarten

▸ Lohnscheine

▸ Materialentnahmescheine

▸ Laufkarten.

Außerdem sind die Materialien in der richtigen Art und Menge zum richtigen Zeitpunkt am richtigen Ort zur Verfügung zu stellen.

Die Durchführung der Fertigung kann durch **Störungen** erschwert werden, die rechtzeitig erkannt und beseitigt werden müssen. Möglich sind:

► **arbeitsbedingte Störungen** als Beeinträchtigungen, die durch Arbeitskräfte bedingt sind, z. B. Erkrankungen, Arbeitsunfälle, Arbeitsfehler

► **betriebsmittelbedingte Störungen** als Abweichungen von den Fertigungsplänen, z. B. durch Maschinenausfälle, Energieunterbrechungen

► **materialbedingte Störungen** als negative Beeinflussungen, die z. B. durch fehlerhafte Werkstoffe, Halbfabrikate oder Materialteile bedingt sind

► **dispositionsbedingte Störungen** als Fehler bei der Planung, Organisation oder Führung, z. B. mangelhafte Terminplanung bzw. Transportorganisation.

Bei Aufträgen, die vor einem Arbeitsplatz auf ihre Bearbeitung warten, sind Entscheidungen über die **Reihenfolge** zu treffen, wobei mögliche Prioritäten zu beachten sind. Zur Kontrolle der zielgerechten Fertigung sind **Rückmeldungen** nötig, die vom Fertigungssteuerer vorgenommen werden, z. B. vom Meister oder Vorarbeiter. Sie haben kurzfristig, fehlerfrei und vollständig zu erfolgen.

Um den Bearbeitungsfortschritt verfolgen und die Ablaufplanung fortführen zu können, müssen die Rückmeldungen mindestens **Angaben** enthalten über:

► Auftragsnummer

► gefertigte Menge

► Arbeitsgangnummer

► Ausschussmenge.

Die Rückmeldungen können z. B. mithilfe von Rückmeldeformularen, Sprechanlagen und Terminalanlagen über Bildschirm erfolgen.

2.3 Fertigungskontrolle

Die Fertigungskontrolle schließt den fertigungswirtschaftlichen Prozess ab. Sie kann erfolgen als:

► **Kennzahlenanalyse**, die sich z. B. auf die Kapazitätsauslastung der Betriebsmittel oder die Produktivität oder gefertigten Erzeugnisse beziehen kann.

► **Qualitätskontrolle**, die im Rahmen des Qualitätswesens geschieht. Hier wird geprüft, ob die Qualitätsanforderungen erfüllt sind.

- **Quantitätskontrolle**, bei der die gefertigten Ist-Stückzahlen eines Produktes mit den Soll-Stückzahlen der Planung verglichen werden. Abweichungen sind einer Analyse zu unterziehen.

- **Zeitkontrolle**, die sich auf die bisher ermittelten Zeitaufnahmen bzw. Vorgabezeiten bezieht. Möglich ist, dass die festgelegten Vorgabezeiten im Zeitablauf veraltern, weshalb sie überprüft werden müssen. Darüber hinaus ist vor allem die Einhaltung der Zwischentermine und der Endtermine der Fertigung permanent zu kontrollieren.

- **Kostenkontrolle**, die vor allem für auftragsbezogen gefertigte Erzeugnisse durchzuführen ist. Dabei werden den ermittelten Soll-Herstellungskosten die Ist-Herstellungskosten im Rahmen der Nachkalkulation gegenübergestellt.

- **Endkontrolle**, indem die genannten Planwerte und Istwerte jeweils gegenübergestellt, Abweichungen ermittelt werden und eine Analyse erfolgt, z. B. bezüglich der Durchlaufzeiten, Mengen, Termine, Rüstkosten.

Kontrollstandards können durch das fertigende Unternehmen und/oder durch seine Abnehmer festgelegt werden. Die Fertigungskontrolle erfolgt zunehmend mithilfe der EDV. Sie ist ein Teil des Controllingprozesses, der außerdem die Planung, Steuerung und Informationsversorgung umfasst. Um steuernd eingreifen zu können, bedarf das **Fertigungscontrolling** eines Frühwarnsystems.

Als **Frühwarngrößen** kommen insbesondere Produktionszahlen in Betracht. Mit ihrer Hilfe können unplanmäßige Entwicklungen rasch erkannt werden.

3. Marketingbereich

Das Marketing ist Ausdruck eines marktorientierten, unternehmerischen Denkens und Handelns. Es hat die Aufgabe, bestehende Absatzmärkte zu durchdringen und auszuschöpfen sowie neue Absatzmärkte zu erkunden und zu erschließen *(Meffert, Nieschlag/Dichtl/Hörschgen, Weis)*.

(Absatzwirtschaft)

Grundlagen: Käufermarkt
Planung: Obj/Sub, Daten, Marktforschung
Durchführung: Absatzplan, Maßnahmen
Kontrolle: Kennzahlen

Mit dem Marketing befasst sich der **Marketingbereich**, der die letzte Stufe des Leistungsprozesses darstellt. Er lässt sich dementsprechend einordnen:

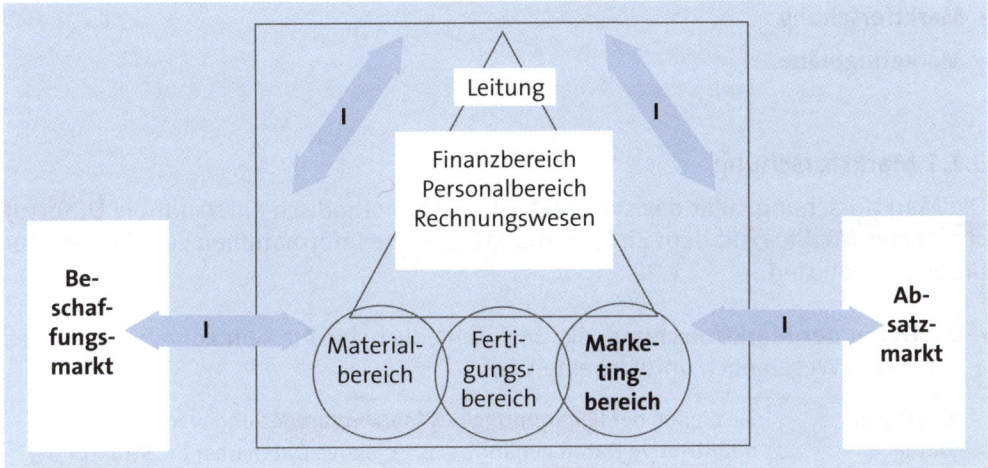

Anders als beim früher verwendeten Begriff des Absatzes liegt dem Marketing eine käuferorientierte Marktmacht bzw. Marktsituation zu Grunde. Deshalb wird seit den 60er-Jahren zunehmend vom **Käufermarkt** gesprochen, auf dem die Leistungsverwertung schwieriger wurde als zu früherer Zeit. Die Unternehmen mussten sich darauf einstellen, sich immer mehr an den Wünschen und Erwartungen der Käufer orientieren, wenn sie erfolgreich sein oder bleiben wollten.

Die sachbezogenen Prozesse im Marketingbereich umfassen:

3.1 Marketingplanung

Die Marketingplanung ist die systematische gedankliche Vorwegnahme des zukünftigen Marktgeschehens. Sie erfolgt auf der Grundlage der vorgegebenen **Ziele**, die allgemeine Unternehmensziele und spezielle Marketingziele sein können, z. B. im Hinblick auf:

► die **Erhöhung des Marktanteiles** als dem prozentualen Anteil des Absatzes eines Unternehmens auf einem Markt

► die **Steigerung des Absatzvolumens** als die Summe der getätigten Umsätze eines Unternehmens auf einem Markt in einer bestimmten Periode.

169

Die Planung der Marketingmaßnahmen bildet die erste Stufe des Marketingprozesses. Sie baut auf den Daten der Marktforschung auf und umfasst:

▸ **Marktforschung**

▸ **Marketingpläne**.

3.1.1 Marktforschung

Die Marktforschung stellt das systematische und methodisch einwandfreie Untersuchen eines Marktes mit dem Ziel dar, marktbezogene Informationen zu erlangen. Zu unterscheiden sind:

▸ Die **Daten der Marktforschung**, die unterschiedlichster Art sein können. Sie lassen sich ihrem Wesen nach unterscheiden in:

Objektive Daten	Sie dienen der Bestimmung des Marktvolumens und werden auch **quantitative Daten** genannt, z. B. objektive Daten über die Struktur der Abnehmer von Produkten.
Subjektive Daten	Sie sind auf die Einflussgrößen von Kaufentscheidungen gerichtet und werden auch als **qualitative Daten** bezeichnet, z. B. Emotionen, Motive, Einstellungen von Käufern.

▸ Die **Formen der Marktforschung**, die nach ihrem Zeitbezug sind:

Marktanalyse	Sie wird einmalig oder fallweise **Zeitpunkt** bezogen durchgeführt und dient dem Vergleich, z. B. von Verbrauchergewohnheiten, Konkurrenzverhalten.
Markt-beobachtung	Sie erfolgt fortlaufend innerhalb eines bestimmten **Zeitraumes**. Mit ihr sind Marktentwicklungen zu erkennen.

▸ Die Art der **Informationsgewinnung**, bei der sich unterscheiden lassen:

Sekundär-forschung	Sie greift auf **vorhandenes Informationsmaterial** zurück, das gegebenenfalls für andere Zwecke erhoben wurde. Es empfiehlt sich, sie an den Anfang der Marktforschung zu stellen, da sie kostengünstig ist. Sekundäres Informationsmaterial sind z. B. Statistiken, Außendienstberichte, Veröffentlichungen.
Primärforschung	Bei ihr werden die gesuchten Daten mithilfe **spezieller Methoden** erhoben, die Befragung, Beobachtung und Experiment darstellen – siehe S. 171. Da sie recht kostenintensiv ist, sollte auf sie nur dann zurückgegriffen werden, wenn die Sekundärforschung keine hinreichenden Ergebnisse gebracht hat bzw. aus sonstigen sachlichen Gründen nicht in Betracht kam.

▶ Die **Methoden der Informationsgewinnung**, die sein können:

Befragung	Sie ist die **wichtigste Methode** der Informationsgewinnung und kann zeitpunktbezogen oder zeitraumbezogen durchgeführt werden. Die Fragen sind zielgruppengerecht und psychologisch geschickt zu stellen. Dabei ist darauf zu achten, dass auch Fragen notwendig sein können, die Vertrauen schaffen, Themenwechsel erleichtern und die Motivation verbessern.
Beobachtung	Sie ist eine Methode der Informationsgewinnung, die **nicht auf** die **Auskunftsbereitschaft** der erhobenen Personen **angewiesen** ist. Die Beobachtung kann zeitpunktbezogen oder zeitraumbezogen erfolgen. Mit ihrer Hilfe ist es z. B. möglich, das Käufer-, Verkäufer-, Passanten-, Leser-, Konkurrenzverhalten festzustellen.
Experiment	Es dient dazu, durch Veränderung der Wirkung einer oder mehrerer Größen die Auswirkungen aus diesen Veränderungen auf andere Größen aufzuzeigen. Typische Experimente sind **Tests** von Produkten, Werbemitteln, Plakaten, Namen, Preisen, Packmengen.

Die Befragung und Beobachtung können als **Panel** durchgeführt werden. Es ist ein Verfahren der Marktforschung, das sich über einen längeren Zeitraum hinweg erstreckt, indem es **periodisch erhoben** wird, wobei die Personen bzw. Unternehmen sowie die zu Grunde liegenden Themen an sich gleich bleiben. Zu den **Arten** des Panels zählen:

▶ Das **Haushaltspanel** als eine Befragung, bei der z. B. 5.000 Haushalte wöchentlich oder monatlich Fragebögen über die von ihnen getätigten Einkäufe ausfüllen. Dabei kann – als Paneleffekt – nicht ausgeschlossen werden, dass die Haushalte zu wenige oder zu viele Käufe eintragen bzw. ihr Kaufverhalten verändern.

▶ Das **Einzelhandelspanel** als eine Beobachtung, bei der in Einzelhandelsgeschäften die Veränderungen in den Lagerbeständen festgestellt werden. Bei Handelsunternehmen, die mit EDV arbeiten, können die Daten aus der EDV abgerufen werden. Die *Nielsen Company* bietet z. B. in Deutschland ein Einzelhandelspanel an, bei dem in 1.000 Einzelhandelsgeschäften zweimonatlich von über 300 Mitarbeitern die Umsätze bestimmter Produkte festgestellt werden.

Probleme, die beim Panel entstehen, können sein:

▶ Die **Auswahl der Panelteilnehmer**, die repräsentativ für die Grundgesamtheit sein sollen sowie die **Gewinnung und Erhaltung der Panelteilnehmer**, die auskunftsbereit bleiben sollen.

▶ Die **Panelsterblichkeit**, worunter die Panelaustritte innerhalb eines bestimmten Zeitraumes oder während der gesamten Laufzeit des Panels verstanden werden. Sie beruhen auf natürlichen Gegebenheiten, z. B. Geschäftsaufgabe bzw. Ortswechsel des

Haushalts, oder auf subjektiven Vorgängen, z. B. Zeitmangel bzw. Krankheit. Durch finanzielle **Anreize** wird versucht, sie möglichst niedrig zu halten.

Die mithilfe der Marktforschung gewonnenen Daten bedürfen vielfach einer **Auswertung**. Der Marktforschungsprozess kann in folgenden **Schritten** erfolgen:

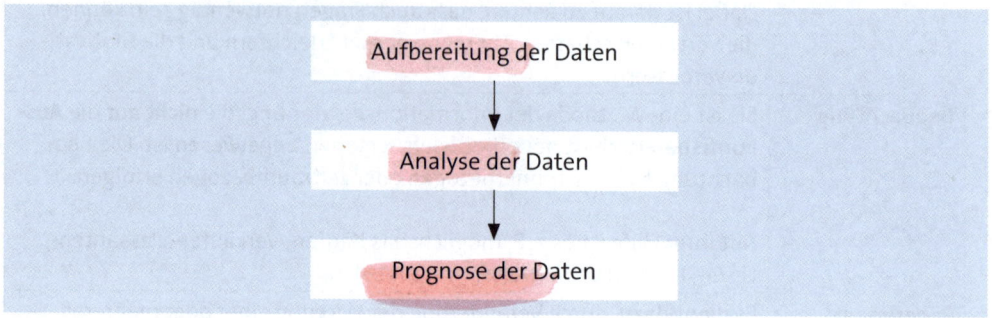

Die Marktforschung endet – auf der Grundlage der Marktanalyse und Marktbeobachtung – mit der **Marktprognose**. Das ist die bewusste und systematische Vorausschätzung zukünftiger Marktgegebenheiten.

3.1.2 Marketingpläne

Marketingpläne sind Instrumente des Marketing-Management zur Bestimmung und Durchsetzung der Marketingpolitik des Unternehmens. Sie sollen vollständig, anpassungsfähig, verbindlich und kontrollierbar sein. Als Marketingpläne sind ihrer **unterschiedlichen Funktionen** nach zu unterscheiden *(Kotler/Bliemel, Meffert)*:

► Der **Absatzplan**, der als Absatz*mengen*plan im engeren Sinne vorgibt, welche Produkte oder Produktgruppen an welche Abnehmergruppen in welchen Absatzgebieten zu welchen Preisen abgegeben werden sollen. Er bildet oft die Basis für die übrigen Pläne des Unternehmens.

Die im Absatzplan ausgewiesenen Absatzzahlen können in Stück und/oder als Umsatzzahlen in Euro angegeben werden.

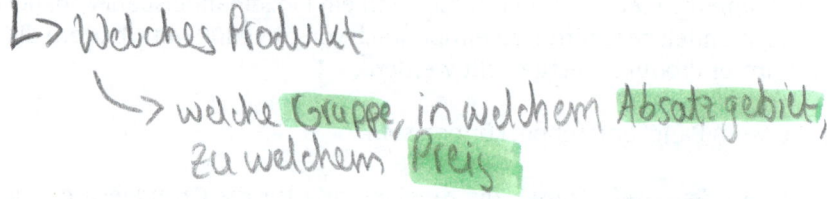

Beispiel

Kosmetik GmbH		Absatzplan 2014						
		∑ Gesamt	Ausland	∑ Inland	Süd	Ost	Nord	West
Produkt- gruppe X	Tsd. Stück Tsd. €	120 305	40 130	80 175	10 20	25 15	15 50	30 90
Produkt- gruppe Y	Tsd. Stück Tsd. €	95 285	10 100	85 185	15 22	30 53	25 55	15 55
Produkt- gruppe Z	Tsd. Stück Tsd. €	45 405	25 300	20 105	4 10	6 10	5 45	5 40

Außer den Mengen und Werten, gegebenenfalls auch Verkaufsgebieten, sind auch die konkreten Maßnahmen zu planen – siehe ausführlich *Weis*.

▸ Der **Maßnahmenplan** bereitet den Einsatz der marketingpolitischen Instrumente periodisch vor oder punktuell für bestimmte Marketingaktivitäten. Er umfasst:

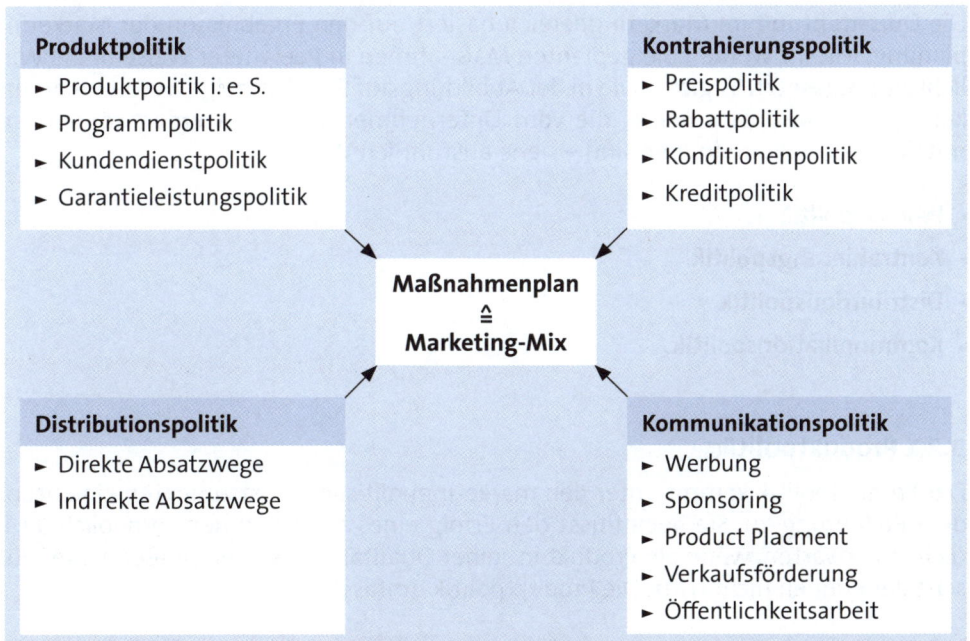

Produktpolitik
- ▸ Produktpolitik i. e. S.
- ▸ Programmpolitik
- ▸ Kundendienstpolitik
- ▸ Garantieleistungspolitik

Kontrahierungspolitik
- ▸ Preispolitik
- ▸ Rabattpolitik
- ▸ Konditionenpolitik
- ▸ Kreditpolitik

Maßnahmenplan
≙
Marketing-Mix

Distributionspolitik
- ▸ Direkte Absatzwege
- ▸ Indirekte Absatzwege

Kommunikationspolitik
- ▸ Werbung
- ▸ Sponsoring
- ▸ Product Placment
- ▸ Verkaufsförderung
- ▸ Öffentlichkeitsarbeit

Die im Marketingplan zusammengefasste Kombination der marketingpolitischen Instrumente wird als **Marketing-Mix** bezeichnet. Die geplanten Maßnahmen verursachen dem Unternehmen meist beträchtliche Kosten.

▸ Der **Kostenplan** umfasst im Sinne eines **Vertriebskostenplanes** alle Kosten, die mit dem Absatz der Produkte am Markt entstehen. Er basiert auf dem Maßnahmenplan. *Weis* unterscheidet als funktionsbezogene Kosten:

Kosten der Leitung	► Marketingleitung	► Marketing-Controlling
	► Planung und -kontrolle	► Marktforschung
Umsatzerzielende Marketingkosten	► Werbung	► Sponsoring
	► Verkaufsförderung	► Direktwerbung
	► Öffentlichkeitsarbeit	► Angebotserstellung
Umsatzdurchführende Marketingkosten	► Auftragsbearbeitung	► Versand
	► Zahlungsabwicklung	► Kundendienst
	► Verpackung	► Lieferung

Die Planung der Kosten nach der oben genannten Einteilung bietet den **Vorteil** einer funktionalen Erfassung der Kosten und Kontrolle.

Aufgabe 31 > Seite 290

3.2 Durchführung im Marketingbereich

Die Durchführung im Marketingbereich basiert auf den Ergebnissen der Marketing-planung. Mit ihr werden die geplanten Maßnahmen in geeigneter Weise in die Wirklichkeit umgesetzt. Es gibt – wie in der Abbildung auf S. 173 gezeigt wurde – vier marketingpolitische Instrumente, die vom Unternehmen genutzt werden können und miteinander zu kombinieren sind – siehe ausführlich *Weis*:

- **Produktpolitik**
- **Kontrahierungspolitik**
- **Distributionspolitik**
- **Kommunikationspolitik**.

3.2.1 Produktpolitik

Der Produktpolitik kommt unter den marketingpolitischen Instrumenten eine besondere Bedeutung zu. Sie beeinflusst den Erfolg eines Unternehmens erheblich. Er ist nicht zu erwarten, wenn ein Produkt in seiner Qualität und seinem Äußeren die Wünsche der Kunden nicht trifft. Die Produktpolitik umfasst:

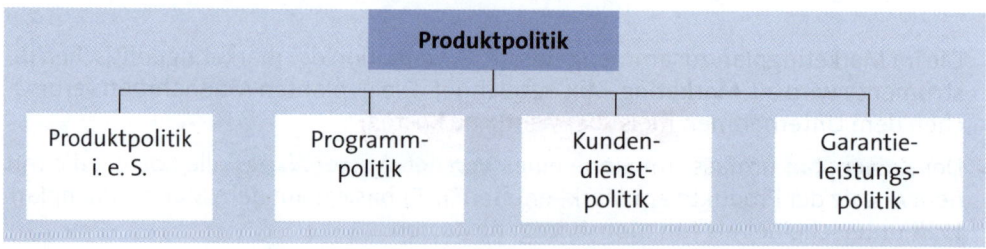

| Produktpolitik |
| Produktpolitik i. e. S. | Programm-politik | Kunden-dienst-politik | Garantie-leistungs-politik |

3.2.1.1 Produktpolitik i. e. S.

Die Produktpolitik i. e. S. bezieht sich auf **das einzelne Produkt** im Leistungsprogramm des Unternehmens. Um sie in geeigneter Weise betreiben zu können, ist es zweckmäßig, den typischen „Lebensweg" eines Produktes zu kennen, der **Produktlebenszyklus** genannt wird.

Idealtypisch nimmt er folgenden Verlauf, wobei ihm eine Entwicklungsphase vorangehen kann, in der bereits Kosten anfallen:

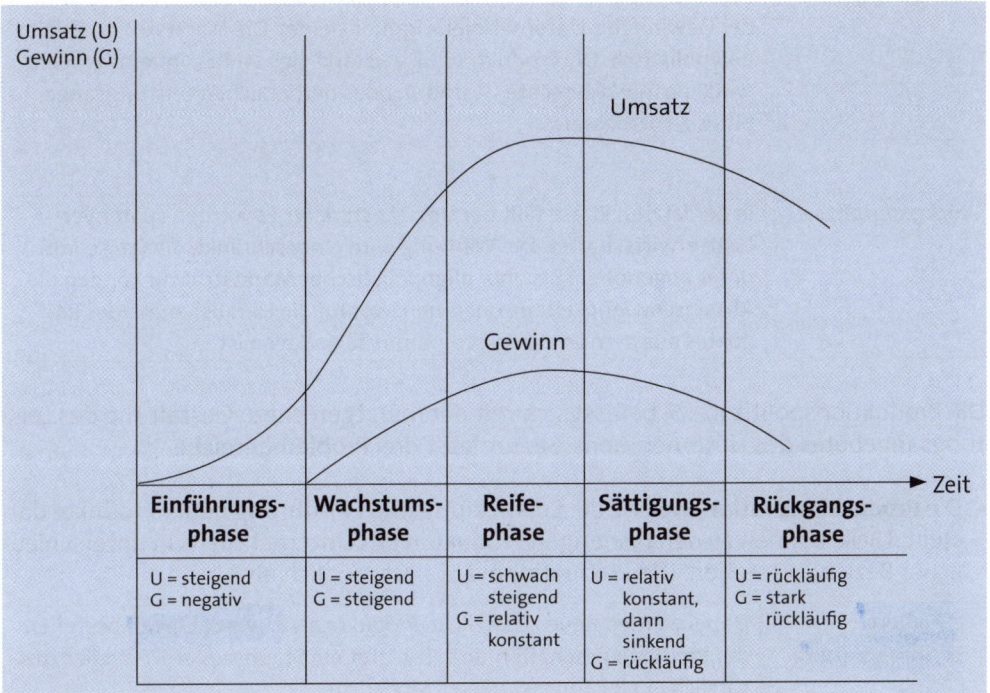

Die **Phasen** des Lebenszyklus eines Produktes lassen sich beschreiben:

Einführungsphase	In ihr steigt der Umsatz langsam an. Mit ihrem Ende wird die **Gewinnschwelle** überschritten. Die Werbung ist in der Einführungsphase ein wirksames Instrument. Massenartikel werden häufig zu Niedrigpreisen, höherwertige Gebrauchsgüter zu hohen Preisen angeboten.
Wachstumsphase	Jetzt steigt der Umsatz stark an, sofern das Produkt kein „Flop" ist. Konkurrenten kommen auf den Markt. Die Marktstruktur wird **oligopolistisch**, d. h. es sind einige (wenige) Anbieter am Markt. Niedrigpreise werden angehoben bzw. hohe Preise gesenkt. Die Werbung wird fortgeführt. Produktvariationen sind möglich. Der Gewinn wird langsam größer. Die Phase endet im **Wendepunkt der Umsatzkurve**.

175

Reifephase	In dieser Phase steigt der **Umsatz** immer langsamer und erreicht sein **Maximum**. Der Gewinn nimmt weniger zu als vorher. Die Marktstruktur wird zunehmend **polypolistisch**, d. h. es sind viele Anbieter am Markt. Die Produktpolitik erhält verstärkte Bedeutung. Die Werbung soll Präferenzen erhalten und neu aufbauen. Es kommt zu Preissenkungen.
Sättigungsphase	Hier bleibt der **Umsatz** zunächst **konstant**, bis er **absinkt**. Ebenso wird der Gewinn des Unternehmens immer kleiner. Die Marktstruktur bleibt **polypolistisch**. Die Produktpolitik verstärkt sich weiter, indem versucht wird, die marktgerechte Gestaltung des betrieblichen Leistungsangebotes zu verbessern.
Rückgangsphase	In der letzten Phase **fällt** der **Umsatz stark** ab. Es werden später Verluste erwirtschaftet. Die Werbung wird eingeschränkt, die Preise mitunter angehoben. Bei eher **oligopolistischer Marktstruktur** können die Absatzschwierigkeiten zunehmen, worauf die Herausnahme des Produktes aus dem Leistungsprogramm zu erwägen ist.

Die Produktionspolitik i. e. S. befasst sich mit der marktgerechten Gestaltung des Leistungsangebotes des Unternehmens. Sie umfasst drei **Problembereiche**:

► Die **Produktinnovation**, welche die Entwicklung und Einführung neuer Produkte darstellt. Diese können zu den bisherigen Produkten des Unternehmens in unterschiedlicher Beziehung stehen. Die Produktinnovation ist möglich als:

Produkt-differenzierung	Dabei werden neue zusätzliche Produkte als **Abwandlungen** bestehender Produkte geschaffen. So z. B. bietet ein Staubsauger-Hersteller zusätzlich ein leistungsstärkeres Modell an.
Produkt-diversifikation	Hierbei kommen neue Produkte zu bestehenden Produkten hinzu, die **andersartig** sind, also keine Abwandlungen darstellen: ► Die **horizontale Diversifikation**, bei der Produkte auf der gleichen Leistungsstufe hinzukommen, z. B. bietet ein Automobilhersteller auch Motorräder an. ► Die **vertikale Diversifikation**, bei der die neuen Produkte auf vor- oder nachgelagerten Märkten angeboten werden, z. B. stellt ein Zulieferer von Computerteilen selbst Computer her. ► Die **laterale Diversifikation**, bei der kein Zusammenhang zwischen den bestehenden und den neuen Produkte besteht. Die Diversifikation kann durch eigene Produktentwicklung, Erwerb einer Lizenz, Kauf eines Unternehmens oder Kooperation mit anderen Unternehmen bewirkt werden.

Produkt-gestaltung	Sie bezieht sich auf **„innere" Merkmale** des Produktes, z. B. die Qualität, die sich in der Lebensdauer, Fehlerfreiheit, Gebrauchsfähigkeit bzw. Haltbarkeit äußern kann, sowie auf **„äußere" Merkmale** des Produktes, z. B. *(Weis)*: ► Den **Namen**, der ein Produkt individualisieren soll, indem er produkttypisch, werbewirksam, einprägsam und unverwechselbar ist sowie positive Assoziationen hervorruft. Er kann rechtlich geschützt werden. ► Die **Marke**, welche der Unterscheidung, Identifikation und Differenzierung eines Produktes dient, z. B. als Firmenmarken. Mit einem Markenartikel ist eine bestimmte Qualitätserwartung an das Produkt verbunden. ► Die **Verpackung**, die für den Schutz und die Selbstpräsentation der Produkte notwendig ist. Sie lässt sich nach technischen und werbepsychologischen Gesichtspunkten gestalten, wobei rechtliche Vorschriften zu beachten sind. Zur Produktgestaltung gehört auch der **Test**, der Informationen über das Verhalten der Käufer gegenüber dem Testprodukt gewinnen soll. Dabei wird ein repräsentatives Testgebiet ausgewählt, auf dem das Produkt später eingeführt werden soll. Die **Einführung** eines Produktes erfolgt, nachdem alle vorbereitenden Maßnahmen erfolgreich abgeschlossen wurden.

► Die **Produktvariation** ist die Veränderung bestimmter Eigenschaften eines Produktes, das am Markt eingeführt ist. Damit wird gleichzeitig etwas Neues und dennoch Vertrautes angeboten. Die Produktvariation kann sich z. B. auf folgende **Eigenschaften** beziehen:

- funktionelle Eigenschaften
- physische Eigenschaften
- Farbe des Produktes
- Design des Produktes.

► Die **Produktelimination** schließt das Produktleben ab. Sie zielt auf die Herausnahme eines einzelnen Produktes oder ganzer Poroduktlinien, die nicht mehr den erwarteten Erfolgsbeitrag leisten, aus dem angebotenen Leistungsprogramm eines Unternehmens ab. **Gründe** dafür können z. B. sein:

- Gewinnrückgang eines Produktes
- Veränderung der Kundenwünsche
- veraltete Produktvarianten
- Misserfolg bei Einführung (Flop).

Es bietet sich an, zunächst eine **Programmanalyse** vorzunehmen, der sich **Produkt-analysen** für „eliminationsgefährdete" Produkte anschließen.

Trifft ein Produkt in seiner materiellen und funktionalen Qualität sowie seinem Äußeren nicht die Erwartungen der Kunden, wird es keinen Erfolg haben, selbst wenn der Preis beachtlich gering ist.

Aufgabe 32 > Seite 291

3.2.1.2 Programmpolitik

Die Programmpolitik ist ein Instrument der Produktpolitik, das sich auf das **Leistungs-programm** bezieht. Als solches sind zu unterscheiden:

► Das **Verkaufsprogramm** in industriellen Unternehmen, das sich an verschiedenen Prinzipien orientieren kann, die sich nach der Art der Programmpolitik richten. Zu unterscheiden sind:

Bedarfstreue Programm-politik	Bei ihr löst das Unternehmen bestimmte **Probleme eines vorhandenen Abnehmerkreises**. Dabei passt es seine Produkte an dem technischen Fortschritt oder sonstigen Veränderungen an, z. B. durch Umstellung von mechanischen auf computergesteuerte Fertigungsmaschinen.
Materialtreue Programm-politik	Sie ist dann vorzunehmen, wenn ein Unternehmen **an** bestimmte **Produkte** oder **Materialien gebunden** ist, z. B. wegen der darauf ausgerichteten Produktionsanlagen. Dies gilt vor allem für Hersteller von Rohstoffen, z. B. Kohle oder Erz.
Wissenstreue Programm-politik	Wenn das Unternehmen über einen bestimmten **spezialisierten Wissens-** und **Erfahrungsschatz** verfügt, dann wird es diesen programmpolitisch nutzen. So gibt es z. B. Verfahrensmonopole bei Unternehmen der Datenverarbeitungsindustrie und der Raumfahrt.

► Das **Sortiment** in Handelsunternehmen, das grundsätzlich flexibel zu gestalten ist. Es kann ausgerichtet werden an:

Materialien	Hier geht es um Produkte, die z. B. in Leder-, Textil- und Eisenwarenge-schäften angeboten werden.
Käufergruppen	Sie betreffen z. B. Geschäfte, die Luxusgüter (bestimmte Käufer-schichten) anbieten, aber z. B. auch Sportartikelgeschäfte (bestimmte Käufergruppen).
Verwendungs-zwecke	Sie sind z. B. Geschäfte für Heimwerkerbedarf, Einrichtungshäuser, Alles für das Kind-Geschäfte.
Preislagen	Sie betreffen z. B. Niedrigpreis- und Discountgeschäfte, Verbraucher-märkte, aber auch Hochpreisgeschäfte, z. B. für Schuhe.
Verkäuflichkeit	Es handelt sich um Produkte, z. B. in Supermärkten, SB-Waren-häusern, die leicht verkäuflich sind.

Sowohl das Verkaufsprogramm als auch das Sortiment sind hinsichtlich ihrer Breite und Tiefe festzulegen:

► Die **Breite** des Programmes ist aus der Anzahl der angebotenen Produkte oder Produktlinien in der Industrie bzw. aus der Anzahl der angebotenen Waren im Handel ersichtlich.

► Die **Tiefe** des Programmes beschreibt die Anzahl der verschiedenen Ausführungen eines bestimmten Produktes bzw. einer Produktlinie in der Industrie und zeigt sich in den unterschiedlichen Sorten im Handel.

Industrielle Unternehmen haben bei der Festlegung ihrer Programmpolitik zu entscheiden, welche Produkte sie selbst herstellen bzw. zukaufen wollen. Dabei geht es um die Frage von **Eigenfertigung** oder **Fremdbezug**. Es wird in diesem Zusammenhang auch vom **Make or Buy-Problem** gesprochen.

3.2.1.3 Kundendienstpolitik

Mit der Kundendienstpolitik wird die Hauptleistung des Unternehmens ergänzt. Der Kundendienst, der auch **Service** genannt wird, ist eine Zusatzdienstleistung des Herstellers oder Händlers, die kostenlos oder kostenpflichtig sein kann. Als **Zwecke** des Kundendienstes sind zu nennen:

► Möglichkeit der Profilierung gegenüber Mitbewerbern

► Steigerung der Kundenzufriedenheit und Markentreue

► Aufbau intensiver Kontakte zum Kunden

► Gewinnung von Spielraum für Preisverhandlungen.

Die Kundendienstpolitik eines Unternehmens kann sich entweder auf **technische Kundendienstleistungen** beziehen, z. B. als Einweisung, Installation, Wartung, Reparatur oder auf **kaufmännische Kundendienstleistungen**, z. B. als Informationen, Beratung, Zustellung.

Die **Bedeutung** der Kundendienstpolitik hat in den letzten Jahren immer mehr zugenommen. Dies ist nicht nur der Fall, weil die Produkte technisch immer komplizierter werden, sondern auch, weil sich Unternehmen damit positiv von Mitbewerbern abheben wollen.

3.2.1.4 Garantieleistungspolitik

Mit der Garantieleistungspolitik verpflichtet sich der Anbieter eines Produktes, für eine bestimmte Beschaffenheit bzw. Haltbarkeit des Produktes einzustehen und das Risiko eines eventuellen künftigen Schadensfalls zu tragen. Durch **Garantiezusagen** versucht er, mit seinen Produkten einen Konkurrenzvorteil zu erzielen, z. B. als Drei-Jahres-Garantie des Herstellers eines Produktes.

Die Garantieleistungspolitik ist insbesondere bei technisch komplizierten und hochwertigen Gütern von Bedeutung, z. B. hinsichtlich der einwandfreien Funktionsfähigkeit bei Personenkraftwagen.

Mit der Modernisierung des Schuldrechts ab 2002 wurden auch die Rechte der Verbraucher gestärkt (§ 443 BGB). Der Gesetzgeber geht bei **Produktmängeln**, die innerhalb von sechs Monaten nach dem Kauf auftreten, von der Vermutung zu Gunsten des Verbrauchers aus, dass die Mängel von Anfang an vorhanden waren. Im Rahmen der Gewährleistung verliert der Käufer wegen Sachmängeln die Gewährleistungsrechte erst nach 24 Monaten *(Weis)*.

Die Garantieleistung ist von der **Gewährleistung** zu unterscheiden. Diese bedeutet, dass der Verkäufer dem Käufer gegenüber dafür haftet, dass die verkaufte Ware im Zeitpunkt der Übergabe nicht mit Mängeln behaftet ist, die den Wert oder die Funktion der Ware mindern bzw. unmöglich machen.

3.2.2 Kontrahierungspolitik

Die Kontrahierungspolitik umfasst als marketingpolitisches Instrument die **finanzielle Abgeltung** der angebotenen Leistungen durch die Abnehmer. Sie besteht aus:

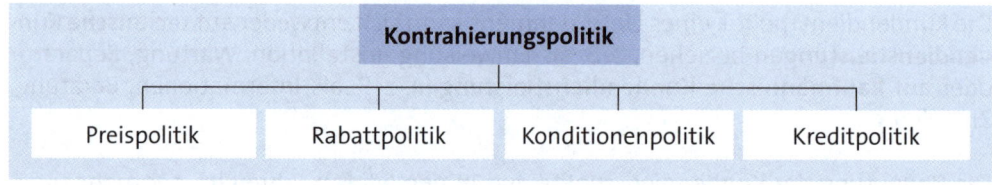

Kontrahierungspolitik			
Preispolitik	Rabattpolitik	Konditionenpolitik	Kreditpolitik

3.2.2.1 Preispolitik

Die Preispolitik bezieht sich auf die Maßnahmen und Entscheidungen des Unternehmens, welche die Gestaltung der Preise des Unternehmens betreffen. Ein wesentlicher Einflussfaktor der Preise ist der Markt, auf dem **Angebot** und **Nachfrage** zusammentreffen:

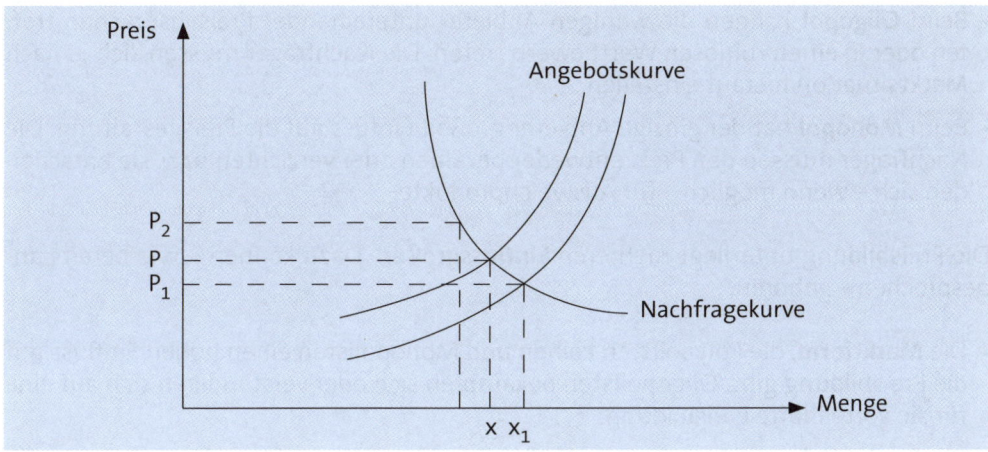

Wie zu sehen ist, ergibt sich bei einer Angebotsmenge x ein Preis P. Wird die Angebotsmenge auf x_1 gesteigert, sinkt der Preis auf P_1 ab. Eine Verminderung der Angebotsmenge führt zu einer Preiserhöhung.

Da die Preise aus dem Zusammentreffen von Angebot und Nachfrage am Markt resultieren, ist es bedeutsam, den Markt in seiner Struktur zu kennen, um eine zielgerichtete Preispolitik zu betreiben. In der Preistheorie gibt es das **Marktformenschema**, das neun Kombinationsformen umfasst:

Angebot / Nachfrage	Viele Anbieter	Wenige Anbieter	Ein Anbieter
Viele Nachfrager	Polypolistische Konkurrenz	Angebotsoligopol	Angebotsmonopol
Wenige Nachfrager	Nachfrageoligopol	Bilaterales Oligopol	Beschränktes Angebotsmonopol
Ein Nachfrager	Nachfragemonopol	Beschränktes Nachfragemonopol	Bilaterales Monopol

Aus dem Schema der Marktformen ergeben sich für die Preispolitik die folgenden **Erkenntnisse**:

► Beim **Polypol**, das sich durch viele Anbieter und viele Nachfrager auszeichnet, stellt der Preis am Markt für Anbieter und Nachfrager ein Datum dar. Er ist damit für beide Marktteilnehmer nicht beeinflussbar.

► Beim **Oligopol** können die wenigen Anbieter untereinander Preisabsprachen treffen oder in einen ruinösen Wettbewerb treten. Die Nachfrager müssen sich je nach Marktsituation hierauf einstellen.

► Beim **Monopol** hat der einzige Anbieter großen Einfuss auf die Preisgestaltung. Die Nachfrager müssen den Preis entweder bezahlen oder verzichten bzw. sie entscheiden sich – wenn möglich – für Ausweichprodukte.

Die Preisbildung unterliegt mehreren **Einflussgrößen**. Dazu können – wie bereits angesprochen – gehören:

► Die **Marktform**, die Polypolisten keinen und Monopolisten einen hohen Einfluss auf die Preisbildung gibt. Oligopolisten bekämpfen sich oder verständigen sich auf eine für sie vorteilhafte Preisbildung.

► Der **Produktlebenszyklus**, in dessen phasenmäßigen Verlauf verschiedene preispolitische Maßnahmen ergriffen werden.

► Die **Kosten**, die für die Erstellung und Verwertung der Produkte anfallen und grundsätzlich zu decken sind.

► Die **Nachfrager**, die als Marktpartner dem anbietenden Unternehmen gegenüberstehen und bereit sind, einen bestimmten Preis für die angebotenen Produkte zu zahlen.

► Die **Konkurrenten**, die durch das von ihnen am Markt präsentierte Preis-Leistungs-Verhältnis ebenfalls einen Einfluss auf die Preisbildung des anbietenden Unternehmens haben.

► **Gesetzliche Vorschriften**, die zu preislichen Untergrenzen oder Obergrenzen führen können.

Unter Berücksichtigung der Einflussgrößen, die auf den Preis der Produkte wirken, kann das Unternehmen verschiedene **preispolitische Strategien** betreiben:

► **Prämienpreise** als relativ hohe Preise, die mit hoher Produktqualität verbunden sind, z. B. um hohe Gewinnspannen zu erzielen oder ein Hochpreisimage zu schaffen, bzw. **Promotionspreise** als relativ niedrige Preise, z. B. um ein Niedrigpreis-Image aufzubauen oder die Konkurrenz aus dem Markt zu drängen.

► **Abschöpfungspreise** als zunächst relativ hohe Einführungspreise, die sukzessive gesenkt werden bzw. relativ niedrige Preise bei der Produkteinführung als **Penetrationspreise**, die später dann aber sukzessive erhöht werden.

▶ Die **Preisdifferenzierung** zur optimalen Ausschöpfung des Marktpotenzials, bei der von verschiedenen Abnehmergruppen für die gleiche Leistung unterschiedliche Preise verlangt werden, wobei jedoch die einzelnen Absatzsegmente abgrenzbar sein müssen. Es gibt z. B.:

- **räumliche Preisdifferenzierung**: Inland, Ausland, Stadt, Dorf
- **zeitliche Preisdifferenzierung**: Tag, Nacht, Werktag, Sonntag, Feiertag
- **personelle Preisdifferenzierung**: Schüler, Studenten, Soldaten, Senioren
- **mengenmäßige Preisdifferenzierung**: Großabnehmer, Kleinabnehmer.

▶ Der **preispolitische Ausgleich**, bei dem Verlust bringende Produkte durch Gewinn bringende Produkte einen Ausgleich erhalten, damit – über das gesamte Leistungsprogramm hinweg gesehen – die Vollkosten gedeckt sind.

▶ Die **psychologische Preisgestaltung**, bei der ein Produkt unterhalb einer bestimmten Schwelle – z. B. für 9,98 € – angeboten wird. Auch Multipacks und große Angebotseinheiten können den Eindruck von Preiswürdigkeit vermitteln, was praktisch aber nicht stimmen muss.

Aufgabe 33 > Seite 291

3.2.2.2 Rabattpolitik

Die Rabattpolitik umfasst alle Entscheidungen über Preisnachlässe für Leistungen des Abnehmers. Mit ihrer Hilfe sollen der Umsatz gesteigert, die Kundentreue erhalten und das Unternehmensimage gesichert werden. Die Rabattpolitik ist ein **Instrument der Preisvariation**, denn durch die Gewährung von Rabatten verändert sich letztlich der Preis.

Weil sich der zu zahlende Preis durch den Rabatt verringert, hat der Abnehmer die Möglichkeit, effektiv günstiger einzukaufen. Außerdem ist auch ein psychologischer Effekt gegeben, denn der Käufer fühlt sich durch das persönliche Rabattangebot bevorzugt.

Mit der Gewährung eines Rabattes werden die Angebotspreise der Lieferanten nicht gefährdet. Die Rabattpolitik ist ein **Mittel der preispolitischen „Fein"steuerung**, das vor allem zwischen Hersteller und Handel besonders effizient sein kann.

Bei gewerblichen Abnehmern sind als **Rabatte** zu unterscheiden:

▶ **Funktionsrabatte**, die dem Groß- und Einzelhandel für die übernommenen Funktionen zur Deckung ihrer Handelskosten gewährt werden. Dazu zählen Barzahlungsrabatt bzw. Skonto sowie Großhandelsrabatt und Einzelhandelsrabatt.

▶ **Mengenrabatte**, die bei Abnahme größerer Mengen je Auftrag den Kunden gewährt werden, z. B. als:

- **Barrabatt** als direkter Abzug vom Preis bzw. als nachträgliche Gutschrift
- **Naturalrabatt** in Form von Naturalien (mehr Ware geliefert als berechnet)

- **Bonus** auf die Abnahme größerer Mengen innerhalb eines Jahres
- **Staffelrabatt** mit nach Absatzvolumen gestaffelten Rabattsätzen.

▸ **Zeitrabatte**, die gewährt werden, wenn die Bestellung und/oder Abnahme der Produkte zu bestimmten Zeitpunkten bzw. in bestimmten Zeiträumen erfolgt, z. B. als Einführungsrabatt, Vordispostionsrabatt, (Vor-, Nach-) Saisonrabatt, Auslaufrabatt.

Durch die Reform des Gesetzes gegen den unlauteren Wettbewerb (UWG) von 2004 ist es Unternehmen erlaubt, **Sonderaktionen** zu veranlassen und weitgehende **Rabatte** zu gewähren. Handelsunternehmen können Sonderangebote jederzeit unterbreiten und sind damit nicht mehr ausschließlich auf Sommer- bzw. Winterschlussverkäufe sowie Jubiläumsverkäufe angewiesen.

3.2.2.3 Konditionenpolitik

Die Konditionenpolitik umfasst die Gestaltung der **Liefer- und Zahlungsbedingungen**, worunter die Art des Eigentumsüberganges der Produkte vom Lieferanten zum Kunden bzw. die Art der Entrichtung des vereinbarten Kaufpreises durch den Käufer zu verstehen ist. Dabei sind von Bedeutung:

▸ Die **Lieferbedingungen**, welche die Lieferungspflichten des Lieferanten regeln. Das sind insbesondere:

Erfüllungsort	Es ist der Ort, an dem der Lieferant die **Übergabe** der Produkte vorzunehmen hat und die **Gefahr** auf den Abnehmer übergeht.
Erfüllungszeit	Das ist die Zeit, zu der ein Lieferant die Produkte an den Käufer zu übergeben hat. § 326 BGB sieht bei **Verzug** des Lieferanten als Rechte des Abnehmers Schadenersatz wegen Nichterfüllung oder Rücktritt vom Vertrag vor.
Lieferart	Es handelt sich um den Weg, auf dem das Produkt zum Käufer gelangt. Einerseits ist die Art der **Transportmittel** (z. B. Bahn, Schiff, Flugzeug) und andererseits die **Kostenübernahme** von Bedeutung, z. B. als: ▸ „Ab Werk, ab Lager" (Käufer trägt die Transportkosten) ▸ „Frei Haus, frei Werk, frei Lager" (Verkäufer trägt Transportkosten).

Die Transportkosten im Exportgeschäft werden durch die Aufstellung der **Incoterms** (International Commercial Terms) geregelt – siehe *Oeldorf/Olfert*.

▸ Die **Zahlungsbedingungen**, welche die Zahlungsverpflichtungen der Abnehmer regeln. Dazu zählen:

Zahlungsweise	Bei ihr wird geregelt, ob vor, bei oder nach Erhalt der Produkte bzw. unter Leistung einer Anzahlung oder in Raten zu zahlen ist.
Zahlungsfrist	Sie ist insbesondere bei Zahlung nach Erhalt der Produkte bedeutsam. Häufig wird sie in Verbindung mit einer **Skontovereinbarung**, z. B. „zahlbar innerhalb von 30 Tagen netto Kasse, innerhalb von 10 Tagen abzüglich 2 % Skonto" ausgewiesen.
Inzahlung-nahme	Sie kann sich auf gebrauchte Produkte beziehen, aber auch auf neue Produkte im Rahmen gegenseitiger Geschäfte. Der Wert des jeweiligen gebrauchten Produktes ist i. d. R. zu schätzen.

Mitunter wird der Konditionenpolitik auch die Gewährung der Rabatte hinzugerechnet.

3.2.2.4 Kreditpolitik

Die Kreditpolitik dient dazu, Abnehmer zu Käufen zu bewegen, die sie ohne Kreditgewährung nicht oder zu einem bestimmten Zeitpunkt noch nicht vornehmen würden. Sie fördert damit den Absatz des Unternehmens. Als kreditpolitische **Maßnahmen** können insbesondere unterschieden werden – siehe ausführlich *Olfert*:

▸ Die Gewährung von **Lieferantenkrediten**, bei denen die Abnehmer die gelieferten Produkte erst zu einem (möglicherweise wesentlich) späteren Zeitpunkt zu zahlen haben. Vielfach beträgt die Stundung des Kaufpreises 10 bis 40 Tage. Wird früher gezahlt, z. B. innerhalb von 14 Tagen, kann ein Skontoabzug möglich sein.

▸ Die Gewährung von **Teilzahlungskrediten**, die auch als Kleinkredite und Anschaffungsdarlehen bekannt sind, durch das anbietende Unternehmen oder Kreditinstitute. Der Abnehmer des Produktes hat die Möglichkeit, den Kredit in Teilbeträgen zu tilgen.

▸ Das **Leasing**, bei dem bezüglich eines bestimmten Produktes ein miet- oder pachtähnliches Verhältnis zwischen dem Leasing-Geber und Leasing-Nehmer entsteht. Der Kaufpreis für das Produkt wird in laufende Leasingraten umgewandelt.

In Deutschland hat insbesondere das Leasing in den letzten Jahren eine stetige Aufwärtsentwicklung erlebt, wobei der Zuwachs beim Leasing über der Entwicklung der Gesamtwirtschaft lag.

Aufgabe 34 > Seite 291

3.2.3 Distributionspolitik

Die Distributionspolitik befasst sich mit der Gestaltung des Weges von Produkten des Herstellers zum Verwender oder Verbraucher. Dabei geht es um die Fragen, auf welchen Absatzwegen die Produkte die Verwender oder Verbraucher erreichen sollen und wie die physische Verteilung der Produkte bestmöglich erfolgen kann.

Es sollen behandelt werden:

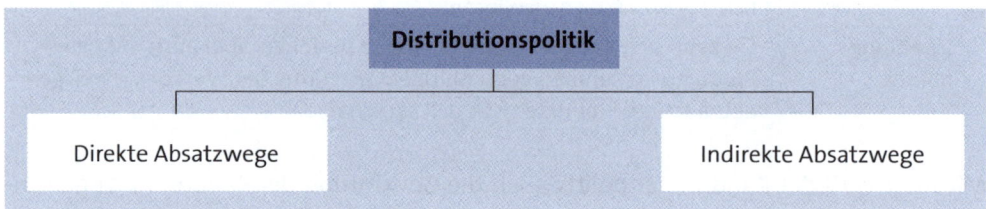

Grundsätzlich ist das Unternehmen in der Gestaltung seiner Distributionspolitik frei. Dennoch sind **Regelungen** zu beachten, z. B. *(Nieschlag/Dichtl/Hörschgen)*:

► Für bestimmte Produkte, z. B. Milch, Arzneimittel und Waffen, gibt es Vorschriften darüber, **wer beliefert werden darf** bzw. **muss**. So ist es nur erlaubt, an zuverlässige, sach-/fachkundige Unternehmen zu liefern.

► Regelungen im **Ladenschlussgesetz**, die begrenzen, zu welchen Zeiten die Distributionsleistungen erbracht werden dürfen.

3.2.3.1 Direkte Absatzwege

Als direkte Absatzwege werden all jene Absatzmöglichkeiten bezeichnet, die sich nicht des Handels bedienen. Sie können vor allem sein – siehe ausführlich *Weis*:

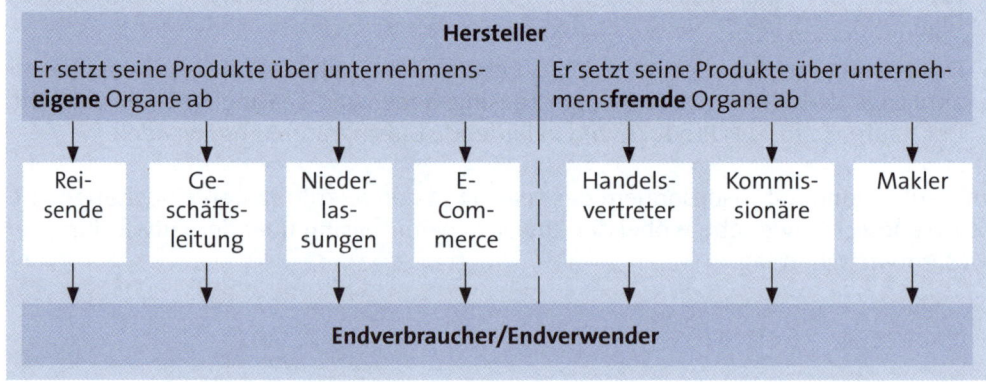

Unternehmenseigene Absatzorgane, über welche die Produkte des Unternehmens an Endverbraucher bzw. Endverwender abgesetzt werden, sind vor allem:

► **Reisende**, die als Angestellte des Unternehmens Kunden aufsuchen, beraten und Bestellungen annehmen. Sie sind weisungsgebunden und erhalten als **Vergütung** ein Gehalt, ggf. auch umsatzbedingte Provisionen/Prämien.

► Die **Geschäftsleitung**, die vielfach bei sehr kleiner Abnehmerzahl und sehr großen Auftragsgrößen tätig wird, z. B. in der Investitionsgüter- und Bekleidungsindustrie sowie bei Zulieferern. Gegebenenfalls wird sie in besonderen Fällen durch andere unternehmenseigene Absatzorgane unterstützt.

► **Verkaufsniederlassungen**, die z. B. als Verkaufsstellen oder Fabrikfilialen die Möglichkeit bieten, abnehmernah qualifiziert zu beraten, rasch zu liefern und Kundendienstleistungen bereitzustellen, z. B. in der Investitionsgüterindustrie sowie der chemischen und pharmazeutischen Industrie.

► **E-Commerce**, das dem Direktabsatz über Online-Dienste oder über das Internet mithilfe moderner Informations- und Kommunikationstechnologie dient. Es gewinnt immer größere Bedeutung, z. B. als:
  - **Electronic Selling** (elektronisch gestützte Anbahnung und Entwicklung von Verkäufen auf der Basis von Unternehmensportalen)
  - **elektronische Marktplätze** (zur Koordination und Bündelung von Angebot und Nachfrage mithilfe informationstechnischer Systeme)
  - **Costumer Relationship Management** (Pflege der Beziehungen zu Kunden, um sie anzusprechen und dauerhaft zufrieden zu stellen/zu halten).

Zu den **unternehmensfremden Absatzorganen**, die den direkten Absatz an den Endverwender oder Endverbraucher bewirken, zählen:

► **Handelsvertreter**, bei denen es sich um selbstständige Gewerbetreibende handelt, die ständig damit betraut sind, Geschäfte für andere Unternehmen zu vermitteln oder in deren Namen abzuschließen.

  Sie sind, sofern vertraglich nicht anders geregelt, nicht an Weisungen des Unternehmens gebunden und können ihre Arbeitszeit frei gestalten. Ihre **Vergütung** besteht aus einer umsatzabhängigen Provision sowie ggf. einem Fixum.

► **Kommissionäre**, die als selbstständige Gewerbetreibende im eigenen Namen für Rechnung ihrer Auftraggeber handeln. Sie übernehmen für ihre Auftraggeber den Einkauf und Verkauf von Produkten, ohne dass diese in ihr Eigentum eingehen. Ihre **Vergütung** ist i. d. R. eine umsatzabhängige Kommission.

► **Makler**, welche selbstständige Gewerbetreibende sind, die für andere Personen fallweise Verträge über Produkte vermitteln. Sie haben die Interessen beider Vertragspartner zu wahren. Ihre **Vergütung** ist eine im Zweifel von den Partnern hälftig zu tragende Courtage.

Inwieweit die Nutzung direkter Absatzwege für ein Unternehmen vorteilhaft ist, hängt von verschiedenen **Faktoren** ab, z. B.:

► Produkt

► Verkaufsprogramm

► Größe

► Abnehmerstruktur

► Marktstellung

► Kostensituation

► Erlössituation

► Konkurrenz.

Der direkte Absatz macht das Unternehmen von der Leistungsbereitschaft und Leistungsfähigkeit des **Handels** unabhängig. Er ist von **Vorteil**, wenn *(Weis)*:

► die Zahl der Abnehmer begrenzt ist

► die Abnehmer räumlich stark konzentriert sind

► die Produkte stark erklärungsbedürftig sind

► die Produkte technisch kompliziert sind.

Damit bietet sich ein direkter Absatz besonders bei Unternehmen an, die Investitionsgüter herstellen. Er ist aber auch bei dienstleistenden Unternehmen verbreitet, z. B. Banken und Versicherungen.

3.2.3.2 Indirekte Absatzwege

Indirekte Absatzwege schließen den **Handel** in den Distributionsprozess ein. Sie können sein – siehe ausführlich *Weis*:

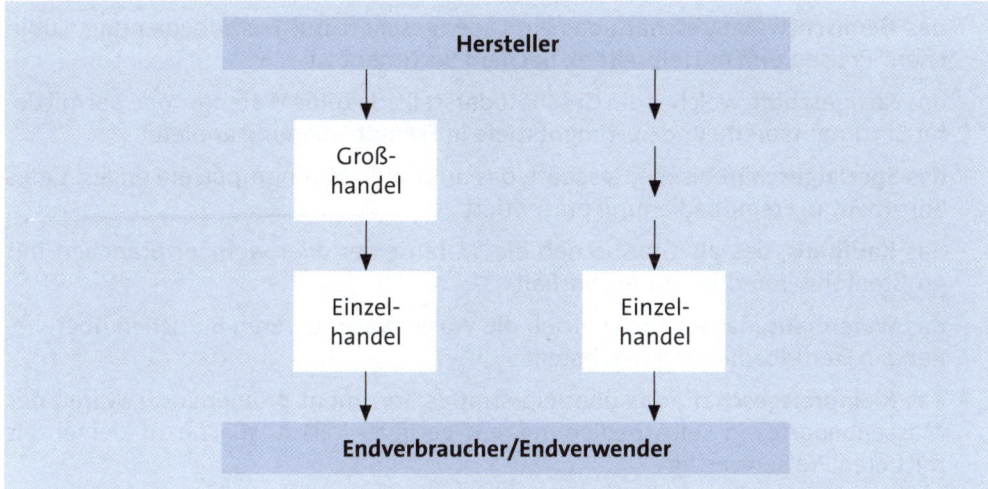

Der Handel überbrückt als **Absatzmittler** die räumliche und zeitliche Distanz zwischen dem herstellenden Unternehmen und den Endverbrauchern bzw. Endverwendern. Er stellt ihnen die Produkte unter Bildung von **Sortimenten** mengen- und qualitätsgerecht zur Verfügung.

► Der **Großhandel** beschafft Waren und setzt sie unverändert oder nicht nennenswert verändert an Wiederverkäufer, Weiterverarbeiter oder Großabnehmer ab. Seine **Betriebsformen** sind z. B.:

- der **Sortimentsgroßhandel**, der über ein breites Sortiment verfügt, das den Abnehmern ein ausgeweitetes Leistungsangebot bietet
- der **Spezialgroßhandel**, der ein schmales Sortiment aufweist, weshalb die Kaufmöglichkeiten deshalb stark begrenzt sind
- der **Zustellgroßhandel**, der z. B. den Lebensmittelsortimenthandel, Getränkespezialhandel und genossenschaftlichen Großhandel umfasst
- der **Abholgroßhandel**, der auch Cash-and-Carry-Großhandel genannt wird und nach dem Prinzip der Selbstbedienung arbeitet
- der **Rack-Jobber**, welcher ein Regal-Großhändler ist, der in Handelsunternehmen für eigene Rechnung das Sortiment ergänzende Waren vertreibt.

Lieferungen an Endverbraucher zählen nicht zu den Leistungen des Großhandels.

► Der **Einzelhandel** kauft Waren und bietet sie unverändert oder nach üblicher Be- bzw. Verarbeitung in offenen Verkaufsstellen jedermann zum Verkauf an, setzt also die Waren an Letztverbraucher bzw. Letztverwender ab.

Er kann auch Muster und Proben zeigen, um Bestellungen von Kunden entgegenzunehmen oder versendet Waren, die nach Katalog, Mustern, Proben bzw. aufgrund eines sonstigen Angebotes bestellt wurden.

► **Betriebsformen** des Einzelhandels sind vor allem:

- das **Gemischtwarengeschäft**, das ein Ladengeschäft mit Fremdbedienung, „üblichen" Preisen und mittelbreitem, flachem Sortiment ist

- das **Fachgeschäft**, welches ein Geschäft darstellt, das eine Warengruppe bei mittlerer Sortimentsbreite und Sortimentstiefe in Fremdbedienung anbietet

- das **Spezialgeschäft** als ein Geschäft, das aus einer Warengruppe ein enges, tiefes Sortiment in Fremdbedienung präsentiert

- das **Kaufhaus**, das als Großbetrieb die Waren einer oder weniger Branchen mit größtenteils Fremdbedienung vorhält

- das **Warenhaus**, das als Großbetrieb die Waren aus mehreren Branchen überwiegend in Fremdbedienung bereitstellt

- das **Kleinpreisgeschäft**, das über ein straffes Sortiment problemloser Waren des Massenbedarfes in Selbstbedienung, auf geringer Verkaufsfläche zu kleinen bis mittleren Preisen verfügt

- das **Filialunternehmen**, das mehrere räumlich getrennte Verkaufsstellen unter einheitlicher Leitung betreibt

- der **Supermarkt**, der auf mindestens 400 qm Nahrungs- und Genussmittel sowie ergänzend problemlose Nichtlebensmittel in Selbstbedienung anbietet

- das **SB-Warenhaus**, das als Verbrauchermarkt auf mindestens 1.000 qm ein warenhausähnliches Sortiment in Selbstbedienung zu niedrigen Preisen aufweist

- der **Versandhandel**, der ein breites Warensortiment mit bis zu 70.000 Artikeln nach Katalogen, Prospekten, Anzeigen bereit hält, das zugestellt wird

- das **Einkaufszentrum**, das mehrere rechtlich selbstständige Einzelhandelsunternehmen „unter einem Dach" umfasst. In den letzten Jahren sind in Deutschland zahlreiche Einkaufszentren neu entstanden, insbesondere als Kombination von Fachgeschäften, Supermärkten und Warenhäusern – auch in Verbindung mit Gaststätten – sowohl innerhalb und außerhalb der Städte.

Der deutsche Handel hat in den vergangenen Jahren eine erhebliche **Konzentration** erfahren, die auch in Zukunft weiter anhalten wird – siehe ausführlich *Weis*.

Aufgabe 35 > Seite 291

3.2.4 Kommunikationspolitik

Die Kommunikationspolitik befasst sich mit der Gestaltung der Übermittlung von Informationen und Bedeutungsinhalten zum Zweck der Steuerung von Meinungen, Einstellungen, Erwartungen und Verhaltensweisen gemäß spezifischer Zielsetzungen *(Meffert)*. Als **Maßnahmen** der Kommunikationspolitik sind näher darzustellen:

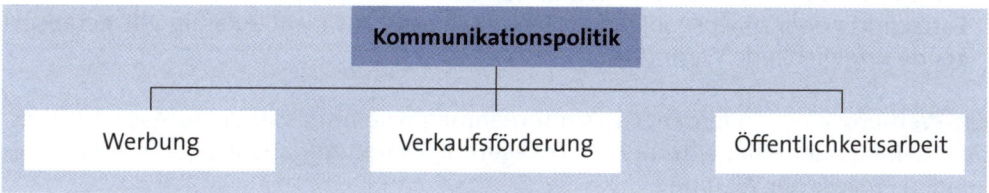

Weitere **Maßnahmen** der Kommunikationspolitik sind *(Weis)*:

- ► Das **Product Placement**, bei dem Produkte in Medien dargestellt werden, ohne dass dies als Werbung unmittelbar erkennbar ist bzw. sein soll, z. B. indem der Hauptdarsteller in einem unterhaltenden Fernsehfilm einen BMW fährt.

- ► Das **Sponsoring**, bei dem der Sponsor einer Person oder Personengruppe entsprechende Geld- oder Sachmittel zur Verfügung stellt, z. B. einem Sportverein Trainingsanzüge mit werbendem Aufdruck.

- ► Der **persönliche Verkauf**, der auf dem unmittelbaren Kontakt zwischen Verkäufer und Käufer beruht. Mit ihm soll der direkte Informationsfluss zwischen dem Unternehmen und seinen Abnehmern hergestellt werden. Diese Form der Kommunikationspolitik wird vielfach auch der **Distributionspolitik** zugerechnet *(Nieschlag/Dichtl/Hörschgen)*.

Die **Hauptaufgabe** der Kommunikationspolitik besteht darin, die einzusetzenden Instrumente so aufeinander abzustimmen, dass auf dem Markt eine bestmögliche Kommunikationswirkung erzielt wird.

3.2.4.1 Werbung

Die Werbung ist ein Instrument der Kommmunikationspolitik, das Zielpersonen durch absichtlichen und zwangfreien Einsatz spezieller Kommunikationsmittel zu einem bestimmten Verhalten veranlassen möchte. Dabei trägt es zur Erfüllung der **Werbeziele** des Unternehmens bei.

Das Unternehmen kann die Werbung grundsätzlich frei gestalten. Als **Grenzen** sind aber zu beachten *(Nieschlag/Dichtl/Hörschgen, Weis)*:

- ► Werbung darf nicht gegen die Grundsätze des **lauteren Wettbewerbs** verstoßen (§ 1 UWG), z. B. belästigend wirken (Werbe-Mails, Werbe-Telefonate, Werbe-Faxe ohne vorherige Zustimmung des Empfängers).

- ► Werbung darf **nicht irreführend** sein (§ 3 UWG), also einen falschen Eindruck über einen bestimmten Sachverhalt hervorrufen oder bestätigen. Der falsche Eindruck muss ursächlich für eine Beeinflussung von Einstellungen oder Handlungen sein, ohne dass der Betroffene diese spezifische Form der Einflussnahme bemerkt.

▸ **Vergleichende Werbung** ist nur erlaubt, wenn sie dazu dient, einen nach Form oder Inhalt ungerechtfertigten Angriff eines Wettbewerbers abzuwehren, außerdem zum Zwecke der Verdeutlichung eines nur auf diese Weise darzustellenden technischen Fortschritts oder mittels objektiver Testergebnisse. Als nicht zulässig gilt **herabsetzende** vergleichende Werbung.

Die Werbung ist vor allem im Großunternehmen eine umfassende Aufgabe der Werbeabteilung oder einer externen Werbeagentur. Deren Aufgabenträger bewirken folgenden **Prozess der Werbung**:

Werbeplanung	Sie ist auf die Werbeziele ausgerichtet, z. B. Umsatzsteigerung, Imageverbesserung, Erhöhung des Bekanntheitsgrades. Darauf aufbauend sind zu planen: ▸ die **Werbemittel**, die z. B. Anzeigen, Plakate, Flugblätter, Kataloge, Prospekte, Werbegeschenke sein können ▸ die **Werbeträger**, zu denen z. B. Fernsehen, Briefwerbung, Zeitungen, Post, Hörfunk, Schaufenster zählen ▸ das **Werbebudget**, das die für die Werbung zur Verfügung stehenden Geldmittel enthält. Es wird auch als **Werbeetat** bezeichnet.

↓

Werbedurch-führung	Die Durchführung der Werbung ist so zu vollziehen, dass die Werbeziele erfüllt werden. Die Werbung wird durch **Werbeträger** übermittelt, z. B. als: ▸ **Direktwerbung**, bei der mit dem Kunden persönlich über einen Brief oder eine Drucksache kommuniziert wird ▸ **Medienwerbung**, bei der Massenkommunikation z. B. als Fernseh-Werbung, Online-Werbung per E-Mail oder Print-Werbung in Zeitungen erfolgt. Der **Umfang** der durchzuführenden Werbemaßnahmen hängt von dem zur Verfügung stehenden Werbebudget ab.

↓

Werbeerfolgs-kontrolle	Sie ist als **Werbe*wirkungs*kontrolle** zu verstehen, mit deren Hilfe das werbende Unternehmen feststellen möchte, ob die Werbeziele erreicht sind bzw. der Werbeerfolg eingetreten ist. Aus den Ergebnissen der Werbeerfolgskontrolle können Steuerungsmaßnahmen für die künftige Werbestrategie abgeleitet werden.

Der **Werbeerfolg** ist die mindestens an einer Zielgröße orientierte bzw. die von Menschen beurteilte Wirkung der Werbemaßnahmen. Er liegt vor, wenn das Werbeziel erreicht oder übertroffen wurde. Dementsprechend ist von einem Misserfolg auszugehen, wenn es nicht gelingt, dem Werbeziel gerecht zu werden.

Als Werbeerfolg, der erhebliche Umsatzsteigerungen auslösen kann, sind folgende **Arten** zu unterscheiden:

► der **ökonomische Werbeerfolg**, bei dem ermittelt wird, wie groß der Beitrag des durch Werbung hervorgerufenen Umsatzanteiles ist

► der **außerökonomische Werbeerfolg**, der sich als kommunikativer Erfolg, z. B. auf Mundpropaganda und Bekanntheitsgrad einer Marke bezieht.

Die Ermittlung des durch Werbung ausgelösten Umsatzanteiles gestaltet sich indessen schwierig, weil z. B. auch Veränderungen im Kundenverhalten, Einflüsse der Konkurrenzunternehmen bzw. der konjunkturellen Entwicklung auf die Umsatzerlöse zu beachten sind.

3.2.4.2 Verkaufsförderung

Die Verkaufsförderung umfasst informierende und motivierende Maßnahmen zur Steigerung des Umsatzes. Im Gegensatz zur Werbung, die sich überwiegend an den Endabnehmer wendet, zielt die Verkaufsförderung auf den eigenen Verkaufsbereich bzw. auf den Handel ab. Sie wird auch als **Sales Promotion** bezeichnet. Die Bedeutung der Verkaufsförderung ist in den letzten Jahren gewachsen.

Arten der Verkaufsförderung sind:

► **Verkaufspromotions**, die eine Förderung der Verkäufer im Innen- und Außendienst bewirken sollen, z. B. Schulung, Unterstützung, Motivation durch Prämien

► **Händlerpromotions**, die der Unterstützung des Handels dienen, z. B. Informationen in Händlerzeitschriften, Händlerpreisausschreiben, Händlerwettbewerbe, Händlerschulung, Aktionsprogramme, Regalpflege, Displays

► **Verbraucherpromotions**, die der Förderung der Verbraucher dienen, z. B. als Proben, Zugaben, Gewinnspiele, Preisausschreiben, Displays, Preisaktionen.

3.2.4.3 Öffentlichkeitsarbeit

Öffentlichkeitsarbeit ist das bewusst geplante und dauernde betriebliche Bemühen, Verständnis und Vertrauen für das Unternehmen in der Öffentlichkeit aufzubauen und zu pflegen.

Die wesentliche **Aufgabe** der Öffentlichkeitsarbeit besteht darin, das Image des Unternehmens im Sinne der betrieblichen Zielsetzung zu verändern. Insbesondere soll durch die Öffentlichkeitsarbeit ein positives Firmenbild in der Öffentlichkeit geschaffen werden.

Im Gegensatz zur Werbung ist sie **nicht produktbezogen**, sondern hat das Unternehmen zum Gegenstand. Dementsprechend soll die Öffentlichkeitsarbeit folgende **Funktionen** erfüllen:

- die **Informationsfunktion**, mit der Informationen über das Unternehmen an ausgewählte Zielgruppen übermittelt werden, um eine verständnisvolle Einstellung zum Unternehmen und seiner Situation zu erreichen

- die **Imagefunktion**, mit der nach außen ein bestimmtes, positives Vorstellungsbild von dem Unternehmen im öffentlichen Urteil aufgebaut oder verändert wird

- die **Führungsfunktion**, mit der die betroffene Öffentlichkeit hinsichtlich der Positionierung des Unternehmens auf dem Markt entsprechend beeinflusst werden soll

- die **Kommunikationsfunktion**, die auf das Zustandekommen von Kontakten zwischen dem Unternehmen und bestimmten Zielgruppen abzielt, z. B. Kunden, Verbänden, Kommunen

- die **Existenzerhaltungs-Funktion**, mit der die nach außen glaubwürdig dargestellte Notwendigkeit der Existenz des Unternehmens für die Öffentlichkeit vermittelt wird.

Zur Erfüllung der beschriebenen Funktionen können verschiedene **Instrumente** eingesetzt werden, deren Inhalte sich von Unternehmen zu Unternehmen unterscheiden, z. B. in Form von:

- Pressemitteilungen

- Werbezeitschriften

- Pressekonferenzen

- Jubiläumsfeiern

- Unternehmensveröffentlichungen

- Betriebsbesichtigungen

- Informationen für Journalisten

- Anzeigen.

Die Öffentlichkeitsarbeit wird auch als **Public Relations** bezeichnet.

3.3 Marketingkontrolle

Die Marketingkontrolle ist die ständige, systematische Überwachung und Untersuchung der gesamten Marketingaktivitäten sowie des Marketingsystems:

▸ Mit der **Kontrolle der Marketingaktivitäten** soll festgestellt werden, inwieweit diese erfolgreich waren. Sie wird auch als ergebnisorientierte Marketingkontrolle bezeichnet und bezieht sich auf:

- die **Kontrolle des Marketing-Mix**, z. B. mithilfe von Kontrollgrößen wie Umsatz, Gewinn, Deckungsbeitrag

- die **Kontrolle einzelner Marketinginstrumente**, z. B. indem der Werbeerfolg gemessen wird.

▸ Mit der **Kontrolle des Marketingsystems** wird die Arbeitsweise des Marketing Managements beurteilt, nicht aber seine Ergebnisse. Sie wird auch als **Marketing-Audit** bezeichnet und bezieht sich auf Prämissen, Ziele, Strategien, Maßnahmen, Prozesse und Organisation des Marketing.

Die Marketingkontrolle schließt den Marketingprozess ab. Ihre Durchführung erfolgt in folgenden **Stufen**:

Feststellung der Soll-Werte	Sie werden zunächst als Zielgrößen erfasst, z. B. die Marketingkosten, Umsatzerlöse, Deckungsbeiträge, Nettogewinne, Marktanteile.
Ermittlung der Ist-Werte	Sie entstehen aus der Überwachung und zeigen die erzielten Ergebnisse des Marketingbereiches.
Soll-Ist-Vergleich	Durch den Soll-Ist-Vergleich der Werte wird offen gelegt, ob die Marketingziele erreicht wurden oder nicht.
Abweichungs-analyse	Aus der Untersuchung der Abweichungsgründe gewinnt die Marketingkontrolle notwendige Hinweise für eventuelle Steuerungsmaßnahmen.

Obgleich die Marketingkontrolle ein wirkungsvolles Instrument zur Steuerung des Marketing darstellt, wird sie nicht in allen Unternehmen hinreichend genutzt, weil ihre positiven Wirkungen vielfach nicht erkannt werden.

Die Marketingkontrolle ist ein Teil des Controllingprozesses im Marketing, der außerdem die koordinierende Planung, Steuerung und Informationsversorgung umfasst. Um steuernd eingreifen zu können, bedarf das **Marketingcontrolling** eines Frühwarnsystemes.

Als **Frühwarngrößen** kommen insbesondere Kennzahlen in Betracht, z. B. Umsatzrückgänge, zu hohe Werbungskosten oder abnehmender Marktanteil. Mit ihrer Hilfe können unplanmäßige Entwicklungen rasch erkannt werden.

Aufgabe 36 > Seite 291

E. Finanzbereich

Der Finanzbereich beschäftigt sich mit der Beschaffung, dem Einsatz und der Verwaltung von **Kapital**, das zur Leistungserstellung und Leistungsverwertung benötigt wird. Dabei sind die finanziellen Prozesse zu planen, zu realisieren und zu kontrollieren, die beruhen auf:

▸ **Auszahlungen**, die den Abgang von Geldmitteln darstellen, z. B. indem Rohstoffe bezahlt bzw. Kredite getilgt werden

▸ **Einzahlungen**, die zum Zufluss von Geldmitteln führen, wobei sich z. B. das Bankguthaben oder der Kassenbestand erhöht.

Mit den Auszahlungen und Einzahlungen wird nicht nur der Bestand an liquiden Mitteln verändert, sondern es werden auch **Vorgänge** ausgelöst, die leistungswirtschaftlich (z. B. Kauf einer Maschine) oder nicht leistungswirtschaftlich (z. B. Zahlung von Zinsen und Steuern) bedingt sein können.

Der Finanzbereich lässt sich innerhalb des Unternehmens in der folgenden Weise einordnen:

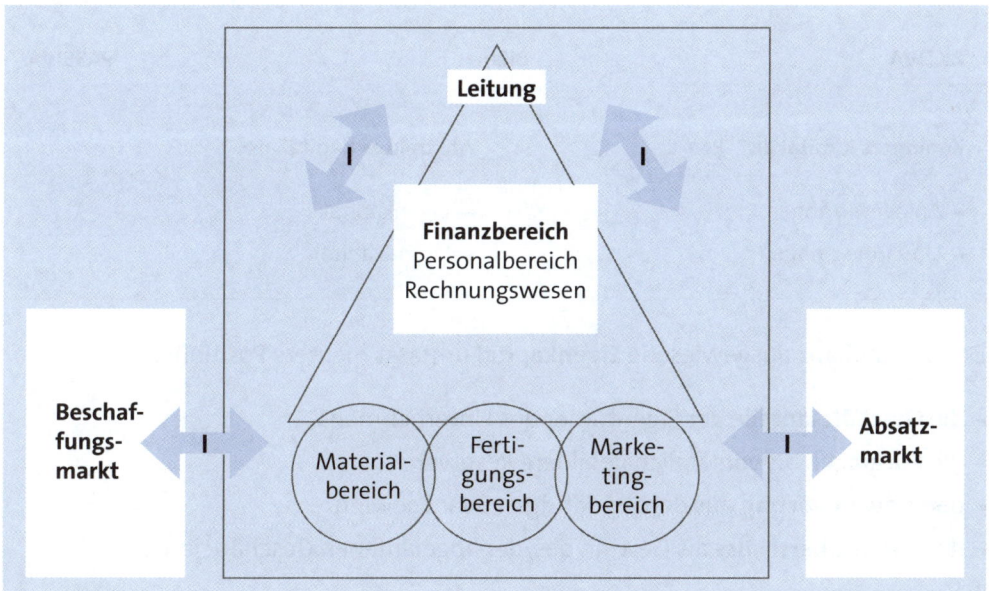

Als **Funktionen**, die im Unternehmen vom Finanzbereich wahrgenommen werden, sind zu unterscheiden:

▸ die **Kapitalbeschaffung** oder **Finanzierung**, die dazu dient, das Unternehmen mit dem erforderlichen Kapital zu versorgen

- die **Kapitalverwendung** oder **Investition**, die den Zweck hat, das beschaffte Kapital im Unternehmen zielgerichtet einzusetzen

- die **Kapitalverwaltung**, welche die Abwicklung der Einzahlungen und Auszahlungen des Unternehmens ermöglicht, die im Rahmen des **Zahlungsverkehrs** erfolgt.

Dementsprechend sollen dargestellt werden:

Finanzbereich	Finanzierung
	Investition
	Zahlungsverkehr

1. Finanzierung

Die Finanzierung dient der Beschaffung von Kapital. Dabei kann es sich um **abstraktes** Kapital handeln, das als Eigenkapital oder Fremdkapital auf der Passivseite der Bilanz steht und die Ergebnisse der Finanzierung zeigt, oder um **konkretes Kapital**, das auf der Aktiv-Seite der Bilanz als Anlagevermögen bzw. Umlaufvermögen zu finden ist *(Olfert)*:

AKTIVA	Bilanz	PASSIVA
Konkretes Kapital als:		**Abstraktes Kapital** als:
► Anlagevermögen ► Umlaufvermögen		► Eigenkapital ► Fremdkapital

Das in der Bilanz ausgewiesene **Eigenkapital** umfasst mehrere Positionen:

- die **Geschäftsanteile** der Eigentümer des Unternehmens

- die **Rücklagen** als vorsorglich gebildete Reserven

- den **Gewinnvortrag** aus dem vorjährigen Bilanzgewinn

- den **Jahresüberschuss** als Gewinn des/der abgelaufenen Geschäftsjahre(s).

Zum **Fremdkapital** als Gesamtheit der Schulden des Unternehmens zählen die folgenden Bilanzpositionen:

- die **Rückstellungen** als Schulden des Unternehmens, die im Hinblick auf den Verpflichtungsgrund und/oder ihre Höhe ungewiss sind, z. B. für noch zu zahlende Steuern

- die **Verbindlichkeiten**, die ebenfalls Schulden des Unternehmens darstellen, bezüglich ihres Grundes, Betrages und Termines aber feststehen, z. B. für gelieferte Waren.

Das **Anlagevermögen** umfasst Vermögensgegenstände, die dazu bestimmt sind, dem Unternehmen dauernd zu dienen. Das sind:

► immaterielle Vermögensgegenstände, z. B. Patente, Lizenzen

► Sachanlagen, z. B. Grundstücke, Maschinen, Bauten

► Finanzanlagen, z. B. Beteiligungen, Wertpapiere des Anlagevermögens.

Alle jene Gegenstände, die nicht dem Anlagevermögen zugerechnet werden, stellen **Umlaufvermögen** dar. Es lassen sich unterscheiden:

► Vorräte, z. B. Rohstoffe, Hilfsstoffe und Betriebsstoffe

► Forderungen, z. B. aus Lieferungen und Leistungen, Vorschüsse, Kautionen

► Wertpapiere als verbriefte Anteile an Unternehmen

► Schecks, Kassenbestände, Guthaben bei der Zentralbank und Kreditinstituten.

Der Finanzierungsprozess umfasst – siehe ausführlich *Olfert*:

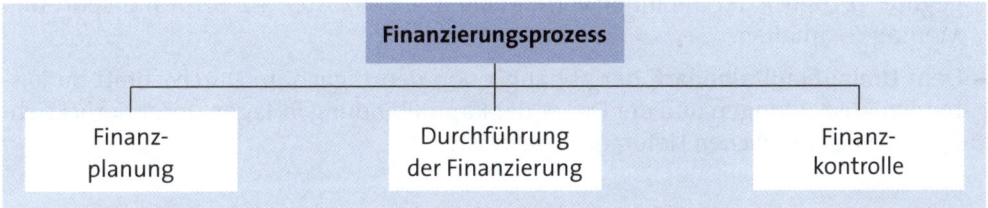

1.1 Finanzplanung

Die Finanzplanung ist eine vorausschauende Tätigkeit im Finanzbereich des Unternehmens. Sie stellt einen gedanklichen Prozess dar, der auf zukünftiges Handeln abzielt und auf den vom Finanzmangement vorgegebenen **Zielen** beruht.

Wichtig ist, dass die Finanzplanung regelmäßig erfolgt, alle Zahlungsströme des Unternehmens einbezieht und diese unter realistischen Erwartungen zeitpunktgenau und betragsgenau ansetzt. Sie dient dazu, den **Kapitalbedarf** festzustellen, der sich aus den angestrebten Investitionen ergibt und zu finanzieren ist.

Die Größe des Kapitalbedarfes hängt sowohl von der Höhe der Einzahlungen und Auszahlungen als auch von ihrem zeitlichen Auseinanderfallen ab. Er ist damit – bei unveränderten Auszahlungen und Einzahlungen – umso höher, je weiter die Zahlungsströme auseinander fallen.

Instrumente der Finanzplanung sind:

- **Kapitalbedarfsrechnung**
- **Finanzplan**.

1.1.1 Kapitalbedarfsrechnung

Die Kapitalbedarfsrechnung dient dazu, den Kapitalbedarf zu ermitteln, um frühzeitige Maßnahmen der Kapitaldeckung – also der Finanzierung – einleiten zu können. Sie kommt zur Anwendung, wenn der Kapitalbedarf im Rahmen von **Gründungen** oder betrieblichen **Erweiterungen** festzustellen ist.

Der Kapitalbedarf besteht aus zwei **Teilen**:

- Dem **Anlagekapitalbedarf**, der durch das Anlagevermögen des Unternehmens verursacht wird und dazu dient, die Betriebsbereitschaft des Unternehmens sicherzustellen. Er entspricht der Summe der Auszahlungen, die für die erforderlichen Anlagegüter zuzüglich der mit ihnen verbundenen Nebenkosten – z. B. für Transport und Montage – anfallen.

- Dem **Umlaufkapitalbedarf**, der abhängig von den täglich im Durchschnitt zu leistenden Auszahlungen und der Dauer der Kapitalbindung in Tagen unter Berücksichtigung eines möglichen Lieferantenzieles ist:

$$\text{Umlaufkapitalbedarf} = \frac{\text{Kapitalbindungsdauer}}{\text{abzüglich Lieferantenziel}} \cdot \frac{\text{Durchschnittliche}}{\text{tägliche Auszahlungen}}$$

Beide Teilbedarfe ergeben zusammen den **Gesamtkapitalbedarf**.

Beispiel

Bei der Gründung der Metallbau GmbH fallen Auszahlungen für Grundstücke, Gebäude, Maschinen sowie den Gründungsvorgang in Höhe von 3.100.000 € an. Die Lagerdauer der Rohstoffe beträgt 23 Tage, die Produktionsdauer 25 Tage, die Lagerdauer der Fertigerzeugnisse 5 Tage, das Lieferantenziel 12 Tage und das Kundenziel 10 Tage.

An täglichen Auszahlungen fallen für den Werkstoffeinsatz 4.000 €, den Lohneinsatz 10.000 € und den Gemeinkosteneinsatz 7.000 € an.

Damit ergibt sich ein Kapitalbedarf von:

Anlagekapital-bedarf (€)	Umlaufkapitalbedarf (€)	Gesamtkapital-bedarf (€)
3.100.000	(10 + 5 + 25) • 10.000 + (10 + 5 + 25 + 23 - 12) • 4.000 + (10 + 5 + 25 + 23) • 7.000 = **1.045.000**	4.145.000

Die Kapitalbedarfsrechnung kann noch verfeinert werden – siehe *Olfert*. In jedem Falle ist sie aber nur in der Lage, die Bedarfe annähernd zu ermitteln.

1.1.2 Finanzplan

Der Finanzplan dient ebenfalls der Ermittlung des betrieblichen Kapitalbedarfes. Während die Kapitalbedarfsrechnung in Gründungs- und Erweiterungsphasen als Näherungsrechnung für den Kapitalbedarf vorteihaft ist, dient der Finanzplan dem Zwecke einer **kontinuierlichen Finanzplanung**, für die er die einzig vertretbare Kapitalbedarfsrechnung darstellt.

Inhaltlich weist der Finanzplan folgende Grundstruktur auf:

	Januar		Februar		März		April		...
	Plan	ist	Plan	ist	Plan	ist	Plan	ist	
Anfangsbestand an Zahlungsmitteln									
+ Einzahlungen									
- Auszahlungen									
= Endbestand an Zahlungsmitteln									

Die **Einzahlungen** können sich z. B. auf Umsätze, Sachanlagen, immaterielle Anlagen, Finanzanlagen, Eigenkapital, Fremdkapital, Zinsen, Provisionen und Gewinne beziehen, die **Auszahlungen** z. B. auf Sachanlagen, immaterielle Anlagen, Finanzanlagen, Material, Personal, Steuern, Abgaben, Eigenkapital, Fremdkapital, Zinsen, Provisionen und Gewinne.

Der Finanzplan lässt sich innerhalb der Einzahlungen und Auszahlungen – je nach Zweck – sachlich und bezüglich seiner Tiefe unterschiedlich gliedern. Seine Gliederung ist umso differenzierter möglich, je kurzfristiger er ist. Er kann **Finanzprognose** oder – mit Vorgabecharakter – **Finanzbudget** sein.

1.2 Durchführung der Finanzierung

Die Durchführung der Finanzierung schließt sich der Finanzplanung an. Die darin vorgenommenen vorausschauenden Überlegungen sind in die betriebliche Praxis umzusetzen. Die Finanzierung erfolgt als *(Drukarczyk, Olfert, Wöhe/Bilstein)*:

- **Beteiligungsfinanzierung**
- **Fremdfinanzierung**
- **Innenfinanzierung**.

1.2.1 Beteiligungsfinanzierung

Die Beteiligungsfinanzierung hat den Zweck, dem Unternehmen von außerhalb **Eigenkapital** zuzuführen. Das ist in Form von Geldeinlagen oder Sacheinlagen aber auch von Rechten – z. B. Patenten, Wertpapieren – möglich.

Durch die Bereitstellung des Eigenkapitals sind die Eigentümer am Unternehmen beteiligt und tragen das Kapitalrisiko. Je nach der jeweiligen **Rechtsform** erfolgt die Erbringung des Eigenkapitals bei – siehe Kapitel B.:

- dem Einzelunternehmen von einem Unternehmer insgesamt
- der OHG durch mehrere Gesellschafter
- der KG durch Komplementäre und Kommanditisten
- der BGB-Gesellschaft durch mehrere Gesellschafter
- der stillen Gesellschaft durch den/die stillen Gesellschafter
- der GmbH durch (einen/mehrere) Gesellschafter
- der haftungsbeschränkten UG durch (einen/mehrere) Gesellschafter
- der AG durch die Ausgabe von Aktien
- der KGaA durch Komplementär(e) sowie Aktienausgabe
- der Genossenschaft durch Einzahlungen von Genossen.

Die Kosten der Finanzierung umfassen als **Kapitalkosten** vor allem die Gewinnausschüttungen, die bei der AG und KGaA als Dividenden erfolgen. Außerdem fallen z. B. Kosten des Registergerichtes (Handelsregister), Einkommensteuer (bei den Gesellschaftern), Gewerbesteuer und – nur bei Kapitalgesellschaften – Körperschaftsteuer sowie Kapitalertragsteuer an.

Die Beteiligungsfinanzierung geschieht bei der **Gründung** eines Unternehmens sowie bei der **Vergrößerung des Eigenkapitals**, die durch die Erhöhung der Anteile vorhandener Gesellschafter oder die Aufnahme neuer Gesellschafter bewirkt werden kann. Es ist auch eine **Umstrukturierung** sowie **Herabsetzung** des Eigenkapitals im Rahmen der Beteiligungsfinanzierung möglich.

Schließlich erfordern die **Umwandlung** eines Unternehmens als Überführung einer Rechtsform in eine andere Rechtsform und die **Fusion** als Verschmelzung von zwei oder mehr rechtlich selbstständigen Unternehmen die Einleitung von Maßnahmen der Beteiligungsfinanzierung.

Emissionsfähige Unternehmen (AG, KGaA) verfügen mit der Börse über einen organisierten „Eigen"kapitalmarkt, der ihnen Maßnahmen der Beteiligungsfinanzierung erleichtert, nicht zuletzt auch dadurch, dass die Eigenkapitalgeber dort nur kleine Beträge aufbringen müssen. Diese Vorteile weisen die übrigen Rechtsformen nicht auf, die **nicht emissionsfähig** sind.

Die mit der Beteiligungsfinanzierung möglicherweise verbundenen Rechte und Pflichten, z. B. im Hinblick auf Gewinn- und Verlustbeteiligung und Haftung, sind gesetzlich verschieden geregelt bzw. vertraglich vereinbar.

1.2.2 Fremdfinanzierung

Die Fremdfinanzierung hat den Zweck, dem Unternehmen **Fremdkapital** von außen zuzuführen. Dabei kommen vor allem Kreditinstitute, Lieferanten und Kunden als Fremdkapitalgeber in Betracht. Je nach der Befristung des Fremdkapitals sind zu unterscheiden:

- **kurz**fristiges Fremdkapital mit einer Laufzeit bis ein Jahr
- **mittel**fristiges Fremdkapital mit einer Laufzeit von einem bis fünf Jahren
- **lang**fristiges Fremdkapital mit einer Laufzeit über fünf Jahre.

Das **Entgelt** für das Fremdkapital sind die **Zinsen**, die als fester Satz oder – in Abhängigkeit von einem Referenzzinssatz – als variabler Satz vereinbart sein können. Dazu können noch **weitere Kapitalkosten** kommen, z. B. für:

- Bearbeitungsgebühren
- Damnum als einbehaltener Darlehensbetrag
- Stellung von Sicherheiten
- Rückerstattung von Sicherheiten
- Provisionen.

Die Kreditinstitute haben bei der Hingabe von Fremdkapital hohe Informationserwartungen, die sie im Rahmen von **Kreditwürdigkeitsprüfungen** befriedigen. Zudem begrenzen Fremdkapitalgeber vielfach ihre Risiken, indem sie die Bereitstellung von **Sicherheiten** fordern.

Bezüglich der Fremdfinanzierung sollen dargestellt werden:

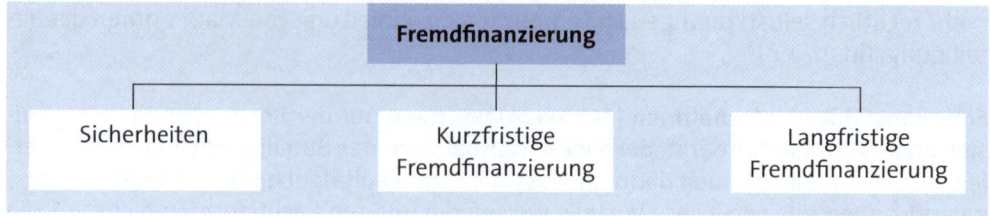

1.2.2.1 Sicherheiten

Die Fremdkapitalgeber müssen sich bei der Hingabe ihres Kapitals absichern. Das kann zunächst einmal dadurch geschehen, dass sie sich über den Fremdkapitalnehmer informieren, um seine **Bonität** einzuschätzen. Die Lieferanten und Kunden tun dies vielfach nicht bzw. nicht allzu offensichtlich, oft auch weniger systematisch.

Bei den Kreditinstituten ist das anders. Sie verlangen vom Unternehmen die Vorlage eines **Kreditantrages,** den sie nach rechtlichen, persönlichen und wirtschaftlichen Gesichtspunkten eingehend prüfen. Erst nach positivem Abschluss der Kreditwürdigkeitsprüfung wird das Fremdkapital zugesagt, wobei die **Kreditzusage** vielfach an Bedingungen geknüpft ist.

Häufig wird die Stellung von **Sicherheiten** gefordert, die sein können – siehe ausführlich *Olfert*:

► **Personalsicherheiten**, bei denen neben dem Fremdkapitalnehmer eine dritte Person für das Fremdkapital haftet. Das sind z. B.:
  - Die **Bürgschaft**, durch die der Bürge vertraglich für die Erfüllung des Dritten (Hauptschuldner) gegenüber dem Gläubiger einsteht (§§ 765 - 777 BGB, §§ 349, 350 HGB). Sie ist in Bestand und Höhe abhängig von einer bestehenden Forderung als der Hauptschuld (Schriftform nötig, jedoch unter Kaufleuten nicht zwingend).
  - Die **Garantie**, bei welcher der Garantiegeber sich gegenüber dem Garantienehmer verpflichtet, Gewähr für den Eintritt eines Erfolges bzw. das Ausbleiben eines Misserfolges zu übernehmen (im Außenhandel, bei öffentlichen Aufträgen).
  - Der **Kreditauftrag**, in dem ein möglicher Kreditgeber von einer Person beauftragt wird, einem Dritten im eigenen Namen und auf eigene Rechnung einen Kredit zu gewähren (§ 778 BGB).
► **Realsicherheiten**, bei denen der Kreditnehmer bestimmte Sachwerte zur Kreditsicherung bereitstellt. Es können z. B. vereinbart werden:
  - Der **Eigentumsvorbehalt**, mit dem der Eigentumsübergang vom Verkäufer einer Ware zum Käufer auf den Zeitpunkt ihrer Bezahlung verschoben wird (§ 449 BGB). Der Käufer wird Besitzer der Ware, der Verkäufer bleibt Eigentümer.

- Das **Pfandrecht**, mit dem bewegliche Sachen (§§ 1204 - 1208 BGB) oder Rechte (§§ 1273, 1274 BGB) belastet und an den Gläubiger übergeben werden, um eine Forderung zu sichern. Eine Forderung muss vorliegen, die Abtretung zu erklären.

- Die **Sicherungsübereignung**, die i. d. R. mit beweglichen, genau zu definierenden Sachen durchgeführt wird, die dem Gläubiger übereignet werden. Der Kreditnehmer bleibt Besitzer, der Kreditgeber wird treuhänderischer Eigentümer.

- Die **Sicherungsabtretung**, die auch **Forderungsabtretung** oder **Zession** genannt wird. Bei ihr tritt der Kreditnehmer seine Forderungen, die er gegenüber Dritten besitzt, vertraglich an den Kreditgeber ab (§§ 398 - 413 BGB).

- **Grundpfandrechte**, die durch die Eintragung in das Grundbuch entstehen und **Hypotheken** (§§ 1113 - 1190 BGB) sein können, die vom Bestehen und der Höhe einer Forderung abhängen, oder **Grundschulden** (§§ 1191 - 1198 BGB), die keine Bindung an bestehende Forderungen aufweisen.

In Deutschland haben die Sicherheiten im Rahmen der Aufnahme von Fremdkapital große Bedeutung.

1.2.2.2 Kurzfristige Fremdfinanzierung

Die kurzfristige Fremdfinanzierung ist die Zuführung von Fremdkapital, dessen Verfügbarkeit im Unternehmen ein Jahr grundsätzlich nicht übersteigt. Außerdem werden **Warenkredite** aller Art der kurzfristigen Fremdfinanzierung zugerechnet. Als **Formen** der kurzfristigen Fremdfinanzierung lassen sich unterscheiden – siehe ausführlich *Olfert*:

▶ Der **Lieferantenkredit** als bekanntester und meistgewährter Handelskredit. Er entsteht, indem der Kaufpreis einer Ware gestundet wird, seine Zahlung dementsprechend später erfolgen kann:

„Zahlbar innerhalb von 30 Tagen netto Kasse oder innerhalb von 10 Tagen abzüglich 3 % Skonto".

Der Skonto ist ein „Preisnachlass bei Zahlung vor Fälligkeit". Die Inanspruchnahme des Lieferantenkredites ist recht **teuer**. Dennoch wird er sehr häufig genutzt.

▶ Der **Kundenkredit**, bei dem der Kunde den Lieferanten kreditiert, indem er eine vertraglich vereinbarte Anzahlung auf die künftig zu erstellende Leistung gewährt, z. B. im Großanlagenbau, Wohnungsbau, Schiffsbau. Wie hoch die **Kapitalkosten** sind, hängt von den Regelungen der Vertragspartner ab.

▶ Der **Kontokorrentkredit**, bei dem ein Kreditinstitut einem Kreditnehmer einen Kredit in einer bestimmten Höhe einräumt, der vom Kreditnehmer seinem Bedarf entsprechend bis zum vereinbarten Maximalbetrag – der **Kreditlinie** – in Anspruch genommen werden kann. Gegebenenfalls ist auch eine Überschreitung der Kreditlinie – als **Überbrückungskredit** – möglich.

Die große Flexibililtät bei der Kreditbeanspruchung wird mit hohen **Kapitalkosten** bezahlt, die nochmals ansteigen, wenn die Kreditlinie überschritten wird und dadurch ein Überziehungskredit entsteht.

▸ Der **Diskontkredit** ist ein Wechselkredit, bei welchem der Lieferant einer Ware einen Wechsel auf den Abnehmer zieht, den dieser akzeptiert und zurückgibt. Daraufhin verkauft der Lieferant seinem Kreditinstitut den Wechsel, das ihm die abgezinste Wechselsumme vergütet.

Seine Sicherung erfährt der Diskontkredit durch das strenge Wechselrecht, außerdem meist durch einen Eigentumsvorbehalt. Die **Kapitalkosten** des Diskontkredites sind relativ gering.

▸ Der **Lombardkredit** stellt einen Kredit dar, den ein Kreditinstitut einem Kreditnehmer gegen Verpfändung von Wertpapieren oder (haltbaren und marktfähigen) Waren, in geringem Umfang auch von Wechseln, Forderungen, Edelmetallen gewährt. Dabei werden Wertpapiere mit 50 % - 80 % und Waren mit 50 % - 60 % beliehen.

Die **Kapitalkosten** des Lombardkredites liegen unter den Kosten eines Kontokorrentkredites. Er ermöglicht es, ohne die Veräußerung von Gütern finanzielle Mittel zu beschaffen.

▸ Der **Akzeptkredit** ist ein Wechselkredit, bei dem der Kunde eines Kreditinstitutes einen Wechsel auf das Kreditinstitut zieht, das ihn akzeptiert. Er kann den Wechsel daraufhin zahlungshalber weitergeben oder von seinem bzw. einem anderen Kreditinstitut diskontieren lassen.

Das Kreditinstitut stellt also keine Geldmittel bereit, sondern nur seinen guten Namen. Dementsprechend sind die **Kapitalkosten** relativ gering. Vor dem Zeitpunkt der Wechselfälligkeit muss der Kunde den Wechselbetrag beim Kreditinstitut einzahlen.

▸ Beim **Avalkredit** übernimmt ein Kreditinstitut die Haftung für Verbindlichkeiten eines Kunden gegenüber einem Dritten in Form einer Bürgschaft oder Garantie. Als **Kapitalkosten** fällt eine Avalprovision an.

Die kurzfristige Fremdfinanzierung kann **langfristige Wirkung** haben, wenn kurzfristige Kredite immer wieder eingeräumt werden oder immer wieder Prolongationen (= Verlängerungen) erfolgen.

1.2.2.3 Langfristige Fremdfinanzierung

Bei der langfristigen Fremdfinanzierung erfolgt die Zuführung von Fremdkapital mit einer Laufzeit von **mehr als fünf Jahren**. Sie bietet sich an, wenn davon ausgegangen wird, dass die zur Tilgung des langfristigen Fremdkapitals notwendigen Mittel erst nach längerer Zeit verfügbar sind. Zu den **Formen** der langfristigen Fremdfinanzierung zählen:

▸ Das **Darlehen**, das insbesondere von Kreditinstituten und Bausparkassen, aber auch von Versicherungen gewährt wird. Die lange Laufzeit bedingt eine umfassende Kreditwürdigkeitsprüfung. Als **Sicherheiten** dienen üblicherweise Grundpfandrechte auf Immobilien, die jedoch nur mit 60 %, bei Bausparkassen mit 80 % ihres Verkehrswertes beliehen werden.

Die **Zinsen** stellen den wesentlichen Teil der Kapitalkosten dar. Ihre Höhe kann festgeschrieben sein, meist jedoch nur für eine bestimmte Zeit, z. B. für 5 oder 10 Jahre. Sie sind aber auch auf der Basis eines veränderlichen Referenzzinssatzes variabel gestaltbar.

Dazu kann noch ein **Damnum** kommen, das vom Kapitalgeber bei der Auszahlung des Darlehens einbehalten wird, obgleich die ganze Darlehenssumme zurückzuzahlen ist. So kommt es zu einer Abweichung zwischen dem nominalen und dem effektiven Zinssatz.

Das Darlehen kann nach seiner Gewährung **in gleichen Raten zurückgezahlt** werden, gegebenenfalls nach einer tilgungsfreien Zeit, z. B. von 2 oder 3 Jahren. Es ist aber auch möglich, dass es **einmalig** zum Ende seiner Laufzeit **getilgt** wird. In diesem Fall gilt:

$$r = \frac{Z + \dfrac{D}{n}}{K} \cdot 100$$

r = Effektivzinssatz
z = Nominalzinssatz
D = Damnum
K = Auszahlungskurs
n = Laufzeit

Beispiel

Der Nominalwert eines Darlehens beträgt 200.000 €, sein Zinssatz 6 %. Es wird mit 2 % Damnum ausgezahlt, läuft 5 Jahre und wird zum Ende der Laufzeit getilgt.

$$r = \frac{6 + \dfrac{2}{5}}{95} \cdot 100 = \mathbf{6,74\,\%}$$

▸ Das **Schuldscheindarlehen** ist ein langfristiges, anleiheähnliches Fremdkapital größeren Umfanges, das von Kapitalsammelstellen – z. B. Versicherungsgesellschaften, Sparkassen, Bausparkassen – unter bestimmten Voraussetzungen gewährt wird.

Als rechtliche Grundlage für das Schuldscheindarlehen kann ein **Schuldschein** dienen, der heute aber vielfach durch einen Darlehensvertrag abgelöst ist. **Kapitalkosten** fallen vor allem in Form von Zinsen an.

▸ Die **Anleihe** stellt ein Darlehen dar, das Unternehmen durch die Ausgabe von Teilschuldverschreibungen an ein breites Publikum gewährt wird. Diese werden an der Börse gehandelt und können dort von den Kapitalgebern erworben werden.

Weder der Ausgabebetrag noch der Rückzahlungsbetrag muss mit dem Nennwert der Anleihe übereinstimmen. Die Zinsen sind der wesentliche Teil der **Kapitalkosten**.

Die **Grundform** der Anleihe ist die **Industrieobligation**, mit der ein hoher Kapitalbedarf langfristig abgedeckt werden kann, meist über 10 bis 25 Jahre. Ihre Tilgung ist zu einheitlichen Terminen möglich, geschieht meist aber nach einer tilgungsfreien Zeit in Raten. **Sonderformen** der Industrieobligationen sind:

Wandelschuld-verschreibungen	Sie verbriefen neben den Rechten aus der Teilschuldverschreibung ein **Umtauschrecht auf Aktien**, das nach einer bestimmten Sperrfrist wahrgenommen werden kann.
Optionsanleihen	Sie haben – wie die Wandelschuldverschreibungen – ein Bezugsrecht auf Aktien, das aber **kein Umtauschrecht** ist. Die Optionsanleihen bestehen vielmehr bis zu ihrer Tilgung neben den Aktien weiter.
Gewinnschuld-verschreibungen	Ihr Sonderrecht besteht darin, dass die Kapitalgeber am **Gewinn** des Unternehmens beteiligt werden. Sie sind heute nicht mehr von großer Bedeutung.

Es gibt außerdem eine Reihe **neuer Formen** von Anleihen, z. B. die Nullkupon-, Niedrigzins-, Hochzins-, Index-, Stufenzins-, Umtausch-, Aktien-, Annuitätenanleihe – siehe ausführlich *Olfert*.

Der langfristigen Fremdfinanzierung können im Übrigen zugerechnet werden:

▶ Das **Leasing**, das ein über einen bestimmten Zeitraum abgeschlossenes miet- oder pachtähnliches Verhältnis zwischen einem Leasing-Geber und einem Leasing-Nehmer ist. Dabei erwirbt der Leasing-Geber ein Leasing-Gut, das er dem Leasing-Nehmer gegen Gebühr zur Verfügung stellt.

Der Leasing-Nehmer nutzt das Leasing-Gut mindestens über eine **Grundmietzeit** hinweg, die vielfach bei 50 % - 75 % der betriebsgewöhnlichen Nutzungsdauer liegt. Es kann vereinbart sein, dass er das Leasing-Gut danach zu einer niedrigeren Gebühr nutzen bzw. erwerben darf.

Die **Kapitalkosten** beim Leasing liegen relativ hoch. Dem Leasing-Nehmer wird mit dem Leasing dafür aber die Möglichkeit geboten, seine Liquidität zu entlasten.

▶ Das **Franchising**, bei dem ein Franchise-Geber rechtlich selbstständig bleibenden Franchise-Nehmern das Recht einräumt, bestimmte Waren oder Dienstleistungen unter Verwendung des Namens, Warenzeichens, der Ausstattung oder sonstiger Schutzrechte des Franchise-Gebers im Rahmen eines einheitlichen Marketingsystems anzubieten.

Als **Kapitalkosten** fallen meist eine einmalige Gebühr sowie umsatzabhängige Zahlungen an. Bekannte Beispiele für Franchising sind Eduscho, McDonalds, Avis, Coca Cola.

Aufgabe 37 > Seite 293

1.2.3 Innenfinanzierung

Die Innenfinanzierung wird vom Unternehmen **aus eigener Kraft** vorgenommen. Sie erfolgt durch betriebliche **Desinvestition**, d. h. durch die Freisetzung des im Unternehmen gebundenen Kapitals.

Das Unternehmen kann zum Zwecke der Innenfinanzierung das ihm als Umsatzerlöse und sonstigen Erlöse zufließende Kapital für Finanzierungszwecke verwenden, wenn ihnen kein auszahlungswirksamer Aufwand gegenübersteht.

Formen der Innenfinanzierung sind – siehe ausführlich *Olfert*:

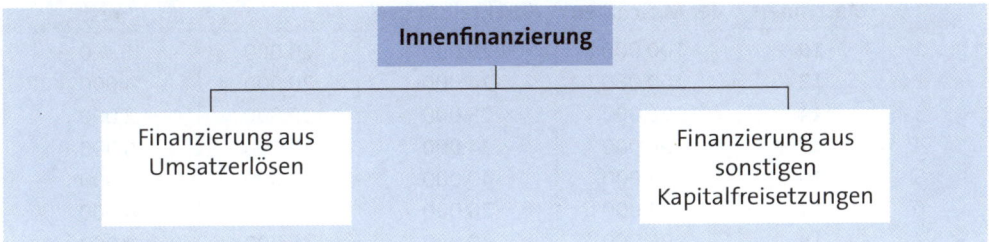

1.2.3.1 Finanzierung aus Umsatzerlösen

Eine Finanzierung aus Umsatzerlösen ist möglich, wenn die zurückhaltbaren Gewinne sowie die Rückstellungen und Abschreibungen in den Verkaufspreisen der Produkte enthalten sind und die diesbezüglichen Zuflüsse auch realisiert werden. Sie kann bewirkt werden als:

► **Finanzierung aus zurückbehaltenen Gewinnen**, mit deren Hilfe sich das Eigenkapital vergrößern lässt. Sie wird auch **Selbstfinanzierung** genannt und ist auf zweifache Weise durchführbar. Zu unterscheiden sind:

Offene Selbst- finanzierung	Hier wird der vom Unternehmen erwirtschaftete **Gewinn** in der Bilanz **ausgewiesen** und versteuert, aber teilweise oder insgesamt nicht ausgeschüttet. Die Gewinnverteilung ist bei den einzelnen Rechtsformen der Unternehmen unterschiedlich geregelt – siehe Kapitel B.
Stille Selbst- finanzierung	Dabei werden stille, aus der Bilanz nicht erkennbare **Reserven** gebildet, die durch Gewinne gedeckt sind, d. h. eine positive Differenz zwischen dem Tagesbeschaffungswert und dem Buchwert von Gütern aufweisen. Die stille Selbstfinanzierung resultiert aus bewussten **Bilanzierungsakten** und/oder **Bewertungsakten**.

Die Selbstfinanzierung ist nicht nur **kostengünstig**, sie fördert auch die Kreditfähigkeit des Unternehmens und bedarf keiner Sicherheiten. Sie kann aber die Gefahr von Fehlinvestitionen in sich bergen.

► **Finanzierung aus Abschreibungsgegenwerten**, bei der das gebundene Kapital durch den Ansatz von Abschreibungen als Aufwendungen, der einer Abrechungsperiode für Wertminderungen des Anlagevermögens zugerechnet werden, wieder freigesetzt und auf diese Weise die Kapazität des Unternehmens erweitert wird.

Beispiel

10 Maschinen je 10.000 € und einer Nutzungsdauer von 5 Jahren werden jährlich mit 20 % abgeschrieben, der Abschreibungsgegenwert laufend reinvestiert. Die Kapazität erhöht sich dadurch von 10 auf 16 Maschinen.

Jahr	Anzahl der Maschinen	Gesamtwert der Maschinen	Summe der Abschreibungen	Reinvestition	Abschreibungs- rest
1	10	100.000	20.000	20.000	0
2	12	100.000	24.000	20.000	4.000
3	14	96.000	28.000	30.000	2.000
4	17	98.000	34.000	30.000	6.000
5	20	94.000	40.000	40.000	6.000
6	14	94.000	28.000	30.000	4.000
7	15	96.000	30.000	30.000	4.000
8	16	96.000	32.000	30.000	6.000
9	16	94.000	32.000	30.000	8.000
10	16	92.000	32.000	40.000	0
⋮					

► **Finanzierung aus Rückstellungsgegenwerten**, bei welcher der Aufwand für Rückstellungen sofort verrechnet wird, die Auszahlungen aber erst in späteren Perioden erfolgen. In dem dazwischen liegenden Zeitraum kann das Unternehmen über die Rückstellungen verfügen, wenn die Gegenwerte über den Umsatzprozess zugeflossen sind.

Die Rückstellungen sind für die Finanzierung umso nützlicher, je längerfristiger sie gebildet werden. Von besonderer Bedeutung sind deshalb die **Pensionsrückstellungen**.

1.2.3.2 Finanzierung aus sonstigen Kapitalfreisetzungen

Die Finanzierung aus sonstigen Kapitalfreisetzungen kann auf zweifache Weise erfolgen. Zu unterscheiden sind:

► Die **Rationalisierung**, die eine Verringerung des Kapitaleinsatzes bewirkt, ohne dass es zu einer Verminderung des Produktionsvolumens bzw. Umsatzvolumens kommt, z. B. durch verbesserte Materialdisposition oder schnelleren Eingang von Forderungen. Auf diese Weise werden finanzielle Mittel freigesetzt, die für andere Zwecke verwendet werden können.

► Die **Vermögensumschichtung**, bei der materielle und/oder immaterielle Vermögenswerte in liquide Form überführt werden, um für Finanzierungszwecke zur Verfügung zu stehen, z. B. durch den Verkauf von Wertpapieren. Nur als Notmaßnahme denkbar sind Veräußerungen von Vermögensgegenständen, die den Geschäftsbetrieb aufrecht halten.

1.3 Finanzkontrolle

Die Finanzkontrolle beendet den Prozess der Finanzierung. Sie stellt die Überwachung und Untersuchung der betrieblichen Finanzierung dar als:

► **Kontrolle der Finanzplanung**, bei der Plansätze und Istwerte gegenübergestellt und Abweichungen festgestellt werden, die einer Analyse zu unterziehen sind.

► **Kennzahlenanalyse**, bei der Finanzierungskennzahlen und Liquiditätskennzahlen ermittelt werden – siehe Kapitel A. und ausführlich *Olfert*, z. B.:

- Deckungsgrade

- Liquiditäten

- Rentabilitäten.

Bei der Anwendung von dynamischen Liquiditätsanalysen werden häufig der **Cashflow**, der angibt, wie viel Geld das Unternehmen erwirtschaftet hat, und die **Kapitalflussrechnung** verwendet, mit der Veränderungen der Posten zweier aufeinander folgender Bilanzen bzw. GuV-Rechnungen zu Beginn und zum Ende einer Periode gegenübergestellt werden – siehe ausführlich *Olfert*.

Die Kontrolle ist ein Teil des Controllingprozesses, der außerdem die koordinierende Planung, Steuerung und Informationsversorgung umfasst. Um steuernd eingreifen zu können, bedarf das **Finanzcontrolling** eines Frühwarnsystemes.

Als **Frühwarngrößen** kommen insbesondere Kennzahlen in Betracht, wie sie oben genannt wurden.

2. Investition

Investitionen sind Auszahlungen, die ein Unternehmen für Vermögensteile bewirkt. Sie umfassen Anschaffungsauszahlungen, z. B. für Maschinen, denen vielfach laufende Auszahlungen folgen, z. B. für Löhne und Materialien. Das auf diese Weise gebundene Kapital wird nach und nach wieder freigesetzt, indem die mithilfe des Investitionsobjektes erstellten Leistungen abgesetzt werden. Diesen Vorgang bezeichnet man als **Desinvestition**.

Der **Investitionsprozess** umfasst – siehe ausführlich *Olfert*:

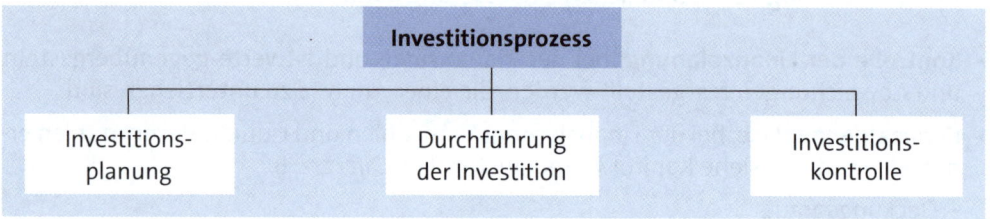

2.1 Investitionsplanung

Die Investitionsplanung ist die gedankliche Vorwegnahme von Gegebenheiten im Investitionsbereich. Sie ist auf zukünftiges Handeln gerichtet und befasst sich mit der Beschaffung und Nutzung von Investitionsobjekten. Dabei orientiert sich die Investitionsplanung an den Investitionszielen des Unternehmens.

Die Gesamtheit der Investitionen, die von einem Unternehmen in einer Rechnungsperiode angestrebt werden, stellt das **Investitionsprogramm** dar. Es muss planerisch optimiert werden. Dies ist möglich, indem:

► ein einzelnes Investitionsobjekt auf seine Vorteilhaftigkeit hin untersucht wird

► mehrere Investititionsobjekte im Vergleich miteinander verglichen werden.

Quantitative Verfahren zur Beurteilung von Investitionen sind *(Kruschwitz, Olfert)*:

► **statische Investitionsrechnungen**
► **dynamische Investitionsrechnungen**.

2.1.1 Statische Investitionsrechnungen

Statische Investitionsrechnungen basieren auf Kosten und Leistungen. Sie berücksichtigen den Zeitfaktor nicht, rechnen also praktisch nur mit einer Periode. Sie werden deshalb oft als **Hilfsverfahren** der Praxis bezeichnet. Als Arten statischer Investitionsrechnungen sind zu unterscheiden:

▸ Die **Kostenvergleichsrechnung**, die das einfachste Verfahren ist. Sie dient dazu, Investitionsobjekte auf ihre Vorteilhaftigkeit hin zu vergleichen, indem sie die von ihnen verursachten Kosten einander gegenüberstellt. Dasjenige Investitionsobjekt ist das vorteilhaftere, das die geringeren Kosten aufweist.

Die Vorteilhaftigkeit von Investitionen kann als Vergleich der **Kosten pro Periode** ermittelt werden, wenn die Leistungsmengen der Investitionsalternativen gleich groß sind.

Beispiel

Kostenvergleichsrechnung		Investitionsobjekt I	Investitionsobjekt II
Leistung	Stück/Jahr	30.000	30.000
Kosten	€/Jahr	447.000	483.500
Kostendifferenz I - II	€/Jahr	- 36.500	

Werden von den einzelnen Investitionsobjekten voraussichtlich unterschiedliche Leistungsmengen erbracht, ist ein **Vergleich pro Leistungseinheit** notwendig.

Die Kostenvergleichsrechnung wird in der Praxis gerne eingesetzt, obgleich keine Aussagen über die Rentabilitäten der Investitionsalternativen erfolgen. Der Kostenvergleich ist lediglich kurzfristig, es werden keine Entwicklungen im Zeitablauf berücksichtigt. Außerdem werden gleich hohe Erlöse aus den Investitionsalternativen im Zeitablauf unterstellt, was nicht zutreffen muss.

▸ Die **Gewinnvergleichsrechnung** stellt eine Erweiterung der Kostenvergleichsrechnung um die Erlöse dar, die bei den Investitionsalternativen unterschiedlich sein können. Dasjenige Investitionsobjekt ist das vorteilhaftere, das den größeren Gewinn erwirtschaftet.

Die Vorteilhaftigkeit der Investitionsobjekte ist feststellbar, indem ein **Vergleich** der Gewinne **pro Periode** erfolgt:

Beispiel

Gewinnvergleichsrechnung		Investitionsobjekt I	Investitionsobjekt II
Leistung	Stück/Jahr	20.500	30.000
Erlöse	€/Jahr	592.000	586.000
Kosten	€/Jahr	447.000	483.500
Gewinn	€/Jahr	145.000	102.500
Gewinndifferenz I - II	€/Jahr	+ 42.500	

Sind die mengenmäßig genutzten Leistungen der Investitionsobjekte gleich groß, kann auch ein **Vergleich pro Leistungseinheit** vorgenommen werden.

Die Gewinnvergleichsrechnung wird in der Praxis weniger häufig als die Kostenvergleichsrechnung genutzt. Sie ermöglicht ebenfalls keine Aussagen über die Rentabilität einer Investition und ist nur kurzfristig. Die Zurechnung der Erlöse auf die Investitionsobjekte ist ggf. nicht einfach möglich, z. B. wenn ein Produkt auf mehreren Maschinen gefertigt wird.

► Die **Rentabilitätsvergleichsrechnung** dient dazu, die durchschnittliche jährliche Verzinsung der Investitionsalternativen zu ermitteln:

$$\text{Rentabilität (R)} = \frac{\text{Erlöse - Kosten}}{\text{Durchschnittlicher Kapitaleinsatz}} \cdot 100$$

Als **durchschnittlicher Kapitaleinsatz** werden bei abnutzbaren Anlagegütern – z. B. Maschinen – die halben Anschaffungskosten, bei nicht abnutzbaren Anlagegütern – z. B. Grundstücken – und Gütern des Umlaufvermögens die vollen Anschaffungskosten angesetzt.

Die Vorteilhaftigkeit von Investitionen lässt sich herausfinden, indem die Ergebnisse der Gewinnvergleichsrechnung zu Grunde gelegt werden. Durch Berücksichtigung des Kapitaleinsatzes ist bei diesem Verfahren die **absolute Vorteilhaftigkeit** von Investitionen festzustellen. Sofern die Anschaffungskosten und Nutzungsdauern (im Wesentlichen) gleich sind, gilt:

Beispiel

Gewinnvergleichsrechnung		Investitionsobjekt I	Investitionsobjekt II
Anschaffungskosten	€	80.000	80.000
Nutzungsdauer	Jahre	6	6
Leistungsmenge	Stück/Jahr	22.350	22.350
Erlöse	€/Jahr	104.500	105.000
Kosten	€/Jahr	87.000	89.570
.			
.			
.			

$$R_I = \frac{104.500 - 87.000}{40.000} \cdot 100 = \textbf{43,75 \%}$$

$$R_{II} = \frac{105.000 - 89.570}{40.000} \cdot 100 = \textbf{38,58 \%}$$

Wenn die Anschaffungskosten und/oder Nutzungsdauern der Investitionsalternativen (wesentlich) voneinander abweichen, wird der Rentabilitätsvergleich erschwert. Um eine Vergleichbarkeit herzustellen, ist dann der Ansatz wertergänzender **Differenzinvestitionen** notwendig.

Die Rentabilitätsvergleichsrechnung wird in der Praxis relativ häufig verwendet. Allerdings ist die Zurechnung der Erlöse auf die Investitionsalternativen mitunter nicht ohne weiteres möglich.

► Die **Amortisationsvergleichsrechnung** dient der Ermittlung des Zeitraumes, der erforderlich ist, um die Auszahlungen für die Anschaffung von Investitionsalternativen durch die jährlich daraus erzielten Überschüsse auszugleichen. Er stellt die **Amortisationszeit** dar, die auch **Wiedergewinnungszeit** genannt wird:

$$\text{Amortisationszeit (t)} = \frac{\text{Anschaffungskosten}}{\text{ø Gewinn bzw. Kostenersparnis pro Jahr} + \text{Abschreibungen pro Jahr}}$$

Die Amortisationsvergleichsrechnung wird auch **Pay-Off-Rechnung** genannt.

Beispiel

Amortisationsvergleichsrechnung		Maschine I	Maschine II
Anschaffungskosten	€	200.000	250.000
Nutzungsdauer	Jahre	5	5
Gewinn	€/Jahr	58.000	66.000
Abschreibungen	€/Jahr	40.000	50.000

$$t_I = \frac{200.000}{58.000 + (200.000 : 5)} = \textbf{2,04 Jahre}$$

$$t_{II} = \frac{250.000}{66.000 + (250.000 : 5)} = \textbf{2,16 Jahre}$$

Die Amortisationsvergleichsrechnung ist in der Praxis erheblich verbreitet. Sie vermittelt aber keine Informationen über die Rentabilitäten der Investitionen. Der Vergleich ist nur kurzfristig, Entwicklungen im Zeitablauf bleiben unberücksichtigt, ebenso unterschiedliche Nutzungsdauern.

Die Zurechnung der Erlöse auf die Investitionsalternativen ist mitunter nicht ohne weiteres möglich. Außerdem bleiben die Rückflüsse nach der Amortisationszeit unberücksichtigt.

Bei sämtlichen statischen Investitionsrechnungen sind gegebenenfalls vorhandene **Restwerte** bei der Berechnung von den Anschaffungskosten entsprechend abzusetzen.

Aufgabe 38 > Seite 293

2.1.2 Dynamische Investitionsrechnungen

Dynamische Investitionrechnungen basieren auf Einzahlungen und Auszahlungen. Sie bedienen sich **finanzmathematischer Methoden**, mit deren Hilfe die unterschiedliche Bedeutung der Zahlungsströme im Zeitablauf berücksichtigt wird. Dabei sind sie in der Lage, rechnerisch wesentlich genauere Werte als die statischen Investitionrechnungen zu liefern.

In der Praxis ergibt sich vielfach allerdings das **Problem**, dass sich die Zahlungsströme in ihrer Höhe und zeitlichen Verteilung auf die Investitionsalternativen nicht ohne weiteres zurechnen lassen.

Finanzmathematische Begriffe, welche die Grundlagen für die dynamischen Investitionsrechnungen sind:

▶ Der **Barwert** als der Wert von Einzahlungen oder Auszahlungen, der sich durch Abzinsung ergibt (K_o als Wert zu Beginn der Periode). Bei **einmaliger** Zahlung zum Ende der Periode beträgt er:

$$K_o = K_n \cdot = \frac{1}{q^n} \quad^1 \qquad \text{oder} \qquad K_o = K_n \cdot \frac{1}{(1 + i)^n} \quad^1$$

Bei **mehrmaliger** Zahlung gleich hoher Beträge zu den Periodenenden gilt:

$$K_o = e \cdot \frac{q^n - 1}{q^n (q - 1)} \quad^1 \qquad \text{oder} \qquad K_o = e \cdot \frac{(1 + i)^n - 1}{i (1 + i)^n} \quad^1$$

▶ Der **Endwert** als der Wert von Einzahlungen oder Auszahlungen, der durch Aufzinsung ermittelt wird (K_n als Wert am Ende der Periode).

Bei **einmaliger** Zahlung zu Beginn der Periode beträgt er:

$$K_n = K_o \cdot q^n \quad^1 \qquad \text{oder} \qquad K_n = K_o \cdot (1 + i)^n \quad^1$$

Bei **mehrmaliger** Zahlung gleich hoher Beträge zu den Periodenenden gilt:

$$K_n = e \cdot \frac{q^n - 1}{q - 1} \quad^1 \qquad \text{oder} \qquad K_n = e \cdot \frac{(1 + i)^n - 1}{i} \quad^1$$

---

[1]
$\frac{1}{q^n}$ = Abzinsungsfaktor

e = Einzahlungen (€/Jahr)

$\frac{q^n - 1}{q^n (q - 1)}$ = Barwertfaktor/Diskontierungsfaktor

i = Kalkulationszinssatz (%)

q^n = Aufzinsungsfaktor

$\frac{q^n - 1}{q - 1}$ = Aufzinsungsfaktor

$\frac{q^n (q - 1)}{(q - 1)}$ = Annuitätenfaktor/Wiedergewinnungsfaktor

$\frac{q - 1}{q^n - 1}$ = Restwertverteilungsfaktor

▸ Der **Jahreswert** als der jährlich in gleicher Höhe anfallende Wert, der sich aus einem auf den Beginn oder das Ende der Periode bezogenen Wert ergibt.

Bei Zahlung eines **jetzt fälligen** Betrages in gleichen Teilbeträgen zu den Periodenenden beträgt er:

$$e = K_o \cdot \frac{q^n (q - 1)}{q^n - 1} \quad {}^{[1]} \qquad \text{oder} \qquad e = K_o \cdot \frac{i (1 + i)^n}{(1 + i)^n - 1} \quad {}^{[1]}$$

Bei Zahlung eines **später fälligen** Betrages in gleichen Teilbeträgen zu den Periodenenden gilt:

$$e = K_n \cdot \frac{(q - 1)}{q^n - 1} \quad {}^{[1]} \qquad \text{oder} \qquad e = K_n \cdot \frac{i}{(1 + i)^n - 1} \quad {}^{[1]}$$

Als dynamische Investitionsrechnungen sind zu unterscheiden – siehe ausführlich *Olfert*:

▸ Die **Kapitalwertmethode**, bei der alle einer Investition zuzurechnenden Einzahlungen und Auszahlungen mithilfe des Abzinsungsfaktors abgezinst werden. Der **Kapitalwert** ergibt sich:

$$C_o = C_e - C_a$$

$$C_o = \frac{e_1 - a_1}{q} + \frac{e_2 - a_2}{q^2} + \ldots + \frac{e_n - a_n}{q^n} - a_o$$

C_o = Kapitalwert (€)
C_e = Abgezinste Einzahlungen (einschließlich Restwert) in €
C_a = Abgezinste Auszahlungen (einschließlich Anschaffungswert) in €
e = Einzahlungen in den Nutzungsjahren 1…n (€/Jahr)
a = Auszahlungen in den Nutzungsjahren 1…n (€/Jahr)
q = Kalkulationszinsfuß (%)
$\frac{1}{q^n}$ = Abzinsungsfaktor
a_o = Anschaffungswert in der Periode 0 (€)

---

[1] $\frac{1}{q^n}$ = Abzinsungsfaktor $\frac{q^n - 1}{q - 1}$ = Aufzinsungsfaktor

e = Einzahlungen (€/Jahr) $\frac{q^n (q - 1)}{(q - 1)}$ = Annuitätenfaktor/ Wiedergewinnungsfaktor

$\frac{q^n - 1}{q^n (q - 1)}$ = Barwertfaktor/Diskontierungsfaktor

i = Kalkulationszinssatz (%) $\frac{q - 1}{q^n - 1}$ = Restwertverteilungsfaktor

q^n = Aufzinsungsfaktor

Beispiel

Die Anschaffungskosten werden mit 90.000 €, die Nutzungsdauer mit 5 Jahren und der Kalkulationszinsfuß mit 8 % angenommen.

Jahr	Einzahlungen	Auszahlungen	Rückfluss	Abzinsungsfaktor	Barwert
1	120.000	95.000	25.000	0,925926	23.148
2	85.000	60.000	25.000	0,857339	21.434
3	115.000	80.000	35.000	0,793832	27.784
4	110.000	75.000	35.000	0,735030	25.726
5	80.000	70.000	10.000	0,680583	6.806
Summe (€)					104.898
- Anschaffungswert (€)					90.000
Kapitalwert (€)					**14.898**

Eine Investition ist umso vorteilhafter, je größer der Kapitalwert ist. Weichen die Anschaffungswerte und/oder Nutzungsdauern der Investitionsobjekte erheblich voneinander ab, müssen grundsätzlich **Differenzinvestitionen** angesetzt werden, um eine Vergleichbarkeit herbeizuführen.

Die Zahlungsströme lassen sich bei der Kapitalwertmethode zeitlich und betragsmäßig in ihrer Verteilung zwar differenziert ausweisen, ihre genaue Prognose kann sich wegen ungewisser Entwicklungen aber als schwierig erweisen. Dennoch wird die Kapitalwertmethode in der Praxis häufig verwendet.

► Bei der **Internen Zinsfuß-Methode** dient der interne Zinsfuß als Maßstab der Vorteilhaftigkeit von Investitionen. Das ist der Zinssatz, der beim Diskontieren einer Einzahlungsreihe und Auszahlungsreihe zu einem Kapitalwert von Null führt. Er lässt sich nicht direkt berechnen, sondern wird ermittelt, indem zwei **Versuchszinssätze** unterschiedlicher Höhe frei gewählt werden, die Eingang in folgende Formel finden:

$$r = p_1 - K_{o1} \cdot \frac{p_2 - p_1}{K_{o2} - K_{o1}}$$

r = Interner Zinsfuß
p_1 = Versuchszinssatz $_1$
p_2 = Versuchszinssatz $_2$
K_{o1} = Kapitalwert bei p_1
K_{o2} = Kapitalwert bei p_2

Beispiel

Eine Investition weist bei einem Versuchszinssatz von 8 % einen Kapitalwert von 469,13 €, bei 9 % einen Kapitalwert von - 869,63 € auf. Der interne Zinsfuß beträgt danach:

$$r = 8 - 469,13 \cdot \frac{9 - 8}{- 869,63 - 469,13} = 8 + 0,35042 = \mathbf{8,35\ \%}$$

Eine Investition ist als umso besser zu beurteilen, je höher der interne Zinsfuß liegt. Stimmen die Anschaffungswerte und/oder Nutzungsdauern alternativer Investitionsobjekte nicht (im Wesentlichen) überein, müssen im Umfang der Abweichungen ausgleichende **Differenzinvestitionen** gebildet werden.

Als **Nachteil** der Internen Zinsfuß-Methode ist anzusehen, dass die Zahlungsströme sich – wie zuvor – nicht ohne Weiteres in ihrer Höhe bzw. zeitlichen Verteilung genau zurechnen lassen. Dennoch ist sie die in der Praxis häufigst verwendete dynamische Investitionsrechnung.

► Die **Annuitätenmethode** bezieht sich auf den Periodenerfolg. Sie stellt die durchschnittlichen jährlichen Einzahlungen den durchschnittlichen jährlichen Auszahlungen gegenüber. Damit ist sie eine **Umkehrung der Kapitalwertmethode**.

Durch Multiplikation des errechneten Kapitalwertes mit dem Wiedergewinnungsfaktor ergibt sich die Annuität:

$$z = C_o \cdot \frac{q^n (q - 1)}{q^n - 1}$$

z = Annuität (€/Jahr)

$\dfrac{q^n (q - 1)}{q^n - 1}$ = Annuitätenfaktor/Wiedergewinnungsfaktor

C_o = Kapitalwert (€)

Beispiel

Ein Unternehmen investiert in eine Maschine 2.000 € und erwartet für das erste Jahr 600 € Überschuss, für das zweite Jahr 800 € und für das dritte Jahr 1.200 € Überschuss. Der Kalkulationszins beträgt 10 %.

$$z = 108,19 \cdot \frac{1,1^3 (1,1 - 1)}{1,1^3 - 1} = \mathbf{43,50\ €}$$

Eine Investition ist umso vorteilhafter, je höher die Annuität ist. Wie bei den bereits dargestellten dynamischen Investitionsrechnungen ist auch hier der **Nachteil**, dass die Zahlungsströme sich nicht ohne weiteres in ihrer Höhe bzw. zeitlichen Verteilung zurechnen lassen. Von **Vorteil** ist, dass Differenzinvestitionen nicht gebildet werden müssen.

2.2 Durchführung der Investitionen

Die Durchführung der Investitionen sollte frühzeitig eingeleitet werden. Dabei ist zu beachten, dass für die Investitionsobjekte mitunter Lieferfristen bestehen, die erheblich sein können. Bei komplexen Investitionen sind genaue Zeitpläne zu erstellen. Grundsätzlich können als Investitionen realisiert werden:

- **objektbezogene Investitionen**
- **wirkungsbezogene Investitionen**.

2.2.1 Objektbezogene Investitionen

Die Durchführung einer Investition kann sich auf objektbezogene Investitionen beziehen als:

- **Sachinvestitionen**, die am Leistungsprozess des Unternehmens direkt beteiligt sind, z. B. Maschinen, oder den Leistungsprozess ermöglichen, z. B. Gebäude. Sie werden auch **leistungswirtschaftliche Investitionen** genannt.
- **Finanzinvestitionen**, die sich auf das Finanzanlagevermögen des Unternehmens beziehen. Dazu zählen z. B. Forderungs- und Beteiligungsrechte.
- **Immaterielle Investitionen**, die dazu dienen, das Unternehmen wettbewerbsfähig zu halten bzw. seine Wettbewerbsfähigkeit zu stärken, z. B. Investitionen in Mitarbeiter sowie in Forschungs- und Entwicklungsaktivitäten.

Die für die Sachinvestitionen und Finanzinvestitionen bewirkten **Auszahlungen** lassen sich den Investitionsobjekten genau zurechnen, bei den immateriellen Investitionen ist das mehr oder weniger genau möglich. Eine genaue Zurechnung der **Einzahlungen** ist allerdings nur bei den Finanzinvestitionen machbar, ansonsten ist eine Zurechnung vielfach schwierig.

2.2.2 Wirkungsbezogene Investitionen

Die folgenden Investitionen lassen sich nach ihrer Wirkung unterscheiden:

► **Nettoinvestitionen**, die erstmals im Unternehmen vorgenommen werden, und zwar als:

Gründungsinvestitionen	Sie fallen bei der Gründung oder beim Kauf eines Unternehmens einmalig an (und danach nie mehr).
Erweiterungsinvestitionen	Sie dienen der Schaffung eines neuen Leistungspotenzials oder der Vergrößerung eines vorhandenen Potenzials, um die Kapazität des Unternehmens zu erweitern.

► **Reinvestitionen**, die ein Wiederauffüllen des durch Gebrauch oder Verbrauch verminderten Bestandes an Produktionsfaktoren darstellen, z. B. als:

Ersatzinvestitionen i. e. S.	Sie sind auf der oberen Unternehmensebene geplante Investitionen, die auf lange Sicht wirken und von langfristiger Bedeutung sind, um die Leistungsfähigkeit zu erhalten.
Rationalisierungsinvestitionen	Sie dienen der Steigerung der Leistungsfähigkeit des Unternehmens, indem nicht mehr genutzte durch neue, technisch verbesserte Investitionsobjekte ersetzt werden.
Umstellungsinvestitionen	Sie beruhen auf mengenmäßigen Verschiebungen innerhalb des Fertigungsprogrammes, wobei dieses jedoch keine Veränderung in seiner sachlichen Zusammensetzung erfährt.
Diversifizierungsinvestitionen	Sie bewirken Veränderungen des Absatzprogrammes und/oder der Absatzorganisation. Dem Unternehmen dienen sie zur Risikostreuung, z. B. durch Erschließung neuer Märkte.
Sicherungsinvestitionen	Sie erfolgen, um die wirtschaftliche Existenz des Unternehmens zu sichern, auch als Divisifizierungsinvestitionen.

Netto- und Reinvestitionen ergeben die **Bruttoinvestitionen** als Gesamtheit der in einer Wirtschaftsperiode erfolgten Investitionen eines Unternehmens.

2.3 Investitionskontrolle

Die Investitionskontrolle bildet die letzte Stufe des Investitionsprozesses und umfasst die Überwachung und Untersuchung der Investitionen. Sie ist:

► **Kontrolle der Investitionsplanung**, indem Planwerte und Istwerte gegenübergestellt und die Abweichungen ermittelt werden. Diese werden einer Abweichungsanalyse unterzogen.

► **Kennzahlenanalyse**, bei der Investitionskennzahlen untersucht werden, die sich vorrangig auf die Vermögensseite der Bilanz beziehen, z. B. als:

- **Vermögenskonstitution** (Verhältnis von Anlage- zu Umlaufvermögen)

- **Anlageintensität** (Verhältnis des Anlagevermögens zum Gesamtvermögen)

- **Umlaufintensität** (Verhältnis von Umlaufvermögen zum Gesamtvermögen)
- **Anlagennutzung** (Verhältnis des Umsatzes zu den Sachanlagen).

Die Kontrolle ist ein Teil des Controllingprozesses, der außerdem die koordinierende Planung, Steuerung und Informationsversorgung umfasst. Um steuernd eingreifen zu können, bedarf das **Investitionscontrolling** eines Frühwarnsystems.

Als **Frühwarngrößen** kommen insbesondere Kennzahlen in Betracht, mit deren Hilfe unplanmäßige Entwicklungen rasch erkannt werden können.

3. Zahlungsverkehr

Der Zahlungsverkehr ist die Summe aller Zahlungsvorgänge, die ein Unternehmen leistet. Er beruht z. B. auf geschlossenen Kaufverträgen, wonach der Käufer einer Ware verpflichtet ist, dem Verkäufer den vereinbarten Kaufpreis zu zahlen (§ 433 Abs. 2 BGB).

Der Käufer hat darauf zu achten, dass er nicht in **Zahlungsverzug** gerät, für den im BGB eine Sonderregelung vorgesehen ist. Danach kommt der Schuldner einer Entgeltforderung spätestens in Verzug, wenn er nicht innerhalb von 30 Tagen nach Fälligkeit und Zugang einer Rechnung seine Leistung erbringt (§ 286 Abs. 3 BGB).

Der **Zahlungsprozess** umfasst – siehe ausführlich *Olfert*:

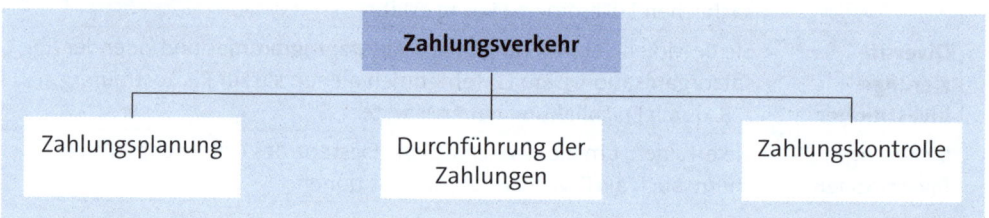

3.1 Zahlungsplanung

Die Zahlungsplanung ist die gedankliche Vorwegnahme der Zahlungen und auf zukünftiges Handeln gerichtet . Im Mittelpunkt stehen die **Zahlungsbedingungen** als Vereinbarungen über Geldschulden, die aus der geschäftlichen Tätigkeit resultieren. Dabei setzt sich die Zahlungsplanung auseinander mit:

► Dem **Zahlungszeitpunkt**, der entweder vor, bei oder nach der Lieferung einer Ware liegen kann.

► Der **Zahlungsfrist**, wenn die Zahlung nach der Lieferung der Ware erfolgen soll, z. B. „innerhalb von 10 Tagen".

► Dem **Zahlungsbetrag**, der gegebenenfalls vermindert werden kann, z. B. um 3 %, wenn innerhalb der 10 Tage bezahlt wird.

- Die **Zahlungsweise**, die bar, halbbar oder bargeldlos bzw. mit Scheck oder Wechsel erfolgen kann.

- Dem **Zahlungsort** als dem Ort, an welchem die Zahlung zu leisten ist. Der gesetzliche Erfüllungsort für die Zahlung ist der Wohnsitz oder das Geschäftslokal des Schuldners im Zeitpunkt des Vertragsabschlusses. Es kann aber auch ein vertraglicher Erfüllungsort vereinbart werden.

Die Zahlungsbedingungen sind vielfach in **Allgemeinen Geschäftsbedingungen** geregelt.

3.2 Durchführung der Zahlungen

Die Zahlungen sind zum richtigen Zeitpunkt, in der kostengünstigsten Zahlungsart und am entsprechenden Ort zu leisten. Dazu dienen:

- **Zahlungsmittel**
- **Zahlungsformen**.

3.2.1 Zahlungsmittel

Zahlungen erfolgen durch Übertragung von Zahlungsmitteln, die sein können *(Grill/ Perczynski, Olfert)*:

- **Bargeld**, das gesetzliches Zahlungsmittel ist und Banknoten bzw. Münzen umfasst. Seine Hingabe erfolgt als **Erfüllung**, d. h. mit der Zahlung ist die Verpflichtung des Schuldners gegenüber dem Gläubiger erfüllt. Jedermann muss es annehmen (Banknoten unbeschränkt, maximal 50 Münzen).

- **Buchgeld**, das kein gesetzliches Zahlungsmittel ist, aber in der Praxis aber als Giralgeld am bedeutsamsten ist. Seine Hingabe erfolgt an **Erfüllungs Statt**, d. h. die Schuld erlischt durch die Annahme der Gutschrift durch den Gläubiger. Das Buchgeld unterliegt einerseits keinem Risiko des Verlusts oder der Fälschung, andererseits ist seine Verzinsung möglich.

- **Geldersatzmittel**, die als Scheck oder Wechsel ebenfalls keine gesetzlichen Zahlungsmittel sind. Die Hingabe erfolgt **erfüllungshalber**, d. h. die Schuld erlischt durch Einlösen des Schecks oder Wechsels.

Heute spielt in der Praxis auch **elektronisches Geld** eine Rolle. Das sind vorausbezahlte Zahlungseinheiten, die anstelle von Bargeld oder Buchgeld verwendet werden können, z. B. als **Kartengeld** mit Speicherung auf einer Wertkarte.

3.2.2 Zahlungsformen

Zahlungsformen sind die in der Praxis des Zahlungsverkehrs üblichen Möglichkeiten der Zahlung. Zu unterscheiden sind *(Olfert)*:

► Die **Barzahlung**, bei welcher Bargeld in Form von Geldscheinen oder Münzen übertragen wird, vorrangig an Handel und Dienstleistung. Sie ist möglich als:

Unmittelbare Barzahlung	Hier wird Bargeld von „Hand zu Hand" gezahlt und dafür üblicherweise ein Empfangsbeleg ausgestellt.
Mittelbare Barzahlung	Bargeld wird sowohl bezahlt als auch empfangen, aber nicht „von Hand zu Hand".

Der Zahlungspflichtige, der Bargeld an den Zahlungsempfänger übergibt, erfüllt damit seine Geldverpflichtung.

► Die **halbbare Zahlung**, bei der eine Umwandlung von Bargeld in Buchgeld oder umgekehrt geschieht. Dabei muss eine der am Zahlungsverkehr beteiligten Personen über ein Konto verfügen. Es gibt:

Bare Leistung	Durch einen **Zahlschein** wandelt sich Bargeld in Buchgeld. Der Schuldner zahlt Bargeld bei einer Bank auf das Konto des Gläubigers ein, das dessen Konto gutgeschrieben wird.
Unbare Leistung	Durch einen **Barscheck** wird Buchgeld zu Bargeld. Der Schuldner weist mit dem Scheck seine Bank an, dem Einreicher die Schecksumme bar auszuzahlen. Er wird **selten** verwendet.

► Die **bargeldlose Zahlung**, bei der weder der Zahlungspflichtige noch der Zahlungsempfänger mit Bargeld in Berührung kommt. Beide verfügen über ein Konto, das nicht beim gleichen Kreditinstitut geführt werden muss. Der Zahlungsverkehr erfolgt hier mithilfe von **Buchgeld**, das jederzeit durch Abhebung in Bargeld umgewandelt werden kann.

Instrumente des bargeldlosen Zahlungsverkehrs sind:

- Überweisungen
- Schecks und Wechsel
- Lastschriften
- Debitkarten (Banken, Sparkassen)
- Kreditkarten (z. B. Visa, American Express)
- Geldkarten.

Die **elektronische** und **kartengebundene Zahlung** hat in den vergangenen Jahren erheblich an Bedeutung gewonnen – siehe ausführlich *Olfert*.

Mit den Zahlungen zwischen gebietsansässigen und gebietsfremden Geschäftspartnern befasst sich der **Auslandszahlungsverkehr**, dessen Volumen sich durch die Globalisierung der Wirtschaft und die Zunahme des grenzüberschreitenden Kapitalverkehrs stark erhöht hat.

3.3 Zahlungskontrolle

Die Zahlungskontrolle umfasst die Überwachung und Untersuchung der durchgeführten Zahlungen und schließt den Zahlungsprozess ab. Sie liefert Informationen darüber, inwieweit die Zahlungen plangemäß abgewickelt wurden und dient:

- der Feststellung von **Abweichungen** zwischen Planung und Durchführung der Zahlungen, z. B. Überschreitung der Kosten der Zahlungen

- der Untersuchung der **Ursachen** dieser Abweichungen, z. B. falsche Entscheidungen der für die Zahlung verantwortlichen Mitarbeiter

- Maßnahmen der **Anpassung** bzw. **Steuerung**, damit diese Fehler künftig vermieden werden.

Die Zahlungskontrolle ist ein Teil des Controllingprozesses, der außerdem die koordinierende Planung und Steuerung der Zahlungen bzw. Informationen darüber umfasst.

Aufgabe 39 > Seite 294

F. Personalbereich

Der Personalbereich umfasst die Gesamtheit aller personenbezogenen Funktionen im Unternehmen. Seine **Träger** sind die Führungskräfte bzw. Vorgesetzten, die Personalabteilung und die Unternehmensleitung, die für die Gestaltung der personalbezogenen Rahmenbedingungen zuständig ist. Sie haben auf die Einhaltung der (arbeits)rechtlichen Vorschriften zu achten. Seit 2006 ist auch die Gleichbehandlung der Beschäftigten gesetzlich geregelt.

Die Interessen der Arbeitnehmer werden vom **Betriebsrat** vertreten. Er ist das nach der Betriebsverfassung zuständige Organ in einem Unternehmen, das mindestens fünf Arbeitnehmer ständig beschäftigt. Seine Wahl erfolgt alle vier Jahre durch die Arbeitnehmer. Der Betriebsrat hat verschiedene **Einwirkungsmöglichkeiten** auf Entscheidungen des Unternehmens – siehe ausführlich *Olfert*:

▶ die **Mitwirkung** als Beratung und Mitsprache bei bestimmten Entscheidungen des Arbeitgebers, nicht aber als Mitentscheidung

▶ die **Mitbestimmung**, bei der er einer Entscheidung des Arbeitgebers widersprechen oder sie verhindern kann.

In das Unternehmen ist der Personalbereich wie folgt eingeordnet:

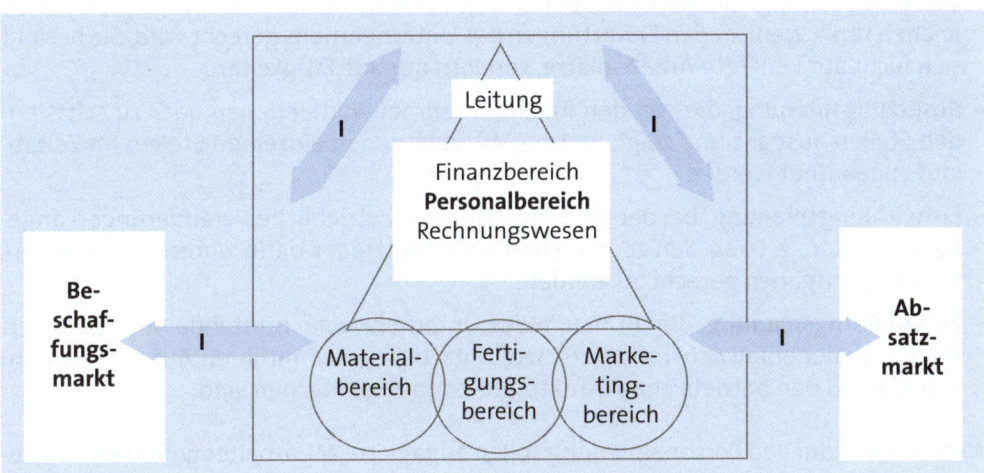

Die **Bedeutung** des Personalbereiches ist beträchtlich. Schließlich hängt der Erfolg des Unternehmens in hohem Maße von der Qualifikation und dem Engagement des beschäftigten Personales ab. Der **Personalprozess** umfasst:

Personalbereich	Personalplanung
	Durchführung im Personalbereich
	Personalkontrolle

1. Personalplanung

Die Personalplanung ist die gedankliche Vorwegnahme des zukünftigen Personalgeschehens. Sie dient der Ermittlung zukünftiger personeller Erfordernisse und der Festlegung der daraus resultierenden personellen Maßnahmen. Im Rahmen der Personalplanung sind zu unterscheiden:

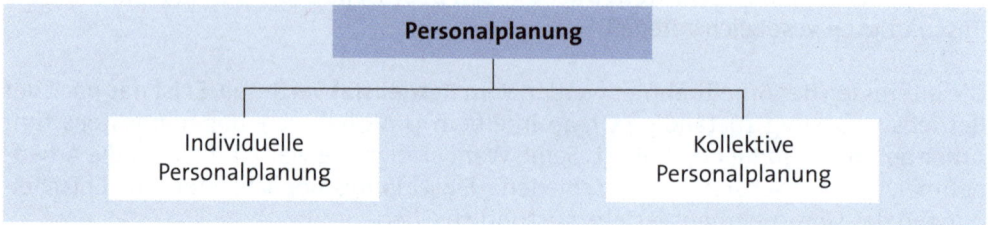

1.1 Individuelle Personalplanung

Die individuelle Personalplanung bezieht sich auf den **einzelnen Mitarbeiter** im Unternehmen, der an ihr mitwirken muss, um sie wirksam werden zu lassen. Sie kann sein – siehe ausführlich *Olfert*:

► **Laufbahnplanung**, die dem Mitarbeiter zeigt, welche Positionen er im Zeitablauf erreichen kann, wenn er den Erwartungen des Unternehmens gerecht wird. Sie bezieht sich nicht auf konkrete Arbeitsplätze, sondern nur auf Tätigkeiten.

► **Besetzungsplanung**, die von den im Unternehmen vorhandenen oder zu schaffenden Stellen ausgeht und zeigt, welche Mitarbeiter den einzelnen Stellen im Zeitablauf zugeordnet werden.

► **Entwicklungsplanung**, bei der die Mitarbeiter an betriebliche Veränderungen angepasst werden, z. B. an den technischen Fortschritt oder darin unterstützt werden, Führungsaufgaben gerecht zu werden.

► **Einarbeitungsplanung**, die für neu in das Unternehmen eintretende Mitarbeiter erfolgt, gegebenenfalls auch für versetzte Mitarbeiter, die mit ihren Aufgaben, ihrem Umfeld und den betrieblichen Strukturen vertraut zu machen sind.

Mit der individuellen Personalplanung sollen engagierte Mitarbeiter gefördert und deren Arbeitszufriedenheit erhöht werden.

1.2 Kollektive Personalplanung

Die kollektive Personalplanung befasst sich mit **Gesamtheiten von Mitarbeitern**, z. B. Gruppen, Abteilungen, Bereichen bzw. der gesamten Belegschaft. Sie umfasst – siehe ausführlich *Olfert*:

► Die **Personalbestandsplanung**, bei der sich der zukünftige quantitative Personalbestand aus den geplanten Personalzugängen und Personalabgängen ergibt. Der künftige qualitative Personalbestand zeigt sich in den Fähigkeitsprofilen der Mitarbeiter, die deren Kenntnisse und Fertigkeiten ausweisen.

► Die **Personalbedarfsplanung**, wobei der quantitative Personalbedarf, die Angaben über die tatsächlich zum Planungszeitpunkt benötigte Zahl der Mitarbeiter liefert. Die qualitative Planung zeigt sich in den Anforderungsprofilen an die Mitarbeiter.

► Die **Personaleinsatzplanung**, bei welcher der gegebene Personalbestand quantitativ dem zu erwartenden Personalbedarf gegenübergestellt wird. Unter qualitativem Aspekt werden die Fähigkeitsprofile und Anforderungsprofile der Mitarbeiter zum Planungszeitpunkt miteinander verglichen.

► Die **Personalbeschaffungsplanung**, die notwendig wird, wenn der geplante Personalbedarf größer oder qualitativ anders ist als der künftig erwartete Personalbestand.

► Die **Personalfreistellungsplanung**, die erforderlich werden kann, wenn der künftig erwartete Personalbestand größer oder qualitativ anders ist als der geplante Personalbedarf.

► Die **Personalentwicklungsplanung**, die notwendig wird, wenn die Anforderungsprofile anspruchsvoller sind als die zum Planungszeitpunkt festgestellten Fähigkeiten der Mitarbeiter.

► Die **Personalkostenplanung**, wobei sich die Personalkosten aus dem Bestand, der Beschaffung, dem Abbau, dem Einsatz und der Entwicklung des Personals ergeben.

Die individuelle und die kollektive Personalplanung sind so umzusetzen, dass die **Ziele** des Unternehmens erreicht werden.

2. Durchführung im Personalbereich

Die Durchführung der Personalmaßnahmen schließt sich der Personalplanung an. Sie hat deren Vorgaben umzusetzen. Dabei bezieht sie sich insbesondere auf:

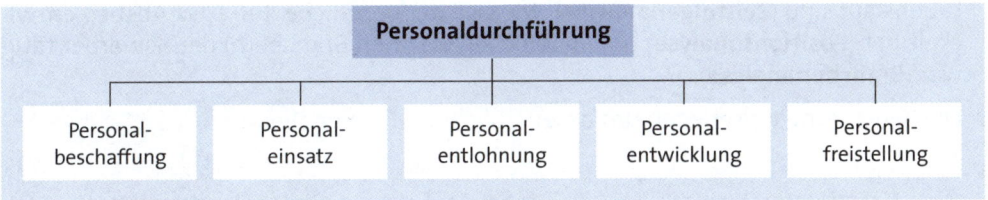

2.1 Personalbeschaffung

Die Personalbeschaffung umfasst alle Maßnahmen, mit denen die erforderlichen Arbeitskräfte in quantitativer, qualitativer und zeitlicher Hinsicht bereitgestellt werden. Sie wird notwendig, wenn der geplante Personalbedarf größer oder qualitativ anders ist als der künftige Personalbestand.

Bei der Personalbeschaffung sind vielfältige **Aufgaben** wahrzunehmen, wobei eine Gleichbehandlung der Bewerber sicherzustellen ist – siehe ausführlich *Olfert*:

➤ Die **Auswahl der Beschaffungswege**, zu denen z. B. zählen:

Innerbetriebliche Stellenausschreibung	Die zu besetzenden Stellen werden im Unternehmen ausgeschrieben, z. B. am Schwarzen Brett, in der Werkszeitung oder im Intranet. Der Betriebsrat kann die Ausschreibung verlangen.
Versetzung	Sie ist nach § 95 Abs. 3 BetrVG die Zuweisung eines anderen Arbeitsbereiches, die voraussichtlich die Dauer eines Monats überschreitet oder mit einer erheblichen Veränderung der Arbeitsumstände verbunden ist.
Arbeitsvermittlung	Sie kann öffentlich durch die Bundesagentur für Arbeit bzw. vor Ort durch die Agenturen für Arbeit oder durch private Arbeitsvermittler erfolgen.
Stellenanzeige	Sie hat die größte Bedeutung, in der Vergangenheit als **Printanzeige** in Zeitungen und Zeitschriften. Inzwischen wird die Stellenanzeige im **Internet** immer häufiger genutzt, z. B. auf firmeneigenen Homepages der Unternehmen oder von kommerziellen Jobbörsen, die von Stellensuchenden kostenlos genutzt werden können.
Personalberater	Sie unterstützen Unternehmen bei der Beschaffung von Personal, gegebenenfalls von der Stellenanzeige bis zur Einstellung.
Personalleasing	Dabei stellt ein Unternehmen (Verleiher) einem entleihenden Unternehmen seine Arbeitnehmer als Leiharbeitnehmer im Rahmen der **Arbeitnehmerüberlassung** zur Verfügung.

➤ Die **Bearbeitung der Bewerbungen**, die im Unternehmen eingehen, z. B. aufgrund einer Stellenanzeige. Dabei werden die Bewerbungsunterlagen gesichtet und daraufhin analysiert, wie oft der Arbeitsplatz gewechselt wurde und inwieweit Lücken im Lebenslauf sind (**Zeitfolgenanalyse**), wie sich der berufliche Auf- bzw. Abstieg entwickelt hat (**Positionsanalyse**) und in welcher/welchen Branche(n) der Bewerber tätig war (**Branchenanalyse**).

Die Bewerbungsunterlagen umfassen üblicherweise vor allem:

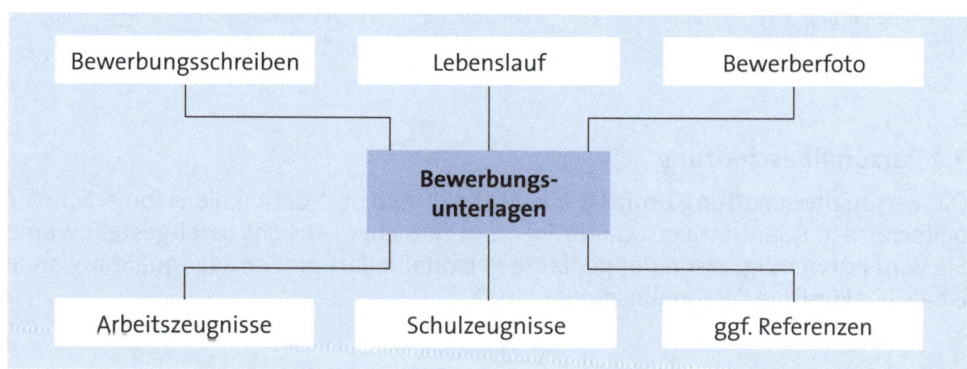

► Die interessantesten Bewerber werden zu einem **Vorstellungsgespräch** eingeladen. Es ist möglich, dass auch Eignungstests vorgenommen bzw. Assessment Center durchgeführt werden, mit deren Hilfe die Verhaltensleistungen bzw. Verhaltensdefizite der Bewerber festgestellt werden sollen.

► Der Beschaffungsvorgang wird abgeschlossen, indem die **Entscheidung** für einen Bewerber erfolgt und ein **Arbeitsvertrag** geschlossen wird. Er ist die rechtliche Grundlage für die Beziehung zwischen Arbeitgeber und Arbeitnehmer. In ihm verpflichtet sich der Arbeitnehmer zur Leistung von Diensten, der Arbeitgeber zur Beschäftigung des Arbeitnehmers.

Aufgabe 40 > Seite 294

2.2 Personaleinsatz

Nach der Personalbeschaffung erfolgt der Personaleinsatz, der die Zuordnung der Mitarbeiter zu den verfügbaren Stellen oder Arbeitsplätzen im Unternehmen darstellt, die sein muss:

► **qualitative Zuordnung**, die unter Berücksichtigung der Anforderungen der jeweiligen Stelle und der Fähigkeiten der für den Personaleinsatz in Betracht kommenden Person geschieht

► **quantitative Zuordnung**, indem die Zahl der vorhandenen Stellen mit der Zahl dafür geeigneter Mitarbeiter in Verbindung gebracht wird

► **zeitliche Zuordnung**, die sich auf die Termine des Mitarbeitereinsatzes bezieht, z. B. vormittags, nachmittags, nachts im Schichtbetrieb.

Der Personaleinsatz beginnt mit der **Einführung** und **Einarbeitung** des neuen Mitarbeiters und endet mit seinem **Ausscheiden** aus dem Unternehmen. Dazwischen liegt – nach Ablauf der Probezeit – die Haupteinsatzphase des Mitarbeiters, in welcher er die volle Personalleistung erbringt:

Im Rahmen des Personaleinsatzes geht es um drei **Problemkreise**, mit denen sich der Personalbereich zu befassen hat – siehe ausführlich *Olfert*:

► Der **Gestaltung der Arbeitsinhalte** der Mitarbeiter. Sie wird notwendig, weil die Gesamtleistung, die ein Unternehmen zu erbringen hat, z. B. Produkte herzustellen und zu vertreiben, auf die einzelnen Mitarbeiter verteilt werden muss, die im Unternehmen tätig sind.

In der Vergangenheit wurde die Strukturierung der Arbeit eher so vorgenommen, dass ein hoher Grad an **Arbeitsteilung** das Ergebnis war. Zahlreiche Mitarbeiter führten als Spezialisten in ständiger Wiederholung denselben Arbeitsgang an allen Teilen der Gesamtmenge aus.

Da dies von den Arbeitnehmern als stumpfsinnig, belastend, unflexibel und demotivierend empfunden wurde, erfolgte in den letzten 20 Jahren die Entwicklung von Konzepten, die zu einer **Erweiterung** bzw. **Anreicherung** der Arbeitsaufgaben führten.

► Die **Gestaltung des Arbeitsplatzes**, der den körperlichen und seelischen Gegebenheiten des Menschen entsprechen und sicher sein sollte, z. B. im Hinblick auf die Abmaße des Arbeitsplatzes, wirtschaftlichen Muskeleinsatz sowie Beleuchtung, Klima, Lärm am Arbeitsplatz.

► Die **Gestaltung der Arbeitszeit**, welche die Zeit vom Beginn bis zum Ende der Arbeit ohne Ruhepausen darstellt (§ 2 Abs. 1 ArbZG). Sie ist in den letzten Jahren verstärkt flexibilisiert und individualisiert worden, z. B. als:

Teilzeitarbeit	Sie ist die vom einzelnen Arbeitnehmer zu erbringende Wochenarbeitszeit, die gegenüber der betriebsüblichen Arbeitszeit vergleichbar vollbeschäftigter Arbeitnehmer verkürzt ist.
Gleitende Arbeitszeit	Bei ihr kann der Arbeitnehmer den Beginn und gegebenenfalls auch die Dauer seiner täglichen Arbeitszeit bestimmen, wobei er i. d. R. während einer **Kernzeit** anwesend sein muss.
Kapazitätsorientierte variable Arbeitszeit	Mit ihr können die Lage und Dauer der Arbeitszeit vom Arbeitgeber an den Arbeitsanfall angepasst werden. Dieser muss die Lage der Arbeitszeit dem Arbeitnehmer aber jeweils vier volle Tage im Voraus mitteilen.
Jahresarbeitszeit	Sie ist die Arbeitszeit, die ein Mitarbeiter im Verlaufe des Kalenderjahres zu erbringen hat, wobei sie über das Jahr hinweg schwanken kann, z. B. aus saisonalen Gründen.
Vertrauensarbeitszeit	Bei ihr wird auf die Erfassung der Arbeitszeit und deren Auswertung verzichtet. Der Mitarbeiter hat weitgehende Gestaltungsfreiheit bei der Arbeitszeit.

2.3 Personalentlohnung

Die Personalentlohnung umfasst die geldlichen Leistungen des Unternehmens an seine Arbeitnehmer, die in unmittelbarem Zusammenhang mit den von ihnen erbrachten Arbeitsleistungen stehen. Sie erfolgen grundsätzlich in Form des **Arbeitslohnes**, können in einzelnen Fällen aber auch **geldwerte Leistungen** sein, z. B. als privat nutzbares Dienstfahrzeug.

Die Höhe des jeweiligen Lohnes, den die Arbeitnehmer erhalten, soll den erbrachten Leistungen entsprechen. Dies sicherzustellen ist jedoch nicht ohne Schwierigkeiten zu bewirken, denn eine **absolute Lohngerechtigkeit** gibt es nicht.

Es kann nur versucht werden, eine **relative Lohngerechtigkeit** herbeizuführen, z. B. als Ergebnis von Verhandlungen zwischen den Arbeitgebern und Arbeitnehmern bzw. deren Gewerkschaften. Dabei ist es möglich, sich an verschiedenen Lohn beeinflussenden **Kriterien** zu orientieren:

► den Anforderungen als Schwierigkeitsgrad der Arbeitsaufgaben

► den Qualifikationen, welche die Arbeitnehmer aufzuweisen haben

► den quantitativen und qualitativen Leistungen der Arbeitnehmer

► der Situation am Arbeitsmarkt

► sozialen Erwägungen, z. B. Lebensalter, Familienstand.

Die Ermittlung des Schwierigkeitsgrades der Arbeitsaufgaben geschieht mithilfe der **Arbeitsbewertung**. Sie stellt die Untersuchung und Beschreibung der im Unternehmen zu leistenden Arbeiten dar, um deren Verhältnis zueinander nach dem Arbeitsinhalt oder den Arbeitsanforderungen festzulegen, wobei von Normalleistungen der Arbeitnehmer ausgegangen wird. Das Ergebnis ist ein **Arbeitswert**, welcher der Differenzierung der Löhne dient.

Rechtsgrundlagen für die Personalentlohnung sind die **Tarifverträge**, in denen die Bedingungen von Arbeitsverhältnissen zwischen Gewerkschaften und Arbeitgeber(verbänden) festgelegt werden, **Betriebsvereinbarungen**, die zwischen einzelnen Arbeitgebern und ihren Betriebsräten geschlossen werden, und die mit den einzelnen Arbeitnehmern vereinbarten **Arbeitsverträge**.

Die **Arbeitslöhne** umfassen – siehe ausführlich *Olfert*:

► Die im Rahmen der **Lohnformen** gewährten Leistungen, die vor allem sein können:

Zeitlohn	Bei ihm wird ein bestimmter Lohnsatz pro Zeiteinheit gezahlt:
	$$\text{Zeitlohn} = \frac{\text{Lohnsatz}}{\text{je Zeiteinheit}} \cdot \frac{\text{Anzahl}}{\text{der Zeiteinheiten}}$$
	Beispiel: Ein Arbeiter hat im Abrechnungszeitraum 40 Stunden gearbeitet. Der Lohnsatz beträgt 14,50 €/Std.
	$\text{Zeitlohn} = 14{,}50 \cdot 40 = \textbf{580 €}$
	Der Zeitlohn ist nicht unmittelbar leistungsbezogen. Er bietet keinen Anreiz zur Leistungssteigerung, kann aber der Sorgfalt und Qualität der Arbeit förderlich sein.

Akkordlohn	Er weist einen unmittelbaren **Leistungsbezug** auf, denn es wird die geleistete Arbeitsmenge entgolten. Sein Einsatz ist möglich, wenn gleichartige, sich wiederholende, vorwiegend körperliche Tätigkeiten zu entlohnen sind.

Der Akkordlohn besteht aus dem **Mindestlohn**, der tariflich garantiert ist, und dem **Akkordzuschlag**, der üblicherweise 15 % bis 25 % des Mindestlohnes beträgt.

Mindestlohn und Akkordzuschlag zusammen werden als **Grundlohn** oder **Akkordrichtsatz** bezeichnet, der den Lohn einer Arbeitskraft bei Normalleistung darstellt.

► Der **Stück-** oder **Geldakkord**, bei dem der Arbeitskraft ein bestimmter Geldbetrag pro Stück vorgegeben bzw. gutgeschrieben wird:

$$\text{Akkordsatz} = \frac{\text{Akkordrichtsatz}}{\text{Leistungseinheiten bei Normalzeit}}$$

$$\text{Akkordlohn} = \text{Leistungsmenge} \cdot \text{Akkordsatz}$$

Beispiel: Der Zeitlohn beträgt 15 €/Std., der Akkordzuschlag 20 %. Die Vorgabezeit pro gefertigtes Stück umfasst 10 Minuten.

$$\text{Akkordsatz} = \frac{15 + 15 \cdot 0{,}20}{6} = \textbf{3,00 €/Stück}$$

Wenn der Arbeiter durchschnittlich 8 Stück/Stunde fertigt, gilt:

Akkordlohn = 8 · 3,00 = **24,00 €/Std.**

► Der **Zeitakkord**, bei dem der Arbeitskraft eine bestimmte Zeit pro Stück vorgegeben bzw. gutgeschrieben wird.

$$\text{Akkordlohn} = \text{Leistungsmenge} \cdot \text{Minutenfaktor} \cdot \text{Vorgabezeit}$$

$$\text{Minutenfaktor} = \frac{\text{Akkordrichtsatz}}{60}$$

Akkordlohn	**Beispiel:** Der Zeitlohn beträgt 15 €/Std., der Akkordzuschlag 25 %. Die Vorgabezeit pro gefertigtes Stück ist 20 Minuten, pro Stunde werden 6 Stück hergestellt. $$\text{Minutenfaktor} = \frac{15 + 15 \cdot 0{,}25}{60} = \textbf{0{,}3125}$$ Akkordlohn = 6 · 20 · 0,3125 = **37,50 €/Std.** Der Akkordlohn reizt zur Leistung an und bietet eine genaue Kalkulationsgrundlage. Überbelastungen von Menschen und Maschinen, Qualitätseinbußen und eine aufwändige Datenermittlung sind nachteilig.
Prämienlohn	Bei ihm wird neben einem zeitbezogenen Grundlohn eine leistungsbezogene Prämie bezahlt, z. B. als Mengenleistungsprämie oder Güteprämie: Prämienlohn = Grundlohn + Prämie Der Prämienlohn wird verwandt, wenn das Arbeitsergebnis vom Arbeitnehmer beeinflusst werden kann, die Ermittlung genauer Vorgaben aber unwirtschaftlich oder unmöglich ist.

► Zum Lohn als Zeitlohn, Akkordlohn oder Prämienlohn können **ergänzende Leistungen** kommen, z. B.:

Zuschläge	Sie werden auch als **Zulagen** bezeichnet und gewährt für: ► besondere Leistungen, z. B. Leistungszulagen, Funktionszulagen ► ungünstige Arbeitsumstände, z. B. Schichtzuschläge, Schmutzzulagen ► soziale Gegebenheiten, z. B. Ortszuschläge, Kinderzuschläge.
Gratifikationen	Das sind Anlass bedingte Vergütungen, die dienen als: ► Belohnung für erbrachte Dienste ► Ansporn für künftige Leistungen. **Beispiele** sind die Weihnachtsgratifikation, Urlaubsgratifikation und Jubiläumsgratifikation.

Die Arbeitslöhne stellen zusammen mit den Personalzusatzkosten, die in keinem unmittelbaren Zusammenhang mit der Leistungserstellung stehen, aber rund 80 % der Arbeitslöhne ausmachen, die **Personalkosten** dar, die das Unternehmen zu tragen hat.

Zu den **Personalzusatzkosten** zählen:

- **Löhne ohne Leistung**, z. B. bei Arbeitsunfähigkeit, während des Erholungsurlaubes, an gesetzlichen Feiertagen

- **soziale Abgaben**, die für die Krankenversicherung, Pflegeversicherung, Rentenversicherung und Arbeitslosenversicherung, Unfallversicherung anfallen

- Kosten, die für **Sozialmaßnahmen** als direkte Übertragungen von Sozialleistungen an Mitarbeiter sowie **Sozialeinrichtungen** anfallen.

Aufgabe 41 > Seite 295

2.4 Personalentwicklung

Die Personalentwicklung umfasst alle Maßnahmen zur Erhaltung und Verbesserung der Qualifikation der Mitarbeiter. Ihr können zugerechnet werden – siehe ausführlich *Olfert*:

- Die **Ausbildung** als berufliche Erstausbildung, die in einem anerkannten Ausbildungsberuf erfolgt, z. B. Industriekaufmann. Sie wird in Deutschland üblicherweise im **„dualen System"** durchgeführt, d. h. im Unternehmen und in der Berufsschule mit wochentäglichem oder Blockunterricht. Es gibt aber auch überbetriebliche Ausbildungsstätten.

  Im weiteren Sinne wird auch von Ausbildung gesprochen, wenn es sich um eine Anlernausbildung, ein Praktikum, ein Volontariat oder ein Traineeprogramm handelt.

- Die **Fortbildung**, die auf der Ausbildung aufbaut, um dort erworbene Kenntnisse und Fertigkeiten zu erhalten, zu erweitern oder anzupassen. Sie kann sein:

Fortbildung am Arbeitsplatz (Training-on-the-job)	Durch sie lernen die Mitarbeiter die praktischen Bedingungen „vor Ort" kennen, und sie können sich Erfahrungen aneignen. **Beispiele** dafür sind das Lernen am Arbeitsplatz bzw. durch Arbeitsplatzwechsel, als Assistent oder Stellvertreter, durch Projektarbeit.
Fortbildung außerhalb des Arbeitsplatzes (Training-off-the-job)	Sie ist nicht – wie die Fortbildung am Arbeitsplatz – den dortigen Zwängen unterworfen, z. B. eines festgeschriebenen Arbeitsablaufes, sondern sie kann die Bildungserfordernisse vorrangig berücksichtigen. **Beispiele** hierfür sind Vorträge, Vorlesungen, Lehrgespräche, Fallstudien, Rollenspiele, Planspiele, Workshops.

▸ Die **Umschulung**, mit welcher der Übergang in einen anderen Beruf ermöglicht bzw. die berufliche Beweglichkeit verbessert werden soll, z. B. wegen einer Berufskrankheit oder Arbeitslosigkeit.

Sie ist in einem anerkannten **Ausbildungsberuf** mit verkürzter Ausbildungszeit oder **fortbildungsähnlich** zur Vermittlung spezieller Qualifikationen möglich.

Ebenfalls der Personalentwicklung zugerechnet werden können Maßnahmen der **Personalförderung**. Damit werden Mitarbeiter in ihrer persönlichen Entwicklung unterstützt, z. B. indem sie gecoacht werden. Auch die **Laufbahnplanung** für die Mitarbeiter gehört dazu.

2.5 Personalfreistellung

Die Personalfreistellung umfasst alle Maßnahmen, die der Personalerhaltung, Personaleinschränkung und dem Personalabbau dienen. Zu unterscheiden sind – siehe ausführlich *Olfert*:

▸ Die **interne Personalfreistellung**, bei der die personelle Kapazität durch die Änderung bestehender Arbeitsverhältnisse angepasst wird, ohne dass es zu einem Personalabbau kommt, z. B. durch:

- **Abbau von Mehrarbeit**, d. h. Reduzierung der Arbeitzeit, die über die meist tarifvertraglich festgelegte, betriebsübliche Arbeitszeit hinausgeht, z. B. Überstunden

- **Einführung von Kurzarbeit**, d. h. die vorübergehende Herabsetzung der betriebsüblichen, regelmäßigen Arbeitszeit mit der Folge von Entgeltminderungen

- **Flexibilisierung der Arbeitszeit**, z. B. Teilzeitarbeit auf längere Zeit, Einführung der gleitenden Arbeitszeit, Vereinbarung von Jahresarbeitszeit

- **sonstige Möglichkeiten**, z. B. Gestaltung des Urlaubs mit Verschiebung der Leistungserbringung. Auch Versetzung, Umsetzung und Fortbildung von Mitarbeitern sind möglich.

Bevor Arbeitgeber einen Abbau des Personals vornehmen, müssen sie alle für die Vertragsparteien zumutbaren und rechtlich zulässigen Möglichkeiten ausschöpfen, um Entlassungen zu vermeiden.

▸ Die **externe Personalfreistellung**, bei der die personelle Kapazität durch Beendigung bestehender Arbeitsverhältnisse angepasst wird, sodass es zu einem **Personalabbau** kommt, z. B. durch:

- **Änderungskündigung**, bei der ein Arbeitgeber das Arbeitsverhältnis kündigt und in Verbindung mit der Kündigung die Fortsetzung des Arbeitsverhältnisses mit veränderten – meist schlechteren – Arbeitsbedingungen anbietet. Wird das Angebot nicht angenommen, tritt die externe Personalfreistellung ein, d. h. das Arbeitsverhältnis wird beendet.

- **Ordentliche Kündigung**, bei der das Arbeitsverhältnis nicht sofort mit dem Wirksamwerden der Kündigung aufgelöst wird, sondern erst nach Ablauf einer Kündigungsfrist und oft zu bestimmten Zeitpunkten.

- **Außerordentliche Kündigung**, bei der das Arbeitsverhältnis i. d. R. mit sofortiger Wirkung zum Zeitpunkt des Zuganges der Willenerklärung beendet wird, z. B. bei Straftaten gegen den Arbeitgeber, schweren Störungen des Betriebsfriedens.

- **Aufhebungsvertrag**, bei dem das Arbeitsverhältnis einvernehmlich zu einem bestimmten Zeitpunkt beendet wird. Dieser Vertrag bedarf der Schriftform (§ 623 BGB). Eine Abfindung kann in Verbindung mit ihm vereinbart werden.

Mit der externen Personalfreistellung scheidet der Arbeitnehmer aus dem Unternehmen aus. In vielen Fällen wird er eine neue Tätigkeit aufnehmen, die mit seinem neuen Arbeitgeber bereits schon vereinbart sein kann.

Es ist aber auch möglich, dass dem ausscheidenden Arbeitnehmer (noch) kein neuer Arbeitsplatz zur Verfügung steht, z. B. weil – oftmals nach der Kündigung durch das bisherige Unternehmen – die Stellensuche noch andauert.

Abschließende Maßnahmen des Arbeitgebers bei der externen Personalfreistellung können sein *(Olfert)*:

- Beurlaubung des Arbeitnehmers zum Zwecke der Bewerbung
- Führung eines Abgangsinterviews, wenn der Arbeitnehmer gekündigt hat
- Entlassungsgespräch, wenn die Kündigung durch den Arbeitgeber erfolgte
- Erstellung eines Arbeitszeugnisses für den Arbeitnehmer
- Aushändigung der Arbeitspapiere.

Die Rückgabe von Firmeneigentum sowie die Übergabe der Arbeitspapiere wird häufig in einer **Ausgleichsquittung** festgehalten.

Aufgabe 42 > Seite 295

3. Personalkontrolle

Die personalbezogene Kontrolle stellt die Überwachung bzw. Untersuchung der Aktivitäten des Personalwesens dar und soll den Prinzipien der Wirtschaftlichkeit und Humanität gerecht werden. Sie erfolgt auf verschiedenen **Ebenen** des Unternehmens als:

► **unternehmensbezogene Personalkontrolle**, die von der Unternehmensleitung ausgeht, z. B. als Kontrolle des personalwirtschaftlichen Rechnungswesens durch den Arbeitsdirektor im Großunternehmen oder die Gewinnung von Frühwarninformationen

► **bereichsbezogene Personalkontrolle**, die z. B. durch den Bereichsleiter oder die Personalleitung erfolgt, wobei die Erfüllung der personalwirtschaftlichen Ziele kontrolliert wird

► **gruppenbezogene Personalkontrolle**, die durch die Gruppenleiter vorgenommen wird, z. B. als Fremdkontrolle im Rahmen eines betrieblichen Gruppenakkordsystems

- **individualbezogene Personalkontrolle**, z. B. in Form der Zeiterfassung der Arbeitnehmer über eine Kontrolluhr, der Kontrolle von Behältnissen beim Betreten und Verlassen des Unternehmens.

Die Personalkontrolle ist ein Teil des **Personalcontrolling**, das außerdem die koordinierende Planung, Steuerung und Informationsversorgung im Personalbereich umfasst. Um steuernd eingreifen zu können, bedarf das Personalcontrolling eines Frühwarnsystems. Als **Frühwarngrößen** eignen sich z. B. folgende Kennzahlen:

- **Strukturbezogene Kennzahlen**

$$\text{Frauenquote (in \%)} = \frac{\text{Zahl der Frauen}}{\text{Gesamter Personalbestand}} \cdot 100$$

$$\text{Schwerbehindertenquote (in \%)} = \frac{\text{Zahl der Schwerbehinderten}}{\text{Gesamter Personalbestand}} \cdot 100$$

$$\text{Quote älterer Arbeitnehmer (in \%)} = \frac{\text{Zahl älterer Arbeitnehmer}}{\text{Gesamter Personalbestand}} \cdot 100$$

- **Kennzahlen zur Personalbewegung**

$$\text{Einstellungsquote (in \%)} = \frac{\text{Zahl der Einstellungen}}{\text{Zahl der Bewerbungen}} \cdot 100$$

$$\text{Versetzungsquote (in \%)} = \frac{\text{Zahl der Abgänge durch Versetzung}}{\text{Durchschnittlicher Personalbestand}} \cdot 100$$

$$\text{Fluktuationsquote nach BDA (in \%)} = \frac{\text{Zahl älterer Arbeitnehmer}}{\text{Durchschnittlicher Personalbestand}} \cdot 100$$

- **Kennzahlen zu Arbeitszeiten**

$$\text{Fehlzeitenquote (in \%)} = \frac{\text{Fehlzeiten (in Std. oder Tagen)}}{\text{Soll-Arbeitszeit (in Std. oder Tagen)}} \cdot 100$$

$$\text{Krankheitsausfallquote (in \%)} = \frac{\text{Kranheitsausfall (in Std. oder Tagen)}}{\text{Soll-Arbeitszeit (in Std. oder Tagen)}} \cdot 100$$

$$\text{Überstundenquote (in \%)} = \frac{\text{Zahl der Überstunden}}{\text{Soll-Arbeitszeit (in Std.)}} \cdot 100$$

► **Kennzahlen zu Personalkosten**

$$\text{Personalkostenquote (in \%)} = \frac{\text{Personalkosten}}{\text{Gesamtkosten}} \cdot 100$$

$$\text{Personalkosten je Stunde (in €)} = \frac{\text{Gesamte Personalkosten}}{\text{Zahl geleisteter Arbeitsstunden}} \cdot 100$$

$$\text{Personalintensität (in \%)} = \frac{\text{Gesamte Personalkosten}}{\text{Umsatz}} \cdot 100$$

Aufgabe 43 > Seite 296

G. Rechnungswesen

Das betriebliche Rechnungswesen umfasst die Gesamtheit der Einrichtungen und Verrichtungen, die das Ziel verfolgen, alle betriebswirtschaftlich wesentlichen Gegebenheiten und Vorgänge zahlenmäßig sowohl nach **Geldeinheiten** als auch – soweit möglich – nach **Mengeneinheiten** zu erfassen.

Die **Einordnung** des Rechnungswesens im Unternehmen ist in folgender Weise möglich:

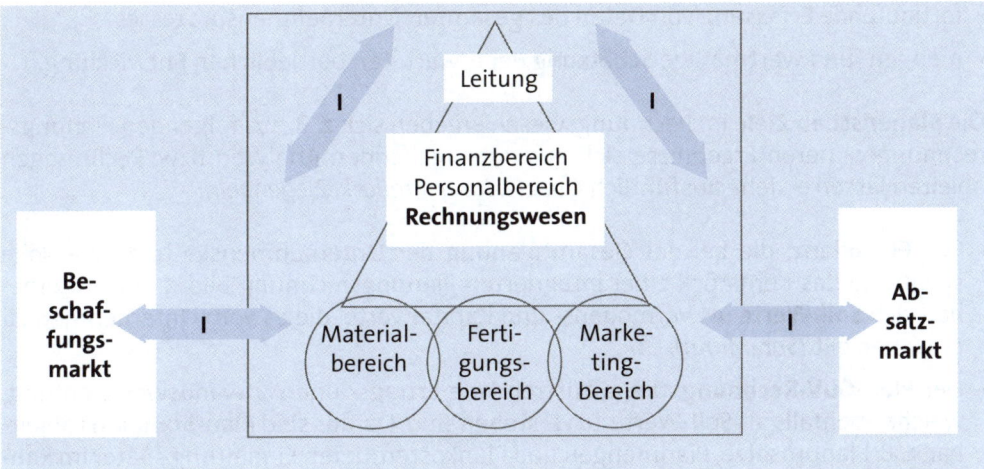

Das Rechnungswesen ist ein wesentlicher Bestandteil eines funktionsfähigen Unternehmens. Seine **Aufgaben** sind *(Eisele, Lücke, Wedell)*:

▸ die **Dokumentation** als Aufstellung aller Geschäftsereignisse, d. h. aller Daten, die das Vermögen, das Kapital und den Erfolg des Unternehmens betreffen

▸ die **Rechenschaftslegung** als Information der Eigentümer, Finanzbehörden und Gläubiger über die Vermögens-, Schulden- und Erfolgssituation des Unternehmens

▸ die **Kontrolle** als direkte Überwachung der Wirtschaftlichkeit und Rentabilität der betrieblichen Prozesse sowie der Liquidität des Unternehmens.

Die sich aus dem Rechnungswesen ergebenden Informationen dienen der **Unternehmensleitung** als Grundlage zur Führung und Steuerung des Unternehmens.

Der **Prozess** im Rechnungswesen umfasst:

Rechnungswesen	Planung im Rechnungswesen
	Durchführung im Rechnungswesen
	Kontrolle im Rechnungswesen

1. Planung im Rechnungswesen

Die Planung im Rechnungswesen ist die gegenwärtige gedankliche Vorwegnahme zukünftigen Zahlenmaterials, das auf Daten der Buchführung, des Jahresabschlusses, der Kostenrechnung und der Statistik basiert.

Da im Rechnungswesen sehr umfangreiches Zahlenmaterial zu berechnen ist, wird in der Betriebswirtschaftslehre auch von **Planungsrechnung** gesprochen *(Jung, Olfert, Wöhe)*. Sie liefert Informationen zu allen Unternehmensbereichen und ist:

► fortlaufende **Erfassung** von Daten des gesamten Unternehmensprozesses

► mengen- und wertmäßige **Schätzung** der erwarteten betrieblichen Entwicklung.

Die **planerischen Ziele** im Rechnungswesen ergeben sich z. B. aus folgenden Planungsrechnungen, deren Ergebnisse sich aus entsprechenden Analysen bzw. Rechnungen ableiten lassen – siehe ausführlich *Gabele, Jung, Kralicek, Ziegenbein*:

► Der **Planbilanz**, die bei der Gesamtplanung der Unternehmensleitung eine Rolle spielt und das Kernstück einer integrierten Planungsrechnung bildet. Aus ihr ergeben sich **Soll-Werte** als Vermögens- und Kapitalwerte, die es vom Unternehmen zu erreichen gilt *(Spremann)*.

► Der **Plan-GuV-Rechnung**, die anzustrebende Ertrags- und Aufwandswerte enthält, welche ebenfalls als Soll-Werte zu verstehen sind. Daraus sind **Plan-Standards** ableitbar, z. B. Planumsätze, Planmengen und Plankosten, deren Einhaltung später im Rahmen eines Soll-Ist-Vergleichs zu kontrollieren ist.

Die Ergebnisse bzw. Kennzahlen dieser Planungsrechnungen bilden ein wesentliches Instrument zur Steuerung des gesamten Unternehmens. Anhand dieser Informationen kann sich die **Unternehmensleitung** z. B. einen Überblick über die voraussichtliche Gewinnentwicklung bzw. über den Nettoerfolg verschaffen.

Wie diese Planungsrechnungen in der **Praxis** tatsächlich betrieben werden, hängt vor allem von den Intentionen der Planungsträger und von situativen Bedingungen des Unternehmens ab, z. B. Betriebsgröße, Umfeldsituation, Zentralisierungsgrad der Planung.

2. Durchführung im Rechnungswesen

Die Durchführung der geplanten Maßnahmen im Rechnungswesen ist eine anspruchsvolle Aufgabe, da die zu verarbeitenden und zu prognostizierenden Informationen komplex und – aufgrund der zu beachtenden Rechtsgrundlagen – zugleich kompliziert sind.

Hinzu kommt für die Verantwortlichen die grundsätzliche Problematik der **Voraussehbarkeit** und **Vorausbestimmbarkeit** späterer Ereignisse. Je unvollkommener die Informationen des Rechnungswesens an die Unternehmensleitung sind, desto größer sind die **Unsicherheiten** und **Risiken**, die in den Erwartungen an die Planerfüllung und in der Umsetzbarkeit der Pläne stecken.

Mit zunehmender Unternehmensgröße wird die Umsetzung der Planungsrechnungen immer schwieriger und erfordert die Anwendung immer komplexerer Rechenverfahren. Heute sind z. B. für kapitalmarktorientierte Unternehmen internationale Rechnungslegungsvorschriften nach **IFRS** (International Financial Reporting Standards) zu beachten – siehe ausführlich *Bolin/Ditges/Arendt*.

Hinsichtlich der im Rechnungswesen durchzuführenden Aufgaben sind zu unterscheiden:

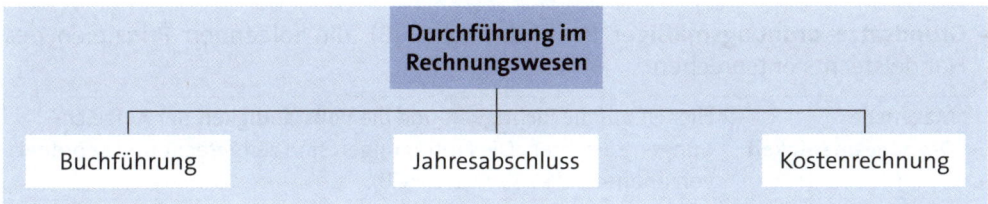

2.1 Buchführung

Die Buchführung ist die zeitlich und sachlich geordnete Aufzeichnung der betrieblichen **Geschäftsvorfälle**. Sie bildet das zentrale Teilgebiet des Rechnungswesens und dokumentiert die Kapital- und Vermögensbewegungen des Unternehmens. Dazu gehören z. B.:

► Sammeln von Belegen

► Eintragungen in Konten

► Formulieren von Buchungssätzen

► Abschluss der Konten.

Die Buchführung kann funktional als Tätigkeit und die **Buchhaltung** im institutionellen Sinne als Einrichtung gesehen werden. Die Begriffe werden aber auch synonym verwendet. Die Buchführung erfolgt in – siehe ausführlich *Zschenderlein*:

► der **Geschäfts-** oder **Finanzbuchhaltung**, in der die Außenbeziehungen des Unternehmens erfasst werden, z. B. zu Kunden, Lieferanten, Gläubigern und Schuldnern

► der **Betriebsbuchhaltung**, in welcher die innerbetrieblichen Vorgänge rechnerisch erfasst werden, z. B. als Kosten- und Leistungsrechnung bzw. Material- und Lohnbuchführung.

Im Rahmen der **Erfassung der Bestände** sind zu unterscheiden:

- Die **Inventur** als mengen- und wertmäßige Erfassung des tatsächlichen Bestandes des Vermögens und der Schulden eines Unternehmens für einen bestimmten Zeitpunkt durch körperliche Bestandsaufnahme (§§ 240, 241 HGB).
- Das **Inventar** als Verzeichnis aller Ergebnisse der Inventur. Darin erfolgt eine wertmäßige Aufnahme der Güter, soweit sie nicht hochwertige Güter darstellen.

Die Buchhaltung ist an die Einhaltung von **Grundsätzen des Rechnungswesens** gebunden, welche durch die kaufmännische Praxis entwickelte und durch die Rechtsprechung konkretisierte Regelungen darstellen. Das sind *(Olfert,Zschenderlein)*:

- **Grundsätze ordnungsmäßiger Buchführung** (GoB), die folgenden Prinzipien des Handelsrechts entsprechen:

Materielle Ordnungsmäßigkeit	Hier ist auf die **Richtigkeit** und die **Vollständigkeit** der Aufzeichnungen zu achten. Die Eintragungen sind zeitgerecht und geordnet vorzunehmen (§ 239 Abs. 2 HGB).
Formelle Ordnungsmäßigkeit	Es sind die Grundsätze der **Klarheit** und **Übersichtlichkeit** zu beachten. Keine Buchung darf ohne einen Beleg erfolgen (§ 146 Abs. 1 AO).

- **Grundsätze ordnungsmäßiger Bilanzierung**, zu denen als Prinzipien zählen:

Bilanzklarheit	Die Bilanz muss klar bzw. übersichtlich sein (§ 243 HGB) und ist innerhalb der vorgeschriebenen Zeit aufzustellen (§ 264 HGB).
Bilanzwahrheit	Es müssen sämtliche Vermögenswerte enthalten sein, die wahrheitsgemäß zu bewerten sind. Dieser Grundsatz wird im HGB nicht direkt angesprochen.
Bilanzkontinuität	Die Bilanz muss die Vergleichbarkeit der einzelnen Abschlüsse ermöglichen, z. B. durch gleiche Gliederung aufeinander folgender Bilanzen (§ 265 Abs. 1 HGB).
Bilanzidentität	Die Schlussbilanz des einen Jahres muss mit der Eröffnungsbilanz des folgenden Jahres identisch sein (§ 252 Abs. 1 HGB).

Im Rahmen der Buchführung sind **Buchungen** durchzuführen, d. h. die Geschäftsvorfälle werden unter Zugrundelegung von Buchungssätzen in entsprechenden Konten und in den Büchern der Buchhaltung erfasst. Daraus entstehen **Buchungsfälle**, wobei jede Buchung mindestens zwei Konten berührt.

Die **Buchführung** umfasst – siehe ausführlich *Zschenderlein*:

- **Kontenführung**
- **Abschlussarbeiten**.

2.1.1 Kontenführung

Die Kontenführung bildet die **Grundlage** der Buchführung. Durch sie soll jede Position gesondert erfasst und Veränderungen der einzelnen Positionen in Konten festgehalten werden. Dabei sind zu unterscheiden *(Zschenderlein)*:

► Das **Konto**, das eine zweiseitige Rechnung zur Aufnahme und wertmäßigen Erfassung von Geschäftsvorfällen ist, die sich in Buchungssätzen darstellen lassen.

Beispiel

Betriebsstoffe werden gekauft und durch Banküberweisung gezahlt. Der Buchungssatz lautet dann:

Betriebsstoffe	an	Bank	2.000 €

Werden außerdem Betriebsstoffe unter Inanspruchnahme eines Kredites des Lieferanten auf Ziel gekauft, also nicht sofort bezahlt, lautet der Buchungssatz:

Betriebsstoffe	an	Verbindlichkeiten	6.000 €

In dem Konto „Betriebsstoffe" wird zunächst von einem **Anfangsbestand** ausgegangen. Dann werden die **Geschäftsvorfälle** gesammelt und auf dieses Konto gebucht. Das geschieht bei Zunahme der Betriebsstoffe durch Bankzahlung bzw. durch Verbindlichkeiten auf der Sollseite.

Der **Schlussbestand** zeigt sich auf der Habenseite:

S	Betriebsstoffe		H
Anfangsbestand (AB)	40.000,00	Schlussbestand	48.000,00
Bank	2.000,00		
Verbindlichkeiten	6.000,00		
	48.000,00		48.000,00

► Der **Kontenrahmen**, in den die einzelnen Konten bzw. Kontenklassen systematisch eingeordnet sind, z. B. enthält der Industriekontenrahmen (IKR) in der Kontenklasse 5 die Erträge und in der Kontenklasse 6 die Aufwendungen.

Die Buchführung ist meistens eine **doppelte Buchführung**, die für alle Kaufleute vorgeschrieben ist. Jeder Geschäftsvorfall ruft dabei eine zweifache Veränderung hervor, d. h. mit jedem Geschäftsvorfall werden immer zwei Konten angesprochen.

Eine Buchung im **Soll** eines Kontos erfordert zum Erhalt der Bilanzgleichung eine entsprechende Buchung im **Haben** eines anderen Kontos.

Beispiel

Bei dem Buchungssatz „Betriebsstoffe an Bank 2.000 €" wird in dem Konto „Bank" auf der Habenseite der Betrag von 2.000 € gegengebucht. Der Schlussbestand des Kontos ergibt sich aus dem Saldo zwischen Sollseite und Habenseite:

S	Bank		H
Anfangsbestand	10.000,00	Betriebsstoffe	2.000,00
		Schlussbestand	8.000,00
	10.000,00		10.000,00

Im Rahmen der **doppelten** Buchführung sind zu unterscheiden *(Zschenderlein)*:

▸ Die **Bestandskonten**, die den Bestand von Vermögensgütern und Schulden enthalten. Sie sind Konten, deren Werte in die **Bilanz** eingehen:

- Auf der **Aktiv-Seite** der Bilanz z. B. als Schlussbestand des Kontos „Bank". Die Zugänge an Bankmitteln des Unternehmens werden im Soll des Bankkontos bzw. die Abgänge an Bankmitteln im Haben gezeigt.

- Auf der **Passiv-Seite** der Bilanz z. B. als Schlussbestand des Kontos „Verbindlichkeiten". Im Soll dieses Kontos wird die Verringerung der Schulden und im Haben wird deren Erhöhung ausgewiesen.

▸ Die **Erfolgskonten**, auf denen Aufwendungen und Erträge des Unternehmens erfasst werden, die in die **Gewinn- und Verlust-Rechnung** (GuV-Rechnung) eingehen:

- die **Aufwandskonten**, welche die betrieblichen Aufwendungen (z. B. Löhne) und neutralen Aufwendungen (z. B. Spenden) erfassen

- die **Ertragskonten**, welche die betrieblichen Erträge (z. B. Umsätze) und die neutralen Erträge (z. B. Schenkungen) dokumentieren.

Die Buchung der Geschäftsvorfälle mit Erfolgscharakter erfolgt auf die Erfolgskonten. Ein Aufwand wird stets auf **Aufwandskonten** im Soll und ein Ertrag auf **Ertragskonten** im Haben gebucht.

Bei der Verbuchung der Aufwendungen und Erträge hat die Buchhaltung auf folgende Unterschiede zu achten:

► Die **Aufwendungen** zeigen den Wertverzehr für Güter und Dienstleistungen innerhalb einer bestimmten Rechnungsperiode, der nicht nur der Erfüllung des Betriebszwecks dient als:

Zweck-aufwendungen	Sie sind ausschließlich auf die Erfüllung des Betriebszweckes gerichtet und deckungsgleich mit den Kosten der Kostenrechnung, z. B. als Verbrauch von Rohstoffen, Löhne, Gehälter.
Neutrale Aufwendungen	Sie dienen grundsätzlich nicht der Realisierung des Betriebszweckes, sondern sind **periodenfremd** (z. B. Steuernachzahlung), **außerordentlich** (unregelmäßig, vereinzelt) oder **betriebsfremd** (z. B. Spenden, Abschreibungen auf Finanzanlagen).

► Die **Erträge** stellen den Wertzuwachs durch erstellte Güter und Dienstleistungen innerhalb einer bestimmten Rechnungsperiode dar, der nicht nur auf der Erfüllung des Betriebszwecks beruht. Es gibt:

Betriebliche Erträge	Sie werden durch die Leistungserstellung und Leistungsverwertung erzielt und beziehen sich ausschließlich auf die Erfüllung des **Betriebszweckes** (z. B. Umsatzerlöse), innerbetriebliche Erträge (z. B. selbsterstellte Güter), Nebenerlöse (z. B. Verkauf von Abfall).
Neutrale Erträge	Sie resultieren grundsätzlich nicht aus der Erstellung und Verwertung der Güter und Dienstleistungen, dienen also nicht dem Betriebszweck und können **periodenfremde** (z. B. Rückerstattung von Steuern), **außerordentliche** (unregelmäßig, vereinzelt) oder **betriebsfremde Erträge** (z. B. Schenkungen) sein.

Werden von den gesamten Erträgen alle Aufwendungen abgezogen, entsteht für ein Geschäftsjahr ein **Jahresüberschuss** oder – im negativen Fall – ein **Jahresfehlbetrag**.

Aufgabe 44 > Seite 296

2.1.2 Abschlussarbeiten

Der Kaufmann hat nach § 242 HGB zu Beginn seines Handelsgewerbes und für den Schluss eines jeden Geschäftsjahres einen **Abschluss** aufzustellen, der mit umfangreichen **Abschlussarbeiten** verbunden ist und umfasst:

► die **Bilanz** als Verhältnis seines Vermögens und seiner Schulden

► die **GuV-Rechnung** als Gegenüberstellung der Aufwendungen und Erträge.

Der Abschluss, der wesentlicher Bestandteil des **Jahresabschlusses** ist, muss nach den Grundsätzen ordnungsmäßiger Buchführung erstellt werden (§ 243 HGB).

Bei einer Gründung oder zu Beginn eines neuen Geschäftsjahres ist eine **Eröffnungsbilanz** aufzustellen. Von der Eröffnungsbilanz bis zur Schlussbilanz läuft im Wesentlichen der folgende **Prozess der Buchführung** ab – siehe ausführlich *Olfert/Rahn, Zschenderlein*:

Durch die Buchungen auf Konten mit jeweils zweifachen Veränderungen entsteht das **System der doppelten Buchführung**.

2.2 Jahresabschluss

Der Jahresabschluss zeigt das erwirtschaftete Jahresergebnis des Unternehmens. Er dient u. a. der Ermittlung des handelsrechtlichen und steuerrechtlichen Jahresergebnisses. Der **Umfang** des zu erstellenden Jahresabschlusses hängt von der jeweiligen Rechtsform ab:

- **Einzelunternehmen** und **Personengesellschaften** müssen lediglich eine Jahresbilanz und eine GuV-Rechnung aufstellen.

- **Kapitalgesellschaften** haben ihren Jahresabschluss um den Anhang bzw. um den Lagebericht zu ergänzen (§§ 264, 289 HGB).

Der Jahresabschluss wird im vorliegenden Buch ausschließlich nach **HGB** dargestellt. Für kapitalmarktorientierte Unternehmen gelten seit 2005 Vorschriften des **IFRS-Abschlusses** (**I**nternational **F**inancial **R**eporting **S**tandards) – siehe dazu ausführlich *Bolin/Ditges/Arendt*. Als **Bestandteile** des Jahresabschlusses sind dementsprechend darzustellen:

- **Bilanz**

- **GuV-Rechnung**

- **Anhang/Lagebericht**.

Sind mehrere persönlich haftende Gesellschafter vorhanden, haben sie den Jahresabschluss alle zu unterschreiben. Bei Kapitalgesellschaften wird er vom Geschäftsführer oder Vorstand unterzeichnet.

2.2.1 Bilanz

Die Bilanz zeigt die Gegenüberstellung des **Vermögens** auf der Aktiv-Seite (= Passiva) und des **Kapitals** auf der Passiv-Seite (= Aktiva) zu einem bestimmten Zeitpunkt. Für **Kapitalgesellschaften** umfasst sie:

AKTIVA	Bilanz zum ...	PASSIVA
A. Anlagevermögen* I. Immaterielle Vermögensgegenstände II. Sachanlagen III. Finanzanlagen	**A. Eigenkapital*** I. Gezeichnetes Kapital II. Kapitalrücklage III. Gewinnrücklagen IV. Gewinnvortrag/Verlustvortrag V. Jahresüberschuss/Jahresfehlbetrag	
B. Umlaufvermögen* I. Vorräte II. Forderungen und sonstige Vermögensgegenstände III. Wertpapiere IV. Kassenbestand, Bundesbankguthaben, Guthaben bei Kreditinstituten und Schecks	**B. Rückstellungen*** **C. Verbindlichkeiten*** **D. Rechnungsabgrenzungsposten**	
C. Rechnungsabgrenzungsposten	* siehe näher S. 198 f.	

Rechnungsabgrenzungsposten werden gebildet, wenn Einnahmen bzw. Ausgaben vor dem Abschlussstichtag erfolgen, die Erträge bzw. Aufwendungen für einen bestimmten Zeitraum nach dem Abschlussstichtag darstellen.

Der Inhalt der jährlich zu erstellenden Bilanz soll sowohl das bilanzierende Unternehmen als auch Personen und Institutionen mit berechtigtem Interesse außerhalb über die Entwicklung und Lage des Unternehmens informieren.

Adressaten von Bilanzen sind dementsprechend z. B. Kapitalgeber, Gläubiger, Arbeitnehmer, Fiskus und die interessierte Öffentlichkeit. Die **Informationen** beziehen sich auf die Vermögenslage, Finanzlage und Ertragslage.

Der Jahresbilanz können unterschiedliche **Rechtsnormen** zu Grunde liegen. Es gibt deshalb – siehe ausführlich *Rinker/Ditges/Arendt, Grefe*:

► Die **Handelsbilanz**, die den Rechnungslegungsvorschriften des HGB zu entsprechen hat. Sie finden sich für alle Kaufleute in den §§ 238 - 263 HGB und ergänzend für Kapitalgesellschaften in den §§ 264 - 289 HGB. Dazu kommen noch weitere Vorschriften für die verschiedenen Rechtsformen im AktG, GmbHG und HGB.

Außerdem ist das **Publizitätsgesetz** (PublG) zu berücksichtigen, insbesondere für Einzelunternehmen und Personengesellschaften, wenn sie als Großunternehmen einzustufen sind (§ 1 PublG). Die Pflicht zur öffentlichen Rechnungslegung setzt das Vorliegen von zwei der drei folgenden Merkmale an drei aufeinanderfolgenden Abschlussstichtagen voraus:

Bilanzsumme	größer als 65 Mio. €
Umsatz	in letzten 12 Monaten vor Abschlussstichtag über 130 Mio. €
Arbeitnehmer	im Ø der 12 Monate vor Abschlussstichtag übe 5.000 €

► Die **Steuerbilanz**, die eine nach den steuerrechtlichen Vorschriften abgewandelte Handelsbilanz darstellt. Sie wird jährlich zum Zwecke der Veranlagung zur Einkommen- und Körperschaftsteuer erstellt. Rechtsgrundlagen sind die AO (insbesondere §§ 140 - 148), HGB (insbesondere §§ 238 - 256), EStG (insbesondere §§ 4 - 7), KStG und GewStG.

Kapitalgesellschaften und Personengesellschaften mit Haftungsbeschränkung haben die Bilanz in **Kontoform** aufzustellen (§ 266 Abs. 1 HGB). Diese Form der Darstellung ist auch bei Einzelunternehmen und Personengesellschaften mit natürlichen Personen als Vollhafter in der Praxis üblich, obgleich für diese Rechtsformen eine entsprechende Gesetzesregelung fehlt *(Grefe)*.

2.2.2 Gewinn- und Verlustrechnung

Die GuV-Rechnung ist ein wesentlicher Teil des Jahresabschlusses. Sie muss nach § 275 Abs. 1 HGB für Kapitalgesellschaften in **Staffelform** aufgestellt werden. Dabei sind zu unterscheiden:

▸ Das **Gesamtkostenverfahren**, das den Aufwand nach Aufwandsarten gliedert und die Aufwandsstruktur in einem Geschäftsjahr zeigt. Es weist den Aufwand unabhängig davon aus, ob die in der Geschäftsperiode hergestellten Produkte oder erbrachten Leistungen am Markt abgesetzt worden sind oder nicht.

Diese Gliederung der GuV-Rechnung ist **leistungsbezogen** und bedarf deshalb des Postens „Bestandsveränderungen", der Änderungen in den Beständen des Vorratsvermögens aufzeigt.

Beispiel

Gewinn- und Verlustrechnung	
Umsatzerlöse	z. B. Erlöse aus Dienstleistungen, aus dem Verkauf von Produkten und der Vermietung und Verpachtung
+ Andere Erträge	z. B. aus aktivierten Eigenleistungen, wie selbst erstellte Anlagen, Werkzeuge
+ Bestandsmehrungen	z. B. als Zunahme des Vorratsvermögens bei den Fertigfabrikaten
- Bestandsminderungen	z. B. als Abnahme des Vorratsvermögens bei den Roh-, Hilfs- und Betriebsstoffen
- Aufwendungen als ...	z. B. als Wertverzehr für Güter und Dienstleistungen innerhalb einer Periode
Materialaufwand	z. B. für Roh-, Hilfs- und Betriebsstoffe bzw. von Lieferanten bezogene Leistungen
Personalaufwand	z. B. Bruttobeträge für Löhne und Gehälter bzw. für Abgaben zur Sozialversicherung
Abschreibungen	z. B. für Wertverzehr an Gegenständen des Anlagevermögens
+ Außerordentliche Erträge	z. B. betriebsfremde Erträge aus Spenden, Schenkungen an das Unternehmen
- Außerordentlicher Aufwand	z. B. betriebsfremde Aufwendungen für Verluste aus dem Abgang von Wertpapieren
- Steuern	z. B. vom Einkommen und Ertrag bzw. Versicherungs-, Grund-, Mineralölsteuer
Jahresüberschuss	z. B. als positiver Erfolg des Unternehmens. Der Bilanzgewinn wird z. B. nach § 158 AktG ermittelt

▶ Das **Umsatzkostenverfahren**, bei welchem den Umsatzerlösen die Herstellungskosten der im Geschäftsjahr verkauften Produkte oder Leistungen gegenübergestellt werden, und zwar unabhängig davon, in welcher Geschäftsperiode die Herstellungskosten angefallen sind.

Die nach diesem Verfahren aufgestellte GuV-Rechnung ist somit **umsatzbezogen**. Im Gegensatz zum Gesamtkostenverfahren ist der Aufwand nicht nach Aufwandsarten, sondern nach den Funktionsbereichen Herstellung, Vertrieb und allgemeine Verwaltung gegliedert – siehe ausführlich *Olfert*.

2.2.3 Anhang/Lagebericht

Der Anhang ist bei **Kapitalgesellschaften** nach § 264 Abs. 1 Satz 1 HGB ein Bestandteil des Jahresabschlusses. Er dient vor allem der Information und Erläuterung. Der Anhang ist wahrheitsgemäß, klar und übersichtlich zu erstellen und auf wesentliche Sachverhalte zu beschränken.

Bestimmte Schemata zur Gliederung des Anhangs sind nicht vorgeschrieben. Es ist folgende **Gliederung** des Anhangs möglich, mit der auch der **Inhalt** kurz umrissen ist:

1. **Allgemeine Angaben zu Bilanzierungs- und Bewertungsmethoden**
2. **Erläuterungen der Bilanz und Gewinn- und Verlustrechnung**
   - ▶ Bilanz
   - ▶ Gewinn- und Verlustrechnung
   - ▶ ggf. erforderliche zusätzliche Angaben nach § 264 Abs 2 Satz 2 HGB
3. **Sonstige Angaben**
   - ▶ Haftungsverhältnisse und sonstige finanzielle Verpflichtungen
   - ▶ Angaben zu z. B. Vorratsaktien und eigenen Aktien
   - ▶ Mitarbeiter
   - ▶ Bezüge, Vorschüsse, Kredite von bzw. gegenüber Organmitgliedern
   - ▶ Beziehungen zu verbundenen Unternehmen und Beteiligungen
   - ▶ andere Angaben
4. **Namen der Organmitglieder**

Neben dem Jahresabschluss ist nach § 264 Abs. 1 HGB von mittelgroßen und großen Kapitalgesellschaften ein **Lagebericht** zu erstellen. Sein **Inhalt** bezieht sich nach § 289 Abs. 2 HGB auf:

▶ Den **Geschäftsverlauf**, wie er sich in der Geschäftsperiode entwickelt hat und welche Ereignisse dafür ursächlich waren. Im Wesentlichen ist es ein vergangenheitsorientierter Bericht.

▸ Die **Geschäftslage**, die auf den Ergebnissen des Berichtes über den Geschäftsverlauf aufbaut. Die dort genannten Gegebenheiten sollen in ihrer Bedeutung für das Unternehmen bewertet werden.

Die Adressaten des Jahresabschlusses sollen dadurch Informationen erhalten, welche die Aussagen des Jahresabschlusses ergänzen und eine **Gesamtwürdigung** der Angaben vor dem Hintergrund der Darstellung der Gesamtlage des Unternehmens ermöglichen.

Außerdem sollen sie in die Lage versetzt werden, die tatsächliche **Unternehmensentwicklung** in der abgelaufenen Geschäftsperiode einzuschätzen und Anhaltspunkte für die voraussichtliche Entwicklung der Gesellschaft in der Zukunft zu erhalten.

Aufgabe 45 > Seite 297

2.3 Kostenrechnung

Die Kostenrechnung stellt die **Betriebsbuchhaltung** dar, in die auch die Leistungsrechnung eingegliedert ist, welche z. B. die Umsätze erfasst. Sie hat die Aufgabe, den Einsatz der Produktionsfaktoren im betrieblichen Leistungsprozess zu dokumentieren *(Eisele)*.

Außerdem dient die Kostenrechnung dazu, den Werteverzehr und Wertezuwachs zahlenmäßig abzubilden, der durch den betrieblichen Leistungsprozess verursacht wird. Sie ist eine fortlaufend durchgeführte Rechnung mit **kurzfristigem Charakter**. Im Folgenden sollen dargestellt werden – siehe ausführlich *Olfert*:

▸ **Begriffe**

▸ **Beschäftigungsgrad**

▸ **Aufbau**

▸ **Systeme**.

2.3.1 Begriffe

Die betrieblichen Aufwendungen und Erträge werden von der **Geschäftsbuchhaltung** dokumentiert, deren Aufgabe es ist, die mit der „Außenwelt" bewirkten Geschäftsvorfälle belegmäßig zu erfassen und kontenmäßig zu verrechnen.

Demgegenüber beziehen sich die Aktivitäten der **Betriebsbuchhaltung** bzw. der Kostenrechnung auf innerbetriebliche Vorgänge. Ihr zuzurechnende Begriffe sind:

► Die **Leistungen**, die in Erfüllung des Betriebszweckes erstellte Güter- und Dienstleistungen sind, denen ein Verbrauch an Produktionsfaktoren zu Grunde liegt. Als Leistungen gibt es:

- **Absatzleistungen**, bei denen Außenaufträge vom Absatzmarkt gegeben sind, die zu Umsätzen führen sollen. Sie können sich auf verschiedene Arten von Aufträgen beziehen, z. B. Kundenaufträge bzw. Lageraufträge.

- **Eigenleistungen**, bei denen interne Aufträge für vom Unternehmen selbst zu nutzende Güter oder Dienstleistungen vorliegen, z. B. als Reparaturen und selbst erstellte Wirtschaftsgüter.

Die Erstellung und Verwertung von Leistungen verursacht Kosten. Deshalb werden diese Leistungen in der Kostenrechnung als **Kostenträger** bezeichnet.

► Die **Kosten** sind der wertmäßige Verzehr von Produktionsfaktoren zur Erstellung und Verwertung von Leistungen sowie zur Sicherung der dafür erforderlichen betrieblichen Kapazitäten. Sie werden im Unternehmen den Kostenträgern zugerechnet, z. B. den einzelnen Fertigerzeugnissen, um offen zu legen, welche Kosten auf die einzelnen Produkte entfallen.

Diese **Zurechnung** kann unmittelbar erfolgen oder lediglich mittelbar möglich sein. Dementsprechend sind zu unterscheiden:

- **Einzelkosten**, die sich den Kostenträgern **unmittelbar** zurechnen lassen, z. B. Fertigungsmaterialkosten, welche direkt in die Erzeugnisse eingehen. Außerdem gibt es Fertigungslohnkosten, die bei der Be- und Verarbeitung des Einzelmaterials in der Fertigung anfallen und Sondereinzelkosten der Fertigung, z. B. als Konstruktionskosten. Sie werden auch als **direkte Kosten** bezeichnet.

- **Gemeinkosten**, die den Kostenträgern **nicht unmittelbar** zugerechnet werden, weil sie für verschiedene Erzeugnisse gemeinsam anfallen. Sie sind in den Kostenstellen zu erfassen, um danach den Kostenträgern zugeschlagen zu werden, z. B. als Hilfs-, Urlaubs- bzw. Feiertagslöhne, Gehälter, Strom, Steuern. Sie können auch **indirekte Kosten** genannt werden.

In einem **Betriebsabrechnungsbogen** (BAB), der eine tabellarische Kostenübersicht darstellt, werden die Gemeinkosten auf die Bereiche verteilt – siehe Seite 263 f.

2.3.2 Beschäftigungsgrad

Die Kosten eines Unternehmens können auch nach ihrem unterschiedlichen Verhalten bei veränderter Beschäftigung differenziert werden. Als **Maßstab** der Beschäftigung, worunter die tatsächliche Nutzung des Leistungsvermögens eines Unternehmens zu verstehen ist, dient der Beschäftigungsgrad:

$$\text{Beschäftigungsgrad} = \frac{\text{Genutzte Kapazität}}{\text{Vorhandene Kapazität}} \cdot 100$$

Beschäftigungsbezogene Kosten sind fixe und variable Kosten:

▸ Die **fixen Kosten** weisen innerhalb bestimmter Beschäftigungsgrenzen und innerhalb eines bestimmten Zeitraumes keine Veränderungen auf. Sie sind **Gemeinkosten**, z. B. als Mieten, Versicherungsprämien, zeitabhängige Abschreibungen. Gemeinkosten sind aber nicht immer fixe Kosten.

Wenn die fixen Kosten bei Beschäftigungsschwankungen unverändert bleiben, wird von **absolut fixen Kosten** gesprochen. Beschränkt sich ihre Konstanz nur auf bestimmte Beschäftigungsintervalle, sind die Kosten **sprungfix**:

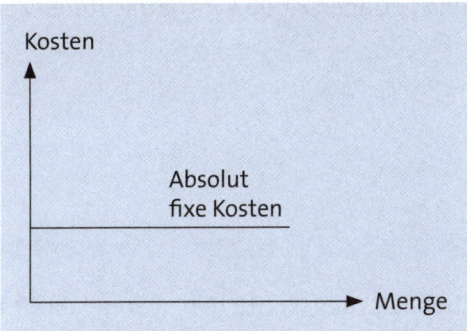 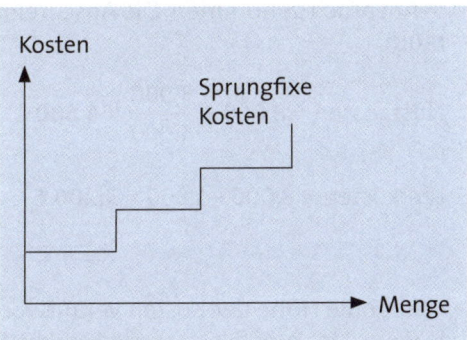

Bei einem **Beschäftigungsgrad** von 100 % erfolgt die vollständige Nutzung der Kapazität. Liegt er unter 100 %, dann bleibt ein Teil der Kapazität ungenutzt.

Beispiel

In einem Fertigungsbetrieb können mit einer Maschine pro Tag 60 Erzeugnisse hergestellt werden, aus Absatzgründen werden aber nur 45 Erzeugnisse gefertigt.

Weil die fixen Kosten für die Betriebsbereitschaft dennoch in vollem Umfang anfallen, steht deren Deckung bei den nicht produzierten und somit nicht verkauften Erzeugnissen – das sind im Beispiel 15 Erzeugnisse pro Tag – aus. Damit entstehen bei den fixen Kosten:

- **Nutzkosten**, die Kosten der genutzten Kapazität darstellen
- **Leerkosten**, welche Kosten der nicht genutzten Kapazität sind.

Rechnerisch können Nutzkosten und Leerkosten ermittelt werden:

$$K_N = K_f \cdot b$$

$$K_L = K_f - K_N$$

K_L = Leerkosten (€/Periode)
b = Beschäftigungsgrad (%)
K_N = Nutzkosten (€/Periode)
K_f = Fixe Kosten (€/Periode)

Beispiel

Eine Maschine hat eine Kapazität von 5.000 Stunden, wird aber nur 3.000 Stunden in Anspruch genommen. Die Abschreibungen betragen 8.000 € im betrachteten Zeitraum.

$$\text{Nutzkosten} = 8.000 \cdot \frac{3.000}{5.000} = \mathbf{4.800\ €}$$

$$\text{Leerkosten} = 8.000 - 4.800 = \mathbf{3.200\ €}$$

Die für die Höhe der Kosten verantwortlichen Führungskräfte haben Sorge dafür zu tragen, dass möglichst wenig Leerkosten anfallen.

Fixe Kosten werden auch **beschäftigungsfixe Kosten, zeitabhängige Kosten, Periodenkosten** und **Bereitschaftskosten** genannt.

► Die **variablen Kosten** ändern sich bei Beschäftigungsschwankungen unmittelbar. Sie können **Einzelkosten** oder **Gemeinkosten** sein und fallen nur an, wenn Leistungen erstellt werden, z. B. als Beschäftigungsabhängige Materialkosten, Arbeitskosten, Eingangsverpackungen, Eingangsfrachten, Sondereinzelkosten der Fertigung, Sondereinzelkosten des Vertriebs.

Vielfach werden die variablen Kosten auch als **beschäftigungsvariable Kosten, mengenabhängige Kosten** oder **Leistungskosten** bezeichnet.

Bei den variablen Kosten sind verschiedene **Verläufe** zu unterscheiden:

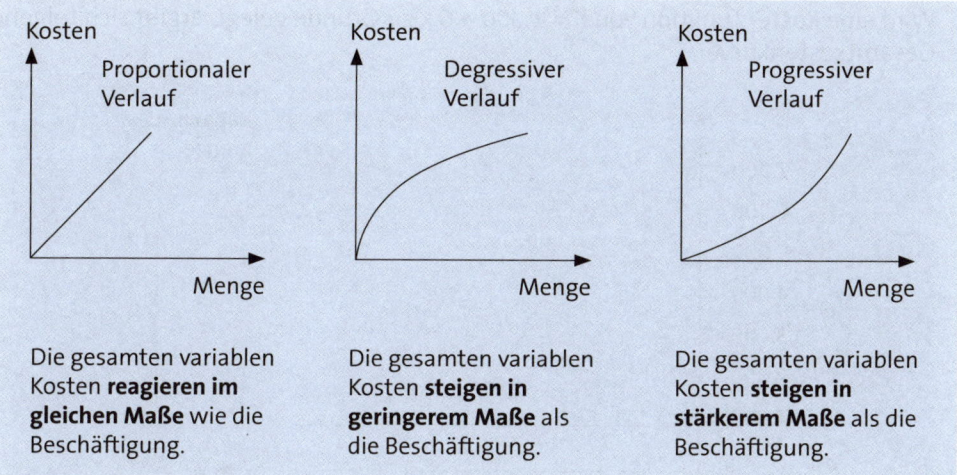

Die gesamten variablen Kosten **reagieren im gleichen Maße** wie die Beschäftigung.

Die gesamten variablen Kosten **steigen in geringerem Maße** als die Beschäftigung.

Die gesamten variablen Kosten **steigen in stärkerem Maße** als die Beschäftigung.

Die **fixen und variablen Kosten** ergeben zusammen die gesamten Kosten, die sich mathematisch in der **Kostenfunktion** darstellen lassen. Sie lautet bei üblicherweise als proportional angenommenen variablen Kosten:

$$K = K_f + k_v \cdot x$$

K = Gesamte Kosten (€/Periode)
K_f = Fixe Kosten (€/Periode)
k_v = Variable Kosten (€/Stück)
x = Leistungsmenge (Stück/Periode)

Beispiel

Wird eine Kostenfunktion von $K = 1.000 + 6 x$ zu Grunde gelegt, ergibt sich folgende Gesamtkostenkurve:

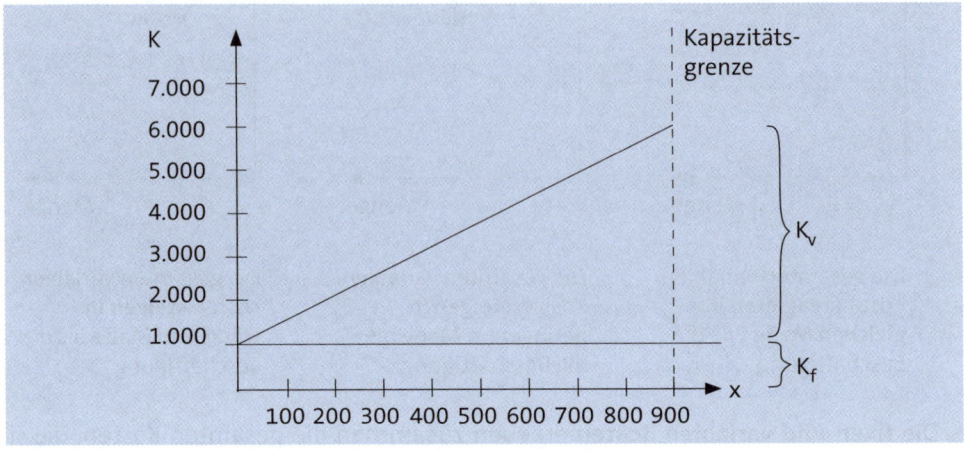

Aufgabe 46 > Seite 297

Beispiel

Wenn von einem Verkaufserlös von 8 € pro Einheit ausgegangen wird, dann gilt als **Umsatzfunktion**:

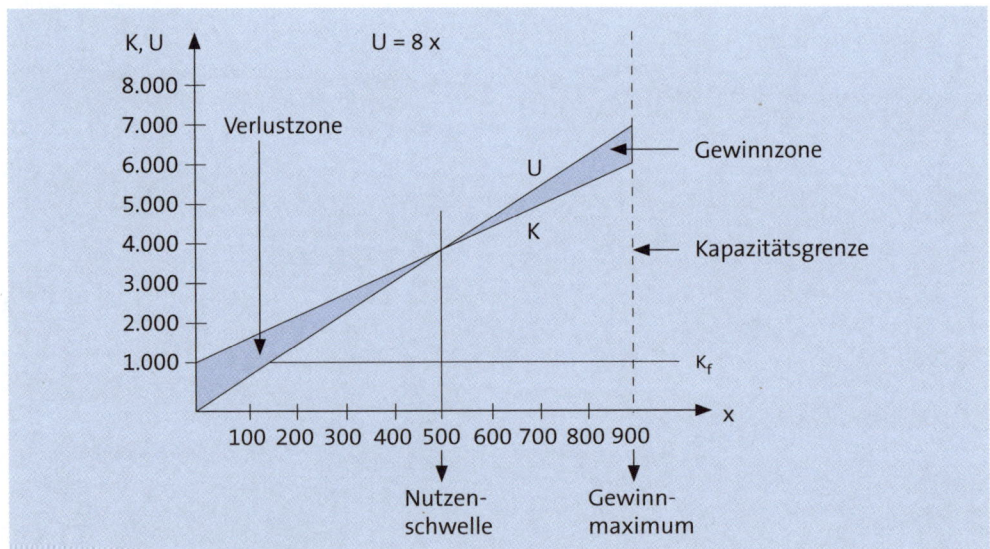

Als **Nutzenschwelle** gilt der Übergang von der Verlustzone in die Gewinnzone, welcher sich aus dem Schnittpunkt von Kostenkurve und Umsatzkurve ergibt. Das **Gewinnmaximum** wird bei einer linearen Gesamtkostenkurve an der Kapazitätsgrenze erreicht.

Aufgabe 47 > Seite 298

2.3.3 Aufbau

Die Kostenrechnung besteht aus drei Elementen. Zunächst werden die Kosten in der Kostenartenrechnung erfasst. Sofern es sich dabei um Gemeinkosten handelt, werden sie in der Kostenstellenrechnung aufgenommen, von der sie dann in die Kostenträgerrechnung gelangen. Die Einzelkosten hingegen werden direkt von der Kostenartenrechnung auf die Kostenträger verrechnet.

Die Elemente der Kostenrechnung können auf der Basis von Istkosten oder Plankosten gestaltet werden, außerdem unter Verwendung von Vollkosten oder Teilkosten – siehe Seite 271 f. Sie sollen als **Vollkostenrechnungssystem mit Istkosten** dargestellt werden – siehe ausführlich *Olfert*:

► **Kostenartenrechnung**

► **Kostenstellenrechnung**

► **Kostenträgerrechnung**.

2.3.3.1 Kostenartenrechnung

Die Kostenartenrechnung ist die erste Stufe der Kostenrechnung, die offen legt, **welche Kosten** in welcher Höhe **angefallen** sind. Dazu dienen Belege, die erkennen lassen, um welche Kostenarten es sich handelt, welche Geschäftsvorfälle zu Grunde liegen und wie die Weiterverrechnung der Kosten – als Einzelkosten oder Gemeinkosten – zu erfolgen hat.

Die Kostenerfassung muss vollständig, periodengerecht und geordnet vorgenommen werden. Zur klar strukturierten Kostenerfassung sind die **Kostenarten** begrifflich eindeutig zu **bestimmen** und **abzugrenzen** sowie in einem detaillierten **Kostenartenplan** zu dokumentieren.

Als betriebliche **Kostenarten** sind vor allem zu unterscheiden:

► Die **Materialkosten**, die für Rohstoffe, Hilfsstoffe und Betriebsstoffe anfallen. Nach der Ermittlung der Verbrauchsmengen der Materialien, z. B mithilfe der Skontrationsmethode, Inventurmethode oder retrograden Methode – siehe S. 153 f. – ist es erforderlich, die Mengen mit Preisen zu bewerten.

Auf diese Weise können die Materialkosten für die einzelnen Kostenarten festgestellt und daraufhin in die Kostenstellenrechnung oder Kostenträgerrechnung übernommen werden.

Die **Preise** können sein:

- der **Anschaffungswert** als Einstandspreis
- der **Wiederbeschaffungswert** (dient der Substanzerhaltung)
- der **Tageswert** (z. B. am Tag des Angebotes bzw. Umsatzes)
- der **Verrechnungswert** (soll Schwankungen ausgleichen).

► Die **Personalkosten**, die durch den Einsatz der menschlichen Arbeitskraft im Unternehmen entstehen und in der Lohn- und Gehaltsbuchhaltung erfasst werden, insbesondere in Form von:

- Löhnen für Arbeiter als **Fertigungslöhnen** (Einzelkosten)
- Löhnen für Arbeiter als **Hilfslöhnen** (Gemeinkosten)
- **Gehältern** für Angestellte (Gemeinkosten)
- **Sozialkosten** (gesetzlich und freiwillig).

► Die **kalkulatorischen Kosten** werden angesetzt, um die Kostenrechnung von Zufälligkeiten und Unregelmäßigkeiten zu befreien, die ihre Stetigkeit stören würden. Als kalkulatorische Kosten gibt es:

Kalkulatorische Abschreibungen	Abschreibungen sind der mengen- und wertmäßige Wertverzehr für materielle und immaterielle Gegenstände des Anlagevermögens. Ihre **Ursachen** sind primär technischer Art (z. B. technischer, natürlicher, ruhender Verschleiß) oder vorrangig wirtschaftlicher Art (z. B. technischer Fortschritt).
	Zu unterscheiden sind als **Verfahren** der Abschreibung:
	► **Lineare Abschreibungen**, bei denen der Basiswert eines Anlagegutes gleichmäßig auf die Rechnungsperioden verteilt wird, in denen es voraussichtlich genutzt wird:
	$$a = \frac{B - R}{n}$$ a = Abschreibungsbetrag (€/Jahr) B = Basiswert (€) n = Geschätzte Nutzungsdauer (Jahre) R = Restwert
	Beispiel: Eine Maschine wurde für 12.000 € erworben. Die Anschaffungskosten sollen als Basiswert gelten. Die Nutzungsdauer wird auf 5 Jahre geschätzt. Es gibt keinen Restwert.
	$$a = \frac{12.000}{5} = \textbf{2.400 €}$$

▸ **Degressive Abschreibungen**, bei denen der Basiswert ungleichmäßig auf die Rechnungsperioden verteilt wird, als:

- **Geometrisch degressive Abschreibung**, die vom jeweiligen Buch- oder Restwert erfolgt. Der prozentuale Abschreibungssatz ergibt sich dabei aus:

$$p = 100 \cdot \left(1 - \sqrt[n]{\frac{B}{n}}\right)$$

p = Abschreibungssatz (%)
n = Geschätzte Nutzungsdauer (Jahre)
B = Basiswert (€)
R = Restwert (€)

Beispiel: Eine Maschine wurde für 22.000 € erworben. Die Anschaffungskosten sollen der Basiswert sein. Die Maschine wird schätzungsweise 5 Jahre nutzbar sein und dann einen Restwert von 2.000 € haben. Der Abschreibungssatz ist:

$$p = 100 \cdot \sqrt[5]{\frac{2.000}{22.000}} = \textbf{38,1 \%}$$

- **Arithmetisch degressive Abschreibung**, bei der die Abschreibungsbeträge jährlich um den gleichen Betrag fallen. Der **Degressionsbetrag** wird berechnet:

$$D = \frac{B - R}{N}$$

D = Degressionsbetrag (€/Jahr)
N = Summe der arithmetischen Reihe von 1 + 2 + ... + n Nutzungsjahren
B = Basiswert (€)
R = Restwert (€)

Der **jährliche Abschreibungsbetrag** ergibt sich durch Multiplikation des Degressionsbetrages mit den Jahresziffern in fallender Reihe, d. h. mit den Restnutzungsdauern:

$$a = D \cdot T$$

a = Abschreibungsbetrag zum Jahresende(€/Jahr)
T = Rest-Nutzungsdauer zum Jahresbeginn (Jahre)

Beispiel: Ein Pkw wurde für 48.000 € erworben. Die Anschaffungskosten sollen der Basiswert sein. Es wird mit einer Nutzungsdauer von 4 Jahren gerechnet.

$$D = \frac{48.000}{1 + 2 + 3 + 4} = \textbf{4.800 €}$$

$a_1 =$ $D \cdot n$ $=$ $4.800 \cdot 4 = \textbf{19.200 €}$
$a_2 =$ $D \cdot (n - 1)$ $=$ $4.800 \cdot 3 = \textbf{14.400 €}$
$a_3 =$ $D \cdot (n - 2)$ $=$ $4.800 \cdot 2 = \textbf{9.600 €}$
$a_4 =$ $D \cdot (n - 3)$ $=$ $4.800 \cdot 1 = \textbf{4.800 €}$

	► **Leistungsbezogene Abschreibungen**, die in ihrem Umfang der Beanspruchung des Anlagegutes entsprechen: $$a = \frac{B - R}{L} \cdot L_p$$ a = Abschreibungsbetrag (€) B = Basiswert (€) R = Restwert (€) L = Gesamtleistung des Anlagegutes (Einheiten) L_p = Periodenleistung des Anlagegutes (Einheiten) **Beispiel:** Ein Pkw wird mit einer Gesamtleistung von 100.000 km veranschlagt. Der Anschaffungspreis, der als Basiswert gelten soll, beträgt 40.000 €. In der Rechnungsperiode beträgt die Kilometerleistung 25.000 km. Es gibt keinen Restwert. $$a = \frac{40.000}{100.000} \cdot 25 = \textbf{10.000 €}$$
Kalkulatorische Zinsen	Dadurch erfolgt eine Verzinsung des im Unternehmen vorhandenen Eigenkapitals. Zu ihrer Ermittlung wird das **betriebsnotwendige Kapital** festgestellt. Es setzt sich aus betriebsnotwendigem Anlagevermögen und Umlaufvermögen abzüglich Abzugskapital (zinsfrei verfügbares Fremdkapital, z. B. als zinsloser Lieferantenkredit) zusammen. Kalkulatorische Zinsen (€) = Betriebsnotwendiges Kapital · Zinssatz
Kalkulatorische Wagnisse	Hier werden Einzelwagnisse, z. B. das Vertriebswagnis oder das Gewährleistungswagnis, kalkulatorisch angesetzt, nicht jedoch das allgemeine Unternehmerwagnis. Der durchschnittliche Wagnisverlust ergibt sich unter Ansatz der letzten 3 - 5 Jahre: Durchschnittlicher Wagnisverlust (%) $= \dfrac{\text{Summe eingetretener Wagnisverluste}}{\text{Summe der Anschaffungskosten}} \cdot 100$
Kalkulatorischer Unternehmerlohn	Er wird bei **Einzelunternehmen** und **Personengesellschaften** angesetzt, weil dort die mitarbeitenden Inhaber bzw. Gesellschafter keine Gehälter bekommen, aber zu kalkulieren sind (z. B. in Höhe eines vergleichbaren Gehaltes).
Kalkulatorische Miete	Ihr Ansatz erfolgt, wenn ein **Einzelunternehmer** oder Gesellschafter einer **Personengesellschaft** eigene Räume für betriebliche Zwecke zur Verfügung stellt. Dafür ist es grundsätzlich gerechtfertigt, Miete kalkulatorisch anzusetzen (vergleichbare Höhe).

Die Kostenartenrechnung übernimmt die Aufwendungen aus der Geschäftsbuchhaltung, sofern sie auch Kosten sind, d. h. weil **neutrale Aufwendungen** nicht in die Kostenrechnung gehören, sind sie **abzugrenzen**.

2.3.3.2 Kostenstellenrechnung

Die Kostenstellenrechnung basiert als zweite Stufe auf der Kostenartenrechnung. Sie übernimmt die **Gemeinkosten** aus der Kostenartenrechnung und ermittelt die auf die Kostenstellen entfallenden Gemeinkosten als Zuschlagsätze, die dann in der Kostenträgerrechnung verwendet werden. Zu unterscheiden sind:

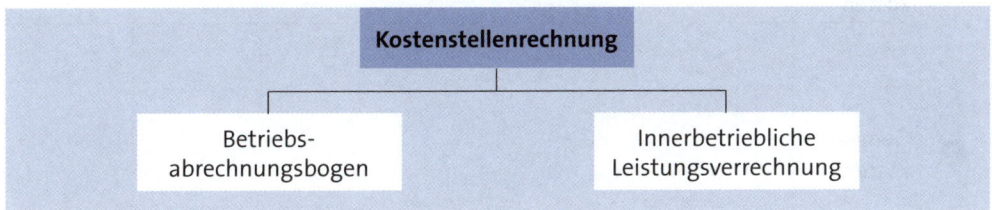

2.3.3.2.1 Betriebsabrechnungsbogen

In der betrieblichen Praxis wird die Kostenstellenrechnung i. d. R. mithilfe des Betriebsabrechnungsbogens (BAB) durchgeführt, der als Hilfsmittel zur manuellen Betriebsabrechnung meist monatlich erstellt wird.

Der BAB stellt in einer **tabellarischen Übersicht** dar, welche Kosten in den Kostenstellen bzw. Kostenbereichen des Unternehmens in einer Periode angefallen sind. In ihm werden die **Gemeinkosten** aufgenommen. Er hat folgende Grundstruktur:

- ▶ In **horizontaler Sicht** zeigen die Kostenstellen/-bereiche die Orte, an denen die zur Leistungserstellung benötigten Güter und Dienstleistungen verbraucht werden, z. B. als Material-, Fertigungs-, Verwaltungs-, Vertriebsbereich. Sie sind **Hauptkostenstellen**, wenn sie nicht auf andere Kostenstellen weiterverrechnet und ihre Zuschlagsätze in die Kostenträgerrechnung übernommen werden. Ansonsten sind sie **Hilfskostenstellen**.

- ▶ In **vertikaler Sicht** werden die **Gemeinkosten** aufgeführt, z. B. als Hilfs- und Betriebsstoffe, Energie, Hilfslöhne, Gehälter, Abschreibungen. Diese werden in einem weiteren Schritt auf die Kostenstellen bzw. Kostenbereiche verteilt.

  Vielfach werden auch **Einzelkosten** in den BAB aufgenommen, aber **nur zu Informationszwecken**, da sie (lediglich) die Bezugsgrößen für die zu ermittelnden Zuschlagsätze bilden. Verrechnungsmäßig haben sie im BAB keine Bedeutung, weil sie nicht dort hingehören, sondern den Kostenträgern direkt zugerechnet werden.

Kosten- stellen Kosten- arten	Zahlen der Buchhaltung	Allgemeiner Bereich	Material- bereich	Ferti- gungs- bereich	Verwal- tungsbe- reich	Vertriebs- bereich
❶ Einzel- kosten						
❷ Gemein- kosten						
❸ Summen						
Umlagen						
Summe						
❹ Ist-Zu- schläge						
❺ Normal- Zuschläge						
❻ Normal- Gemein- kosten						
❼ Über-/ Unter- deckung						

❶ **Aufnahme der Einzelkosten** ausschließlich zu Informationszwecken, um später die Gemeinkostenzuschläge ermitteln zu können.

❷ **Aufnahme der Gemeinkosten** aus der Betriebsbuchhaltung, die in den Kostenstellen als Hilfs- und Hauptkostenstellen angefallen sind.

❸ **Verteilung der Gemeinkosten**, zunächst von den allgemeinen Kostenstellen auf alle Kostenstellen, danach – sofern vorhanden – von den jeweiligen Hilfskostenstellen auf die zugehörigen Hauptkostenstellen.

❹ **Bildung von Ist-Gemeinkostenzuschlägen**, indem die Gemeinkosten der Hauptkostenstellen zu den zugehörigen Einzelkosten in Beziehung gesetzt werden:

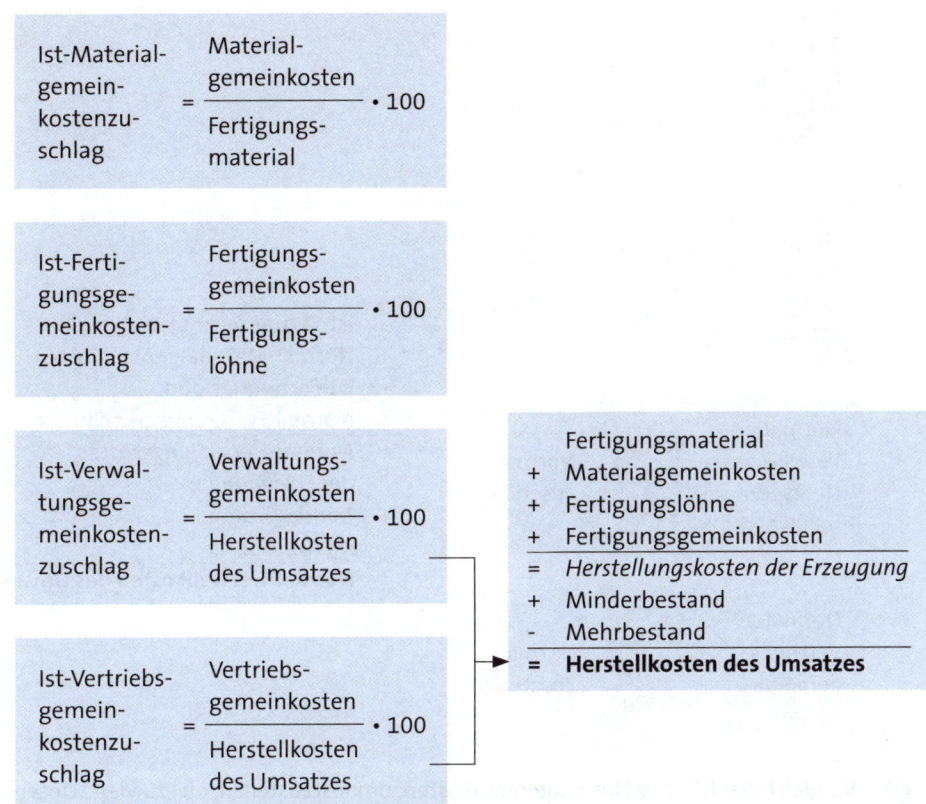

Ist-Material-gemeinkostenzuschlag $= \dfrac{\text{Material-gemeinkosten}}{\text{Fertigungs-material}} \cdot 100$

Ist-Fertigungsgemeinkostenzuschlag $= \dfrac{\text{Fertigungs-gemeinkosten}}{\text{Fertigungs-löhne}} \cdot 100$

Ist-Verwaltungsgemeinkostenzuschlag $= \dfrac{\text{Verwaltungs-gemeinkosten}}{\text{Herstellkosten des Umsatzes}} \cdot 100$

Ist-Vertriebsgemeinkostenzuschlag $= \dfrac{\text{Vertriebs-gemeinkosten}}{\text{Herstellkosten des Umsatzes}} \cdot 100$

	Fertigungsmaterial
+	Materialgemeinkosten
+	Fertigungslöhne
+	Fertigungsgemeinkosten
=	*Herstellungskosten der Erzeugung*
+	Minderbestand
-	Mehrbestand
=	**Herstellkosten des Umsatzes**

⑤ Übernahme der festgelegten **Normal(gemeinkosten)-Zuschläge**, worauf als Vergangenheitswerte zurückgegriffen wird, um die Kontrollfunktion der Kostenrechnung zu ermöglichen.

⑥ Ermittlung der Normalgemeinkosten, indem das Ist-Fertigungsmaterial, die Ist-Fertigungslöhne und die Normal-Herstellkosten mit den Normal(gemeinkosten)-Zuschlägen multipliziert werden:

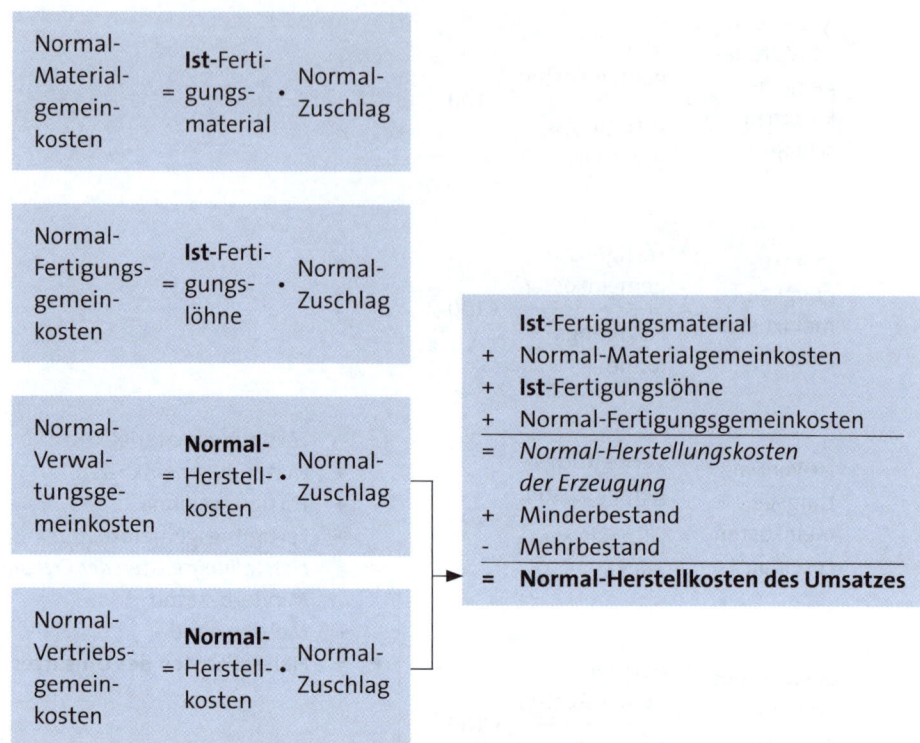

❼ **Vergleich der Ist- und Normalgemeinkosten**, um festzustellen, ob „zu viel" (Unter-
deckung) oder „zu wenig" Gemeinkosten (Überdeckung) angefallen sind.

Die Betriebsabrechnung erfolgt heute i. d. R. mithilfe der EDV.

Aufgabe 48 > Seite 298

2.3.3.2.2 Innerbetriebliche Leistungsverrechnung

Die innerbetriebliche Leistungsverrechnung bezieht sich auf interne Leistungen, die nicht für den Absatz des Unternehmens bestimmt sind. Sie werden auch **Eigenleistungen** und **Innenaufträge** genannt, z. B. als selbst erstellte Betriebsmittel und Betriebsstoffe.

Arten der innerbetrieblichen Leistungsverrechnung sind:

► die **einseitige Leistungsverrechnung**, bei der unterstellt wird, dass alle betrieblichen Leistungen „in eine Richtung" fließen, d. h. die leistenden Kostenstellen keine Leistungen von Kostenstellen erhalten, denen sie ihre Leistungen erbringen

► die **gegenseitige Leistungsverrechnung**, bei der von einem wechselseitigen Leistungsaustausch der Kostenstellen ausgegangen wird, welcher der Realität eher entspricht.

Es erweist sich vielfach als recht schwierig, die innerbetrieblichen Leistungen verursachungsgerecht zuzurechnen – siehe ausführlich *Olfert*.

2.3.3.3 Kostenträgerrechnung

Die Kostenträgerrechnung bildet die dritte Stufe der Kostenrechnung. Sie übernimmt die **Einzelkosten** aus der Kostenartenrechnung und die **Gemeinkosten** – als Zuschlagssätze – aus der Kostenstellenrechnung. Darüber hinaus werden die **Leistungen** in der Kostenträgerrechnung erfasst, wodurch der leistungsbezogene Erfolg des Unternehmens ermittelbar ist.

Die Objekte der Kostenträgerrechnung sind die **Kostenträger**, z. B. die Erzeugnisse bzw. die Leistungen des Unternehmens, deren Erstellung die Kosten verursachen.

Aufgaben der Kostenträgerrechnung sind:

► Ermittlung der Kosten der einzelnen Kostenträger

► Ermittlung des Erfolges der verschiedenen Kostenträger

► Informationen zur Preis-, Programm- und Beschaffungspolitik

► Daten für die Bestandsbewertung unfertiger und fertiger Erzeugnisse.

Die Kostenträgerrechnung erfolgt als:

► **Kostenträgerstückrechnung**, mit der die Selbstkosten des Unternehmens ermittelt werden, die für einen Kostenträger anfallen. Sie wird auch als **Kalkulation** bezeichnet.

Die Kostenträgerstückrechnung kann eine **Vorkalkulation** zum Zwecke der Angebotserstellung, **Zwischenkalkulation** bei Erzeugnissen mit langer Herstellungszeit oder **Nachkalkulation** sein, mit der die angefallenen Kosten in tatsächlicher Höhe erfasst werden.

Der **kalkulatorische Erfolg** einer Kostenträgereinheit ist durch die Gegenüberstellung der Kosten und Erlöse möglich.

Verfahren der Kostenträgerstückrechnung sind vor allem:

Divisions-kalkulation	Sie wird bei **einheitlicher Massenfertigung** angewendet, z. B. bei Elektrizitäts- und Wasserwerken. Die Selbstkosten für eine Erzeugniseinheit ergeben sich grundsätzlich: $$k = \frac{K}{x}$$ k = Selbstkosten (€/Stück) K = Gesamtkosten (€/Periode) x = Leistungsmenge (Stück/Periode) Es gibt verschieden differenzierte Formen der Divisionskalkulation (z. B. **einstufig** ohne Berücksichtigung von Lagerbestandsveränderungen, **mehrstufig** mit Berücksichtigung) – siehe ausführlich *Olfert*.
Äquivalenz-ziffern-kalkulation	Sie ist bei **Mehr-Produkt-Unternehmen** einsetzbar, deren Produkte hinsichtlich der **Ausgangsmaterialien gleichartig** sind, z. B. bei Brauereien, Walzwerken. Die Selbstkosten für ein einzelnes Produkt sind: $$k_i = \frac{K}{a_1 x_1 + \ldots + a_n x_n} \cdot a_i$$ k_i = Selbstkosten Produkt i (€/Stück) a_i = Äquivalenzziffer Produkt i x_i = Menge Produkt i (Stück/Periode) n_i = Anzahl Produkte (Stück/Periode) K = Kosten (€/Periode) Die Äquivalenzziffernkalkulation kann unterschiedlich differenziert erfolgen (z. B. **einstufig** ohne Berücksichtigung von Lagerbestandsveränderungen, **mehrstufig** mit deren Berücksichtigung) zudem ist sie auch tabellarisch möglich – siehe ausführlich *Olfert*.

Zuschlags-kalkulation	Sie ist bei Unternehmen anwendbar, die **verschiedene Erzeugnisse** in **unterschiedlichen Arbeitsabläufen** herstellen. Bei ihr erfolgt eine Trennung in Einzelkosten und Gemeinkosten. Die Selbstkosten pro Erzeugniseinheit werden ermittelt:

	Materialeinzelkosten	...
+	Materialgemeinkosten	...
=	**Materialkosten**	...
+	Fertigungseinzelkosten	...
+	Fertigungsgemeinkosten	...
+	Sondereinzelkosten der Fertigung	...
=	**Fertigungskosten**	...
=	**Herstellkosten**	...
+	Verwaltungsgemeinkosten	...
+	Vertriebsgemeinkosten	...
+	Sondereinzelkosten des Vertriebs	...
=	**Selbstkosten**	...

	Auf der Grundlage der Selbstkosten kann der Verkaufspreis als **Angebotspreis** ermittelt werden, indem Gewinn, Skonto, Rabatt und Umsatzsteuer zugeschlagen werden.
Kuppel-kalkulation	Hiermit werden Erzeugnisse kalkuliert, die aufgrund von technischen Gegebenheiten in der Fertigung als ein Haupterzeugnis und ein bzw. mehrere Nebenerzeugnisse **zwangsweise gemeinsam** anfallen, z. B. Koks, Gas, Teer, Benzol. Die Selbstkosten für eine Produkteinheit ergeben sich, indem die Erlöse, die sich aus der Nebenproduktion ergeben, von den Gesamtkosten der Kuppelproduktion abgezogen werden, ohne mögliche Weiterverarbeitungskosten der Nebenerzeugnisse zu berücksichtigen:

$$k_H = \frac{K_H - \sum x_{Ni} \cdot (P_{Ni} - k_{ANi})}{x_H}$$

k_H = Herstellkosten pro Haupterzeugnis-Einheit
K_H = Gesamtkosten des Kuppelprozesses
x_H = Menge des Haupterzeugnisses
x_{Ni} = Menge der Nebenerzeugnisart i
P_{Ni} = Preis pro Einheit der Nebenerzeugnisart i
k_{ANi} = Weiterverarbeitungskosten pro Einheit der Nebenerzeugnisart i

Neben dieser **Restwertrechnung** gibt es auch noch eine **Verteilungsrechnung** – siehe ausführlich *Olfert*.

▸ Die **Kostenträgerzeitrechnung** erfasst die Kosten und Erlöse eines Unternehmens, die während eines bestimmten Zeitraumes angefallen sind. Sie wird auch **Ergebnisrechnung** genannt und dient dazu, den leistungsbezogenen Erfolg des Unternehmens zu ermitteln. Es gibt hierfür zwei **Verfahren**:

Gesamtkosten-verfahren	Es ist das **üblicherweise** verwendete Verfahren, bei dem die gesamten Kosten der Rechnungsperiode – nach Kostenarten gegliedert – den gesamten betrieblichen Erträgen gegenübergestellt werden. In Anlehnung an § 275 Abs. 2 HGB ergibt sich das Betriebsergebnis:
	Umsatzerlöse (bereinigt um Erlösschmälerungen) +/- Bestandsveränderungen an unfertigen und fertigen Erzeugnissen + Andere aktivierte Eigenleistungen = Gesamtleistung - Betriebliche Aufwendungen = **Betriebsergebnis**
Umsatzkosten-verfahren	Bei ihm werden die Kosten und Erlöse der abgesetzten Erzeugnisse gegenübergestellt. Dies ist – als **Artikelerfolgsrechnung** – nach Erzeugnissen oder Erzeugnisgruppen möglich. In Anlehnung an § 275 Abs. 3 HGB gilt als Betriebsergebnis:
	Umsatzerlöse (bereinigt um Erlösschmälerungen) - Herstellungskosten der zur Erzielung der Umsatzerlöse erbrachten Leistungen = Bruttoergebnis vom Umsatz - Vertriebskosten - Allgemeine Verwaltungskosten - Sonstige betriebliche Aufwendungen = **Betriebsergebnis**

Gesamtkostenverfahren und Umsatzkostenverfahren führen beide zum **gleichen Ergebnis**.

Aufgabe 49 > Seite 299

2.3.4 Systeme

Die Kostenrechnung kann – entsprechend unterschiedlicher Zielsetzungen – auf verschiedene Weisen durchgeführt werden. Dazu dienen verschiedene Kostenrechnungssysteme, die sein können:

► **zeitbezogene Systeme**

► **umfangbezogene Systeme**

► **konzeptbezogene Systeme**.

2.3.4.1 Zeitbezogene Systeme

Als Systeme der Kostenrechnung, die einen unterschiedlichen Zeitbezug aufweisen, gibt es:

► Die **Istkostenrechnung**, welche die tatsächlich angefallenen Kosten – die Istkosten – erfasst und auf die Kostenstellen und Kostenträger verrechnet. Ihr **Ziel** ist es, die auf die einzelnen Erzeugniseinheiten entfallenden Istkosten im Rahmen der Nachkalulation zu ermitteln. Der **Grundgedanke** besteht darin, möglichst Istwerte der Kosten anzusetzen, was in reiner Form aber nicht möglich ist.

Die Istkostenrechnung kann als **Vollkostenrechnung**, wie zuvor beschrieben, oder als **Teilkostenrechnung** betrieben werden, worauf noch einzugehen ist.

► Die **Normalkostenrechnung**, die eine Weiterentwicklung der Istkostenrechnung darstellt und die Kosten in der Kostenstellenrechnung als Normalkosten erfasst. Das sind die **Durchschnittswerte**, die sich aus den in vergangenen Perioden angefallenen Istkosten ergeben.

► Die **Plankostenrechnung** ist eine zukunftsorientierte Kostenrechnung. Sie arbeitet mit Plankosten. Das sind im Voraus bestimmte, bei ordnungsgemäßem Betriebsverlauf methodisch errechenbare Kosten.

Die Plankosten als Einzel- und Gemeinkosten werden bezüglich ihrer Preise und Mengen aufgrund von Erfahrungen der Vergangenheit und unter Berücksichtigung der zukünftigen innerbetrieblichen und außerbetrieblichen Verhältnisse ermittelt.

Das **Wesen** der Plankostenrechnung ist darin zu sehen, dass die sich aus Planpreis und Planmenge zusammensetzenden geplanten Kosten mit den tatsächlich anfallenden Kosten verglichen werden, sodass eine **Soll-Ist-Analyse** möglich wird. Dabei können Abweichungen ermittelt werden als – siehe ausführlich *Olfert*:

- **Preisabweichungen**, welche die Differenzen zwischen den tatsächlich angefallenen Istpreisen und den Plan- bzw. Verrechnungspreisen bezogener Güter und Dienstleistungen sind

- **Verbrauchsabweichungen**, zu denen es kommt, wenn geplante und verbrauchte Mengen an Konsumgütern unterschiedlich hoch sind

- **Beschäftigungsabweichungen**, die zeigen, wie viele Fixkosten bei einer von dem Planbeschäftigungsgrad abweichenden Beschäftigung zu viel bzw. zu wenig kalkuliert wurden.

Die Plankostenrechnung lässt sich mit **Vollkosten** und mit **Teilkosten** (als Grenzplankostenrechnung) durchführen – siehe ausführlich *Olfert*.

2.3.4.2 Umfangbezogene Systeme

Umfangbezogene Systeme der Kostenrechnung sind – siehe ausführlich *Olfert*:

▶ Die **Vollkostenrechnung**, bei der alle Kostenbestandteile – also fixe und variable Kosten – erfasst und auf die Kostenträger verteilt werden. Sie **widerspricht** dem **Verursachungsprinzip** und beinhaltet damit die Gefahr, dass es unter Zugrundelegung ihrer Ergebnisse zu Fehlentscheidungen kommen kann.

Die **Durchführung** der Vollkostenrechnung ist auf der Basis von Istkosten, Normalkosten und Plankosten möglich. Somit kann sie sein:

- Istkostenrechnung mit Vollkosten
- Normalkostenrechnung mit Vollkosten
- Plankostenrechnung mit Vollkosten.

Ein weiteres System der Vollkostenrechnung ist die in den letzten Jahren verschiedentlich, aber (noch) nicht verbreitet praktizierte **Prozesskostenrechnung**, die berücksichtigt, dass Produkte unterschiedliche Tätigkeiten bzw. Teilprozesse in Anspruch nehmen – siehe ausführlicher *Olfert*.

▶ Die **Teilkostenrechnung**, bei der nicht alle Kostenbestandteile den Kostenträgern zugerechnet werden, sondern nur die variablen Kosten als Einzelkosten sowie als variable Teile der Gemeinkosten. Die fixen Kosten werden bei der Teilkostenrechnung als Block erfasst und nicht auf die Kostenträger verteilt.

Auf diese Weise wird dem **Verursachungsprinzip** entsprechend Rechnung getragen, da die Kostenträger nur mit den Kosten belastet werden, die durch sie verursacht wurden.

Teilkostenrechnungen können auf der Grundlage von Istkosten, Normalkosten (wenig bedeutsam) und Plankosten durchgeführt werden. Dementsprechend sind in der Praxis verbreitet:

- **Deckungsbeitragsrechnung** (mit Istkosten)
  - einstufig (Direct Costing wie nachfolgend beschrieben)
  - mehrstufig (Fixkostendeckungsrechnung, siehe näher *Olfert*)
- **Grenzplankostenrechnung** (mit Plankosten, siehe näher *Olfert*).

Bei der **einstufigen Deckungsbeitragsrechnung** wird der Deckungsbeitrag für einzelne Produkte oder Produktgruppen grundsätzlich wie folgt festgestellt:

	Erlöse
-	variable Kosten
=	**Deckungsbeitrag**

Er ermittelt jene Größe, die zur Deckung der fixen Kosten zur Verfügung steht. Die Deckungsbeitragsrechnung kann für eine Reihe betrieblicher **Entscheidungen** erfolgreich eingesetzt werden, insbesondere:

Gewinn-schwellen-Analyse	Mit ihrer Hilfe lassen sich die Beziehungen zwischen Umsatz, Kosten, Gewinn und Beschäftigung herstellen bzw. untersuchen. Sie wird auch **Break-even-Analyse** genannt.
	Die **Gewinnschwelle** ist der Punkt, in dem die Kosten und die Erlöse eines Unternehmens gleich hoch sind *(Punkt A)*. Er wird auch als **Nutzenschwelle**, **kritische Menge** und **Break-even-Punkt** bezeichnet. Sein Überschreiten führt in die Gewinnzone bis zur Kapazitätsgrenze *(Punkt B)*, sein Unterschreiten in die **Verlustzone**.
	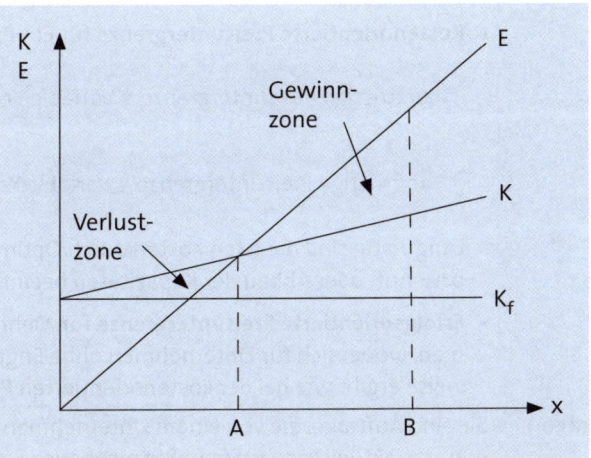
	Beim **Ein-Produkt-Unternehmen** ist die Gewinnschwelle:
	$$x = \frac{K_f}{db}$$ $\quad$ x = Kritische Menge K_f = Fixe Kosten (€/Periode) db = Deckungsbeitrag (€/Stück) E = Gesamterlöse K = Gesamtkosten

	Beispiel: Ein Unternehmen stellt eine Produktart her. Die variablen Kosten pro Stück betragen 52,50 €, die fixen Kosten pro Quartal 312.000 €. Die Produkte werden für 114,90 €/Stück verkauft. Es wird ein Gewinn pro Quartal in Höhe von 62.400 € geplant. Die abzusetzende Produktmenge beträgt somit notwendigerweise: $$x = \frac{K_f + G}{db}$$ $$x = \frac{312.000 + 62.400}{62,40} = \textbf{6.000 Stück/Quartal}$$ Beim **Mehr-Produkt-Unternehmen** ist die Ermittlung schwieriger – siehe *Olfert*.
Preisuntergrenze	Sie gibt den **Angebotspreis als Nettoverkaufspreis** an, den ein Unternehmen mindestens fordern muss, um überleben zu können. Dabei wird von einem im Wesentlichen gleichen Preis auf dem Markt ausgegangen. Zu unterscheiden sind: ► **Kostenorientierte Preisuntergrenze** für Ein-Produkt-Unternehmen: Kurzfristige Preisuntergrenze ≙ Variable Kosten Langfristige Preisuntergrenze ≙ Variable Kosten + Fixe Kosten Langfristig sind die fixen Kosten durch Optimierungsmaßnahmen bzw. Auf- oder Abbau der Kapazitäten beeinflussbar. ► **Erfolgsorientierte Preisuntergrenze** für Mehr-Produkt-Unternehmen, wobei sich für Unternehmen ohne Engpässe die gleiche Sichtweise ergibt wie bei der kostenorientierten Preisuntergrenze.
Zusatzaufträge	Sie sind Aufträge, die von einem Unternehmen angenommen werden, das aktuell kapazitätsmäßig nicht ausgelastet ist. Zusatzaufträge werden zu Preisen akzeptiert, die unter den gegenwärtigen Verkaufspreisen – z. B. als Listenpreisen – liegen. Unter kostenrechnerischen Gesichtspunkten ist die Annahme eines Zusatzauftrages möglich, wenn der **Erlös** aus dem Zusatzauftrag gerade die **variablen Kosten** des gegebenen Zusatzauftrages **deckt**, denn die fixen Kosten sind bereits durch die Erlöse aus der bisher laufenden Fertigung gedeckt.

Optimale Produktionsverfahren	Die Suche nach ihnen erfolgt, indem die bei alternativen Produktionsanlagen anfallenden Kosten miteinander verglichen werden: ► Bei **kurzfristiger Optimierung** gilt, dass diejenigen Produktionsanlagen zu nutzen sind, welche die geringsten variablen Kosten pro Stück verursachen (höchster Deckungsbeitrag), sofern **kein Engpass** vorliegt. Gibt es doch einen Engpass, sind die variablen *Gesamtkosten* zu optimieren (mehrstufige Rechnung). ► Bei **langfristiger Optimierung** sind sowohl variable als auch fixe Kosten in den Vergleich einzubeziehen, kostenrechnerisch z. B. in einer Kosten- oder Gewinnvergleichsrechnung.
Optimale Produktionsprogramme	**Mehr-Produkt-Unternehmen** stehen vor der Frage, wie sie ihre Leistungsprogramme im Hinblick auf die Arten und Mengen der anzubietenden Leistungen gestalten sollen. Ein optimales Leistungsprogramm zeichnet sich kostenrechnerisch dadurch aus, dass es einen möglichst hohen Deckungsbeitrag oder Gewinn erzielt. Seine **Optimierung** ist wie folgt möglich: ► Bei der **kurzfristigen Optimierung ohne Engpass** sollten alle Produktarten gefördert werden, die einen positiven Deckungsbeitrag pro Stück aufweisen. Ist ein **Engpass** gegeben, müssen die Produktionszeiten für die einzelnen Produktarten zusätzlich berücksichtigt werden, was in einem „relativen Deckungsbeitrag" geschieht. ► Bei der **langfristigen Optimierung** dienen nicht mehr nur die variablen Kosten als Entscheidungskriterium, sondern auch die fixen Kosten, da die Produktionsausstattung verändert, erhöht oder vermindert werden kann.
Eigenfertigung/ Fremdbezug	Hier geht es um die Frage, ob es günstiger ist, Produkte selbst herzustellen oder sie von anderen Unternehmen zu beziehen, z. B. als Zulieferteile. Die Entscheidung darüber erfolgt unter **qualitativen Gesichtspunkten**, z. B. der Abhängigkeit vom und Zuverlässigkeit des Lieferanten, sowie unter **Kostengesichtspunkten** der beiden Alternativen. Die Optimierung kann erfolgen als: ► **Kurzfristige Optimierung**, die nur unter Einbeziehung der vorhandenen Produktionsausstattung erfolgen kann. Sind **keine Engpässe** vorhanden, sollte eigengefertigt werden, wenn der Lieferantenpreis pro Stück über den variablen Kosten pro Stück liegt. Fixe Kosten werden nicht berücksichtigt. Liegen **Engpässe** vor, ist die Ermittlung der Vorteilhaftigkeit erheblich aufwändiger – siehe *Olfert*.

> ► **Langfristige Optimierung**, bei der davon ausgegangen wird, dass
> die Produktionsausstattung veränderbar ist, z. B. durch eine kosten-
> günstiger arbeitende Produktionsanlage.
>
> Hier müssen beim kostenrechnerischen Vergleich von Eigen- bzw.
> Fremdleistung nicht nur die variablen Kosten, sondern auch die fi-
> xen Kosten einbezogen und den Beschaffungskosten des Fremdbe-
> zuges gegenübergestellt werden, wobei z. B. die Kosten- oder Ge-
> winnvergleichsrechnung hilfreich sein kann.

Die zeit- und umfangbezogenen Kostenrechnungssysteme sind Grundlagen und un-
verzichtbare Bestandteile der Kostenrechnung. **Kostenrechnungskonzepte** – wie nachfolgend beschrieben – können sie ergänzen – siehe ausführlich *Olfert*.

2.3.4.3 Konzeptbezogene Systeme

Als konzeptbezogene Kostenrechnungssysteme werden diskutiert:

► Die **Prozesskostenrechnung**, die dem Management der Geschäftsprozesse dient und
die Steuerung des Verbrauches an Ressourcen und der Kapazitätsauslastung im Unternehmen ermöglicht. Außerdem hilft sie dabei, Chancen und Risiken frühzeitig
aufzudecken, damit das Kostenmanagement rasch geeignete Maßnahmen ergreifen kann.

In Deutschland hat sich die Prozesskostenrechnung als eigenständiges Kostenrech-
nungskonzept noch nicht in größerem Umfang durchgesetzt. Sie wird aber als Ergänzung der traditionellen Vollkostenrechnung genutzt.

► Die **Zielkostenrechnung** wird der Tatsache gerecht, dass die Preise der Produkte seit
der Entwicklung des Käufermarktes in Deutschland während der sechziger Jahre
nicht mehr ausschließlich auf der Grundlage der Kosten gestaltet werden konnten.

Der Markt bzw. die Käufer mussten bei der **Preisbildung** einbezogen werden, da das
Angebot größer war als die Nachfrage. Im Unternehmen war also nicht festzustellen, wie hoch die Selbstkosten waren, um die Preise zu ermitteln, sondern wie hoch
die Selbstkosten sein durften, um den Erwartungen der Käufer gerecht zu werden.

Mit der Zielkostenrechnung ergab sich eine enge Vernetzung des Marketing und der
Kostenrechnung. Sie wird auch als **Target Costing** bezeichnet.

3. Kontrolle im Rechnungswesen

Die Kontrolle schließt den Prozess im Rechnungswesen ab. Da sie mit einem hohem Rechenaufwand verbunden ist, kann von **Kontrollrechnung** gesprochen werden. Sie hat durch die Entwicklung der Unternehmensforschung und der EDV eine erhebliche Erweiterung und Verfeinerung erfahren. Die Kontrolle im Rechnungswesen besteht aus *(Lücke)*:

- Dem **Soll-Ist-Vergleich**, d. h. dem Vergleich von dem „was ist", mit dem „was sein soll". Dabei werden die Ist-Werte den Soll-Werten gegenübergestellt.

- Der **Analyse von Abweichungen**, damit das Ergebnis der Untersuchung in die künftigen Planungen eingeht, z. B. zu hohe Kosten, zu geringe Erlöse.

Die Kontrolle ist die notwendige Ergänzung der Planung. Sie umfasst im Kern den Vergleich von geplanten Größen und realisierten Größen. Ihre **Hauptzwecke** sind die Sicherung der Planerfüllung und die Verbesserung des Führungsprozesses *(Hahn)*.

Dem Prozess des betrieblichen Rechnungswesens ist das **Controlling** über- bzw. parallel gelagert. Als Gesamtcontrolling nimmt es Koordinationsaufgaben wahr, zumal dort auch Informationen anderer Unternehmensbereiche zusammenfließen.

Die Durchführung der dem Rechnungswesen obliegenden Aufgaben selbst ist allerdings Aufgabe der Linienabteilung und nicht des Controlling. Es wirkt vielmehr bereichsunterstützend, planend, kontrollierend und koordinierend. Das Controlling unterbreitet Vorschläge zur Steuerung und gibt Informationen weiter, vor allem an die Unternehmensleitung.

Aufgabe 50 > Seite 300

Aufgabe 1:

Die Firma H. Lanz Tierfutter KG stellt ein Hartfutterprodukt mit dem Namen „Katzen-leckerle" in Packungen mit einem Füllgewicht von 400 g her. Diese Packungen enthalten Anteile von Thunfisch, Hecht und Krabben.

(1) Welche elementaren Produktionsfaktoren sind an der Herstellung des Produktes beteiligt?
(2) Erläutern Sie dispositive Produktionsfaktoren, die Beiträge zur Erstellung dieses Produktes bringen!

Lösung s. Seite 301

Aufgabe 2:

Der Fertigungsleiter eines Industrieunternehmens hat dafür Sorge zu tragen, dass die in seinem Bereich produzierten Stückzahlen den Plandaten entsprechen. Das zu erreichende Ziel lag bei 50 Stück. Es wurden aber nur 40 Stück gefertigt. Dies wurde durch einen Maschinenausfall bewirkt, der die Reparatur der Maschine notwendig machte.

(1) Erläutern Sie die sechs Elemente des Regelkreissystems!
(2) Zeichnen Sie diese Elemente in einen Regelkreis ein!

Lösung s. Seite 301

Aufgabe 3:

Versetzen Sie sich in die Situation der Schreinerei Wagner GmbH, die mit 200 Mitarbeitern verschiedene Schränke und Sitzmöbel herstellt.

(1) Geben Sie Beispiele für Werkstoffe, die bei der Produktion von Holzschränken eine Rolle spielen.
(2) Welche internen Teilnehmer können am Unternehmensgeschehen beteiligt sein und welche Funktionen üben sie aus?
(3) Zählen Sie typische Beispiele für externe Teilnehmer auf und erklären Sie deren Aufgaben!

Lösung s. Seite 302

Aufgabe 4:

Die Firma Amobil AG hat einen Umsatz von 36 Mrd. €, die mit 200.000 Beschäftigten erwirtschaftet wurden. Der Marktanteil des Unternehmens liegt bei 22 %. Die Soll-Kosten sind auf 35 Mrd. € festgelegt. Ist-Kosten sind in Höhe von 34 Mrd. € entstanden. Die erzeugte Produktionsmenge lag bei 2.900.000 Stück.

Ein Konkurrenzunternehmen Kmobil GmbH hat bei einem Marktanteil von 20 % Soll-Kosten in Höhe von 33 Mrd. € und Ist-Kosten von 34 Mrd. €. Der Umsatz beträgt 35 Mrd. €, die Produktionsmenge liegt bei 2.800.000 Stück mit 210.000 Beschäftigten.

(1) Berechnen Sie die Kosten-Wirtschaftlichkeit der Amobil AG im Verhältnis zum Konkurrenzunternehmen!

(2) Ermitteln Sie die Arbeitsproduktivität der beiden Firmen und vergleichen Sie die Ergebnisse!

Lösung s. Seite 302

Aufgabe 5:

Die Firma Obenhuber GmbH weist folgende Bilanz auf (in Euro):

AKTIVA		Bilanz	PASSIVA
	Euro		Euro
Grundstücke	600.000	Eigenkapital	700.000
Maschinen	200.000	Rückstellungen (langfristig)	250.000
Vorräte	400.000	Verbindlichkeiten (langfristig)	600.000
Forderungen	500.000	Verbindlichkeiten (kurzfristig)	250.000
Postbank	120.000	Gewinn	50.000
Kasse	30.000		
	1.850.000		1.850.000

(1) Stellen Sie die Liquidität 1. Grades fest und beurteilen Sie diese!

(2) Ermitteln Sie die Liquidität 2. Grades und erklären Sie das Ergebnis!

(3) Berechnen Sie die Liquidität 3. Grades und interpretieren Sie das Resultat!

(4) Wie hoch ist die Eigenkapitalrentabilität und wie schätzen Sie diese ein?

Lösung s. Seite 303

Aufgabe 6:

Beurteilen Sie die folgenden Rechtssituationen und begründen Sie, um welche Art der Anfechtung es sich jeweils handelt!

(1) Ein Lieferant schreibt in einem Angebot von Schreibmaterial statt 50 € die Zahl 500 €.

(2) Herr Maier kauft 100 Aktien der Firma Angermann AG zu einem relativ günstigen Kurs. Leider fällt der Kurs der Aktie.

(3) Frau Welsch droht ihrem Vorgesetzten mit einer Anzeige wegen eines von diesem begangenen Vergehens, wenn er ihre Gehaltsforderung nicht erfüllt.

(4) Ein Autohändler verschweigt einem Autokäufer, dass das verkaufte Auto bereits einen Unfallschaden hatte.

Lösung s. Seite 304

Aufgabe 7:

Welches Gesetz regelt welchen der folgenden Sachverhalte?

(1) Ein Unternehmer erteilt einem seiner Mitarbeiter Prokura.

(2) Beschäftigungsverbot für werdende Mütter.

(3) Eine Firma muss ein Insolvenzverfahren wegen Zahlungsunfähigkeit beantragen?

(4) Ein Arbeitnehmer klagt gegen seinen Arbeitgeber.

(5) Rechtliche Probleme eines Mitarbeiters mit der gesetzlichen Krankenversicherung.

Lösung s. Seite 304

Aufgabe 8:

Erläutern Sie, was unter den folgenden Begriffen zu verstehen ist:

- Unternehmen
- Bedürfnisse
- Bedarf
- ökonomisches Prinzip
- Humanitätsprinzip
- Umweltschonungsprinzip
- Betriebswirtschaftslehre
- Produktionsfaktoransatz
- Entscheidungsansatz
- Systemansatz
- Prozessansatz
- Führungsansatz
- Ökologieansatz
- institutionsökonomischer Ansatz
- faktorbezogene Unternehmen
- standortbezogene Unternehmen
- größenbezogene Unternehmen
- branchenbezogene Unternehmen

- Rentabilität
- Liquidität
- Liquiditätsgrad
- Rechtsgeschäft
- Geschäftsfähigkeit
- Anfechtung
- Verjährung
- Leistungsstörung
- Kaufmann
- Firma
- Handelsregister
- Vollmacht
- Einzelunternehmen
- Personengesellschaft
- Kapitalgesellschaft
- Schutzrechte
- Arbeitsrecht
- Sozialrecht

- ► rechtsformbezogene Unternehmen
- ► Wirtschaftlichkeit
- ► Produktivität
- ► Steuerrecht
- ► nationales Wirtschaftsrecht
- ► internationales Wirtschaftsrecht.

Lösung s. MiniLex Seite 323 ff.

Aufgabe 9:

Drei Gesellschafter sind an einer OHG beteiligt, die einen Jahresreingewinn von 77.900 € erwirtschaften:

Gesellschafter A mit 130.000 € Einlage
Gesellschafter B mit   50.000 € Einlage
Gesellschafter C mit   20.000 € Einlage

(1) Wie hoch sind die Einlagen-Anteile der Gesellschafter in Prozent?

(2) Berechnen Sie die Gewinnanteile der Gesellschafter nach § 121 HGB anhand einer übersichtlichen Tabelle!

Lösung s. Seite 304

Aufgabe 10:

Die folgende Abbildung stellt die Organe einer Aktiengesellschaft dar. Tragen Sie in das jeweilige Dreieck zunächst die Bezeichnungen der Organe ein (a), (b), (c)!

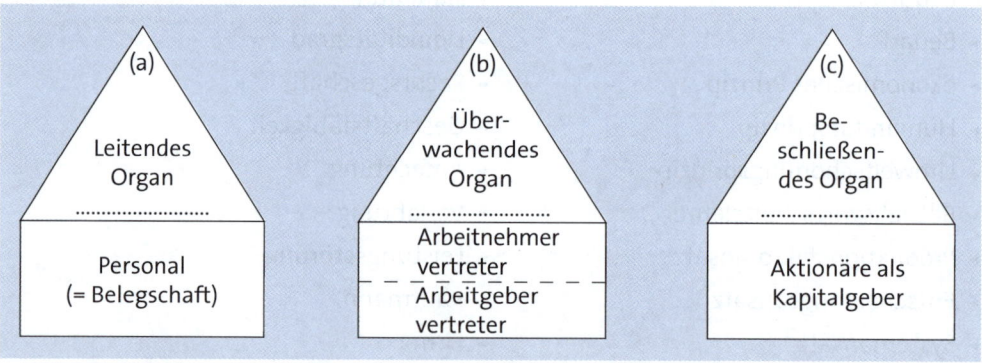

Klären Sie außerdem die folgenden Fragen durch Eintragung entsprechender Pfeile in das obige Schema.

❶ Welches Organ bestellt den Vorstand einer Aktiengesellschaft?

❷ Wer wählt die Arbeitnehmervertreter im Aufsichtsrat?

❸ Wer wählt die Arbeitgebervertreter im Aufsichtsrat?

❹ Welche Organe sind für die folgenden Aufgaben zuständig:

- ► Entlastung des Vorstandes
- ► Überwachung des Vorstandes
- ► Leitung der Aktiengesellschaft

Lösung s. Seite 305

Aufgabe 11:

Der Einzelunternehmer Heinrich Emsig möchte zusammen mit Gunhild Kernig eine GmbH & Co. KG gründen. Als Gegenstand des Unternehmens ist der Handel mit Südfrüchten vorgesehen. Herr Emsig fragt Sie:

(1) Welche Gegebenheiten sind für eine GmbH & CO. KG typisch und wie kann zu seinem Vorteil firmiert werden?

(2) Wie gestaltet sich der typische Grundaufbau dieser Firma?

(3) Welche Rechte und Pflichten haben die Gesellschafter einer KGaA?

Lösung s. Seite 305

Aufgabe 12:

Kartelle sind Zusammenschlüsse von Unternehmen, die rechtlich selbstständig bleiben, deren wirtschaftliche Selbstständigkeit allerdings durch den Gegenstand des Kartells eingeschränkt wird.

(1) Unter welchen Voraussetzungen kann der Bundesminister für Wirtschaft und Technologie vom Bundeskartellamt untersagte Zusammenschlüsse doch erlauben?

(2) Woran ist die Erlaubnis des Bundesministers gebunden?

(3) Beurteilen Sie die zunehmende Konzentration in der deutschen und europäischen Wirtschaft!

Lösung s. Seite 306

Aufgabe 13:

Um welche Form des Zusammenschlusses handelt es sich in den folgenden Fällen? Begründen Sie Ihre Meinung!

(1) Die Firmen Dachdeckerei Kranz KG und Dachsanierung Mast OHG übertragen ihr ganzes Vermögen auf die neue Firma Dachdeckerei Kranz & Mast GmbH.

(2) Zwei Chemieunternehmen forschen gemeinsam an einer Pille gegen den Darmkrebs. Bei dieser gemeinsamen Forschung und Entwicklung sollen aber keine gegenseitigen Aktienbeteiligungen erfolgen.

(3) Die Frankfurter Bank AG und die Mannheimer Bank AG übernehmen die Börseneinführung von Aktien der Firma Sausebraus Strom AG. Es werden Aktien im Wert von 200 Millionen € ausgegeben.

(4) Fünf verschiedene Baufirmen in Hamburg schließen sich im Großbrückenbau zusammen und wollen sowohl rechtlich als auch wirtschaftlich selbstständig bleiben.

(5) Das Handelsunternehmen Kaufhaus AG beteiligt sich mit 25 % plus einer Aktie an dem Filialunternehmen Jost Textilien AG.

(6) Vier Firmen, deren rechtliche Selbstständigkeit nach dem Zusammenschluss erhalten bleibt, verwenden nach Absprache ein einheitliches Kalkulationsformular.

Lösung s. Seite 306

Aufgabe 14:

Tragen Sie in die Abbildung die jeweils richtigen Verbindungen zwischen den Stellen ein! Verwenden Sie dabei die folgenden Symbole:

L Längsverbindungen   Symbol: _____

Q Querverbindungen   Symbol: . _ . _ . _ .

D Diagonalverbindungen   Symbol: __ __ __ __

Unternehmensleitung	
Personalbildung	
Leitungsstelle Ausbildung zentral	Leitungsstelle Fort- und Weiterbildung zentral
Leitungsstelle Ausbildungswerkstatt zentral	Leitungsstelle Baustelle dezentral
Ausbilderstelle Ausbildungswerkstatt zentral	Ausbilderstelle Baustelle dezentral
Ausbildungsplatz Ausbildungswerkstatt zentral	Ausbildungsplatz Baustelle dezentral

Lösung s. Seite 307

Aufgabe 15:

Die Firma Lebensmittelimport GmbH mit dem Stammhaus in Bremen hat insgesamt etwa 5.000 Beschäftigte. Sie erhalten als Organisator den Auftrag, für das Stammhaus eine Organisationsform zu gestalten, die mindestens folgende Abteilungen enthält:

- ► Werbung
- ► Finanz- und Rechnungswesen
- ► Einkauf

- ► Personalwesen
- ► Beschaffungslager
- ► Verkauf.

Erstellen Sie ein Organigramm, bei welchem dem Geschäftsführer der GmbH vier Hauptabteilungen unterstehen, denen die obigen Abteilungen zuzuordnen sind!

Lösung s. Seite 307

Aufgabe 16:

Karl Meiler betreibt ein Handelsunternehmen als GmbH. Am 02.03. erteilt er seinem Angestellten Hans Hurtig Einzelprokura und am 13.03. erfolgt die Eintragung in das Handelsregister.

(1) Ab wann kann Hans Hurtig als Prokurist rechtsgültige Verträge für die GmbH abschließen?

(2) Welche Rechtswirkung hat die Eintragung in das Handelsregister?

Lösung s. Seite 308

Aufgabe 17:

Erläutern Sie, was unter den folgenden Begriffen zu verstehen ist:

- ► Unternehmen
- ► Einzelunternehmen
- ► Kommanditgesellschaft
- ► Stille Gesellschaft
- ► Offene Handelsgesellschaft
- ► Gesellschaft des bürgerlichen Rechts
- ► Partnerschaftsgesellschaft
- ► Gesellschaft mit beschränkter Haftung
- ► Organe der GmbH
- ► Haftungsbeschränkte Unternehmergesellschaft

- ► Projektcontrolling
- ► Aufbauorganisation
- ► Instanz
- ► Linienstelle
- ► Stabsstelle
- ► Organigramm
- ► Sektoralorganisation
- ► Funktionalorganisation
- ► Spartenorganisation
- ► Matrixorganisation
- ► Tensororganisation

- ► Aktiengesellschaft
  - Organe der AG
- ► Kommanditgesellschaft auf Aktien
- ► GmbH & Co. KG
- ► Genossenschaft
- ► Verein
- ► Unternehmenszusammenschluss
- ► Gelegenheitsgesellschaft
- ► Kartell
- ► Konzern
- ► Fusion
- ► Unternehmensverband
- ► Organisation
- ► Projektorganisation
- ► Logistik

- ► Organisationsinstrument
- ► Prozessorganisation
- ► Geschäftsprozess
- ► Kernprozess
- ► Unterstützungsprozesse
- ► Prozess
- ► Gründung
- ► Handelsregister
- ► Krise
- ► Sanierung
- ► Insolvenz
- ► Insolvenz-Großverfahren
- ► Insolvenz-Kleinverfahren
- ► Restschuld-Befreiungsverfahren
- ► Liquidation.

Lösung s. MiniLex Seite 323 ff.

Aufgabe 18:

Der Führungsstil ist ein Führungsinstrument, das die Art und Weise zeigt, wie ein Vorgesetzter die ihm unterstellten Mitarbeiter führt.

(1) Stellen Sie den autoritären und den kooperativen Führungsstil in einer Tabelle begrifflich sowie anhand der Kriterien Lob, Tadel, Vorteile und Nachteile gegenüber.
(2) Beurteilen Sie den folgenden Ausspruch einer Führungskraft: „Der kooperative Führungsstil führt im Unternehmen zum Erfolg!"
(3) Von welchen Einflussfaktoren hängt der Erfolg der betrieblichen Führung ab? Geben Sie Beispiele!

Lösung s. Seite 308

Aufgabe 19:

Der Mitarbeiter Karl Munter ist in seiner Gruppe sehr beliebt. Er organisiert informelle Treffen mit den Gruppenmitgliedern und ist leistungsmäßig im oberen Drittel der Mitarbeiter. Der Vorgesetzte kann sich auf ihn verlassen. Herr Munter ist selbstbewusst und redegewandt. Deshalb vertritt er häufig auch die Interessen seiner Gruppe gegenüber dem Vorgesetzten.

Erläutern Sie sechs Führungsmittel, die der Vorgesetzte gegenüber Herrn Munter einsetzen sollte!

Lösung s. Seite 309

Aufgabe 20:

Welche Art der Zielbeziehungen ist bei folgenden Beispielen gegeben?

(1) Die Reduzierung der Personalkosten um 3 % führt bei gleich bleibenden Umsätzen zu einer Erhöhung des Gewinns.

(2) Der Marktanteil des Unternehmens soll im nächsten Halbjahr um 2 % gesteigert, die Fehlzeiten in der Materialwirtschaft um 5 % gesenkt werden.

(3) Die Produktionsmengen sollen im kommenden Jahr um 8 % gesteigert, die Personalkosten in der Produktion bei automatisierter Fertigung im gleichen Jahr um 2 % reduziert werden.

Lösung s. Seite 309

Aufgabe 21:

Ein Fußballverein der ersten Bundesliga hat die Umwandlung des Vereins in eine Aktiengesellschaft vollzogen. Mit welchen strategischen Planungsüberlegungen wird sich der Vorstand dieser Fußball-AG beschäftigen?

Lösung s. Seite 310

Aufgabe 22:

Versetzen Sie sich in die Lage eines 30-jährigen Unternehmers, der mit zwei Mitarbeiterinnen in der Innenstadt von Heidelberg eine Boutique mit moderner Kleidung für junge Menschen eröffnet und ein Handelsgewerbe unter der Firma Boutique Heinz Mann e. K. beim Handelsregister angemeldet hat.

Den Laden hat Herr Mann von einem älteren Unternehmer übernommen. Seine Umfeldanalyse ergab, dass es in Heidelberg mehrere Konkurrenten gibt, die sich bereits am Markt etabliert haben. Die Käufer bevorzugen beim Kauf von Kleidung helle Farben.

Erläutern Sie mögliche Grundstrategien, Unternehmens- und Bereichsstrategien!

Lösung s. Seite 310

Aufgabe 23:

Entscheiden Sie, welcher Planungsebene die folgenden Aufgaben vorrangig zuzuordnen sind!

(1) Planung der Materialausgabe

(2) Planung der Unternehmensziele

(3) Planung des Bedarfs an Fertigungspersonal

(4) Planung der Absatzwege

(5) Planung der Unternehmenspolitik

(6) Erstellung eines Absatzplanes

(7) Planung der Warenpflege.

Lösung s. Seite 311

Aufgabe 24:

Der Controller analysiert die Fehlzeiten im Fertigungsbereich eines Industrieunternehmens. Dabei geht er von einer durchschnittlichen Fehlzeitenquote von 4 % in allen Unternehmensbereichen aus.

Als Störgrößen ermittelt der Controller in der Fertigung eine hohe Stressbelastung der Mitarbeiter und eine sehr zugige Lagerhalle, die bei vielen Mitarbeitern Erkältungskrankheiten auslöst. Deshalb stieg die Fehlzeitenquote im Fertigungsbereich im letzten Monat auf 11 %.

(1) Entwickeln Sie einen Regelkreislauf mit mindestens sechs Elementen und deren Verbindungen!

(2) Welche Vorschläge kann der Controller zur Verbesserung der Situation einbringen?

Lösung s. Seite 311

Aufgabe 25:

Erläutern Sie, was unter den folgenden Begriffen zu verstehen ist:

► Führung

► Unternehmensführung

► Personalführung

► Führungsarten

► Gesamtführung

► Führungsrahmen

► Führungsprinzip

► Bereichsführung

► Gruppenführung

► Individualführung

► Führungskraft

► Mitarbeiter

► Führungsinstrument

► Führungsstil

► Führungsmittel

► Führungserfolg

► Führungsprozess

► Zielsetzung

► Zielarten

► Zielbeziehungen

► Zielbildungsprozess

► Planung

► Planungsarten

► Situationsanalyse

► Strategie

► Durchführung

► Kontrolle

► Kontrollarten

► Controlling

► Controllingarten

► Controllerbericht

► Controllinginstrumente.

Lösung s. MiniLex Seite 323 ff.

Aufgabe 26:

Bei der Firma Hans Zickel GmbH beträgt der Materialbedarf jeweils im März 220, im April 200, im Mai 210, im Juni 230, im Juli 225, im August 220, im September 215, im Oktober 220, im November 230 und im Dezember 210 Stück.

(1) Ermitteln Sie auf der Grundlage der letzten sechs Perioden den Materialbedarfswert für den Januar des kommenden Jahres!

(2) Berechnen Sie den Bedarfswert für den Januar, wenn die letzten sechs Monate jeweils mit 5 %, 10 %, 15 %, 17 %, 23 % und 30 % gewichtet werden!

Lösung s. Seite 312

Aufgabe 27:

Bei der Friedrich Maier KG werden Zulieferprodukte in Serienfertigung produziert. Wie hoch ist die optimale Beschaffungsmenge, wenn der Einstandspreis 0,40 € pro Stück, die Bestellkosten 50 € pro Bestellung und der Lagerhaltungskostensatz 25 % beträgt? Berücksichtigen Sie bei der Ermittlung, dass für ein fremdbezogenes Einzelteil ein Jahresbedarf von 4.000 Stück besteht!

Lösung s. Seite 312

Aufgabe 28:

(1) Die Karl Reiss GmbH hat einen Jahresanfangsbestand von 17.000 Stück eines Produktes. Der Bestand im Dezember betrug 12.000 Stück. In der Buchhaltung wird eine Gesamtsumme von 126.000 Stück als Summe der Monatsendbestände ermittelt. Der Jahresverbrauch beträgt insgesamt 99.000 Stück.

Wie hoch sind folgende Kennzahlen der Materialwirtschaft:

(a) Durchschnittlicher Lagerbestand?

(b) Umschlagshäufigkeit des Produktes?

(c) Lagerdauer der Ware?

(2) Zu welchen Aufgaben der Materialwirtschaft zählen die folgenden Vorgänge?

(a) Erfassen und Sammeln von Abfall

(b) Berechnung der Bestellkosten als bestellmengenunabhängige Kosten

(c) Planung von Verzeichnissen der Rohstoffe und Teile der Erzeugnisse

(d) Ermittlung eines Lagerpuffers, um die Leistungsbereitschaft zu erhalten

(e) Angebote von verschiedenen Lieferanten einholen

(f) Vornehmen der körperlichen Bestandsaufnahme im Lager.

Lösung s. Seite 312

Aufgabe 29:

Nennen Sie die Arbeitspapiere, die mit den folgenden Beschreibungen jeweils gemeint sind!

(1) Liste mit allen Einzelteilen zur Erstellung des Produktes

(2) Karte mit den Arbeitsgängen zur Produktherstellung

(3) Grafische Darstellung des geplanten Erzeugnisses

(4) Plan mit Umstellungsdaten auf andere Betriebsmittel

(5) Karte mit der Fixierung des Zeitdurchlaufes der Produktion

(6) Beleg zur Erfassung der geleisteten Arbeitszeit

Lösung s. Seite 313

Aufgabe 30:

Aus der Prozessplanung der Firma Angerer & Söhne ergeben sich folgende Informationen für ein bestimmtes Erzeugnis:

Reihenfolge	Fertigungsprozess	Rüstzeit	Stückzeit
1	Materialbereitstellung		10 Min.
2	Arbeitsgang I	5 Min.	50 Min.
3	Arbeitsgang II	15 Min.	30 Min.
4	Produktionskontrolle		10 Min.

Für die Liegezeit fallen insgesamt 720 Minuten an und die Transportzeit beträgt 600 Minuten. Berechnen Sie die Durchlaufzeit in Stunden, wenn 10 Stück des Produktes gefertigt werden!

Lösung s. Seite 313

Aufgabe 31:

Die Firma Kosmos AG bringt ein neues Erzeugnis auf den Markt, das mit folgenden Marketingkosten geplant ist:

Jährlich geplante Kosten		Monatlich geplante Kosten	
Allgemeine Kosten für Werbung	50.000 €	Kalkulatorische Provision	4.000 €
Verkaufsförderung	25.000 €	Kalkulatorische Prämien	3.000 €
Schulung von Personal	20.000 €	Kosten eines Mitarbeiters	4.500 €

Erstellen Sie einen übersichtlichen Kostenplan und ermitteln Sie die Gesamtkosten für dieses Erzeugnis!

Lösung s. Seite 314

Aufgabe 32:

Der Produktlebenszyklus zeigt den typischen Lebensweg eines Produktes. Die Firma Automobile AG stellt einen Pkw der Marke „Blitz 3000" her.

Schildern Sie modellhaft ein Beispiel für die Umsatz- bzw. Gewinn-Entwicklung des Produktes „Blitz 3000"!

Lösung s. Seite 314

Aufgabe 33:

Gehen Sie von einem Markt mit vielen Anbietern und Nachfragern nach dem Produkt X aus! Zeichnen Sie in ein Koordinatensystem eine Angebotsgerade und eine Nachfragegerade ein. Zeigen Sie grafisch, wie sich der Preis des Produktes verändert, wenn die Nachfrage nach dem Produkt sinkt!

Lösung s. Seite 314

Aufgabe 34:

Gehen Sie davon aus, dass Sie im Verkauf der Firma Köttermann & Söhne OHG arbeiten!

(1) Der Verkaufsleiter dieser Firma sagt zu Ihnen: „Die Rabattpolitik dient der Feinsteuerung der Preise!" Erläutern Sie diesen Ausspruch zur Kontrahierungspolitik!

(2) Außerdem möchte er von Ihnen wissen, welche Besonderheiten bei der Vergabe von Rabatten durch die UWG-Reform von 2004 zu beachten sind.

Lösung s. Seite 315

Aufgabe 35:

Gehen Sie davon aus, dass die Firma Fernseh-Kaiser GmbH Video-Geräte von guter Qualität produziert. Unterbreiten Sie dem Marketingleiter je einen Vorschlag zur Distributionspolitik, zur Absatzplanung, Produktgestaltung und Preispolitik!

Lösung s. Seite 315

Aufgabe 36:

Erläutern Sie, was unter den folgenden Begriffen zu verstehen ist:

- ► Materialbereich
- ► Material
- ► Materialstandardisierung
- ► Materialanalyse
- ► Materialbedarfsplanung

- ► Marktforschung
- ► Marketingplan
- ► Produktpolitik
- ► Produktlebenszyklus
- ► Produktinnovation

- Materialbestandsplanung
- Bestandsarten
- Materialbeschaffungsplanung
- optimale Losgröße
- Materialbestand
- Bestandsführung
- Materialbeschaffung
- Materiallagerung
- Materialprüfung
- Lagerarten
- Materialentsorgung
- Fertigungsbereich
- Fertigungsplanung
- Erzeugnisplanung
- Programmplanung
- Arbeitsplanung
- Bereitstellungsplanung
- Prozessplanung
- Fertigungsverfahren
- Fertigungssteuerung
- Marketingbereich
- Marketingplanung

Lösung s. MiniLex Seite 323 ff.

- Produktvariation
- Programmpolitik
- Kundendienstpolitik
- Garantieleistungspolitik
- Kontrahierungspolitik
- Preispolitik
- Preisbildung
- preispolitische Strategien
- Rabattpolitik
- Rabattarten
- Konditionenpolitik
- Kreditpolitik
- Distributionspolitik
- direkte Absatzwege
- indirekte Absatzwege
- Kommunikationspolitik
- Werbung
- Werbeerfolg
- Verkaufsförderung
- Öffentlichkeitsarbeit
- persönlicher Verkauf.

Aufgabe 37:

(1) Bei einem Unternehmen sind die folgenden Einzahlungen und Auszahlungen (in Tsd. €) gegeben:

Monat	Auszahlungen	Einzahlungen
Januar	100	0
Februar	80	20
März	50	70
April	100	100
Mai	100	70
Juni	60	100
Juli	60	110
August	60	240
September	80	90
Oktober	100	40
November	110	0
Dezember	80	20

Berechnen Sie den Kapitalbedarf für jeden einzelnen Monat!

(2) Der Lieferantenkredit wird als sehr teuer eingeschätzt, aber von den Unternehmen dennoch oft genutzt.

Weshalb wird der Lieferantenkredit im Hinblick auf seine Kosten – bei einem Zinssatz von z. B. 3 % – so beurteilt und trotzdem vielfach in Anspruch genommen?

(3) Die Metallbau GmbH benötigt ein Darlehen in Höhe von 200.000 € für die Laufzeit von 6 Jahren. Wie hoch ist die Effektivverzinsung bei einem Zinssatz von 8 % und einer Auszahlung von 98 %, wenn das Darlehen am Ende der Laufzeit getilgt wird?

Lösung s. Seite 315

Aufgabe 38:

In der Firma USF AG ist die Anschaffung einer neuen Maschine geplant, deren Mindestrentabilität 20 % betragen soll. Die Firma erhält ein Angebot für eine Maschine, deren Anschaffungskosten 100.000 € betragen. Die Nutzungsdauer umfasst 8 Jahre.

Die Kapazität liegt bei 18.000 Stück pro Jahr, wobei die Kapazität des Investitionsobjektes voll ausgeschöpft werden kann. Die Fixkosten liegen bei 31.000 €/Jahr und die variablen Kosten betragen 90.000 € pro Jahr. Die mit der Maschine gefertigten Produkte lassen sich für 7,50 €/Stck. verkaufen und der Kalkulationszinssssatz beträgt 10 %.

(1) Berechnen Sie den zu erzielenden Gewinn!

(2) Ermitteln Sie die von der Maschine zu erzielende Rentabilität!

(3) Entscheiden Sie, ob die Anschaffung dieser Maschine unter den obigen Bedingungen vorteilhaft ist!

Lösung s. Seite 316

Aufgabe 39:

Erläutern Sie, was unter den folgenden Begriffen zu verstehen ist:

- Finanzbereich
- Finanzierung
- Investition
- Zahlungsverkehr
- Eigenkapital
- Fremdkapital
- Anlagevermögen
- Umlaufvermögen
- Kapitalbedarfsrechnung
- Finanzplan
- Kapitalkosten
- Beteiligungsfinanzierung
- Fremdfinanzierung
- Sicherheit
- Personalsicherheit

- Realsicherheit
- kurzfristige Fremdfinanzierung
- langfristige Fremdfinanzierung
- Innenfinanzierung
- Finanzierung aus Umsatzerlösen
- Finanzierung aus sonstigen Kapitalfreisetzungen
- Investitionsprogramm
- Investitionsrechnung
- statische Investitionsrechnung
- dynamische Invesitionsrechnung
- Nettoinvestition
- Reinvestition
- Zahlungsmittel
- Zahlungsformen.

Lösung s. MiniLex Seite 323 ff.

Aufgabe 40:

Ein Unternehmen der Computerbranche erhält am 30.11.2012 auf die Suche nach einer(m) qualifizierten und erfahrenen Personalfachkauffrau/-mann rund 50 Bewerbungen, so auch den folgenden Lebenslauf:

16.01.1958	Geburt in Westhofen/Pfalz
01.04.1964 - 31.03.1968	Volksschule in Mannheim
01.04.1968 - 31.03.1974	Realschule in Mannheim
14.04.1974 - 31.03.1977	Ausbildungsverhältnis als Industriekaufmann bei der Firma ISOM AG in Frankfurt (Isoliermittel)
01.04.1977 - 31.03.1986	Sachbearbeiter im Verkaufsinnendienst der ISOM AG
01.04.1986 - 30.06.1987	Verkäufer bei der Firma HILDE SCHEUER PUTZMITTEL e.Kfr. in Darmstadt (Handel)
01.07.1987 - 30.06.1988	Personalsachbearbeiter bei der Baufirma EICHEL GmbH in Frankfurt (Isolierungen)
01.04.1989 - 30.09.1990	Tätigkeit im Außendienst der AMICICIA Versicherung in Mannheim
01.10.1991 - 30.06.1994	Verkäufer bei der Firma KRANZ BAUSTOFFE GmbH in Ludwigshafen
01.07.1994 - 31.01.2012	Verkäufer im Innendienst der Firma ISOM AG

Erstellen Sie eine Zeitfolge-, Branchen- und Positionsanalyse und schätzen Sie seine Chance ein, zu einem Vorstellungsgespräch eingeladen zu werden.

Lösung s. Seite 317

Aufgabe 41:

(1) Die Metallbau GmbH beschäftigt u. a. Pförtner, Werkzeugausgeber, Dreher und Schleifer. Welche der Mitarbeiter sollten im Zeitlohn entlohnt werden, welche nicht?

(2) Für Montagearbeiten an Handmixgeräten wird ein Satz von 4,50 € pro fertig montiertem Gerät bezahlt.

Wie wird das Entlohnungsverfahren genannt?

Wie hoch ist der durchschnittliche Stundenlohn eines Arbeiters, wenn er für den Abrechnungszeitraumm einer Woche in 40 Stunden 181 Handmixgeräte montiert hat?

(3) Die Bearbeitung eines Werkstückes erfordert 20 Minuten, der tarifliche Grundlohn wird mit 13,20 € angesetzt und ein Akkordzuschlag von 20 % gewährt.

Wie hoch sind der Grundlohn, der Minutenfaktor und der Stundenlohn bei vier in einer Stunde bearbeiteten Werkstücken?

Lösung s. Seite 317

Aufgabe 42:

Die Kuster Technik AG möchte zur Kostenentlastung auf allen Ebenen des Unternehmens Mitarbeiter freistellen. Dabei denkt sie auch an Maßnahmen auf der obersten Ebene der Materialwirtschaft. Das Ziel kann aber über betriebsbedingte Kündigungen nicht erreicht werden.

Deshalb ist geplant, den Betroffenen Aufhebungsverträge anzubieten. In dem Leiter des Lagerwesens sieht das Unternehmen einen geeigneten Adressaten für ein solches Vertragsangebot. Dieser ist 52 Jahre alt und seit 20 Jahren im Unternehmen beschäftigt. Seine Stelle soll danach nicht wieder besetzt werden.

Da er offensichtlich neben seiner Arbeit noch Nebenbeschäftigungen hat, soll ihm ein Aufhebungsvertrag angeboten werden. Beantworten Sie folgende Fragen:

(1) Charakterisieren Sie den Aufhebungsvertrag.

(2) Soll dem Lagerleiter eine Abfindung angeboten werden?

(3) Sollte der Lagerleiter bis zum Ende des Arbeitsverhältnisses von der Arbeit freigestellt werden?

Lösung s. Seite 318

Aufgabe 43:

Erläutern Sie, was unter den folgenden Begriffen zu verstehen ist:

- Personalbereich
- Betriebsrat
- individuelle Personalplanung
- kollektive Personalplanung
- Personalbeschaffung
- Beschaffungswege
- Bewerbungsunterlagen
- Personaleinsatz
- Arbeitszeit

- Personalentlohnung
- Arbeitsbewertung
- Arbeitslohn
- Personalkosten
- Personalentwicklung
- Personalfreistellung
- interne Personalfreistellung
- externe Personalfreistellung.

Lösung s. MiniLex Seite 323 ff.

Aufgabe 44:

Erstellen Sie eine übersichtliche Tabelle, aus der ersichtlich ist, ob und in welcher Höhe bei einem Autohändler neutrale Aufwendungen, Zweckaufwendungen oder betriebliche oder neutrale Erträge angefallen sind!

(1)	Schenkung in Höhe von	1.000 €
(2)	Spende an das Blaue Kreuz	300 €
(3)	Innerbetriebliche Erstellung eines Werkzeugs	500 €
(4)	Einkauf von Hilfsstoffen	1.500 €
(5)	Buchung von Löhnen	50.000 €
(6)	Verkauf eines gebrauchten Pkw	20.500 €

Lösung s. Seite 318

Aufgabe 45:

Welche Fehler enthält die folgende Bilanz?

AKTIVA	Bilanz zum ...	PASSIVA
A. Anlagevermögen I. Immaterielle Vermögensgegenstände II. Sachanlagen III. Finanzanlagen IV. Rechnungsabgrenzungsposten		**A. Eigenkapital** I. Gezeichnetes Kapital II. Kapitalrückstellung III. Gewinnrücklagen IV. Gewinnvortrag

B. Umlaufvermögen
I. Vorräte
  1. Rohstoffe
  2. Anzahlungen für Lizenzen
II. Forderungen und sonstige
  Vermögensgegenstände
III. Wertpapiere
IV. Guthaben
  1. Bank
  2. Kasse
		B. Rücklagen
		
		C. Verbindlichkeiten
		
		D. Rechnungsabgrenzungsposten
		
		E. Jahresüberschuss

Lösung s. Seite 318

Aufgabe 46:

(1) Die Kalker & Schuster AG stellt ein Produkt her, das folgende Kosten und Leistungsmengen verursacht:

Gesamte fixe Kosten	400.000 €
Gesamte variable Kosten	800.000 €
Leistungsmenge	25.000 Stück

Ermitteln Sie die Gesamtkosten und die Stückkosten!

(2) Wie hoch ist der Beschäftigungsgrad in einem Unternehmen, das bei einer vorhandenen Fertigungskapazität von 150.000 Maschinenstunden eine Kapazität von 120.000 Stunden in einem Jahr in Anspruch nimmt?

Lösung s. Seite 319

Aufgabe 47:

Gehen Sie von einem Unternehmen aus, das eine Kostenfunktion von K = 3.200 + 4 x ermittelt und eine gegebene Umsatzfunktion von U = 8 x.

Ermitteln Sie rechnerisch die Nutzenschwelle!

Lösung s. Seite 319

Aufgabe 48:

(1) Erstellen Sie einen Betriebsabrechnungsbogen und errechnen Sie die Ist-Zuschlag-sätze sowie Über- bzw. Unterdeckungen in den verschiedenen Kostenbereichen! Gegeben sind:

Kostenstellen / Kostenarten	Summe	Verteilung				
		Allgemei-ne Kosten-stellen	Material-bereich	Fertigungs-bereich	Verwal-tungs-bereich	Vertriebs-bereich
Hilfs-/Betriebs-stoffe	6.000	600	800	4.000	500	100
Energie	20.000	11.000	2.000	Rest	–	–
Hilfslöhne	32.000	4	5	10	2	4
Steuern	24.000	2	6	8	2	2
Raumkosten	16.000	3.000	4.000	7.000	2.000	–
Bürokosten	14.000	–	–	–	9.000	Rest
Abschrei-bungen	28.000	5.000	4.000	12.000	3.000	4.000
Normal-Gemeinkosten-zuschläge			28,0 %	76,0 %	12,0 %	7,0 %

Fertigungsstoffe 100.000 €   Fertigungslöhne 80.000 €
Verteilung der Allgemeinen Kostenstelle: 4 : 6 : 8 : 3

(2)

Kosten-stellen / Kosten-arten	Zahlen der Buch-haltung	Allgem. Kostenstellen		Material-bereich	Fertigungsbereich					Verwal-tungs-bereich	Ver-triebs-bereich
		1	2		Hilfs-stelle 1	Hilfs-stelle 2	Haupt-stelle A	Haupt-stelle B	Summe A + B		
Gemeinkosten											
Umlagen	147.000	6.000	8.800	36.800	13.200	11.200	31.700	26.900	58.600	13.100	9.300
Summe											

Verteilen Sie die Gemeinkosten der Allgemeinen Kostenstelle und der Hilfskostenstelle nach folgendem Schlüssel und bilden Sie die Summe der Gemeinkosten:

Verteilung der Allgemeinen Kostenstelle 1:   1 : 2 : 1 : 3 : 3 : 1 : 1
Verteilung der Allgemeinen Kostenstelle 2:   2 : 3 : 1 : 4 : 3 : 2 : 1
Verteilung der Fertigungshilfsstelle 1:   3 : 2
Verteilung der Fertigungshilfsstelle 2:   2 : 3

Lösung s. Seite 319

Aufgabe 49:

(1) Die Firma Plastic GmbH stellt eine Produktart her, für die Gesamtkosten für 2012 in Höhe von 450.000 € angefallen sind. Die Ausbringungsmenge in dieser Periode beträgt 90.000 Stück. Lagerbestandsveränderungen sind nicht gegeben.

Errechnen Sie die Selbstkosten pro Stück!

(2) In einem Walzwerk wurden im November 2012 drei Arten von Blechen hergestellt:

► A: 500 Tonnen mit 1,0 mm Stärke

► B: 700 Tonnen mit 2,0 mm Stärke

► C: 400 Tonnen mit 2,5 mm Stärke

Die Gesamtkosten betrugen 783.000 €.

Ermitteln Sie die Selbstkosten pro Tonne jeder Blechart!

(3) Ermitteln Sie für einen Auftrag der Möbel GmbH, aufgrund dessen für 15.000 € Fertigungsmaterial, für 6.000 € Fertigungslöhne, für 500 € Sondereinzelkosten der Fertigung und für 200 € Sondereinzelkosten des Vertriebs aufgewendet wurden, die Selbstkosten!

Materialgemeinkosten	10 %
Fertigunggsmeinkosten	50 %
Verwaltungsgemeinkosten	20 %
Vertriebsgemeinkosten	10 %

(4) Die Firma Chemie AG produziert drei Kuppelerzeugnisse:

A	6.000 kg	zum Verkaufspreis von	50 € pro kg
B	500 kg	zum Verkaufspreis von	10 € pro kg
C	400 kg	zum Verkaufspreis von	5 € pro kg

Die Gesamtkosten des Kuppelprozesses belaufen sich auf 200.000 €. Das Erzeugnis B muss noch weiterverarbeitet werden, was Kosten in Höhe von 2 € pro kg verursacht.

Wie hoch sind die Herstellkosten pro kg des Hauptproduktes?

Lösung s. Seite 320

Aufgabe 50:

Erläutern Sie, was unter den folgenden Begriffen zu verstehen ist:

- Rechnungswesen
- Planbilanz
- Plan-GuV-Rechnung
- Buchführung
- Inventur
- Grundsätze des Rechnungswesens
- Konto
- Aufwendungen
- Erträge
- Jahresabschluss
- Bilanz
- GuV-Rechnung
- Anhang
- Lagebericht
- Kostenrechnung
- Leistungen
- Kosten

- fixe Kosten
- Beschäftigungsgrad
- variable Kosten
- Nutzenschwelle
- Kostenartenrechnung
- kalkulatorische Kosten
- Kostenstellenrechnung
- Betriebsabrechnungsbogen
- Kostenstelle
- innerbetriebliche Leistungsverrechnung
- Kostenträgerrechnung
- Kostenträgerstückrechnung
- Kostenträgerzeitrechnung
- Vollkostenrechnung
- Teilkostenrechnung
- Prozesskostenrechnung
- Zielkostenrechnung.

Lösung s. MiniLex Seite 323 ff.

Lösung zu 1:

(1) Als **elementare Produktionsfaktoren** sind beteiligt:

- ► Arbeitskräfte: ausführende Mitarbeiter
- ► Betriebsmittel: Grundstücke, Gebäude, Maschinen
- ► Werkstoffe: Fisch, Mineralstoffe, Eiweiß,Getreide,Öle, Fette, Gemüse, Hefe

(2) Folgende **dispositive Produktionsfaktoren** können Beiträge bringen:

- ► Leitung: Der Unternehmensleiter führt die Firma Lanz Tierfutter KG
- ► Planung: Sie ist die gedankliche Vorwegnahme der Produktion und des Absatzes von Katzen-Hartfutter
- ► Organisation: Sie wird als Strukturierung von Aufbau und von Prozessen des Unternehmens angesehen

Lösung zu 2:

(1) Die **Elemente** dieses Regelkreissystems sind:

- ► Regelstrecke: Stückzahlen, die zu regeln sind
- ► Störgröße: Maschinenausfall
- ► Regelgröße: Ist-Größe der erreichten Stückzahl (40 Stück)
- ► Führungsgröße: Sollwert der zu erzielenden Stückzahl (50 Stück)
- ► Regler: Der Fertigungsleiter erfasst die Regelgröße und führt einen Soll-Ist-Vergleich durch, der minus 10 Stück ergibt
- ► Stellgröße: Maßnahmen zur Steigerung der Stückzahl, z. B. Reparatur der Maschine

(2) Es entsteht folgender **Regelkreis**:

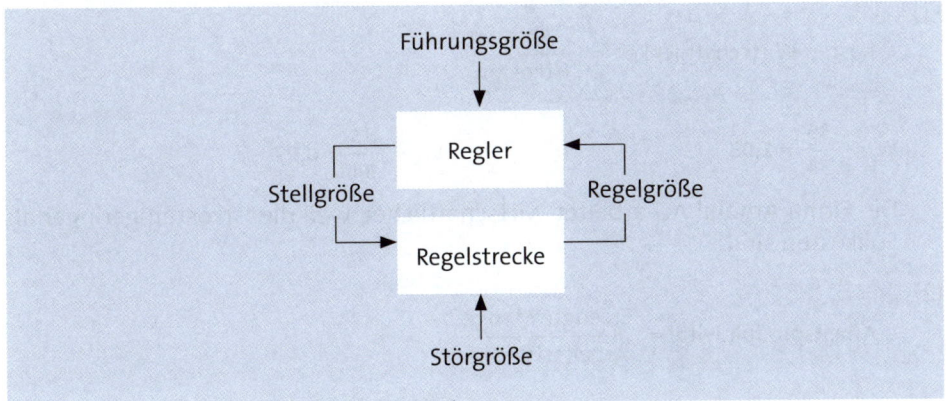

Lösung zu 3:

(1) **Werkstoffe**, die bei der Produktion eine Rolle spielen, sind:
- Rohstoffe, z. B. Holz, Metall
- Hilfsstoffe, z. B. Leim, Schrauben
- Betriebsstoffe, z. B. Energie- und Schmierstoffe.

(2) Als **interne Teilnehmer** können beteiligt sein:
- Geschäftsführer als Unternehmensleiter
- Führungskräfte als Betriebsleiter, Meister, Vorarbeiter
- Mitarbeiter als Angestellte und Arbeiter des Möbelherstellers
- Betriebsrat als Vertretung der Arbeitnehmer.

(3) **Externe Teilnehmer** am Unternehmensgeschehen können sein:
- Lieferanten als Zulieferer von Hölzern, Schrauben und Leim
- Kunden als Käufer der Schränke
- Konkurrenten als weitere Möbelhersteller in der Region
- Kreditinstitute als Kreditgeber für Betriebsmittel und Werkstoffe
- Gläubiger als Lieferanten, die noch Forderungen haben
- Schuldner als Kunden, die noch Verbindlichkeiten zu begleichen haben
- Einzelhändler als Vertragshändler der Möbelfirma
- Behörden, z. B. das Finanzamt, das ausstehende Steuerforderungen hat
- Berater, die das Unternehmen beraten.

Lösung zu 4:

(1)

$$\text{Kosten-Wirtschaftlichkeit} = \frac{\text{Sollkosten}}{\text{Istkosten}}$$

$$W_A = \frac{35}{34} = \textbf{1,03} \qquad\qquad W_K = \frac{33}{34} = \textbf{0,97}$$

Die Firma Amobil AG arbeitet wirtschaftlicher, weil die Istkosten geringer als die Sollkosten sind.

(2)

$$\text{Arbeitsproduktivität} = \frac{\text{Erzeugte Menge}}{\text{Arbeitsstunden}}$$

$$W_A = \frac{2.900.000}{200.000} = \textbf{14,50} \qquad\qquad W_K = \frac{2.800.000}{210.000} = \textbf{13,33}$$

Auch hinsichtlich der Arbeitsproduktivität erzielt die Firma Amobil AG bessere Ergebnisse als das Konkurrenzunternehmen.

Lösung zu 5:

(1) **Liquidität 1. Grades:**

$$L = \frac{\text{Kassenbestand} + \text{Postbank}}{\text{Kurzfristige Verbindlichkeiten}} \cdot 100$$

$$L = \frac{30.000 + 120.000}{250.000} \cdot 100 = \mathbf{60{,}00\,\%}$$

Hier besteht Unterliquidität, da das Ergebnis unter 100 % liegt. Zur Begleichung der kurzfristigen Verbindlichkeiten reicht der Zahlungsmittelbestand nicht aus.

(2) **Liquidität 2. Grades:**

$$L = \frac{\text{Kassenbestand} + \text{Postbank} + \text{Forderungen}}{\text{Kurzfristige Verbindlichkeiten}} \cdot 100$$

$$L = \frac{30.000 + 120.000 + 500.000}{250.000} \cdot 100 = \mathbf{260\,\%}$$

Die kurzfristigen Verbindlichkeiten sind unter Einbeziehung der Forderungen zu 260 % abgedeckt.

(3) **Liquidität 3. Grades:**

$$L = \frac{\text{Kassenbestand} + \text{Postbank} + \text{Forderungen} + \text{Vorräte}}{\text{Kurzfristige Verbindlichkeiten}} \cdot 100$$

$$L = \frac{30.000 + 120.000 + 500.000 + 400.000}{250.000} \cdot 100 = \mathbf{420\,\%}$$

Das gesamte Umlaufvermögen deckt die kurzfristigen Verbindlichkeiten um 420 % ab.

(4) **Eigenkapitalrentabilität:**

$$R = \frac{\text{Erfolg}}{\text{Eigenkapital}} \cdot 100$$

$$R = \frac{50.000}{700.000} \cdot 100 = \mathbf{7{,}14\,\%}$$

Die Rentabilität des Eigenkapitals sollte größer sein als der markt-, landes- oder bankübliche Zinssatz für langfristig angelegte Gelder.

Lösung zu 6:

(1) Die Äußerung des Lieferanten entspricht nicht dem, was er erklären wollte. Es liegt ein anfechtbarer **Irrtum in der Erklärung** vor (§ 119 BGB).

(2) Dieses Rechtsgeschäft ist nicht anfechtbar, weil ein **Irrtum im Motiv** vorliegt.

(3) Es handelt sich um eine **widerrechtliche Drohung**. Eine Anfechtung kann binnen Jahresfrist seit Wegfall der Zwangslage erfolgen (§§ 123, 124 BGB).

(4) Bei dieser **arglistigen Täuschung** ist eine Anfechtung ebenfalls binnen Jahresfrist ab Entdeckung der Täuschung möglich (§§ 123, 124 BGB).

Lösung zu 7:

(1) § 48 Handelsgesetzbuch   (Handelsrecht)

(2) § 3 und § 6 Mutterschutzgesetz   (Arbeitsrecht)

(3) § 17 Insolvenzordnung   (Insolvenzrecht)

(4) Arbeitsgerichtsgesetz, Zivilprozessordnung   (Verfahrensrecht)

(5) Sozialgesetzbuch V   (Sozialrecht)

Lösung zu 8:

Siehe MiniLex (S. 323 ff.)

Lösung zu 9:

(1) Berechnung der Einlagen-Anteile:

Gesellschafter A:

200.000 € = 100 %

130.000 € = x %   ergibt: x = $\dfrac{130.000 \cdot 100}{200.000}$ = **65 %**

Gesellschafter B hat einen Anteil von 25 % und Gesellschafter C von 10 %.

(2) Tabelle mit Gewinnanteilen der Gesellschafter:

Gesell-schafter	Einlagen	Anteile	4 % der Einlage	Rest des Gewinnes	Gesamt-gewinn
A	130.000	65 %	5.200	23.300	**28.500**
B	50.000	25 %	2.000	23.300	**25.300**
C	20.000	10 %	800	23.300	**24.100**
	200.000	100 %	8.000	69.900	**77.900**

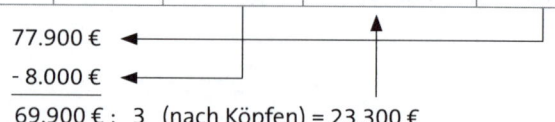

77.900 €

− 8.000 €

69.900 € : 3 (nach Köpfen) = 23.300 €

Lösung zu 10:

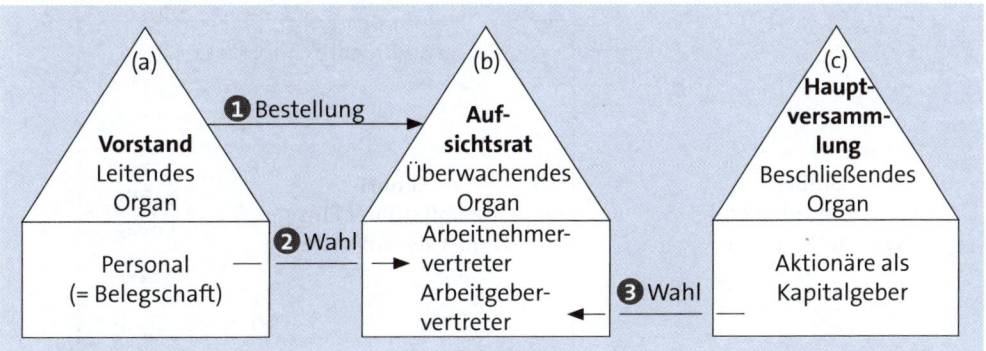

4 Zuständigkeit der Organe:

- ▸ Hauptversammlung
- ▸ Aufsichtsrat
- ▸ Vorstand.

Lösung zu 11:

(1) Die typische GmbH & Co KG ist eine Kommanditgesellschaft, bei der eine GmbH der Komplementär ist. Die GmbH-Gesellschafter sind zugleich die Kommanditisten der KG (z. B. Herr Emsig). Die Firma der GmbH & Co KG muss den Namen des Komplementärs enthalten mit dem Zusatz „& Co Kommanditgesellschaft" bzw. „& Co KG". Also z. B. Emsig Südfrüchte GmbH & Co KG.

Damit wird die Haftungsbeschränkung gekennzeichnet. Mit der GmbH & Co KG werden die Vorteile der KG als einer Personengesellschaft erhalten, andererseits wird aber die volle Haftung des Komplementärs auf das Vermögen der GmbH beschränkt (mindestens 25.000 €).

Das erforderliche Kapital wird in Form von Kommanditeinlagen geleistet. Sowohl Frau Kernig als auch Herr Emsig können sich als Geschäftsführer der GmbH bestellen, evtl. mit Kompetenzabgrenzung.

(2) **Grundaufbau** der Emsig Südfrüchte GmbH & Co KG:

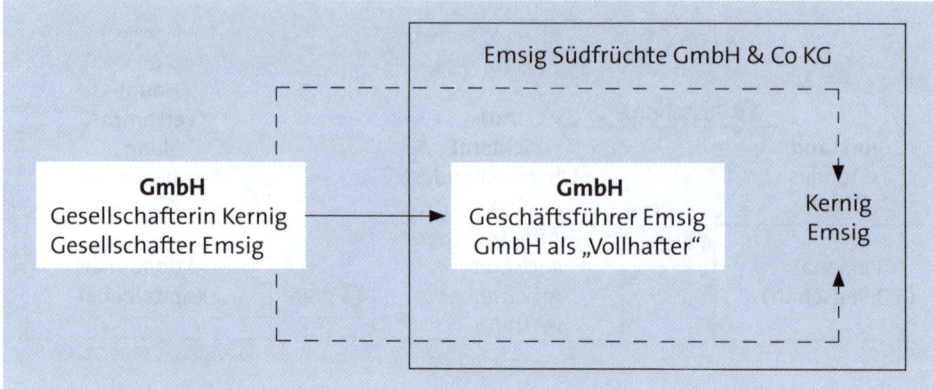

(3) **Rechte** und **Pflichten** der Gesellschafter einer KGaA:

- Ein Komplementär hat als Vorstand das Recht der Geschäftsführung und Vertretung. Er haftet aber unbeschränkt mit seinem ganzen Vermögen.

- Die Kommanditaktionäre erhalten ihren Gewinn im Verhältnis der Nennbeträge von Aktien. Sie haften nur mit ihrer Einlage.

Lösung zu 12:

(1) Der Bundesminister für Wirtschaft und Technologie kann den Zusammenschluss dennoch erlauben, wenn

- im Einzelfall die Wettbewerbsbeschränkung von gesamtwirtschaftlichen Vorteilen des Zusammenschlusses aufgewogen wird oder

- der Zusammenschluss der Kartellmitglieder durch ein übertragendes Interesse der Allgemeinheit gerechtfertigt ist.

(2) Die Erlaubnis darf nur erteilt werden, wenn durch das Ausmaß der Wettbewerbsbeschränkung die marktwirtschaftliche Ordnung nicht gefährdet wird (§ 42 GWG).

(3) Es sind verschiedene Beurteilungen möglich. Grundsätzlich widersprechen die Unternehmenszusammenschlüsse in Deutschland den Grundregeln der sozialen Marktwirtschaft, weil der Wettbewerb beschränkt wird. In Europa schreitet der Konzentrationsprozess aber in hohem Maße fort. Das hat zur Folge, dass deutsche Großunternehmen weniger konkurrenzfähig sind. Der Wettbewerb verlagert sich auf die europäische Ebene.

Lösung zu 13:

(1) Fusion

(2) Interessengemeinschaft

(3) Börsenkonsortium als Gelegenheitsgesellschaft

(4) Arbeitsgemeinschaft als Gelegenheitsgesellschaft

(5) Konzern mit sog. Sperrminorität

(6) Kalkulationsverfahrenskartell als Anmeldekartell

Lösung zu 14:

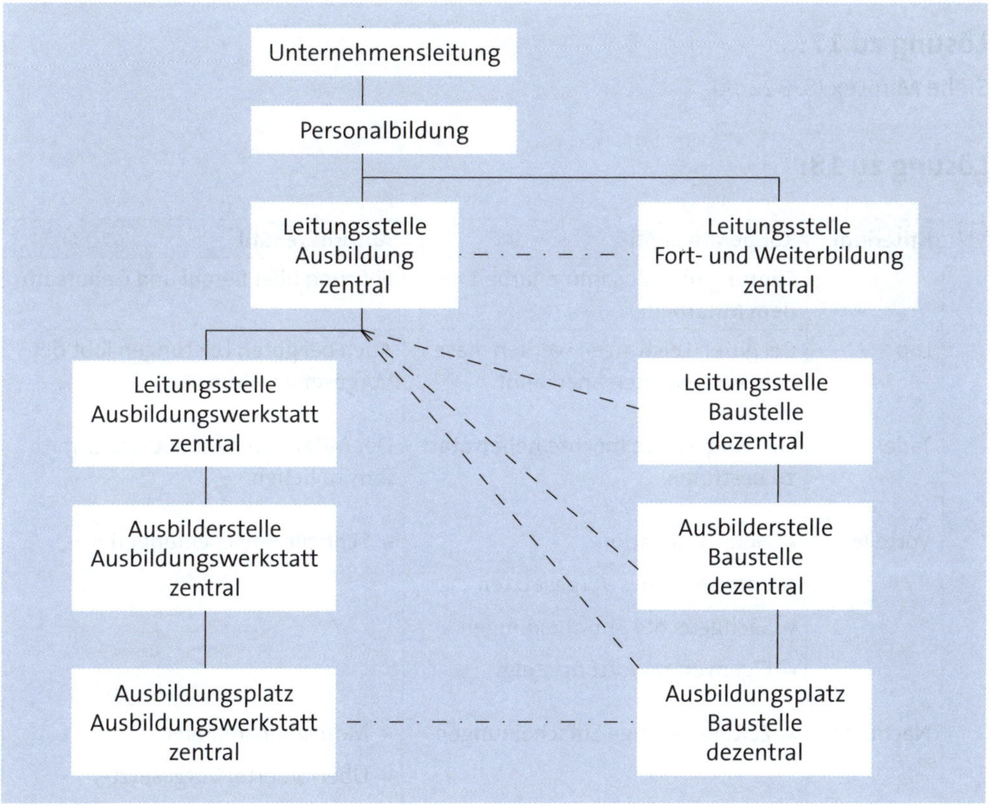

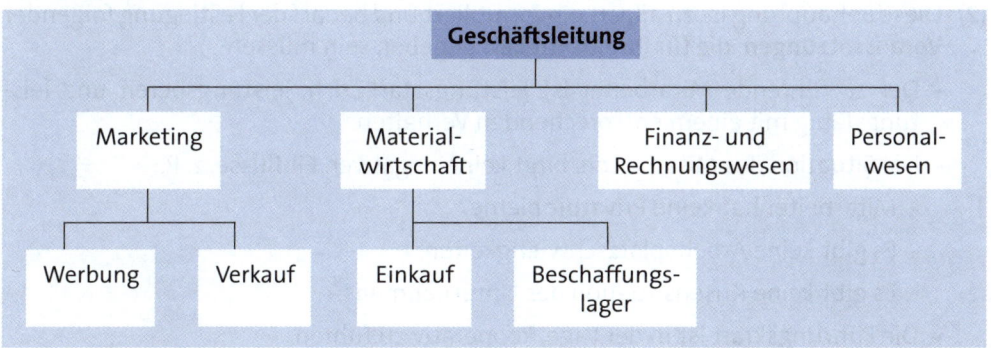

```
                    Unternehmensleitung

                      Personalbildung

        Leitungsstelle                      Leitungsstelle
        Ausbildung          - - - - -       Fort- und Weiterbildung
        zentral                             zentral

  Leitungsstelle                        Leitungsstelle
  Ausbildungswerkstatt                  Baustelle
  zentral                               dezentral

  Ausbilderstelle                       Ausbilderstelle
  Ausbildungswerkstatt                  Baustelle
  zentral                               dezentral

  Ausbildungsplatz                      Ausbildungsplatz
  Ausbildungswerkstatt   - - - - -      Baustelle
  zentral                               dezentral
```

Lösung zu 15:

```
                        Geschäftsleitung

  Marketing       Material-         Finanz- und      Personal-
                  wirtschaft        Rechnungswesen   wesen

  Werbung   Verkauf    Einkauf   Beschaffungs-
                                 lager
```

Lösung zu 16:

(1) Er kann ab 02.03 gültige Verträge für die GmbH abschließen.

(2) Die Rechtswirkung der Eintragung ist deklaratorisch (= rechtsbezeugend), d. h. sie tritt bereits vor der Eintragung ein.

Lösung zu 17:

Siehe MiniLex (S. 323 ff.)

Lösung zu 18:

(1)

Kriterium	Kooperativer Stil	Autoritärer Stil
	Führung über Zusammenarbeit mit dem Mitarbeiter.	Führung über Befehl und Gehorsam
Lob	Bei guten Leistungen werden diese vom Vorgesetzten anerkannt.	Auch bei guten Leistungen lobt der Vorgesetzte kaum.
Tadel	Der Vorgesetzte möchte helfen statt zu bestrafen.	Der Mitarbeiter wird bestraft, statt ihm zu helfen.
Vorteile	► Hohe Motivation ► Entlastung des Vorgesetzten ► Sachgerechte Entscheidungen ► Eigenverantwortung steigt	► Schnelle Entscheidungen
Nachteile	► Zeitaufwändige Entscheidungen	► Motivationsmängel ► Überforderter Vorgesetzter ► Fehlentscheidungen ► Kaum Mitarbeiterverantwortung

(2) Diese Behauptung ist zu allgemein formuliert und bedarf der Festlegung folgender **Voraussetzungen**, die **für ihre Gültigkeit** gegeben sein müssen:

► Der zu führende Mitarbeiter ist leistungsstark, d. h. leistungsbereit und leistungsfähig mit einem entsprechenden Verhalten.

► Die Situation des Mitarbeiters birgt keine negativen Einflüsse, z. B.:

- Mitarbeiter hat keine Privatprobleme.

- Es gibt keine Arbeitsplatzschwierigkeiten.

- Es gibt keine Krisensituation des Unternehmens.

► Die Führungskraft ist in der Lage, kooperativ zu führen.

(3) **Einflussfaktoren** des Erfolges der betrieblichen Führung können sein:

- ► das Engagement und die Fähigkeiten des Vorgesetzten, z. B. seine Autorität, sein Verhalten

- ► der richtige Einsatz der Führungsinstrumente durch den Vorgesetzten, z. B. Anreize geben

- ► die Leistungsbereitschaft und die Leistungsfähigkeit des Mitarbeiters, z. B. Fachwissen, Erfahrungen

- ► die Gegebenheiten der Führungssituation, z. B. Arbeits- bzw. Privatsituation der Beteiligten

- ► der Erfolg selbst, der z. B. Mitarbeiter und Führungskräfte zu neuen Taten anspornt.

Lösung zu 19:

(1) **Information**: Der Vorgesetzte wird den informellen Führer der Gruppe stets über besondere Arbeitsvorgänge auf dem Laufenden halten.

(2) **Kommunikation**: Im Gespräch wird die Führungskraft die Beiträge zur Gruppenerhaltung würdigen und die Stellung des Gruppenstars anerkennen.

(3) **Motivation**: Der Vorgesetzte wird Ermunterungsanreize geben und seine Beiträge zur Gruppenzielrolle würdigen.

(4) **Kooperation**: Der Vorgesetzte wird mit dem Gruppenstar in partnerschaftlicher Weise zusammenarbeiten.

(5) **Delegation**: Da der informelle Führer leistungsstark ist, wird der Vorgesetzte anspruchsvolle Aufgaben mit den entsprechenden Kompetenzen und der zugehörigen Verantwortung an ihn übertragen.

(6) **Partizipation**: Der Vorgesetzte kann Herrn Munter an seinen Entscheidungen teilhaben lassen, z. B. ihn öfter nach seiner Meinung fragen.

Lösung zu 20:

(1) Die Ziele sind **komplementär**, weil die Erfüllung des einen Zieles auch zur Erfüllung des anderen Zieles führt.

(2) Es handelt sich um **indifferente Ziele**, weil die Erfüllung des einen Zieles die Erfüllung des anderen Zieles nicht beeinflusst.

(3) Wird davon ausgegangen, dass keine Personalreserven gegeben sind bzw. das Unternehmen durch die automatisierte Fertigung relativ unabhängig vom Personal ist, dann handelt es sich um **konkurrierende Ziele**.

Lösung zu 21:

Vom Vorstand der Fußball AG können als strategische Planungsüberlegungen erfolgen:

► Gewinnung von zahlungskräftigen Sponsoren aus der Wirtschaft

► Beschaffung eines hervorragenden Trainers mit internationaler Erfahrung

► Sichtung und Einstellung von Spitzenspielern aus dem Ausland, die viele Jahre bei dem Verein bleiben

► Bau eines neuen Stadions mit einem Fassungsvermögen von 60.000 Zuschauern

► Anstreben der langfristigen Teilnahme an international besetzten Wettkämpfen, z. B. Champions league, UEFA-Cup

► Erzielung langfristig stabiler Aktienkurse durch überragende Leistungen der Mannschaft.

Lösung zu 22:

Für die Boutique Heinz Mann e. K. könnten folgende Vorschläge zu einer erfolgreichen betrieblichen Strategie eingebracht werden:

► Als **Grundstrategien** sind denkbar:

- Direktangriff der Konkurrenten mit verlockenden Preisangeboten
- vorsichtige Kooperationsstrategie mit einem der Konkurrenten.

► Als **Unternehmensstrategien** sind möglich:

- Konzentration auf den Verkaufschwerpunkt „moderne Jeans zu gutem Preis"
- Erreichen eines Marktanteils von 10 % nach den ersten 5 Jahren
- Der Unternehmer pflegt einen kooperativen Führungsstil, der das Prinzip der Delegation von Veranwortung enthält. Die Mitarbeiterinnen sollen mit ihrem Vorgesetzten kollegial zusammenarbeiten. Sie werden von ihrem Chef in die Entscheidungen einbezogen. Die Selbstkontrolle löst die Fremdkontrolle ab.

► Als **Bereichsstrategien** können vorgeschlagen werden:

- **Leistungswirtschaftliche Strategie:** Verkauf von Hemden in hellen Farben, denn dunkle Farben sind out. Junge Menschen für bedarfsweckende Kleidung mit Handzetteln in der Fußgängerzone gewinnen. Kauf-Interessenten ein Glas Cola anbieten. Die Kunden in regelmäßigen Abständen nach ihren Kleidungswünschen fragen.

- **Finanzwirtschaftliche Strategie:** Aufnahme eines Kredites in Höhe von 150.000 € bei der X-Bank in Heidelberg, um die restlichen Zahlungsverpflichtungen erfüllen zu können. Nutzung von Abschreibungsverfahren, um den zu versteuernden Gewinn zu schmälern.

- **Personalwirtschaftliche Strategie:** Herr Mann möchte kollegial mit den beiden Mitarbeiterinnen zusammenarbeiten. Verkaufsanreize sollen über eine Umsatzbeteiligung des Personals gegeben werden. Die Mannschaft soll gegenüber den Kunden als geschlossenes Team auftreten.

Lösung zu 23:

(1) Operative Planung

(2) Strategische Planung

(3) Taktische Planung

(4) Taktische Planung

(5) Strategische Planung

(6) Taktische Planung

(7) Operative Planung

Lösung zu 24:

(1) Entwicklung eines **Regelkreislaufes**:

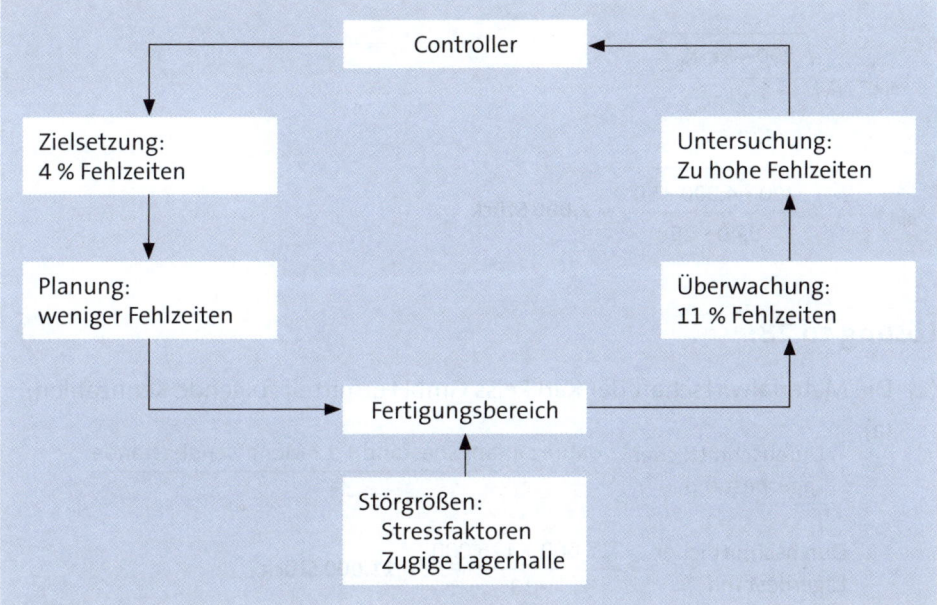

(2) Der Controller kann vorschlagen, dass den Stressfaktoren durch häufigere Pausen entgegengewirkt wird. Damit sich die Zugluft reduziert, ist in der Lagerhalle eine Schwingtür zu installieren.

Lösung zu 25:

Siehe MiniLex (S. 323 ff.)

Lösung zu 26:

(1)

$$MB = \frac{T_7 + T_8 + T_9 + T_{10} + T_{11} + T_{12}}{6}$$

$$MB = \frac{225 + 220 + 215 + 220 + 230 + 210}{6} = \textbf{220 Stück}$$

(2)

$$MB = \frac{225 \cdot 5 + 220 \cdot 10 + 215 \cdot 15 + 220 \cdot 17 + 230 \cdot 23 + 210 \cdot 30}{5 + 10 + 15 + 17 + 23 + 30}$$

$$MB = \frac{1.125 + 2.200 + 3.225 + 3.740 + 5.290 + 6.300}{100} = \textbf{218,80 Stück}$$

Lösung zu 27:

$$x_{opt} = \sqrt{\frac{200 \cdot M \cdot K_B}{E \cdot L_{HS}}}$$

$$x_{opt} = \sqrt{\frac{200 \cdot 4.000 \cdot 50}{0,40 \cdot 25}} = \textbf{2.000 Stück}$$

Lösung zu 28:

(1) Die Materialwirtschaft der Karl Reiss GmbH ermittelt folgende Kennzahlen:

(a)

$$\text{Durchschnittlicher Lagerbestand} = \frac{\text{Jahresanfangsbestand} + 12 \text{ Monatsendbestände}}{13}$$

$$\text{Durchschnittlicher Lagerbestand} = \frac{17.000 + 126.000}{13} = \textbf{11.000 Stück}$$

(b)

$$\text{Umschlagshäufigkeit} = \frac{\text{Jahresverbrauch}}{\text{Durchschnittlicher Lagerbestand}}$$

$$\text{Umschlagshäufigkeit} = \frac{99.000}{11.000} = \textbf{9}$$

(c)

$$\text{Lagerdauer} = \frac{\text{Zahl der Tage der Periode}}{\text{Umschlagshäufigkeit}}$$

$$\text{Lagerdauer} = \frac{360}{9} = \textbf{40 Tage}$$

(2) Die Vorgänge zählen zu:

    (a) Materialentsorgung (Durchführung)

    (b) Materialbeschaffungsplanung

    (c) Materialbedarfsplanung

    (d) Materialbestandsplanung

    (e) Materialbeschaffung (Durchführung)

    (f) Materialbestand (Durchführung).

Lösung zu 29:

Es handelt sich um folgende Arbeitspapiere:

(1) Stückliste

(2) Laufkarte

(3) Zeichnung

(4) Einrichteplan

(5) Terminkarte

(6) Lohnschein.

Lösung zu 30:

Es ergibt sich folgende Vorgehensweise zur Ermittlung der Durchlaufzeit:

► Rüstzeiten	Nr. 2		5 Min.
	Nr. 3		15 Min.
► Bearbeitungszeiten:	Nr. 1	$10 \cdot 10$	100 Min.
	Nr. 2	$10 \cdot 50$	500 Min.
	Nr. 3	$10 \cdot 30$	300 Min.
	Nr. 4	$10 \cdot 10$	100 Min.
► Transportzeit:	Summe		600 Min.
► Liegezeit:	Summe		720 Min.
Durchlaufzeit			**2.340 Min.**

Die Durchlaufzeit in Stunden beträgt insgesamt 2.340 Min. : 60 = **39 Stunden**

Lösung zu 31:

Allgemeine Kosten für Werbung		50.000 €
Verkaufsförderung		25.000 €
Schulung von Personal		20.000 €
Kalkulatorische Provision	12 · 4.000	48.000 €
Kalkulatorische Prämien	12 · 3.000	36.000 €
Kosten eines Mitarbeiters	12 · 4.500	54.000 €
Gesamtkosten		**233.000 €**

Lösung zu 32:

► In der **Einführungsphase** steigt der Umsatz des Pkw „Blitz 3000" langsam an. Mit ihrem Ende wird die Gewinnschwelle überschritten.

► In der **Wachstumsphase** steigt der Umsatz stark, da der Preis für den Pkw gesenkt wurde. Der Gewinn erreicht sein Maximum und fällt wieder ab. Die Phase endet im Wendepunkt der Umsatzkurve.

► In der **Reifephase** steigt der Umsatz immer langsamer und erreicht sein Maximum. Der Gewinn des Produktes sinkt weiter ab.

► In der **Sättigungsphase** sinkt der Umsatz. Ebenso wird der Gewinn immer kleiner und erreicht am Ende der Phase die Verlustschwelle.

► In der **Rückgangsphase** fällt der Umsatz weiter stark ab. Es werden mit diesem Produkt Verluste erwirtschaftet. Ein neuer Pkw kommt auf den Markt.

Lösung zu 33:

Preis bei sinkender Nachfrage:

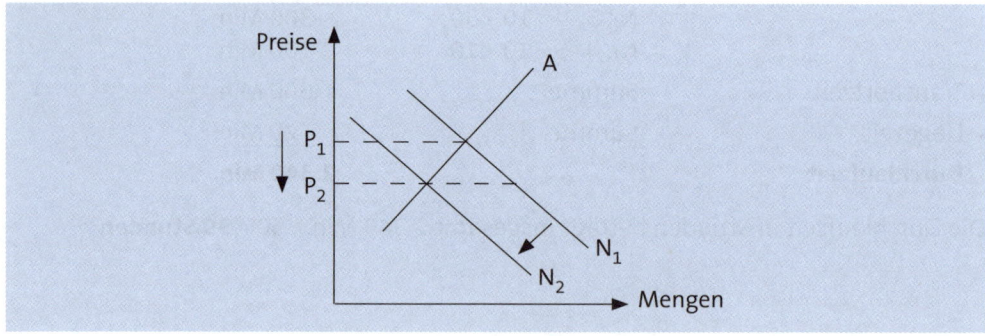

Lösung zu 34:

(1) Die Firma Köttermann & Söhne OHG bevorzugt eine konstante Preisgestaltung. Auch in Zeiten schlechteren Absatzes nimmt sie keine Preissenkungen vor. Der Verkaufsleiter gewährt stattdessen Rabatte, die das Preisniveau nicht gefährden sollen.

(2) Durch die Reform des Gesetzes gegen den unlauteren Wettbewerb (UWG) von 2004 kann die Firma Köttermann & Söhne OHG weitgehende Rabatte gewähren, denn das Rabattgesetz mit seinen Beschränkungen (Rabatte nur bis 3 %) wurde mit dem UWG-Reformgesetz abgeschafft. Damit eröffnen sich auch für die Kunden erhöhte Möglichkeiten des Verhandelns mit den Verkäufern.

Lösung zu 35:

Dem Marketingleiter können folgende Vorschläge unterbreitet werden:

► Absatzplanung: Es sollen im Jahr 12.000 Geräte produziert werden

► Produktgestaltung: Gehäuse aus schwarzem Kunststoff mit Firmenlogo

► Preispolitik: Preis von 498 € pro Gerät

► Distributionspolitik: Indirekte Absatzwege über Einzelhändler.

Lösung zu 36:

Siehe MiniLex (S. 323 ff.)

Lösung zu 37:

(1)

Monat	Auszahlungen Tsd. €		Einzahlungen Tsd. €		Kapitalbedarf Tsd. €
	monatlich	kumuliert	monatlich	kumuliert	
Januar	100	100	0	0	100
Februar	80	180	20	20	160
März	50	230	70	90	140
April	100	330	100	190	140
Mai	100	430	70	260	170
Juni	60	490	100	360	130
Juli	60	550	110	470	80
August	60	610	240	710	- 100
September	80	690	90	800	- 110
Oktober	100	790	40	840	- 50
November	110	900	0	840	60
Dezember	80	980	20	860	120

(2) Der Lieferantenkredit wird zwar z. B. zu einem Zins von 3 % gewährt. Der Prozentsatz bezieht sich aber **nicht** – wie sonst üblich – **auf ein Jahr**, sondern auf den Zeitraum, der die Differenz zwischen dem eingeräumten Zahlungsziel und der vorgegebenen Skontofrist, liegt. Ist vereinbart, dass die Zahlung innerhalb von 10 Tagen

abzüglich 3 %, innerhalb von 30 Tagen rein netto zu erfolgen hat, ergibt sich ein als auf das Jahr bezogener Zinssatz:

$$\text{Zinssatz} = \frac{\text{Skontosatz}}{\text{Zahlungsziel - Skontofrist}} \cdot 360$$

$$\text{Zinssatz} = \frac{3}{30 - 10} \cdot 360 = \textbf{54 \%}$$

Weshalb der Lieferantenkredit dennoch häufig in Anspruch genommen wird, liegt an der **geringen Kapitalausstattung** und **begrenzten Sicherheiten** (insbesondere bei kleineren Unternehmen), welche die Kreditlinien bei den Kreditinstituten erheblich begrenzen.

(3)

$$r = \frac{8 + \dfrac{2}{6}}{98} \cdot 100 = \textbf{8,50 \%}$$

Lösung zu 38:

(1)

Erlöse		135.000	€/Jahr
Fixe Kosten	31.000		€/Jahr
Variable Kosten	90.000	121.000	€/Jahr
Gewinn		14.000	€/Jahr

(2) Berechnung der Rentabiltät:

$$R = \frac{\text{Erlöse - Kosten}}{\text{Durchschnittlicher Kapitaleinsatz}} \cdot 100$$

$$R = \frac{135.000 - 121.000}{100.000 : 2} \cdot 100 = \textbf{28 \%}$$

(3) Die Investition ist vorteilhaft, weil der ermittelte Prozentsatz über der geforderten Mindestrentabilität liegt.

Lösung zu 39:

Siehe MiniLex (S. 323 ff.)

Lösung zu 40:

Die Analyse des Lebenslaufes erbringt folgende Ergebnisse:

(1) **Zeitfolgeanalyse**

- ► Lücke 1: vom 01.07.1988 - 31.03.1989
- ► Lücke 2: vom 01.10.1990 - 30.09.1991
- ► Lücke 3: vom 01.02.2012 - 30.11.2012

  Es sind erhebliche Lücken im Lebenslauf feststellbar.

(2) **Branchenanalyse**

- ► Ausbildung/Sachbearbeiter: Isoliermittel (Bau)
- ► Verkäufer: Putzmittel (Handel)
- ► Personalsachbearbeiter: Isolierungen (Bau)
- ► Außendienst: Versicherungen
- ► Verkäufer: Baustoffe (Bau)
- ► Verkäufer: Isoliermittel (Bau)

  Er hat noch nicht in der Computerbranche gearbeitet.

(3) **Positionsanalyse**

- ► zuerst ab 01.04.1977 Sachbearbeiter 9 Jahre Innendienst
- ► dann ab 01.04.1986 (14 Mon.) Verkäufer und nur 1 Jahr als Personalsachbearbeiter
- ► Außendienst: ab 01.04.1989 (17 Mon.)
- ► am Schluss: Verkäufer mehr als 17 Jahre

  Er war in sehr unterschiedlichen Stellen tätig.

Die Chance für den Bewerber ist gering, in dem Computerunternehmen zu einem Vorstellungsgespräch eingeladen zu werden.

Lösung zu 41:

(1) Pförtner und Werkzeugausgeber sollten im Zeitlohn entlohnt werden, Dreher und Schleifer nicht.

(2) Es handelt sich um einen Geldakkord.

Der durchschnittliche Stundenlohn beträgt $181 \cdot 4{,}50 : 40 = $ **20,36 €/Std.**

(3) Grundlohn $= 13{,}20 + (0{,}20 \cdot 13{,}20)$ $=$ **15,84 €/Std.**
Minutenfaktor $= 15{,}84 : 60$ $=$ **0,264 €/Min**.
Stundenlohn $= (15{,}84 : 3) \cdot 4$ $=$ **21,12 €/Std.**
       oder $= 4 \cdot 20 \cdot 0{,}264$ $=$ **21,12 €/Std.**

Lösung zu 42:

(1) Bei einem Aufhebungsvertrag einigen sich Arbeitgeber und Arbeitnehmer, das bestehende Arbeitsverhältnis zu einem bestimmten zukünftigen Zeitpunkt zu beenden. Er bedarf der Schriftform. Der Aufhebungsvertrag kann geschlossen werden, ohne dass auf gesetzliche Schutzvorschriften Rücksicht genommen werden muss.

(2) Wenn der Arbeitgeber ein besonderes Interesse am Ausscheiden des Arbeitnehmers hat – was hier gegeben ist – wird ein Aufhebungsvertrag meist mit einer Abfindungszahlung verbunden. Die Höhe der Abfindung richtet sich nach dem Lebens- und Dienstalter bzw. dem Monatseinkommen des Arbeitnehmers.

(3) Das Angebot auf Freistellung von der Arbeit erscheint dann sinnvoll, wenn die frei werdende Stelle nicht mehr besetzt werden soll. Auch aus der Sicht des Arbeitnehmers kann eine frühzeitige Freistellung attraktiv sein, weil er diese Zeit zur Stellensuche nutzen kann.

Lösung zu 43:

Siehe MiniLex (S. 323 ff.)

Lösung zu 44:

| Nr. | Aufwendungen in € | | Erträge in € | |
	Neutrale	Betriebliche	Neutrale	Betriebliche
(1)	–	–	1.000	–
(2)	300	–	–	–
(3)	–	–	–	500
(4)	–	1.500	–	–
(5)	–	50.000	–	–
(6)	–	–	–	20.500

Lösung zu 45:

► Gliederungsfehler auf der **Aktiv-Seite**

- Rechnungsabgrenzungsposten gehören nicht zum Anlagevermögen sondern sie bilden eine separate Position am Ende der Aktivseite (C).

- Anzahlungen für Lizenzen sind keine Vorräte, sondern zählen zum Anlagevermögen (A) als immaterielle Vermögensgegenstände.

► Gliederungsfehler auf der **Passiv-Seite**

- Statt Kapitalrückstellung muss es Kapitalrücklage heißen (A II).

- Rücklagen als (B) ist falsch, es sind Rückstellungen.

- Der Jahresüberschuss zählt zum Eigenkapital (A).

Lösung zu 46:

(1) | Gesamtkosten = fixe Kosten + variable Kosten |

Gesamtkosten = 400.000 + 800.000 = **1.200.000 €**

| Stückkosten = Gesamtkosten : Leistungsmenge |

Stückkosten = 1.200.000 : 25.000 = **48 €**

(2) Beschäftigungsgrad = $\dfrac{120.000}{150.000} \cdot 100 = \mathbf{80\,\%}$

Lösung zu 47:

Die beiden Gleichungen werden zur Ermittlung der Nutzenschwelle gleichgesetzt:

8 x = 3.200 + 4 x

x = **800 Stück**

Lösung zu 48:

Kostenstellen Kostenarten	Summe	Allgem. Kosten- stelle	Material- bereich	Produk- tions- bereich	Verwal- tungs- bereich	Ver- triebs- bereich
Fertigungsmaterial	100.000		100.000			
Fertigungslohn	80.000			80.000		
Hilfs-, Betriebsstoffe	6.000	600	800	4.000	500	100
Energie	20.000	11.000	2.000	7.000	0	0
Hilfslöhne	32.000	5.120	6.400	12.800	2.560	5.120
Steuern	24.000	2.400	7.200	9.600	2.400	2.400
Raumkosten	16.000	3.000	4.000	7.000	2.000	0
Bürokoten	14.000	0	0	0	9.000	5.000
Abschreibungen	28.000	5.000	4.000	12.000	3.000	4.000
Summe	140.000	27.120	24.400	52.400	19.460	16.620
Umlage Allg.Ko.st.			5.166	7.749	10.331	3.874
Summe			29.566	60.149	29.791	20.494
Ist-Zuschläge % Normalzuschläge %			29,57% 28,00%	75,19% 76,00%	11,05% 12,00%	7,60% 7,00%
Normal- Gemeinkosten			28.000	60.800	32.256	18.816
Über-/Unterdeckung			**- 1.566**	**+ 651**	**+ 2.465**	**- 1.678**

(2)

Kostenstellen / Kostenarten	Zahlen der Buchhaltung	Allgem. Kostenstellen 1	Allgem. Kostenstellen 2	Material-bereich	Hilfsstelle 1	Hilfsstelle 2	Hauptstelle A	Hauptstelle B	Summe A + B	Verwaltungsbereich	Vertriebsbereich
							Gemeinkosten				
Summe	147.000	6.000	8.800	36.800	13.200	11.200	31.700	26.900	58.600	13.100	9.300
Umlage Allg. Kost. 1				500	1.000	500	1.500	1.500	3.000	500	500
Umlage Allg. Kost. 2				1.100	1.650	550	2.200	1.650	3.850	1.100	550
Summe				28.400	15.850	12.250	35.400	30.050	65.450	14.700	10.350
Umlage Hi.st. 1							9.510	6.340	15.850		
Umlage Hi.st. 2							4.900	7.350	12.250		
Summe				28.400			49.810	43.740	93.550	14.700	10.350

Lösung zu 49:

(1)

$$k = \frac{K}{x}$$

$$k = \frac{450.000}{90.000} = 5 \text{ €}$$

(2)

$$A: \frac{783.000}{1 \cdot 500 + 2 \cdot 700 + 2{,}5 \cdot 400} \cdot 1{,}0 = 270 \text{ €/t}$$

$$B: \frac{783.000}{1 \cdot 500 + 2 \cdot 700 + 2{,}5 \cdot 400} \cdot 2{,}0 = 540 \text{ €/t}$$

$$C: \frac{783.000}{1 \cdot 500 + 2 \cdot 700 + 2{,}5 \cdot 400} \cdot 2{,}5 = 675 \text{ €/t}$$

(3)

		%	€
	Materialeinzelkosten		15.000,00
+	Materialgemeinkosten	10	1.500,00
=	Materialkosten		16.500,00
	Fertigungseinzelkosten		6.000,00
+	Fertigungsgemeinkosten	50	3.000,00
+	Sondereinzelkosten der Fertigung		500,00
=	Fertigungskosten		9.500,00
=	Herstellkosten		26.000,00
+	Verwaltungsgemeinkosten	20	5.200,00
+	Vertriebsgemeinkosten	10	2.600,00
+	Sondereinzelkosten des Vertriebs		200,00
=	**Selbstkosten**		**34.000,00**

(4)

$$k_H = \frac{K_H - \sum x_{Ni} \cdot (P_{Ni} - k_{ANi})}{x_H} = \frac{K_H - [x_{NB} \cdot (P_{NB} - k_{AN}) + x_{NC} \cdot P_{NC}]}{x_H}$$

$$k_H = \frac{200.000 - [500 \cdot (10 - 2) + 400 \cdot 5]}{6.000} = \mathbf{32{,}33 \ €/kg}$$

Lösung zu 50:

Siehe MiniLex (S. 323 ff.)

Das MiniLex enthält die wichtigsten Begriffe, die in diesem Buch behandelt werden. Weitere Begriffe finden sich in: *Olfert/Rahn/Zschenderlein*, Lexikon der Betriebswirtschaftslehre, Kiehl

Absatzwege, direkte

Sie schließen den Handel nicht in den Distributionsprozess ein. Als **Absatzorgane** lassen sich unterscheiden:

- **unternehmenseigene Absatzorgane** (Reisende, Geschäftsleitung, Verkaufsniederlassungen)

- **unternehmensfremde Absatzorgane** (Handelsvertreter, Kommissionäre, Makler).

Absatzwege, indirekte

Sie binden den Handel als Absatzmittler in den Distributionsprozess ein. Zu nennen sind:

- der **Großhandel**, der Waren beschafft und sie unverändert oder nicht nennenswert verändert an Wiederverkäufer, Weiterverarbeiter oder Großabnehmer absetzt

- der **Einzelhandel**, der Waren beschafft und sie unverändert oder nach üblicher Be- bzw. Verarbeitung in offenen Verkaufsstellen jedermann zum Verkauf anbietet.

Aktiengesellschaft

Sie ist eine Handelsgesellschaft, deren Gesellschafter mit Einlagen auf das in Aktien zerlegte Grundkapital beteiligt sind. Rechtsgrundlage für die AG ist das Aktiengesetz (AktG).

Das **Grundkapital** beträgt als gezeichnetes Kapital mindestens 50.000 €. Die Nennwerte aller Aktien und des Grundkapitals entsprechen sich.

Die **Firma** der AG kann eine Personen-, Sach-, Fantasie- oder gemischte Firma sein. Sie muss den Zusatz *„Aktiengesellschaft"* bzw. *„AG"* enthalten. Die Eintragung der AG in die Abteilung B des **Handelsregisters** hat konstitutive Wirkung, d. h. die Rechtswirkung tritt erst durch die Eintragung ein.

Die **Organe** der AG sind Vorstand, Aufsichtsrat, Hauptversammlung.

Aktiengesellschaft, Organe

Die AG handelt als juristische Person durch ihre Organe:

- Den **Vorstand** als leitendem Organ, das aus einer oder mehreren Personen besteht, die vom Aufsichtsrat bestellt werden und keine Mitglieder des Aufsichtsrats sein dürfen. Nach dem MitbG gehört dem Vorstand bei mehr als 2.000 Arbeitnehmern ein **Arbeitsdirektor** an.

- Den **Aufsichtsrat**, der den Vorstand bestellt, ihn abberuft und seine Geschäftsführung überwacht. Der Aufsichtsrat besteht nach AktG aus drei Mitgliedern, die Satzung kann eine höhere Zahl festlegen. Er wird von der Hauptversammlung gewählt.

- Die **Hauptversammlung**, welche aus den Aktionären besteht und das beschließende Organ der Gesellschaft ist. Sie entscheidet in den im AktG und in der Satzung bestimmten Fällen.

Anfechtung

Durch sie wird ein zunächst zu Stande gekommenes Rechtsgeschäft mit rückwirkender Kraft nichtig. **Gründe** dafür können sein:

- **Irrtum** (falsche Vorstellung über Tatsachen)

- **arglistige Täuschung** (bewusste Irreführung)

- **widerrechtliche Drohung** (ungesetzliche Beeinflussung).

Ein **Motivirrtum** (Irrtum im Beweggrund) ist kein Anfechtungsgrund

Anhang
Er stellt bei Kapitalgesellschaften und Personengesellschaften mit Haftungsbeschränkung einen **Bestandteil des Jahresabschlusses** dar und dient vor allem der Information und Erläuterung.

Anlagevermögen
Es umfasst alle Vermögensgegenstände, die dazu bestimmt sind, dem Geschäftsbetrieb dauernd zu dienen. Bilanziell wird es auf der **Aktiv-Seite** der Bilanz ausgewiesen als:

- immaterielle Vermögensgegenstände

- Sachanlagen

- Finanzanlagen.

Arbeitsbewertung
Sie stellt die Untersuchung und Beschreibung der im Unternehmen zu leistenden Arbeiten dar, um deren Verhältnis zueinander nach dem Arbeitsinhalt oder den Arbeitsanforderungen festzulegen, wobei von **Normalleistungen** der Arbeitnehmer ausgegangen wird.

(Arbeits)lohn
Dabei handelt es sich um die von einem Arbeitgeber bezahlte Vergütung für die von einem Arbeitnehmer erbrachte Arbeitsleistung, die z. B. erfolgen kann in Form:

- des **Zeitlohnes** (Bezahlung eines Lohnsatzes pro Zeiteinheit)

- des **Akkordlohnes** (Bezahlung der geleisteten Arbeitsmenge)

- des **Prämienlohnes** (zeitbezogener Grundlohn, leistungsbezogene Prämie).

Arbeitsplanung
Sie liefert Informationen über die Zeit, Art bzw. die Reihenfolge der einzelnen Arbeitsaktionen eines Fertigungsauftrages. Die Arbeitsplanung erzeugt die für die Fertigung nötigen **Arbeitspapiere**, die im Industrieunternehmen z. B. sind:

- Terminkarten

- Laufkarten

- Lohnscheine

- Materialentnahmescheine.

Arbeitsrecht
Es setzt sich aus einer Vielzahl von Rechtsgrundlagen zusammen. Zu unterscheiden sind:

- Das **Individualarbeitsrecht**, welches die Grundlagen einzelner Arbeitsverhältnisse regelt, z. B. als:

  - **Arbeitsvertragsrecht** (Rechte/Pflichten von Arbeitgebern/Arbeitnehmern)

  - **Arbeitszeitrecht** (Regelung von Arbeitszeit, Ruhepausen, Nachtarbeit usw.)

  - **Arbeitnehmerschutzrecht** (Regelung von Urlaub, Kündigungsschutz, Gleichbehandlung der Arbeitnehmer usw.)

  - **Arbeitssicherheitsrecht** (dient der Sicherheit der Arbeitnehmer).

- Das **Kollektivarbeitsrecht**, das Vereinbarungen zwischen Arbeitgeber (AG) und Betriebsrat (BR) sowie zwischen den Tarifvertragsparteien umfasst. Es gibt:

- **Tarifvertragsrecht** (zwischen AG/AG-Verband und Gewerkschaft)

- **Arbeitskampfrecht** (Streik, Aussperrung als Kampfmaßnahmen)

- **Betriebsverfassungsrecht** (Mitwirkung/Mitbestimmung des BR)

- **Betriebsvereinbarungsrecht** (zwischen AG und BR).

Arbeitszeit

Das ist die Zeit vom Beginn bis zum Ende der Arbeit ohne Ruhepausen. Ihre **Gestaltung** erfolgt zunehmend **flexibel** als:

► Teilzeitarbeit

► gleitende Arbeitszeit

► Jahresarbeitszeit

► kapazitätsorientierte variable Arbeitszeit

► Vertrauensarbeitszeit.

Aufbauorganisation

Sie zeigt die betriebliche Ordnung der Zuständigkeiten und Bestandsstrukturen. Die Aufbauorganisation ist Ausdruck der wirksamen Gestaltung des statischen Beziehungszusammenhangs im Unternehmen und umfasst:

► **Aufbauvorbereitung** (Aufbauanalyse, Aufbauplanung)

► **Aufbaugestaltung** (Stellenbildung, Stellendefinition, Verbindungswege)

► **Aufbaustrukturierung** (Organisationsformen)

► **Aufbaueinführung** (Vorbereitung, Präsentation, Realisierung, Kontrolle, Dokumentation).

Aufwendungen

Sie zeigen den **Wertverzehr** für Güter und Dienstleistungen innerhalb einer bestimmten Rechnungsperiode, der nicht nur der Erfüllung des Betriebszwecks dient als:

► **Zweckaufwendungen** (betreffen Erfüllung des Betriebszweckes)

► **neutrale Aufwendungen** (periodenfremd, außerordentlich, betriebsfremd).

Bedürfnisse/Bedarf

Die **Bedürfnisse** der Menschen sind praktisch unbegrenzt, die dafür vorhandenen Mittel aber knapp. Die Summe der Bedürfnisse, die mit Kaufkraft ausgestattet ist, stellt den **Bedarf** dar.

Bereichsführung

Sie ist die gezielte und situationsbezogene Beeinflussung des Bereichspersonals durch den **Bereichsleiter**, die auf einen gemeinsam zu erzielenden Bereichserfolg ausgerichtet ist.

Bereitstellungsplanung, fertigungsbezogene

Ihr fällt die Aufgabe zu, dass die für die Fertigung erforderlichen **Produktionsfaktoren** in der richtigen Qualität und Quantität, zur richtigen Zeit und am richtigen Ort zur Verfügung stehen sollen. Dazu ist es notwendig:

► die **Betriebsmittel** langfristig zu planen

► die **Fertigungszeiten** festzustellen (Soll-/Ist-Zeiten)

► die **Kapazitäten** vorauszubestimmen (verfügbar/erforderlich)

► die **Arbeitskräfte** langfristig zu planen

► die **Werkstoffe** mittelfristig zu planen.

Beschaffungswege, personenbezogene
Dazu zählen im Rahmen der **Personalbeschaffung** z. B.:

- innerbetriebliche Stellenausschreibung
- Stellenanzeige (Print/Internet)
- Versetzung
- Arbeitsvermittlung
- Personalberater
- Personalleasing.

Beschäftigungsgrad
Er ist Ausdruck für die tatsächlich genutzte Kapazität. Die eingesetzte Kapazität bzw. Ist-Leistung wird der vorhandenen Kapazität gegenübergestellt:

$$\text{Beschäftigungsgrad} = \frac{\text{Genutzte Kapazität}}{\text{Vorhandene Kapazität}} \cdot 100$$

Kosten der genutzten Kapazität sind **Nutzkosten**, Kosten der nicht genutzten Kapazität werden als **Leerkosten** bezeichnet.

Bestandsarten, materialbezogene
Bestandsarten im **Materialbereich** sind:

- **Lagerbestand** (ist zum Planungszeitpunkt körperlich im Lager)
- **Höchstbestand** (darf maximal am Lager sein)
- **Sicherheitsbestand** (soll Puffer sein, um leistungsbereit zu bleiben)
- **Meldebestand** (bei seinem Erreichen muss bestellt werden)
- **Buchbestand** (vom Rechnungswesen geführter Bestand)

- **Inventurbestand** (körperlich erfasster Lagerbestand).

Bestandsführung, materialbezogene
Sie geschieht, um den **Materialbestand** festzustellen als:

- **Mengenerfassung**
  (Skontrations-, Inventur-, retrograde Methode)
- **Werterfassung**
  (Anschaffungs-, Wiederbeschaffungs-, Tages-, Verrechnungswert).

Beteiligungsfinanzierung
Durch sie wird einem Unternehmen **von außen Eigenkapital** zugeführt. Sie erfolgt bei den verschiedenen Rechtsformen auf unterschiedliche Weise.

Betriebsabrechnungsbogen
Er zeigt in einer tabellarischen Übersicht, welche Kosten in den Kostenstellen bzw. Kostenbereichen des Unternehmens in einer Periode angefallen sind. In ihm werden die **Gemeinkosten** aufgenommen.

Die **Grundstruktur** des BAB besteht:

- **horizontal** aus den Kostenstellen bzw. Kostenbereichen
- **vertikal** aus den verschiedenen Gemeinkosten, die zweckentsprechend auf die Kostenstellen bzw. Kostenbereiche zu verteilen sind.

Oft werden **Einzelkosten** informationshalber auch aufgenommen.

Betriebsrat
Er ist das nach der Betriebsverfassung zuständige **Organ** zur Vertretung der Arbeitnehmerinteressen in einem Unternehmen, das mindestens fünf Arbeitnehmer ständig beschäftigt. Seine **Wahl**

erfolgt alle vier Jahre durch die Arbeitnehmer.

Betriebswirtschaftslehre

Sie wurde zunächst von rein ökonomischen Ansätzen getragen. Heute versteht sie sich als **interdisziplinäre Wissenschaft**, die z. B. auch Erkenntnisse aus Rechtswissenschaft, Psychologie und Soziologie einbezieht. Es gibt:

► die **Allgemeine Betriebswirtschaftslehre** (für alle Unternehmen gültig)
► **spezielle Betriebswirtschaftslehren** (verschiedene Wirtschaftszweige).

Bewerbungsunterlagen

Dazu zählen insbesondere:

► Bewerbungsschreiben
► Bewerberfoto
► Lebenslauf
► Schulzeugnisse
► Arbeitszeugnisse
► ggf. Referenzen.

Bilanz

Sie zeigt die Gegenüberstellung des **Vermögens** und des **Kapitals** eines Unternehmens zu einem bestimmten Zeitpunkt. Die Bilanz umfasst:

► **Aktiv-Seite** (Anlagevermögen, Umlaufvermögen, Rechnungsabgrenzungsposten)
► **Passiv-Seite** (Eigenkapital, Rückstellungen, Verbindlichkeiten, Rechnungsabgrenzungsposten).

Die Bilanz kann sein:

► **Handelsbilanz**, die den Rechnungslegungsvorschriften des HGB entsprechen muss
► **Steuerbilanz**, die eine nach den steuerrechtlichen Vorschriften abgewandelte Handelsbilanz darstellt und der Veranlagung zur Einkommen- und ggf. Körperschaftsteuer dient.

Buchführung

Sie ist die zeitlich und sachlich geordnete Aufzeichnung der betriebsbezogenen **Geschäftsvorfälle**. Die Buchführung bildet das zentrale Teilgebiet des Rechnungswesens und dokumentiert die Kapital- und Vermögensbewegungen des Unternehmens.

Sie erfolgt in der:

► **Geschäfts-** oder **Finanzbuchhaltung** (erfasst Außenbeziehungen)
► **Betriebsbuchhaltung** (erfasst innerbetriebliche Vorgänge).

Controllerbericht

Er umfasst bereichsbezogene wie auch bereichsübergreifende Daten und dient dazu, **Schwachstellen** offen zu legen und Aktivitäten auszulösen bzw. zielorientiert zu beeinflussen. Controllerberichte können sein:

► **Standardberichte** (für einen gleichbleibenden Empfängerkreis, z. B. Unternehmensleitung)
► **Abweichungsberichte** (für Bereichsleiter, z. B. bei Überschreitung des Kostenbudgets)
► **Bedarfsberichte** (für betriebliche Aufgabenträger, die Controllingberichte anfordern)

- **Sonderberichte** (für Interessenten, wenn Informationsbedarf nicht gedeckt ist).

Controlling

Es hat Koordinationsaufgaben der Planung, Steuerung, Kontrolle sowie Informationsversorgung und dient dazu, die gesamten Aktivitäten des Unternehmens zielorientiert zu beeinflussen.

Das Controlling unterstützt die Unternehmens- und Bereichsleitung bei ihren Entscheidungen und ist dem personen- bzw. sachbezogenen Führungsprozess parallel- bzw. übergelagert. Es ist damit ein **Teil der Führung**.

Controllingaufgaben

Sie dienen der Erfüllung der Unternehmensziele als:

- **Planung**, die auf der Zielsetzung basiert und aufzeigt, auf welchen Wegen die Ziele des Unternehmens, der Bereiche und Gruppen zu erreichen sind

- **Kontrolle**, die der Gewinnung von Informationen über die erzielten Ergebnisse des Unternehmens, ihrer Bereiche und Gruppen dient

- **Steuerung**, die Vorschläge zu Maßnahmen umfasst, welche zur Erreichung der Ziele zweckmäßig erscheinen

- **Informationsversorgung**, die als Weitergabe bzw. Mitteilung von Daten in Controllerberichten zu verstehen ist.

Controllingarten

Nach den **Ebenen** des Unternehmens gibt es:

- **Gesamtcontrolling** (Ausrichtung auf die obere Ebene des Unternehmens)

- **Bereichscontrolling** (Bezug zur mittleren Unternehmensebene)

- **Gruppencontrolling** (Ausrichtung auf die untere Ebene des Unternehmens).

Unter Berücksichtigung der **Organisation** des Controlling werden unterschieden:

- **Stabscontrolling**, das keine Weisungsbefugnis hat und nur berät

- **Liniencontrolling**, das im Instanzenzug mit voller Weisungsbefugnis ausgestattet ist.

Controllinginstrumente

Sie dienen vor allem der **Aufbereitung** und **Verarbeitung** von Informationen als:

- **Kennzahlenanalyse**, die als Teil der Unternehmens- bzw. Bereichsanalyse einen Überblick über die Leistungsfähigkeit des gesamten Unternehmens gibt.

- **Stärken- und Schwächenanalyse**, die positive und negative Merkmale des Unternehmens auf ihre Ursachen hin untersucht.

- **Wertkettenanalyse**, die z. B. logistische Beziehungen zwischen Beschaffungsmarkt, Unternehmen und Absatzmarkt durchleuchtet

- **Gemeinkostenwertanalyse**, die der Verbesserung des Verhältnisses zwischen Leistungen und Kosten der einzelnen Bereiche dient

- **Frühwarnsysteme**, die alle für die Führung bedeutsamen Informationen zu erfassen versucht, die der Abwendung künftiger Gefahren dienen

- **Budgetierung**, die der Erstellung, wertmäßigen Vorgabe und Kontrolle von Daten dient und Zielgrößen beinhaltet.

Distributionspolitik

Dabei handelt es sich um ein **marketingpolitisches Instrument**, das sich mit der

Gestaltung des Weges von Produkten des Herstellers zum Verwender oder Verbraucher befasst. Hierbei geht es um:

► **direkte Absatzwege** (ohne Einbeziehung des Handels)

► **indirekte Absatzwege** (unter Einschluss des Handels).

Durchführung
Sie folgt der Planung im Rahmen des Führungsprozesses und geschieht auf mehreren **Ebenen**:

► **Top Management** (Ausführung der langfristigen Unternehmenspläne)

► **Middle Management** (Erledigung der mittelfristigen Bereichspläne)

► **Lower Management** (Realisierung der kurzfristigen Pläne)

► **Ausführung** (Durchführung der vom Management beschlossenen Pläne).

Eigenkapital
Es ist das von den Eigentümern eines Unternehmens ohne zeitliche Begrenzung zur Verfügung gestellte Kapital. Bilanziell wird es auf der **Passiv-Seite** der Bilanz ausgewiesen als:

► Geschäftsanteile

► Rücklagen

► Gewinnvortrag

► Jahresüberschuss.

Einzelunternehmen
Das ist ein Gewerbebetrieb, dessen Vermögen einer Person zusteht, die **Eigentümer** bzw. **Unternehmer** ist. Sie führt das Unternehmen selbstständig und eigenverantwortlich. Rechtsgrundlagen sind das BGB und HGB.

Die **Firma** muss außer dem Familiennamen und einem ausgeschriebenen Vornamen die Bezeichnung *„eingetragener Kaufmann"*, *„eingetragene Kauffrau"* oder eine allgemein verständliche Abkürzung dieser Bezeichnung enthalten.

Sie wird in Abteilung A des **Handelsregisters** eingetragen. Ein Mindestkapital ist nicht vorgeschrieben.

Entscheidungsansatz
Er stellt die Erklärung und Gestaltung menschlicher **Entscheidungen** auf allen hierarchischen Ebenen des Unternehmens in den Mittelpunkt der Betrachtung. Das sind Akte der Willensbildung und Willensdurchsetzung, bei denen ein Mensch sich entschließt, etwas so und nicht anders zu tun.

Der Entscheidungsansatz befasst sich mit dem **Entscheidungsprozess**, der umfasst:

► **Willensbildung** mit Anregungsphase, Suchphase, Auswahlphase

► **Willensdurchsetzung** mit Verwirklichungsphase und Kontrollphase.

Erträge
Sie sind der **Wertzuwachs** durch erstellte Güter und Dienstleistungen innerhalb einer bestimmten Rechnungsperiode, der nicht nur auf der Erfüllung des Betriebszwecks beruht, als:

► **betriebliche Erträge** (betreffen Erfüllung des Betriebszweckes)

► **neutrale Erträge** (periodenfremd, außerordentlich, betriebsfremd).

Erzeugnisplanung

Sie umfasst die vorausschauende Festlegung und Beschreibung der **Merkmale** eines Erzeugnisses und legt fest:

- **Art der Produkte**, die im Leistungsprogramm sein sollen

- **Merkmale der Produkte** als Erzeugnisbeschreibung (durch Zeichnungen, Stücklisten, Nummerung).

Fertigungsbereich

Er ist die Gesamtheit aller betrieblichen Einrichtungen und Maßnahmen zur Erstellung materieller Güter, die hauptsächlich dem Absatzmarkt zugeführt werden und wird auch **Produktionsbereich** genannt. In ihm wird die Fertigung geplant, durchgeführt und kontrolliert.

Fertigungsplanung

Sie erfolgt auf der Grundlage der vorgegebenen Ziele und wird in ihrer Gesamtheit auch als **Produktionsplanung** bzw. **Arbeitsvorbereitung** bezeichnet. Die Fertigungsplanung umfasst:

- Erzeugnisplanung

- Programmplanung

- Arbeitsplanung

- Bereitstellungsplanung

- Prozessplanung.

Fertigungssteuerung

Sie ist ein zielbezogener Vorgang, der die Aufgabe hat, die Durchführung der Fertigung zielgerecht aufgrund gegebener Aufträge zu veranlassen und sie bei allen Stellen durchzusetzen. Die Fertigungssteuerung wird auch **Werkstattsteuerung** genannt.

Fertigungsverfahren

Dabei handelt es sich um Vorgehensweisen zur Durchführung der Fertigung als:

- **Werkstattfertigung** (Zusammenfassung gleichartiger Verrichtungen)

- **Fließfertigung** (Anordnung nach Fertigungsablauf)

- **Gruppenfertigung** (Kombination von Werkstatt- und Fließfertigung)

- **Baustellenfertigung** (Leistung am unbeweglichen Erzeugnis)

- **Einzelfertigung** (Erstellung eines einzigen Erzeugnisses)

- **Serienfertigung** (Erstellung mehrerer gleichartiger Erzeugnisse)

- **Massenfertigung** (Erstellung einer unbegrenzten Stückzahl).

Finanzbereich

Er beschäftigt sich mit der Beschaffung, dem Einsatz und der Verwaltung von **Kapital**, das zur Leistungserstellung und Leistungsverwertung benötigt wird. Dementsprechend werden als **Funktionen** unterschieden:

- Finanzierung

- Investition

- Zahlungsverkehr.

Finanzierung

Sie dient dazu, das Unternehmen mit dem erforderlichen **Kapital** zu versorgen. Dies geschieht im Rahmen von:

- Beteiligungsfinanzierung

- Fremdfinanzierung

- Innenfinanzierung.

Finanzierung aus sonstigen Kapitalfreisetzungen

Sie ist eine Form der **Innenfinanzierung**, die erfolgen kann als:

- **Rationalisierung** (Verringerung des Kapitaleinsatzes)

▸ **Vermögensumschichtung** (Liquidierung von Vermögenswerten).

Finanzierung aus Umsatzerlösen

Sie ist möglich, wenn die zurückhaltbaren **Gewinne** sowie **Rückstellungen** und **Abschreibungen** in den Verkaufspreisen enthalten sind und diesbezügliche Zuflüsse auch realisiert werden. Dementsprechend kann sie sein:

▸ Finanzierung aus zurück behaltenen Gewinnen (offene/stille Selbstfinanzierung)

▸ Finanzierung aus Abschreibungsgegenwerten

▸ Finanzierung aus Rückstellungsgegenwerten.

Finanzplan

Dabei handelt es sich um eine **tabellarische Übersicht** der prognostizierten oder vorgegebenen Einzahlungen und Auszahlungen des Unternehmens.

Firma

Darunter wird der **Name eines Kaufmannes** verstanden, unter dem er im Handel seine Geschäfte betreibt und die Unterschrift abgibt. Er tritt im Handelsverkehr mit seiner Firma auf. Unter ihr kann er klagen und verklagt werden.

Fremdfinanzierung

Sie dient dazu, dem Unternehmen von außen **Fremdkapital** zuzuführen als:

▸ **kurzfristige Fremdfinanzierung** (bis ein Jahr sowie Warenkredite)

▸ **mittelfristige Fremdfinanzierung** (über ein Jahr bis fünf Jahre)

▸ **langfristige Fremdfinanzierung** (über fünf Jahre).

Fremdfinanzierung, kurzfristige

Dabei handelt es sich um die Zuführung von Fremdkapital, dessen Verfügbarkeit im Unternehmen **ein Jahr** grundsätzlich nicht übersteigt bzw. **Warenkredite** darstellt, z. B. als:

▸ Lieferantenkredit

▸ Kundenkredit

▸ Kontokorrentkredit

▸ Diskontkredit

▸ Lombardkredit

▸ Akzeptkredit

▸ Avalkredit.

Fremdfinanzierung, langfristige

Sie stellt die Zuführung von Fremdkapital mit einer Laufzeit von **mehr als fünf Jahren** dar und kann z. B. sein:

▸ Darlehen

▸ Schuldscheindarlehen

▸ Leasing

▸ Factoring als Sonderformen

▸ Anleihe als Industrieobligation, Wandelschuldverschreibung, Optionsanleihe, Gewinnschuldverschreibung.

Fremdkapital

Es stellt die Gesamtheit der Schulden dar, die auf der **Passiv-Seite** der Bilanz ausgewiesen sind, insbesondere als:

▸ Rückstellungen

▸ Verbindlichkeiten.

Führung

Sie ist die Gestaltung, Steuerung und Entwicklung eines Unternehmens und wird auch als **Management** bezeichnet. Die Führung beinhaltet sowohl die Beeinflussung des Unternehmens als auch des Personals, weshalb unterschieden werden:

- **Unternehmensführung** (vorrangig sachbezogen)
- **Personalführung** (personenbezogen).

Führungsansatz

Er beruht auf der Führungstheorie und fasst verschiedene Führungskonzepte zusammen, die als **Orientierungen** aufweisen:

- Personenorientierungen
- Positionsorientierung
- Interaktionsorientierung
- Strukturorientierung
- Situationsorientierung.

Führungsarten

Sie zeigen Möglichkeiten der **personenbezogenen Führung** im Unternehmen auf und können sein:

- Gesamtführung
- Bereichsführung
- Gruppenführung
- Individualführung.

Führungserfolg

Er ist das Ergebnis, das die Führungskraft in Erfüllung ihrer Führungsaufgabe erzielt. Der Erfolg der Führung zeigt sich in der **Leistung** und im **Verhalten des Mitarbeiters**. Er hängt ab von:

- Führungskraft
- Mitarbeiter
- Führungssituation.

Führungsinstrument

Es ist Ausdruck des **Führungs-Mix**, das auf einen vom Vorgesetzten und Mitarbeiter gemeinsam zu erzielenden Erfolg ausgerichtet ist. Es ist beim Mitarbeiter ein Inputfaktor, der auf einen bestimmten Output abzielt.

Als Führungsinstrumente lassen sich z. B. Führungsstile und Führungsmittel unterscheiden.

Führungskraft

Sie ist ein **Vorgesetzter**, der die Aufgabe hat, die ihm unterstellten Mitarbeiter so zu beeinflussen, dass sie erfolgreich arbeiten. Die Führungskraft ist ein **Träger der Führung** und kann im Wesen nach sein:

- streng
- kritisch
- hektisch
- sachlich
- ehrgeizig
- nachlässig
- munter
- human
- souverän.

Führungsmittel

Es ist ein **Führungsinstrument**, das von einer Führungskraft im Rahmen eines Führungsstils eingesetzt wird, um einen gewünschten Führungserfolg zu bewirken. Als Führungsmittel stehen zur Verfügung:

- **prozessbezogene Führungsmittel** (z. B. Ziele, Pläne, Kontrolle)
- **informationsbezogene Führungsmittel** (z. B. Information, Gespräch)
- **aufgabenbezogene Führungsmittel** (z. B. Kooperation, Delegation)

- **personenbezogene Führungsmittel** (z. B. Beurteilung, Entlohnung, Entwicklung des Personals).

Führungsprinzip

Dabei handelt es sich um einen Grundsatz für die **einheitliche Handhabung** der Führungsinstrumente im Unternehmen, z. B. als Zielvereinbarungsprinzip, Delegationsprinzip.

Führungsprozess

Er zeigt den **zeitlichen Ablauf der zielgerichteten Beeinflussung** des Unternehmens und des Personals. Für dessen zweckentsprechenden Ablauf tragen die Unternehmensleitung und die Führungskräfte entsprechende Verantwortung. Zu unterscheiden sind:

- **sachbezogener Führungsprozess** (Zielsetzung, Planung, Durchführung, Kontrolle)

- **personenbezogener Führungsprozess** (Führungsziele, Führungsinstrumente, Führungserfolg).

Führungsrahmen

Er bezieht sich auf das nach innen und außen schlüssig dargestellte **Selbstverständnis des Unternehmens**, z. B. als Unternehmensleitbild, Unternehmenskultur.

Führungsstil

Er ist ein **Führungsinstrument**, das die Art und Weise ausdrückt, in der ein Vorgesetzter die ihm unterstellten Mitarbeiter führt. Mit ihm wird ein konkretes Verhaltensmuster des Vorgesetzten beschrieben. Zu unterscheiden sind vor allem:

- **kooperativer Führungsstil** (bei dem Vorgesetzte und Mitarbeiter zusammenarbeiten)

- **autoritärer Führungsstil** (bei dem die Untergebenen von ihren Vorgesetzten nicht einbezogen werden)

- **Laissez-faire-Führungsstil** (bei dem die Vorgesetzten auf Führung verzichten).

Funktionalorganisation

Sie ist eine Organisationsform, die auf der zweiten Hierarchieebene nach **Verrichtungen** gegliedert ist. Die Funktionalorganisation knüpft dabei an den leistungswirtschaftlichen Prozess des Unternehmens an.

Fusion

Fusionierte Unternehmen sind **Zusammenschlüsse** zuvor selbstständiger Unternehmen, die danach keine rechtliche und wirtschaftliche Selbstständigkeit mehr besitzen. Die **Verschmelzung von juristischen Personen** ist möglich:

- durch **Aufnahme**, bei der ein Unternehmen sein Vermögen als Ganzes auf ein anderes überträgt

- durch **Neugründung**, bei der zwei oder mehr Gesellschaften ihr Vermögen als Ganzes auf eine neue Gesellschaft übertragen.

Garantieleistungspolitik

Sie ist ein Instrument der **Produktpolitik**, mit der sich der Anbieter eines Produktes verpflichtet, für eine bestimmte Beschaffenheit bzw. Haltbarkeit des Produktes einzustehen und das Risiko eines eventuellen künftigen Schadensfalls zu tragen.

Die Garantieleistung ist von der **Gewährleistung** zu unterscheiden, bei welcher der Verkäufer dem Käufer gegenüber dafür haftet, dass die verkaufte Ware im Zeitpunkt der Übergabe nicht mit Mängeln behaftet ist, die den Wert oder die Funktion der Ware mindern bzw. unmöglich machen.

Gelegenheitsgesellschaft

In ihr schließen sich rechtlich und meist auch wirtschaftlich selbstständige Unternehmen zur **Durchführung von Einzelgeschäften** auf gemeinsame Rechnung mit dem Ziel zusammen, eine bestimmte Aufgabe zu lösen. Das kann geschehen in **Form**:

► einer **Arbeitsgemeinschaft**, die einen Zusammenschluss zum Erfahrungsaustausch, zur Interessenvertretung oder zur Lösung gemeinsamer Probleme darstellt

► eines **Konsortiums**, das einen Zusammenschluss zur gemeinsamen Durchführung bestimmter Geschäfte auf der Grundlage eines Konsortialvertrages darstellt.

Genossenschaft

Sie ist eine Gesellschaft mit nicht geschlossener Mitgliederzahl, die einen **wirtschaftlichen** bzw. **kulturellen oder sozialen Zweck** verfolgen. Die Genossen bedienen sich dazu eines gemeinsamen Geschäftsbetriebes. **Rechtsgrundlage** ist das Genossenschaftsgesetz (GenG).

Die **Firma** der Genossenschaft kann eine Personen-, Sach-, Fantasie- oder gemischte Firma sein. Sie muss den Zusatz „eingetragene Genossenschaft" bzw. „eG" tragen.

Ein Mindestkapital ist nicht vorgeschrieben. Die Genossenschaft wird in das **Genossenschaftsregister** eingetragen (Amtsgericht).

Die **Organe** der Genossenschaft sind Vorstand, Aufsichtsrat und Generalversammlung. Sie handeln ähnlich wie die Organe der AG.

Gesamtführung

Sie stellt den Teil der **personenbezogenen Führung** dar, der auf das Unternehmen als Ganzes ausgerichtet ist. Dementsprechend betrifft sie alle Mitarbeiter. Die Gesamtführung wird von der **Unternehmensleitung** vorgenommen.

Geschäftsfähigkeit

Sie ist die Fähigkeit, Willenserklärungen abzugeben und entgegenzunehmen. **Nicht geschäftsfähig** ist u. a., wer nicht das 7. Lebensjahr vollendet hat, **voll geschäftsfähig**, wer das 18. Lebensjahr vollendet hat. **Beschränkt Geschäftsfähige** (dazwischen), bedürfen vorheriger Zustimmung oder spätere Genehmigung zur Wirksamkeit ihrer Willenserklärung.

Geschäftsprozess

Er betrifft alle Prozessarten im Unternehmen und verläuft je nach Unternehmensebene bzw. inhaltlich unterschiedlich. Der Geschäftsprozess wird auch als **Unternehmensprozess** bezeichnet. Seine Reichweite hängt entscheidend von der Betrachtungsweise des Gestalters und des Nutzers ab.

Gesellschaft des bürgerlichen Rechts

Sie ist die **vertragliche Vereinigung** zwischen mehreren Personen, die sich verpflichten, vereinbarte Beiträge zu leisten und die Erreichung eines gemeinsamen Zieles zu fördern. Ihre Rechtsgrundlage sind die §§ 705 - 740 BGB.

Die GdbR hat **keine Firma**, sie wird nicht ins Handelsregister eingetragen. Das Vermögen ist gemeinschaftliches Vermögen.

Gesellschaft mit beschränkter Haftung

Sie ist eine **Handelsgesellschaft** mit eigener Rechtspersönlichkeit, deren Gesellschafter mit Einlagen auf das in Geschäftsanteile zerlegte **Stammkapital** beteiligt sind. Jeder **Geschäftsanteil** muss auf volle Euro lauten. Rechtsgrundlage ist das GmbH-Gesetz.

Die GmbH entsteht als juristische Person durch die Eintragung in das **Handelsregister**, die in der Abteilung B erfolgt.

Die **Firma** der GmbH kann eine Personen-, Sach-, Fantasie- oder gemischte Firma sein. Außerdem muss sie die Bezeichnung *„Gesellschaft mit beschränkter Haftung"* oder eine allgemein verständliche Abkürzung dieser Bezeichnung enthalten, üblicherweise „GmbH".

Die **Organe** der GmbH sind Geschäftsführer, Gesellschafterversammlung und ggf. Aufsichtsrat.

Gesellschaft mit beschränkter Haftung, Organe

Die GmbH handelt als juristische Person durch ihre **Organe**, die sind:

► **Geschäftsführer**, der bzw. denen die Leitung der GmbH obliegt. Sie müssen nicht Gesellschafter sein. Ein **Arbeitsdirektor** ist notwendig, wenn die GmbH mehr als 2.000 Arbeitnehmer hat.

► **Gesellschafterversammlung**, als das beschließende Organ der GmbH.

► **Aufsichtsrat**, der vor allem die Tätigkeit der Geschäftsführung zu überwachen hat. Er ist nach BetrVG aber nur bei mehr als 500 Arbeitnehmern, nach dem MitbG ab 2.000 Arbeitnehmer zu wählen.

GmbH & Co. KG

Die typische GmbH & Co. KG ist eine **Kommanditgesellschaft**, bei der eine GmbH als juristische Person der Komplementär ist und die GmbH-Gesellschafter zugleich die Kommanditisten der KG darstellen.

Die **Firma** der GmbH & Co. KG muss den Namen des Komplementärs enthalten mit dem Zusatz *„& Co. Kommanditgesellschaft"* bzw. *„& Co. KG"*. Damit wird die Haftungsbeschränkung gekennzeichnet. Ein Mindestkapital ist nur für die GmbH erforderlich. Als Personengesellschaft wird sie in der Abteilung A des **Handelsregisters** eingetragen.

Grundsätze des Rechnungswesens

Sie stellen durch die kaufmännische Praxis entwickelte und durch die Rechtsprechung konkretisierte **Prinzipien** dar als:

► **Grundsätze ordnungsmäßiger Buchführung** (GoB), die sich auf die materielle und formelle Ordnungsmäßigkeit beziehen.

► **Grundsätze ordnungsmäßiger Bilanzierung**, zu denen Bilanzklarheit, Bilanzwahrheit, Bilanzkontinuität und Bilanzidentität zählen.

Gründung

Sie umfasst alle **Maßnahmen zur Errichtung** eines funktionsfähigen Unternehmens in einer Marktwirtschaft und kann erfolgen als:

► **Bargründung** (ausschließliche Einbringung von Geldmitteln)

► **Sachgründung** (ausschließliche Einbringung von Sachgütern)

► **Mischgründung** (Einbringung von Geldmitteln und Sachgütern).

Gruppenführung

Durch sie wird ein einzelnes Gruppenmitglied oder eine Gruppe unter Berücksichtigung der jeweiligen Gruppensituation von der **Gruppenleitung** auf einen gemeinsam zu erzielenden Gruppenerfolg hin beeinflusst.

GuV-Rechnung

Sie ist ein wesentlicher Teil des Jahresabschlusses und wird für **Kapitalgesellschaften in Staffelform** aufgestellt. Dabei sind zu unterscheiden:

▸ Das **Gesamtkostenverfahren**, das den Aufwand nach Aufwandsarten gliedert und die Aufwandsstruktur in einem Geschäftsjahr zeigt und zwar für alle in der Geschäftsperiode hergestellten Produkte bzw. erbrachten Leistungen.

▸ Das **Umsatzkostenverfahren**, bei welchem den Umsatzerlösen die Herstellungskosten der im Geschäftsjahr verkauften Produkte bzw. Leistungen gegenübergestellt werden. Dies erfolgt unabhängig davon, in welcher Geschäftsperiode die Herstellungskosten angefallen sind.

Handelsregister

Es ist ein amtliches **Verzeichnis der Kaufleute** eines Amtsgerichtsbezirks oder mehrerer Amtsgerichtsbezirke und besteht aus einer **Abteilung A** für Einzelunternehmen und Personengesellschaften sowie einer **Abteilung B** für Kapitalgesellschaften. Seit 2007 müssen Anmeldungen **elektronisch** in beglaubigter Form erfolgen.

Die **Wirkungen der Eintragungen** in das Handelsregister können unterschiedlich sein:

▸ **konstitutiv** (Rechtswirkung erst durch die Eintragung)

▸ **deklaratorisch** (Rechtswirkung bereits vor der Eintragung).

Humanitätsprinzip

Es stellt den **Menschen** in den Mittelpunkt des Leistungsprozesses, dessen Erfordernisse von der Unternehmensleitung und den Führungskräften hinreichend zu berücksichtigen sind, z. B. durch menschengerechte Arbeitsorganisation und humane Führung der Mitarbeiter.

Individualführung

Die Individualführung ist die situationsbezogene Beeinflussung eines Geführten durch die jeweils übergeordnete **Führungskraft**, indem sie diesen dazu veranlasst, die vereinbarten Ziele zu erfüllen.

Innenfinanzierung

Sie wird vom Unternehmen **aus eigener Kraft** vorgenommen als:

▸ Finanzierung aus Umsatzerlösen

▸ Finanzierung aus sonstigen Kapitalfreisetzungen.

Insolvenz

Von ihr wird gesprochen, wenn Zahlungsunfähigkeit (§ 17 InsO), drohende Zahlungsunfähigkeit (§ 18 InsO) oder Überschuldung (§ 19 InsO) vorliegen. Die Insolvenz wird im Rahmen des **Insolvenzverfahrens** abgewickelt, das sein kann:

▸ **Insolvenz-Großverfahren** (Regelinsolvenzverfahren)

▸ **Insolvenz-Kleinverfahren** (Verbraucherinsolvenzverfahren)

▸ **Restschuld-Befreiungsverfahren** (nach dem Insolvenzverfahren).

Insolvenz-Großverfahren

Es gilt als **Regelinsolvenzverfahren** für juristische Personen und gleichgestellte Personengesellschaften, z. B. OHG, KG, GdbR. Außerdem ist es auf alle natürlichen Personen anzuwenden, die eine selbstständige wirtschaftliche Tätigkeit ausüben.

Nach Eröffnung des Insolvenzverfahrens können erfolgen:

► **Insolvenzverwaltung** (Amtsgericht verwaltet die Insolvenzmasse)

► **Eigenverwaltung** (Schuldner verwaltet die Insolvenzmasse)

► **Insolvenzplanverfahren** (Amtsgericht stellt Insolvenzplan auf).

Insolvenz-Kleinverfahren

Es gilt für alle **natürlichen Personen**, die nie eine selbstständige wirtschaftliche Tätigkeit ausgeübt haben (§ 304 InsO). Das Insolvenz-Kleinverfahren wird auch als **Verbraucherinsolvenzverfahren** bezeichnet. Es kann sowohl vom Schuldner als auch vom Gläubiger in Gang gebracht werden.

Instanz

Das ist eine **Stelle mit Leitungsbefugnis**, bei der Führungsaufgaben überwiegen und Entscheidungen hinsichtlich anderer Stellen zu treffen sind. Sie ist mit entsprechenden **Weisungsbefugnissen** ausgestattet.

Institutionsökonomischer Ansatz

Er ist darauf gerichtet, Organisationen, Märkte und Rechtsnormen eingehend zu analysieren, die Bestandteile des von der Urproduktion bis zum Endabnehmer reichenden Transaktionsprozesses sind.

Durch geeignete Gestaltung bzw. Zuordnung wird das Unternehmen in die Lage versetzt, die Transaktionskosten zu minimieren. Besondere Bedeutung haben dabei vertragliche Maßnahmen, aufgrund derer Verfügungsrechte auf andere Wirtschaftssubjekte übertragen werden.

Interessengemeinschaft

Im **weiteren Sinne** ist sie eine vertragliche Verbindung von mehreren Personen zur Erreichung eines gemeinsamen Zieles. Sie entsteht meist durch die **horizontale Zusammenfassung** von Unternehmen.

In **engerem Sinne** kann sie als Gewinn- und Verlustgemeinschaft gebildet werden. Das setzt eine entsprechende **gesellschaftsvertragliche Vereinbarung** voraus.

Inventur

Sie ist die mengen- und wertmäßige **Erfassung des tatsächlichen Bestandes** des Vermögens und der Schulden eines Unternehmens für einen bestimmten Zeitpunkt durch körperliche Bestandsaufnahme. Ihre Dokumentation erfolgt im **Inventar** als Verzeichnis aller Ergebnisse der Inventur.

Investition

Dabei handelt es sich um **Auszahlungen**, die ein Unternehmen **für Vermögensteile** bewirkt. Sie kann sein:

► **objektbezogene Investition** als Sach-, Finanz- bzw. immaterielle Investition

► **wirkungsbezogene Investition** als Nettoinvestition oder Reinvestition.

Investitionsprogramm

Das ist die **Gesamtheit der Investitionen**, die von einem Unternehmen in einer Rechnungsperiode angestrebt werden.

Investitionsrechnung

Das ist ein **Rechenverfahren**, dessen Zweck es ist festzustellen, ob ein Investitionsobjekt der Zielsetzung des Investors entspricht bzw. welches von mehreren Investitionsobjekten die Zielsetzung am besten erteilt. Sie kann sein:

- statische Investitionsrechnung
- dynamische Investitionsrechnung.

Investitionsrechnung, dynamische
Sie basiert auf **Einzahlungen** und **Auszahlungen**, bedient sich finanzmathematischer Methoden und bezieht sich auf alle Nutzungsperioden des Investitionsobjektes. Ihre **Verfahren** sind:

- Kapitalwertmethode
- Interne Zinsfuß-Methode
- Annuitätenmethode.

Investitionsrechnung, statische
Sie ist eine Investitionsrechnung, die auf **Kosten** und **Leistungen** basiert und den Zeitfaktor nicht berücksichtigt, also praktisch nur mit einer Periode rechnet. **Verfahren** der statischen Investitionsrechnung sind:

- Kostenvergleichsrechnung
- Gewinnvergleichsrechnung
- Rentabilitätsvergleichsrechnung
- Amortisationsvergleichsrechnung.

Jahresabschluss
Er zeigt das erwirtschaftete **Jahresergebnis** des Unternehmens und kann je nach Rechtsform des Unternehmens bestehen aus:

- **Bilanz** (alle Rechtsformen)
- **GuV-Rechnung** (alle Rechtsformen)
- **Anhang** (nur Kapitalgesellschaften und Personengesellschaften mit Haftungsbeschränkung).

Der Anhang ist von mittelgroßen und großen Kapitalgesellschaften und Personengesellschaften mit Haftungsbeschränkung um den **Lagebericht** zu ergänzen, der selbst aber keinen Bestandteil des Jahresabschlusses darstellt.

Kapitalbedarfsrechnung
Sie dient dazu, den Kapitalbedarf auf einfache Weise zu berechnen, der sich aus dem **Anlagekapitalbedarf** und dem **Umlaufkapitalbedarf** zusammensetzt.

Kapitalkosten
Das sind alle **Aufwendungen**, die erbracht werden müssen, um finanzielle Mittel als Eigenkapital oder Fremdkapital in Anspruch nehmen zu können.

Kartell
Es ist der **vertragliche Zusammenschluss** von Unternehmen zum Zwecke der Marktbeherrschung, die ihre kapitalmäßige und rechtliche Selbstständigkeit erhalten, deren wirtschaftliche Selbstständigkeit aber durch den Gegenstand des Kartells eingeschränkt wird. Ihr **Ziel** ist vor allem die Marktbeherrschung. Es gibt:

- **Konditionenkartelle**, die sich auf die Vereinheitlichung der geschäftlichen Nebenbedingungen richten.
- **Produktionskartelle**, die z. B. aus Gründen der Rationalisierung bzw. zur Normung/Typung nur produktionstechnische Vereinbarungen treffen.
- **Absatzkartelle** oder **Beschaffungskartelle**, wenn das Absatz- oder Beschaffungsgebiet von den Mitgliedern des Kartells räumlich aufgeteilt wird.
- **Syndikate**, die als straffste und i. d. R. Kosten einsparende Kartellform gelten, die meistens den Wettbewerb beschränkt.
- **Preiskartelle**, die einen Einheits-, Mindest- oder Höchstpreis sowie zugehörige Produktions- oder Beschaffungsquoten festlegen bzw. **Ge-**

winnverteilungskartelle. Beide sind verboten.

Nach § 1 GWB sind Vereinbarungen zwischen Unternehmen verboten, die eine Verhinderung, Einschränkung oder Verfälschung des Wettbewerbs bezwecken oder bewirken. Die an einem Kartell beteiligten Unternehmen müssen seit 06/2005 eigenverantwortlich beurteilen, ob ihr Verhalten kartellrechtlich zulässig ist.

Kaufmann

Er betreibt kraft Gesetz ein **Handelsgewerbe** und ist im **Handelsregister** eingetragen. Zu unterscheiden sind:

- **Istkaufmann** (Kaufmann kraft Gewerbebetrieb)

- **Kannkaufmann** (Kaufmann kraft gewählter HReg-Eintragung)

- **Scheinkaufmann** (Kaufmann kraft faktischer HReg-Eintragung)

- **Formkaufmann** (Kaufmann kraft Rechtsform, z. B. AG, GmbH)

- **Nichtkaufleute** (z. B. Ärzte, Steuerberater, Rechtsanwälte).

Kernprozess

Er bezieht sich im Industrieunternehmen auf die betriebliche Leistungserstellung sowie Leistungsverwertung und beruht auf den Kernkompetenzen des Unternehmens. Der Kernprozess wird auch als **Leistungsprozess** oder **leistungswirtschaftlicher Prozess** bezeichnet.

Kommanditgesellschaft

Sie ist der Betrieb eines **Handelsgewerbes** unter gemeinschaftlicher Firma durch zwei oder mehr Personen. Dabei haftet:

- mindestens ein Gesellschafter als **Komplementär** unbeschränkt

- mindestens ein Gesellschafter als **Kommanditist** beschränkt.

Die KG ist in §§ 161 - 177a HGB geregelt.

Die **Firma** der KG kann eine Personen-, Sach-, Fantasie- oder Mischfirma sein. Sie muss die Bezeichnung *„Kommanditgesellschaft"* oder eine allgemein verständliche Abkürzung dieser Bezeichnung wie *„KG"* enthalten. Die in der Firma enthaltene(n) Person(en) muss bzw. müssen Vollhafter sein.

Ein Mindestkapital ist nicht vorgeschrieben. Sie wird in Abteilung A des **Handelsregisters** eingetragen.

Kommanditgesellschaft auf Aktien

Sie ist eine **juristische Person** mit mindestens einem persönlich haftenden Gesellschafter, der das Unternehmen leitet. Die übrigen Gesellschafter sind als Kommanditaktionäre mit Einlagen auf das in Aktien zerlegte Grundkapital beteiligt, ohne privat zu haften.

Die KGaA ist eine **Kombination** zwischen der AG und KG. Ihre Rechtsgrundlagen sind das AktG (§§ 278 - 290) und das HGB (§§ 161 - 177).

Die **Firma** der KGaA kann eine Personen-, Sach-, Fantasie- oder gemischte Firma sein und muss den Zusatz *„Kommanditgesellschaft auf Aktien"* bzw. *„KGaA"* enthalten. Sie wird in Abteilung B des **Handelsregisters** eingetragen. Die Rechtswirkung tritt erst mit der Eintragung ein.

Die **Organe** einer KGaA sind:

► der **Vorstand** als leitendes Organ, das aus dem oder den Komplementär(en) besteht

► der **Aufsichtsrat** als überwachendes Organ, das von der Hauptversammlung gewählt wird

► die **Hauptversammlung** als beschließendes Organ, das die Kommanditaktionäre umfasst.

Kommunikationspolitik

Sie ist ein **marketingpolitisches Instrument**, das sich mit der Gestaltung der Übermittlung von Informationen und Bedeutungsinhalten zum Zweck der Steuerung von Meinungen, Einstellungen, Erwartungen und Verhaltensweisen gemäß spezifischer Zielsetzungen befasst. Zu unterscheiden sind:

► **Werbung**
(Sie soll Käuferverhalten z. B. durch Fernsehwerbung beeinflussen)

► **Verkaufsförderung**
(Mit ihr soll der Umsatz z. B. durch Schulung, Kataloge gesteigert werden)

► **Öffentlichkeitsarbeit**
(Sie dient z. B. der Verbesserung des Produktimages durch Pressemitteilungen)

► **Product Placement**
(Es soll Aufmerksamkeit, z. B. in Fernsehfilmen, auf Produkte lenken)

► **Sponsoring**
(Hier werden Geld oder Sachmittel z. B. für Trikots von Sportlern aufgebracht)

► **Persönlicher Verkauf**
(Er beruht auf der Pflege unmittelbaren Kontaktes z. B. zu den Käufern).

Konditionenpolitik

Sie ist ein Instrument der **Kontrahierungspolitik** und umfasst die Gestaltung von:

► **Lieferbedingungen** (Erfüllungsort, Erfüllungszeit, Lieferart)

► **Zahlungsbedingungen** (Zahlungsweise, Zahlungsfrist, Inzahlungsnahme).

Konto

Bei ihm handelt es sich um eine zweiseitige Rechnung zur Aufnahme und wertmäßigen Erfassung von Geschäftsvorfällen, die sich in **Buchungssätzen** darstellen lassen. Die einzelnen Konten bzw. Kontenklassen sind systematisch im **Kontenrahmen** eingeordnet.

Als Konten gibt es:

► **Bestandskonten** (gehen in die Bilanz ein)

► **Erfolgskonten** (gehen in die GuV-Rechnung ein).

Kontrahierungspolitik

Sie stellt ein **marketingpolitisches Instrument** dar, das auf die finanzielle Abgeltung der angebotenen Leistungen durch die Abnehmer gerichtet ist. Die Kontrahierungspolitik umfasst:

► Preispolitik

► Rabattpolitik

► Konditionenpolitik

► Kreditpolitik.

Kontrollarten

Als Kontrollarten sind von besonderer Bedeutung:

► **Ergebniskontrolle** (beurteilt Leistungsergebnisses des Mitarbeiters)

- **Verfahrenskontrolle** (beurteilt Arbeitsverfahren des Mitarbeiters)

- **Selbstkontrolle** (Mitarbeiter prüft sich selbst, z. B. anhand einer Checkliste)

- **Fremdkontrolle** (Vorgesetzter vollzieht die Prüfung anhand von Zielen)

- **Stichprobenkontrolle** (Teilmengen einer Leistung/eines Objektes werden kontrolliert)

- **Gesamtkontrolle** (Gesamtheit aller Leistungen/Objekte wird geprüft).

Kontrolle
Sie ist ein Vorgang der personen-, sach- und zeitbezogenen **Gewinnung von Informationen**, der sich die Durchführung betrieblicher Maßnahmen anschließt. Dabei werden mithilfe:

- der **Überwachung** die Ist-Daten erfasst

- der **Untersuchung** Abweichungen ermittelt und analysiert.

Konzern
Dabei handelt es sich um die **Zusammenfassung rechtlich selbstständiger** i. d. R. wirtschaftlich miteinander verbundener **Unternehmen unter einheitlicher Leitung**. Sie kann durch einen Beherrschungsvertrag oder eine Mehrheitsbeteiligung bewirkt werden. Zu unterscheiden sind:

- **horizontale Konzerne** (auf gleicher Branchenebene)

- **vertikale Konzerne** (aufeinander folgende Leistungsstufen)

- **diagonale Konzerne** (kein branchen-/stufenbezogener Zusammenhang)

- **Unterordnungskonzerne** (Beteiligung von mindestens 50 %)

- **Gleichordnungskonzerne** (vertragliche Absprachen)

- **organische Konzerne** (gleiche Branche)

- **anorganische Konzerne** (verschiedene Geschäftszweige).

Kosten
Dabei handelt es sich um den wertmäßigen **Verzehr von Produktionsfaktoren** zur Erstellung und Verwertung von Leistungen sowie zur Sicherung der dafür erforderlichen betrieblichen Kapazitäten. Sie können ihrer **Zurechenbarkeit** nach sein:

- **Einzelkosten** (Kostenträgern unmittelbar zurechenbar)

- **Gemeinkosten** (Kostenträgern nicht unmittelbar zurechenbar).

Die Kosten bestehen aus **fixen** (ohne Veränderung bei Beschäftigungsschwankungen) und **variablen** (veränderlichen) **Kosten**.

Kosten, fixe
Sie weisen innerhalb bestimmter Beschäftigungsgrenzen und innerhalb eines bestimmten Zeitraumes **keine Veränderungen** auf und sind **Gemeinkosten**. Als fixe Kosten gibt es:

- **absolut fixe Kosten** (Konstanz bei Beschäftigungsschwankungen)

- **sprungfixe Kosten** (Konstanz in Beschäftigungsintervallen)

- **Nutzkosten** (Kosten der genutzten Kapazität)

- **Leerkosten** (Kosten nicht genutzter Kapazität).

Kosten, kalkulatorische

Sie werden angesetzt, um die Kostenrechnung von Zufälligkeiten und Unregelmäßigkeiten zu befreien, die ihre Stetigkeit stören würden und sind:

► **Abschreibungen** (linear, degressiv, leistungsbezogen)

► **Zinsen** (für Eigenkapital anzusetzen)

► **Wagnisse** (für Einzelwagnisse anzusetzen)

► **Unternehmerlohn** (in Einzelunternehmen/Personengesellschaften)

► **Miete** (in Einzelunternehmen/Personengesellschaften).

Kosten, variable

Das sind Kosten, die sich bei Beschäftigungsschwankungen unmittelbar ändern. Sie können **Einzelkosten** oder **Gemeinkosten** sein und fallen nur an, wenn Leistungen erstellt werden. Ihrem Verlauf nach gibt es:

► **proportionale Kosten** (Kosten reagieren wie Beschäftigung)

► **degressive Kosten** (Kosten steigen weniger als Beschäftigung)

► **progressive Kosten** (Kosten steigen stärker als Beschäftigung).

Kostenartenrechnung

Sie bildet die erste Stufe der Kostenrechnung und legt offen, **welche Kosten** in welcher Höhe **angefallen** sind. In der Kostenrechnung erfasste **Kostenarten** sind vor allem:

► **Materialkosten** (Rohstoffe, Hilfsstoffe, Betriebsstoffe)

► **Personalkosten** (Löhne, Gehälter, Sozialkosten)

► **Kalkulatorische Kosten** (nur kostenrechnerisch angesetzt).

Kostenrechnung

Sie ist ein Gebiet des Rechnungswesens und entspricht der **Betriebsbuchhaltung**, in die auch die Leistungsrechnung eingegliedert ist. Dadurch wird sie zu einer kalkulatorischen Erfolgsrechnung. Zu unterscheiden sind:

► **Aufbau der Kostenrechnung** (Kostenartenrechnung, Kostenstellenrechnung, Kostenträgerrechnung)

► **Systeme der Kostenrechnung** (Istkostenrechnung, Normalkostenrechnung, Plankostenrechnung, Vollkostenrechnung, Teilkostenrechnung, Prozesskostenrechnung, Zielkostenrechnung).

Kostenstelle

Dabei handelt es sich um den Ort, an dem die zur Leistungserstellung benötigten Güter und Dienstleistungen verbraucht werden. Zu unterscheiden sind als Kostenstellen bzw. Kostenbereiche:

► **allgemeine Kostenstellen** (Verrechnung auf alle Kostenstellen)

► **Hilfskostenstellen** (Verrechnung auf jeweilige Hauptkostenstellen)

► **Hauptkostenstellen** (keine Verrechnung auf andere Kostenstellen).

Kostenstellenrechnung

Sie stellt die zweite Stufe der Kostenrechnung dar, übernimmt die **Gemeinkosten** aus der Kostenartenrechnung und ermittelt die auf die Kostenstellen entfallenden **Gemeinkosten als Zuschlagsätze**, die später in der Kostenträgerrechnung verwendet werden. Zur Kostenstellenrechnung zählen:

► Betriebsabrechnungsbogen

► innerbetriebliche Leistungsverrechnung.

Kostenträgerrechnung

Sie bildet die dritte Stufe der Kostenrechnung und übernimmt die **Einzelkosten** aus der Kostenartenrechnung sowie die **Gemeinkosten** – als Zuschlagsätze – aus der Kostenstellenrechnung. Darüber hinaus werden die **Leistungen** in der Kostenträgerrechnung erfasst, wodurch der leistungsbezogene Erfolg des Unternehmens ermittelbar ist.

Die Kostenträgerrechnung erfolgt als:

► **Kostenträgerstückrechnung** (Selbstkosten pro Kostenträger)

► **Kostenträgerzeitrechnung** (Kosten/Erlöse pro Periode).

Kostenträgerstückrechnung

Mit ihrer Hilfe lassen sich die Selbstkosten des Unternehmens ermitteln, die für einen Kostenträger anfallen. Sie wird auch als **Kalkulation** bezeichnet und kann sein:

► Vorkalkulation

► Zwischenkalkulation

► Nachkalkulation.

Verfahren der Kostenträgerstückrechnung sind:

► **Divisionskalkulation** (einheitliche Massenfertigung)

► **Äquivalenzziffernkalkulation** (gleichartige Ausgangsmaterialien)

► **Zuschlagskalkulation** (verschiedene Erzeugnisse/Abläufe)

► **Kuppelkalkulation** (zwangsweise gemeinsame Fertigung).

Kostenträgerzeitrechnung

Sie erfasst alle Kosten und Erlöse eines Unternehmens, die während eines bestimmten Zeitraumes angefallen sind und wird auch **Ergebnisrechnung** genannt. Mit ihrer Hilfe wird der **leistungsbezogene Erfolg** des Unternehmens ermittelt. Hierfür gibt es zwei **Verfahren**:

► Das **Gesamtkostenverfahren** als üblicherweise verwendetes Verfahren, bei dem die gesamten Kosten der Rechnungsperiode – nach Kostenarten gegliedert – den gesamten betrieblichen Erträgen gegenübergestellt werden.

► Das **Umsatzkostenverfahren**, bei dem die Kosten und Erlöse der abgesetzten Erzeugnisse gegenübergestellt werden. Dies ist – als **Artikelerfolgsrechnung** – nach Erzeugnissen oder Erzeugnisgruppen möglich.

Kreditpolitik

Sie ist ein Instrument der **Kontrahierungspolitik** und dient dazu, Abnehmer zu Käufen zu bewegen, die sie ohne Kreditgewährung nicht oder zu einem bestimmten Zeitpunkt noch nicht vornehmen würden. Als kreditpolitische **Maßnahmen** können unterschieden werden:

► **Lieferantenkredite** (spätere Zahlung gelieferter Produkte)

► **Teilzahlungskredite** (vom Anbieter oder Kreditinstituten)

► **Leasing** (laufende Leasingraten statt Kaufpreis).

Krise

Eine Krise kann ein Unternehmen in Not bringen, d. h. existenzbedrohend sein. Häufig zeigt sie sich in **Zahlungsschwierigkeiten**, die bis hin zur **Zahlungsunfähigkeit** gehen können. Die Gründe für eine Krise können innerbetrieblicher wie auch außerbetrieblicher Natur sein.

Kundendienstpolitik

Sie ist ein Instrument der **Produktpolitik**, das die Hauptleistung des Unternehmens ergänzt und sich beziehen kann auf:

- **technische Kundendienstleistungen** (z. B. Installation, Wartung)

- **kaufmännische Kundendienstleistungen** (z. B. Beratung, Zustellung).

Lagebericht

Er **ergänzt** den **Jahresabschluss** von mittelgroßen und großen Kapitalgesellschaften und enthält sowohl vergangenheitsorientierte als auch zukunftsorientierte Informationen. Dadurch soll eine **Gesamtbeurteilung** des Unternehmens ermöglicht werden.

Lagerarten

Zu den Lagerarten zählen:

- **Hauptläger** (für werksexterne Lieferungen/Versendungen)

- **Nebenläger** (für werksinterne Versorgung mit Materialien)

- **Zentralläger** (räumliche Zusammenfassung mehrerer Lagerstellen)

- **Dezentralläger** (räumlich getrennte Lagerstellen)

- **Eingeschossläger** (Lagerung der Materialien auf einer Ebene)

- **Mehrgeschossläger** (Lagerung der Materialien auf mehreren Ebenen).

Leistungen

Sie stellen in Erfüllung des Betriebszweckes erstellte Güter- und Dienstleistungen dar, denen ein **Verbrauch an Produktionsfaktoren** zu Grunde liegt, als:

- **Absatzleistungen** (Außenaufträge vom Absatzmarkt)

- **Eigenleistungen** (interne Aufträge des Unternehmens).

Die Leistungen werden als **Kostenträger** bezeichnet.

Leistungsstörung

Sie ist ein Umstand, der die reibungslose Abwicklung eines Schuldverhältnisses behindert oder beeinträchtigt als:

- **Unmöglichkeit** (Ausführbarkeit der Leistung nicht mehr möglich)

- **Verzug** (verspätete Leistungserbringung des Schuldners/Gläubigers)

- **Pflichtverletzung,** die sich auf Sach- bzw. Rechtsmangel beziehen kann (Schuldner handelt nicht wie durch Schuldverhältnis vorgeschrieben)

- **Störung der Geschäftsgrundlage** (schwerwiegende Veränderungen vertraglich zugrunde gelegter Umstände)

Leistungsverrechnung, innerbetriebliche

Sie bezieht sich auf **interne Leistungen**, die nicht für den Absatz des Unternehmens bestimmt sind, die auch **Eigenleistungen** und **Innenaufträge** genannt werden und kann erfolgen als:

- **einseitige Leistungsverrechnung** (Leistungen fließen in eine Richtung)

- **gegenseitige Leistungsverrechnung** (wechselseitiger Leistungsaustausch).

Linienstelle

Sie ist ein **Aufgabenkombinat**, das aus dauerhaft zu verrichtenden Teilaufgaben besteht. Die Linienstelle ist zweckorientiert und von anderen Linienstellen abgrenzbar, aber auch mit ihnen verbindbar. Sie lässt sich **mit** oder **ohne Weisungsbefugnis** ausstatten.

Liquidation

Sie ist die freiwillige oder durch Sachzwänge veranlasste **Auflösung des Unternehmens**. Mit ihr wird der Erwerbstätigkeit des Unternehmens ein Ende gesetzt.

Nach Einleitung der Liquidation besteht der Betriebszweck nur noch in der Abwicklung. Aus der bisherigen Erwerbsgesellschaft wird eine **Abwicklungsgesellschaft**.

Liquidität

Sie stellt die **Zahlungsfähigkeit** des Unternehmens dar und ist für die Erhaltung des Unternehmens lebensnotwendig. Die Liquidität kann sein:

▸ **optimale Liquidität** (Gewinn/maximale Zahlungsbereitschaft)

▸ **Überliquidität** (mehr Zahlungsmittel als benötigt verfügbar)

▸ **Unterliquidität** (weniger Zahlungsmittel als benötigt verfügbar)

▸ **absolute Liquidität** (Liquidierbarkeit von Vermögensgegenständen)

▸ **relative Liquidität** (schließt Aktiv- und Passiv-Seite der Bilanz ein)

▸ **statische Liquidität** (zeitpunktbezogen und bilanzorientiert)

▸ **dynamische Liquidität** (zeitraumbezogen).

Liquiditätsgrad

Er ist **kurzfristig** ausgerichtet und zeigt das Verhältnis zwischen Teilen des Umlaufvermögens zu kurzfristigen Verbindlichkeiten. Zu unterscheiden sind:

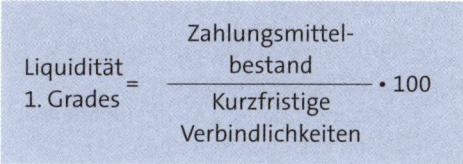

$$\text{Liquidität 1. Grades} = \frac{\text{Zahlungsmittelbestand}}{\text{Kurzfristige Verbindlichkeiten}} \cdot 100$$

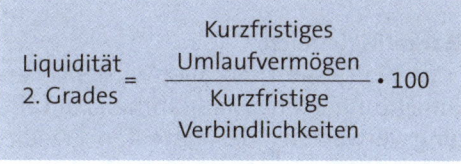

$$\text{Liquidität 2. Grades} = \frac{\text{Kurzfristiges Umlaufvermögen}}{\text{Kurzfristige Verbindlichkeiten}} \cdot 100$$

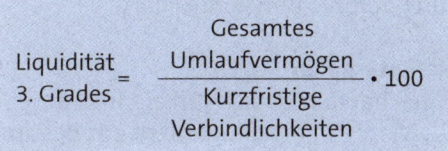

$$\text{Liquidität 3. Grades} = \frac{\text{Gesamtes Umlaufvermögen}}{\text{Kurzfristige Verbindlichkeiten}} \cdot 100$$

Logistik

Sie stellt eine **Querschnittsfunktion** dar, die auf die Unternehmensziele ausgerichtet ist und die Leistungswirtschaftlichen Bereiche miteinander verknüpft. Die Logistik ist die Summe aller Tätigkeiten, die sich mit Planung, Steuerung und Kontrolle des gesamten Material-, Wert- und Informationsflusses innerhalb und zwischen Wirtschaftlichkeiten befasst. Zu ihren Teilbereichen zählen:

▸ Beschaffungs-Logistik

▸ Fertigungs-/Produktions-Logistik

▸ Distributions-Logistik.

Losgröße, optimale

Die Losgröße ist die Menge einer Produktart, die zu fertigen bzw. zu beschaffen ist. Nach der klassischen **Losgrößenformel** ist die Beschaffungsmenge optimal, wenn die Kosten für die Bestellung und Lagerung zusammen ein Minimum ergeben:

$$x_{opt} = \sqrt{\dfrac{200 \cdot M \cdot K_B}{E \cdot L_{HS}}}$$

x_{opt} = Optimale Beschaffungsmenge
M = Jahresbedarfsmenge
E = Einstandspreis pro Mengeneinheit
K_B = Bestellkosten je Bestellung
L_{HS} = Lagerhaltungskostensatz

Marketingbereich

Er ist die Gesamtheit aller betrieblichen Einrichtungen und Maßnahmen zur **Leistungsverwertung** der erstellten Erzeugnisse. In ihm wird das Marketing geplant, durchgeführt und kontrolliert.

Marketingplan

Dabei handelt es sich um ein Instrument des Marketing-Management zur Bestimmung und Durchsetzung der **Marketingpolitik** des Unternehmens, das unterschiedliche Funktionen haben kann als:

- **Absatzplan**, der ein Absatzmengenplan ist und Absatzzahlen ausweist

- **Maßnahmenplan**, der den Einsatz der marketingpolitischen Instrumente vorbereitet

- **Kostenplan**, der die Vertriebskosten beinhaltet.

Marketingplanung

Sie ist die gedankliche **Vorwegnahme des zukünftigen Absatzmarktgeschehens** und erfolgt auf der Grundlage der vorgegebenen Ziele.

Marktforschung

Sie stellt das systematische und methodisch einwandfreie **Untersuchen eines Absatzmarktes** mit dem Ziel dar, markt-

bezogene Informationen zu erlangen. Es sind zu unterscheiden:

- **Formen der Marktforschung** (Marktanalyse und Marktbeobachtung)

- **Arten der Marktforschung** (Sekundär- und Primärforschung)

- **Methoden der Marktforschung** (Befragung, Beobachtung, Experiment).

Material

Mit ihm befasst sich der **Materialbereich**. Material ist der zur Ausübung einer Tätigkeit oder zur Fertigung von Erzeugnissen benötigte Ausgangsstoff, z. B.:

- Rohstoffe

- Hilfsstoffe

- Betriebsstoffe

- Zulieferteile

- Erzeugnisse

- Waren.

Materialanalyse

Sie ist eine Untersuchung, um „wichtige" von „unwichtigen" Materialien abzugrenzen. **Instrumente** sind:

- **ABC-Analyse**, mit der die Materialien nach der Verteilung ihrer Werthäufigkeit klassifiziert werden

- **Wertanalyse**, mit deren Hilfe der Kundennutzen kostenminimal geschaffen werden soll.

Materialbedarfsplanung

Sie soll gewährleisten, dass der Materialbedarf art-, mengen- und zeitgerecht gedeckt wird und kann sein:

- **Programmorientierte Materialbedarfsplanung**, die für A- und meist B-Güter erfolgt aufgrund:

- des **Fertigungsprogrammes**, das auf Lager- und Kundenaufträgen beruht

- der **Erzeugnisse**, die durch Stücklisten bzw. Verwendungsnachweise beschrieben werden.

▶ **Verbrauchsorientierte Materialbedarfsplanung** für C-Güter auf der Grundlage von Vergangenheitsdaten.

Liegen keine Erfahrungswerte der Vergangenheit vor, kann der Materialbedarf durch **Schätzung** ermittelt werden.

Materialbeschaffungsplanung
Sie dient der Feststellung, ob und wie viel der benötigten Materialien im Unternehmen vorhanden sind und bezieht sich auf:

▶ **Beschaffungsprinzipien** (für welche Zeiträume wird beschafft?)

▶ **Beschaffungstermine** (zu welchen Zeitpunkten wird beschafft?)

▶ **Beschaffungsmengen** (welche Beschaffungsmengen sind wirtschaftlich?).

Materialbestand
Dabei handelt es sich um die **Materialmenge**, welche der Sicherung eines kontinuierlich ablaufenden leistungswirtschaftlichen Prozesses dient. Sie wird mithilfe der **Bestandsführung** festgestellt.

Materialbestandsplanung
Sie ist die gedankliche **Vorwegnahme des zukünftigen Materialbestandes** mithilfe:

▶ **verbrauchsbedingter Verfahren** für C-Güter, meist auch B-Güter (Bestellpunktverfahren, Bestellrhythmusverfahren)

▶ **bedarfsbedingter Bedarfsergänzung** für A-Güter.

Materialbereich
Er beschäftigt sich mit der Beschaffung, Lagerung, Verteilung und – soweit erforderlich – Entsorgung der vom Unternehmen benötigten Güter.

Materialbeschaffung
Sie umfasst alle Maßnahmen, die darauf gerichtet sind, dem Unternehmen kostengünstig die benötigten Materialien art-, mengen-, qualitäts- und zeitgerecht bereitzustellen. Aufgrund der Bedarfsanforderung erfolgt sie in vier **Schritten**:

▶ Angebote einholen

▶ Angebote prüfen

▶ Angebote auswählen

▶ Material bestellen.

Materialentsorgung
Zu ihr zählen alle Maßnahmen der **Begrenzung** und **Behandlung** von betrieblichem **Abfall**.

Materiallagerung
Sie umfasst alle Tätigkeiten der Prüfung, Einlagerung, Umlagerung und Abgabe der Materialien in Lägern. Die Materiallagerung beginnt mit dem Materialeingang und endet mit dem Materialabgang.

Materialprüfung
Sie erfolgt beim **Materialeingang** und umfasst:

▶ **äußere Prüfung** (auf äußerlich erkennbare Schäden)

▶ **Belegprüfung** (Warenbegleitpapiere, Bestelldaten)

▶ **Mengenprüfung** (Zählen, Messen, Wiegen)

- **Qualitätsprüfung** (gelieferte/bestellte Warengüte)

- **Zeitprüfung** (vereinbarter/tatsächlicher Liefertermin).

Materialstandardisierung

Sie stellt die **Vereinheitlichung von Gütern** dar, die sich auf bestimmte Eigenschaften bzw. Mengen bezieht. Es gibt:

- **Normung** als Vereinheitlichung von Einzelteilen

- **Typung** als Vereinheitlichung ganzer Erzeugnisse

- **Mengenstandardisierung** als „Normung" des Materialverbrauches.

Matrixorganisation

Sie ist eine **Organisationsform**, bei der auf der zweiten Hierarchieebene zwei Gliederungsprinzipien gleichzeitig und gleichberechtigt verfolgt werden:

- In der **Horizontalen** der Matrix geschieht die Aufnahme zentraler Funktionen (Zentralbereiche).

- Die **Vertikale** der Matrix weist Objekte als dezentrale Organisationseinheiten aus.

Mitarbeiter

Sie sind als **Arbeitnehmer** eines Unternehmens vom Vorgesetzten so zu führen, dass sie ihre Aufgaben zielgerecht wahrnehmen. Mitarbeiter unterscheiden sich z. B. in ihrer Leistungsfähigkeit, Leistungsbereitschaft und ihrem Temperament.

Nettoinvestition

Sie wird **erstmals** im Unternehmen vorgenommen und kann sein:

- Gründungsinvestltion

- Erweiterungsinvestition.

Nutzenschwelle

Als Nutzenschwelle gilt der **Übergang von der Verlustzone in die Gewinnzone**, welche sich aus dem Schnittpunkt von Kostenkurve und Umsatzkurve ergibt.

Offene Handelsgesellschaft

Sie stellt den Betrieb eines Handelsgewerbes unter gemeinschaftlicher Firma durch zwei oder mehr Personen dar, die im Regelfall unbeschränkt haften. Die OHG ist in §§ 105 - 160 HGB geregelt.

Die **Firma** der OHG kann eine Personen-, Fantasie- oder eine Mischfirma sein. Sie muss die Bezeichnung „Offene Handelsgesellschaft" oder eine allgemein verständliche Abkürzung dieser Bezeichnung enthalten. Ein Mindestkapital ist nicht vorgeschrieben. Sie wird in Abteilung A des **Handelsregisters** eingetragen.

Öffentlichkeitsarbeit

Als Instrument der **Kommunikationspolitik** ist sie das bewusst geplante und dauernde betriebliche Bemühen, Verständnis und Vertrauen für das Unternehmen in der Öffentlichkeit aufzubauen und zu pflegen, um ein **positives Firmenbild** zu gewinnen.

Ökologieansatz

Ihm wird zunehmend erheblich verstärkte Bedeutung zugemessen. Dementsprechend ist der Umweltschutz als elementarer Bestandteil des betrieblichen Zielsystems anzusehen, so dass als Grundlage unternehmerischen Handels die Vereinbarkeit von ökonomischen und ökologischen Aspekt unerlässlich ist.

Ökonomisches Prinzip

Es bezieht sich auf ein möglichst günstiges **Verhältnis** von Ertrag und Aufwand als:

- **Maximalprinzip** (Erzielung größtmöglichen Ertrages mit gegebenem Aufwand)
- **Minimalprinzip** (Erzielung bestimmten Ertrages mit geringstmöglichem Aufwand).

Organigramm

In ihm werden die Stellen eines Unternehmens und ihre Verbindungswege dokumentiert. Es wird auch als **Organisationsplan** bezeichnet.

Organisation

Darunter kann die **Strukturierung zur Erfüllung von Daueraufgaben** verstanden werden. Sie stellt eine geregelte Verbindung der menschlichen Arbeit und der Sachmittel dar, die sich an der betrieblichen Gesamtaufgabe und an Organisationsgrundsätzen orientiert.

Organisationsinstrumente

Sie können im Rahmen der **Dokumentation der Aufbauorganisation** sein:

- das **Organisationshandbuch** als gegliederte Zusammenfassung aller wesentlichen Organisationsregelungen
- die **Stellenbeschreibung**, welche z. B. die Einordnung, Aufgaben, Befugnisse, Verantwortung einer Stelle zeigt
- der **Organisationsplan** als Ausweis der gesamten Aufbauorganisation in der Form eines Organigrammes
- der **Stellenbesetzungsplan**, der die Stellen mit den entsprechenden Stelleninhabern aufzeigt.

Zur Dokumentation der **Prozessorganisation** dienen z. B. Ablaufpläne.

Partnerschaftsgesellschaft

Sie ist als **Sonderform der GdbR** eine Gesellschaft, in der sich Angehörige freier Berufe zur Ausübung ihrer Berufe zusammenschließen. Die Partnerschaftsgesellschaft übt kein Handelsgewerbe aus. Angehörige einer Partnerschaft können nur **natürliche Personen** sein.

Personalbereich

Er umfasst die Gesamtheit aller personenbezogenen Funktionen im Unternehmen. Seine **Träger** sind die Führungskräfte bzw. Vorgesetzten, die Personalabteilung und die Unternehmensleitung.

Personalbeschaffung

Sie umfasst alle Maßnahmen, mit denen die erforderlichen **Arbeitskräfte** in qualitativer, quantitativer und zeitlicher Hinsicht **bereitgestellt** werden. Dazu zählen:

- Auswahl der Beschaffungswege
- Bearbeitung der Bewerbungen
- Durchführung von Vorstellungsgesprächen
- Durchführung von Tests bzw. Assessment Centern
- Abschluss des Arbeitsvertrages.

Personaleinsatz

Es ist die **Zuordnung der Mitarbeiter** zu den verfügbaren Stellen oder Arbeitsplätzen im Unternehmen unter qualitativen, quantitativen und zeitlichen Aspekten. Im Rahmen des Personaleinsatzes erfolgt:

- Gestaltung der Arbeitsinhalte
- Gestaltung des Arbeitsplatzes
- Gestaltung der Arbeitszeit.

Personalentlohnung

Sie umfasst die **geldlichen Leistungen** des Unternehmens an die Arbeitnehmer, die in unmittelbarem Zusammenhang mit den von ihnen erbrachten Arbeitsleistungen stehen, grundsätzlich als

(Arbeits)lohn, in einzelnen Fällen auch in Form **geldwerter Leistungen**.

Personalentwicklung

Sie umfasst alle Maßnahmen zur **Erhaltung und Verbesserung der Qualifikation** der Mitarbeiter als:

- **Ausbildung** (berufliche Erstausbildung im dualen System)
- **Fortbildung** (am/außerhalb des Arbeitsplatzes)
- **Umschulung** (zur Verbesserung beruflicher Beweglichkeit).

Außerdem können ihr Maßnahmen der **Personalförderung** zugerechnet werden.

Personalfreistellung

Dabei handelt es sich um alle Maßnahmen, die der **Personalerhaltung**, **Personaleinschränkung** und dem **Personalabbau** dienen. Sie kann sein:

- interne Personalfreistellung (ohne Personalabbau)
- externe Personalfreistellung (Personalabbau).

Personalfreistellung, externe

Die personelle Kapazität wird hier durch **Beendigung bestehender Arbeitsverhältnisse** angepasst, sodass es zu einem Personalabbau kommt durch:

- Änderungskündigung
- ordentliche Kündigung
- außerordentliche Kündigung
- Aufhebungsvertrag.

Personalfreistellung, interne

Bei ihr wird die personelle Kapazität durch die Änderung bestehender Arbeitsverhältnisse angepasst, **ohne** dass es zu

einem **Personalabbau** kommt. Möglichkeiten sind z. B.:

- Abbau von Mehrarbeit
- Einführung von Kurzarbeit
- Flexibilisierung der Arbeitszeit
- Urlaubsverschiebung.

Personalführung

Sie ist personenbezogen ausgerichtet und umfasst sämtliche Maßnahmen, mit denen das **Verhalten der Mitarbeiter** beeinflusst wird. Mit ihrer Hilfe werden die Ziele und Entscheidungen auf den einzelnen Ebenen des Unternehmens durchgesetzt.

Personalkosten

Sie setzen sich zusammen aus:

- **Arbeitslöhnen** und **ergänzenden Leistungen** wie Zuschlägen und Gratifikationen
- **Personalzusatzkosten**, die in keinem unmittelbaren Zusammenhang mit der Leistungserstellung stehen wie Löhne ohne Leistung, soziale Abgaben, Kosten für Sozialmaßnahmen und Sozialleistungen.

Personalplanung, individuelle

Sie bezieht sich auf den **einzelnen Mitarbeiter** im Unternehmen, der an ihr mitwirken muss, und kann sein:

- Laufbahnplanung
- Besetzungsplanung
- Entwicklungsplanung
- Einarbeitungsplanung.

Personalplanung, kollektive

Sie befasst sich mit **Gesamtheiten von Mitarbeitern** und umfasst:

- Personalbestandsplanung
- Personalbedarfsplanung
- Personaleinsatzplanung
- Personalbeschaffungsplanung
- Personalfreistellungsplanung
- Personalentwicklungsplanung
- Personalkostenplanung.

Personalsicherheit

Sie ist eine Sicherheit, bei der neben dem Kreditnehmer eine **dritte Person** für dessen Verbindlichkeiten **haftet**, und wird gewährt als:

- Bürgschaft
- Garantie
- Kreditauftrag.

Planbilanz

Sie ist bei der Gesamtplanung der Unternehmensleitung bedeutsam und bildet das Kernstück einer integrierten Planungsrechnung. Aus ihr ergeben sich **Soll-Werte** als Vermögens- und Kapitalwerte, die es vom Unternehmen zu erreichen gilt.

Plan-GuV-Rechnung

Sie enthält anzustrebende Ertrags- und Aufwandswerte, welche als Soll-Werte zu verstehen sind. Daraus sind **Plan-Standards** ableitbar, deren Einhaltung später im Rahmen eines Soll-Ist-Vergleichs zu kontrollieren ist.

Planung

Sie ist die gegenwärtige gedankliche Vorwegnahme zukünftigen wirtschaftlichen Handels unter Beachtung des Rationalprinzips.

Planungsarten

Die Planung kann entsprechend der jeweiligen **Planungsebene** sein:

- **strategische Planung** (langfristig, über 5 Jahre)
- **taktische Planung** (mittelfristig, über ein Jahr bis 5 Jahre)
- **operative Planung** (kurzfristig, bis zu einem Jahr).

Preisbildung

Sie unterliegt mehreren **Einflussgrößen**, wozu gehören:

- **Marktform** (Polypol, Oligopol, Monopol)
- **Produktlebenszyklus** („Lebensweg" eines Produktes)
- **Kosten** (der Erstellung/Verwertung eines Produktes)
- **Nachfrager** (mit Bereitschaft zur Akzeptanz eines Preises)
- **Konkurrenten** (mit eigenem Preis-Leistungs-Verhältnis)
- **gesetzliche Vorschriften** (Preisunter-/übergrenzen).

Preispolitik

Sie ist ein Instrument der **Kontrahierungspolitik** und bezieht sich auf alle Maßnahmen und Entscheidungen des Unternehmens, welche die **Gestaltung der Preise** betreffen. Es geht um die Preisbildung, die Höhe des Preises und die Auswahl sowie Realisierung der Preisstrategie.

Produktinnovation

Sie umfasst die **Entwicklung** und **Einführung neuer Produkte** und ist möglich als:

- **Produktdifferenzierung** (Abwandlung bisheriger Produkte)
- **Produktdiversifikation** (neue, andersartige Produkte)
- **Produktgestaltung** (Produktmerkmale wie Form, Farbe).

Produktfaktoransatz

Bei ihm stehen die **Produktionsfaktoren** im Mittelpunkt der betriebswirtschaftlichen Betrachtung. Zu unterscheiden sind:

► **elementare Produktionsfaktoren**, die den Prozess der betrieblichen Leistungserstellung ermöglichen als Arbeit, Betriebsmittel und Werkstoffe

► **dispositive Produktionsfaktoren**, welche die elementaren Produktionsfaktoren ergänzen und kombinieren als Leitung, Planung und Organisation.

Produktivität

Sie ist eine Kennzahl für die **mengenmäßige Ergiebigkeit** der Kombination der Produktionsfaktoren und wird grundsätzlich ermittelt als:

$$\text{Produktivität} = \frac{\text{Mengenergebnis der Faktorkombination}}{\text{Faktoreinsatzmengen}}$$

$$\text{Produktivität} = \frac{\text{Output}}{\text{Input}}$$

Da dem Leistungsprozess mehrere Leistungsarten zu Grunde liegen, kann auf **Teilproduktivitäten** zurückgegriffen werden, z. B. als:

$$\text{Material}\text{produktivität} = \frac{\text{Erzeugte Menge}}{\text{Materialeinsatz}}$$

$$\text{Betriebsmittel-}\text{produktivität} = \frac{\text{Erzeugte Menge}}{\text{Maschinenstunden}}$$

Die Produktivität liegt umso höher, je größer ihr Wert ist.

Produktlebenszyklus

Er beschreibt den typischen „Lebensweg" eines Produktes, der in folgenden fünf **Phasen** verläuft:

► Einführungsphase
► Wachstumsphase
► Rückgangsphase
► Sättigungsphase
► Reifephase.

Produktpolitik

Sie ist ein **marktingpolitisches Instrument** und befasst sich mit der marktgerechten Gestaltung des betrieblichen Leistungsangebotes. Die Produktpolitik umfasst:

► Produktpolitik i. e. S.
► Programmpolitik
► Kundendienstpolitik
► Garantieleistungspolitik.

Die Produktpolitik i. e. S. bezieht sich auf das **einzelne Produkt**, ein Leistungsprogramm des Unternehmens. Um sie in geeigneter Weise betreiben zu können, sollte der **Lebenszyklus** als typischer „Lebensweg" des Produktes bekannt sein.

Programmplanung, fertigungsbezogene

Durch sie erfolgt die Aufstellung des **Fertigungsprogrammes**, das die zu fertigenden Erzeugnisse unter Angabe der Arten, Mengen und Zeiten enthält. Es ist gekennzeichnet durch:

► **Breite** (Zahl zu fertigender Erzeugnisarten)
► **Tiefe** (Zahl der Fertigungsstufen).

Programmpolitik

Sie ist ein Instrument der **Produktpolitik**, das sich auf das **Leistungsprogramm** bezieht als:

- **Verkaufsprogramm** in industriellen Unternehmen
- **Sortiment** in Handelsunternehmen.

Beide Leistungsprogramme sind festzulegen im Hinblick auf:

- **Breite** (Anzahl der Produkt- bzw. Warenarten)
- **Tiefe** (Anzahl der Ausführungsformen von Produkten/Waren).

Projektcontrolling

Es ist den Projektaktivitäten parallel- bzw. übergelagert und zielt auf die Effizienz von Projekten ab. Das Projektcontrolling verbindet den Koordinationsprozess der Projektplanung, Projektsteuerung und Projektkontrolle mit der Informationsversorgung.

Projektorganisation

Sie bezieht sich im Regelfall nicht auf das Gesamtunternehmen, sondern auf die in ihm durchzuführenden Projekte und wird vom **Projektmanagement** vorgenommen als:

- **Projektaufbauorganisation** (Gestaltung der Projektstruktur)
- **Projektprozessorganisation** (Gestaltung des Projektprozesses).

Prozess

Dabei handelt es sich um eine **Kette** zwangsläufig aufeinander aufbauender Vorgänge, die einen definierten Beginn, definierte Elemente und ein definiertes Ende aufweisen. Zu unterscheiden sind:

- **Geschäftsprozess** (Kernprozess, Unterstützungsprozesse)
- **leistungswirtschaftlicher Prozess** (Beschaffung, Fertigung, Absatz von Gütern)
- **finanzwirtschaftlicher Prozess** (Beschaffung, Verwendung, Verwaltung von Kapital).

Prozessansatz

Mit ihm werden die **Unternehmensprozesse** in den Vordergrund betriebswirtschaftlicher Betrachtungen gestellt. Sie zeichnen sich durch komplexe Phasen aus, die zwischen externen und internen Teilnehmern des Unternehmens ablaufen.

Anliegen des Prozessansatzes ist, die betrieblichen Prozesse zu beschleunigen und zu vereinfachen, um zu qualitativ besseren und kostengünstigeren Ergebnissen zu gelangen.

Prozesskostenrechnung

Sie dient dem **Management der Geschäftsprozesse** und ermöglicht die Steuerung des Verbrauches an Ressourcen und der Kapazitätsauslastung im Unternehmen. Außerdem hilft sie Chancen und Risiken frühzeitig aufzudecken, damit das Kostenmanagement rasch geeignete Maßnahmen ergreifen kann.

Prozessorganisation

Sie ist die wirksame **Gestaltung der dynamischen Beziehungszusammenhänge** in einem Unternehmen. Die Prozessorganisation wird auch als **Ablauforganisation** bezeichnet. Sie umfasst:

- **Prozessvorbereitung** (Prozessanalyse, Prozessplanung)
- **Prozessgestaltung** (Grob-, Detailorganisation, Programmierung)

- **Prozessstrukturierung** (Gesamt-, Bereichs-, Gruppen-, Einzelprozesse)

- **Prozesseinführung** (Vorbereitung, Präsentation, Realisierung, Kontrolle, Dokumentation).

Prozessplanung, fertigungsbezogene

Sie ist die gegenwärtige gedankliche **Vorwegnahme** des künftig verlaufenden **Fertigungsprozesses** und umfasst:

- **Aufträge** (z. B. als Fertigungsprogramm, Betriebsaufträge)

- **Fertigungszeiten** (z. B. als Vorgabezeiten, Ausführungszeiten).

Rabattarten

Bei gewerblichen Abnehmern sind folgende **Preisnachlässe** als Rabatte zu unterscheiden:

- **Funktionsrabatte** (für Groß- und Einzelhandel)

- **Mengenrabatte** (bei Abnahme größerer Mengen)

- **Zeitrabatte** (bei Bestellung/Abnahme zu bestimmten Zeitpunkten).

Rabattpolitik

Sie ist ein Instrument der **Kontrahierungspolitik** und umfasst alle Entscheidungen über Preisnachlässe für Leistungen des Abnehmers. Die Rabattpolitik stellt ein **Instrument der Preisvariation** dar.

Realsicherheit

Sie ist ein **Sachwert**, den ein Kreditnehmer zur Sicherung eines Kredites zur Verfügung stellt, z. B. als:

- Eigentumsvorbehalt

- Pfandrecht

- Sicherungsübereignung

- Sicherungsabtretung (Forderungsabtretung, Zession)

- Grundpfandrecht.

Rechnungswesen

Es umfasst die Gesamtheit der Einrichtungen und Verrichtungen, die das Ziel verfolgen, alle betriebswirtschaftlich wesentlichen Gegebenheiten und Vorgänge zahlenmäßig sowohl nach **Geldeinheiten** als auch – soweit möglich – nach **Mengeneinheiten** zu erfassen. Zu ihm zählen:

- **Buchführung** (Aufzeichnung betrieblicher Geschäftsvorfälle)

- **Jahresabschluss** (zeigt erwirtschaftetes Jahresergebnis)

- **Kostenrechnung** (dokumentiert Einsatz der Produktionsfaktoren).

Rechtsgeschäft

Ihm liegt **eine Willenserklärung** (einseitiges Rechtsgeschäft, empfangsbedürftig/nicht empfangsbedürftig) zu Grunde oder **mehrere Willenserklärungen** (mehrseitiges Rechtsgeschäft) als Verhalten von Personen, das einen auf die Herbeiführung einer Rechtsfolge gerichteten Willen ausdrückt, z. B. als Kaufvertrag oder Werkvertrag.

Reinvestition

Sie dient der **Wiederauffüllung** des verminderten Bestandes an Produktionsfaktoren als:

- Ersatzinvestition

- Rationalisierungsinvestition

- Umstellungsinvestition

- Diversifizierungsinvestition

- Sicherungsinvestition.

Rentabilität

Sie zeigt das **Verhältnis des Erfolges** einer Periode (als Gewinn oder Verlust) **zu anderen Größen**. Dementsprechend lassen sich unterscheiden:

$$\text{Umsatzrentabilität} = \frac{\text{Erfolg}}{\text{Umsatz}} \cdot 100$$

$$\text{Eigenkapital-} \atop \text{rentabilität} = \frac{\text{Erfolg}}{\text{Eigenkapital}} \cdot 100$$

Die Rentabilität ist umso positiver zu bewerten, je größer ihr Wert ist.

$$\text{Gesamt-} \atop \text{kapital-} \atop \text{rentabilität} = \frac{\text{Erfolg + verrechnete Fremdkapitalzinzen}}{\text{Gesamtkapital}} \cdot 100$$

Restschuld-Befreiungsverfahren

Nach Abschluss des **Insolvenzverfahrens** wird auf Antrag des Schuldners das Restschuld-Befreiungsverfahren eingeleitet. Ein Schuldenerlass kann auch gegen den Willen der Gläubiger ausgesprochen werden, wenn der Schuldner eine natürliche Person ist.

Das Verfahren soll **Privatpersonen** helfen, ihre Schulden mit einem „Befreiungsschlag" loszuwerden. Dabei muss ein Schuldner für die Dauer einer Wohlverhaltensperiode von **sieben** Jahren seine gesamten pfändbaren Einkünfte an einen Treuhänder abtreten, der vom Amtsgericht bestimmt wird.

Sanierung

Sie ist eine Maßnahme zur **Vermeidung** bzw. **Behebung einer negativen Unternehmensentwicklung**. Durch die Sanierung soll die Erhaltung und Fortführung des Unternehmens gewährleistet wer-

den, indem seine Leistungsfähigkeit wieder hergestellt wird.

Schutzrechte

Sie beziehen sich auf Vorgänge und Sachverhalte im Unternehmen, die eines besonderen Schutzes bedürfen. Schutzrechte sind z. B.:

► der **gewerbliche Rechtsschutz**, bei dem neue Erzeugnisse und Verfahren geschützt werden, die im Unternehmen entstanden sind

► der **Wettbewerbsschutz**, der das Unternehmen im Wettbewerb gegenüber missbräuchlichen Wettbewerbshandlungen schützt (UWG) bzw. ein grundsätzliches Kartellverbot enthält (GWB)

► der **Datenschutz**, der sich auf die Verarbeitung personenbezogener Daten in oder aus Dateien zu geschäftlichen oder beruflichen Zwecken bezieht (BDSG und Landesdatenschutzgesetze)

► der **Umweltschutz**, der darauf gerichtet ist, die natürlichen Grundlagen von Menschen und Pflanzen zu erhalten.

Neben unternehmensbezogenen gibt es auch **personenbezogene Schutzrechte**, so z. B. seit 08/2006 im Gleichbehandlungsgesetz.

Sektoralorganisation

Sie ist eine **Organisationsform**, deren zentrale Organisationsstruktur durch eine Zweiteilung auf der zweiten Hierarchieebene in einen technischen und einen kaufmännischen Sektor geprägt ist, was einer sektoralen Zentralisierung entspricht.

Sicherheit
Sie ist eine Möglichkeit der **Absicherung gegen Risiken** aus der Überlassung von Geldbeträgen durch Kreditgeber an Kreditnehmer und kann sein:

- **Personalsicherheit**
  (Haftung durch dritte Person)
- **Realsicherheit**
  (Sicherung durch Sachwerte).

Situationsanalyse
Dabei handelt es sich im Rahmen der strategischen Planung um eine **Untersuchung der Ausgangssituation** unter Einbeziehung der gegebenen Herausforderungen, der bisherigen Strategie, des Führungsrahmens und der Prognosen. Es werden auch die Vorstellungen von Experten und Beratern berücksichtigt.

Die Situationsanalyse kann sein:

- **externe Situationsanalyse** (Märkte, Wirtschaftslage, Technologie)
- **interne Situationsanalyse** (Stärken und Schwächen des Unternehmens).

Sozialrecht
Es soll der Verwirklichung sozialer Gerechtigkeit und sozialer Sicherheit dienen. Seine Rechtsgrundlage ist das Sozialgesetzbuch, das aus 12 Teilen besteht.

Das Sozialrecht regelt u. a. die **Sozialversicherung** als gesetzliche Zwangsversicherung, die umfasst:

- **Krankenversicherung** (zur Absicherung vor Krankheiten)
- **Pflegeversicherung** (für Leistungen häuslicher/stationärer Pflege)
- **Unfallversicherung** (zur Absicherung vor Unfallschäden)

- **Rentenversicherung** (für Erwerbs-/Berufsunfähigkeits-/Altersrente)
- **Arbeitslosenversicherung** (zur Absicherung gegen die Folgen von Arbeitslosigkeit).

Spartenorganisation
Sie ist eine **Organisationsform**, deren Organisationsstruktur hauptsächlich durch die Dezentralisierung geprägt ist. Die zweite Hierarchieebene ist dabei nach **Objekten** gegliedert, die Produkte, Werke, Regionen oder Kunden sein können. Die Spartenorganisation wird auch als **Divisionalorganisation** bezeichnet.

Wesentliche organisatorische Elemente sind die **Zentralabteilungen**, die für die verschiedenen Bereiche vielfältige Dienstleistungen erbringen.

Stabsstelle
Dabei handelt es sich um eine Leitungshilfsstelle, die **keine Entscheidungs-** und **Weisungsbefugnisse** besitzt, sondern nur Vorschlagsrechte hat. Die Stabsstelle unterstützt beratend eine ihr übergeordnete Instanz.

Strategie
Sie ist eine von der Unternehmensleitung formulierte **Handlungsanweisung** zur Lösung grundlegender langfristiger Probleme des Unternehmens und seiner Bereiche. Die Strategie soll den Herausforderungen begegnen, denen das Unternehmen ausgesetzt ist.

Im Rahmen der **strategischen Planung** sind zu unterscheiden:

- **Grundstrategie** (Festlegung der grundsätzlichen Richtung)
- **Unternehmensstrategie** (Bestimmung der Hauptstoßrichtung)

- **Bereichsstrategie** (Festlegung in den einzelnen Abteilungen)
- **Produktstrategie** (Bestimmung der Spitzen-, Verkaufs-, Nachwuchs-, Problemprodukte).

Strategien, preispolitische

- **Prämienpreise** (hohe Preise, hohe Qualität)
- **Promotionspreise** (niedrige Preise, trotzdem gute Qualität)
- **Abschöpfungspreise** (erst hohe Preise, später Senkung)
- **Penetrationspreise** (erst niedrige Preise, später Erhöhung)
- **Preisdifferenzierung** (verschiedene Preise für Abnehmergruppen)
- **preispolitischer Ausgleich** (Verlustausgleich durch gewinnbringende Produkte)
- **psychologische Preisgestaltung** (Preisfestlegung knapp unterhalb eines „runden" Preises).

Steuerrecht
Es regelt die Rechtsbeziehungen zwischen den Trägern der Steuerhoheit und denen, die Steuern zu erbringen haben. **Steuern** sind Geldleistungen, die keine Gegenleistung für eine besondere Leistung darstellen und von einem öffentlich-rechtlichen Gemeinwesen zur Erzielung von Einnahmen auferlegt werden. Dazu zählen auch **Zölle** und **Abschöpfungen**.

Rechtliche Grundlagen sind z. B. das Grundgesetz, die Abgabenordnung (AO) und das Bewertungsgesetz (BewG).

Stille Gesellschaft
Sie ist der **vertragliche Zusammenschluss** eines Kaufmannes mit einem Kapitalgeber als stiller Gesellschafter, dessen Einlage in das Vermögen des Kaufmannes eingeht. Rechtsgrundlagen sind §§ 230 - 236 HGB.

Ein **Mindestkapital** ist nicht vorgeschrieben. Der stille Gesellschafter wird nicht ins Handelsregister eingetragen.

Systemansatz
Er ist ein auf der Systemtheorie basierendes Konzept, welches das Unternehmen als ein in sich vernetztes System von **Regelkreisen** sieht, die folgende **Elemente** aufweisen:

- **Führungsgröße** (bildet Soll-Wert, der dem System vorgegeben wird)
- **Regelstrecke** (ist das zu regelnde Wirksystem)
- **Störgröße** (zeigt sich als negative Einflussgröße des Systems}
- **Regelgröße** (stellt den gegebenen Ist-Wert als Ergebnis dar)
- **Regler** (erfasst die Regelgröße und führt Soll-Ist-Vergleich durch)
- **Stellgröße** (ist die zu ergreifende Maßnahme zur Erreichung der Führungsgröße).

Teilkostenrechnung
Bei ihr werden nicht alle Kostenbestandteile den Kostenträgern zugerechnet, sondern **nur** die **variablen Kosten**. Die fixen Kosten werden bei der Teilkostenrechnung als Block erfasst und nicht auf die Kostenträger verteilt.

Auf diese Weise wird dem **Verursachungsprinzip** entsprechend Rechnung getragen, da die Kostenträger nur mit den Kosten belastet werden, die durch sie verursacht wurden.

Ein System der Teilkostenrechnung ist die **Deckungsbeitragsrechnung**.

Tensororganisation
Sie ist eine **Organisationsform**, bei der drei Dimensionen berücksichtigt werden:

- die zentralen Funktionen (Zentralbereiche)
- die dezentralen Einheiten (Produktbereiche)
- weitere dezentrale Einheiten, z. B. die Regionalbereiche.

Umlaufvermögen
Es umfasst alle jene Gegenstände, die nicht dem Anlagevermögen zugerechnet werden. Bilanziell wird es auf der **Aktiv-Seite** ausgewiesen als:

- Vorräte
- Forderungen/Sonstige Vermögensgegenstände
- Wertpapiere
- Kassenbestand, Guthaben bei Bundesbank/Kreditinstituten, Schecks.

Umweltschonungsprinzip
Es berücksichtigt die **ökologischen Interessen**, indem versucht wird, die Umweltbelastungen so gering wie möglich zu halten, sie zu vermindern oder sie zu vermeiden.

Unternehmen
Es ist eine planmäßig organisierte **Einzelwirtschaft** in einer Marktwirtschaft, in der Güter bzw. Dienstleistungen beschafft, verwertet, verwaltet und abgesetzt werden.

Unternehmen, branchenbezogene
Nach den verschiedenen Wirtschaftszweigen gibt es:

- **Sachleistungsunternehmen** (Rohstoffgewinnung, Güterherstellung)

- **Dienstleistungsunternehmen** Leistungen in Form von Diensten)
  - Handelsunternehmen, Bankunternehmen
  - Verkehrsunternehmen, Versicherungsunternehmen.

Unternehmen, faktorbezogene
Es lassen sich nach dem vorherrschenden Produktionsfaktor unterscheiden:

- **arbeitsintensive Unternehmen** (hoher Lohnkostenanteil)
- **anlageintensive Unternehmen** (hoher Anteil an Betriebsmitteln)
- **materialintensive Unternehmen** (hoher Anteil an Werkstoffkosten).

Unternehmen, größenbezogene
Unternehmen können unter dem Gesichtspunkt der **Betriebsgröße** unterschieden werden. So teilt das HGB ein, wobei zwei der drei Merkmale erfüllt sein müssen:

- **Kleinbetriebe** (bis 50 Beschäftigte, bis 4,840 Mio. € Bilanzsumme, bis 9,680 Mio. € Umsatz)
- **Mittelbetriebe** (bis 250 Beschäftigte, bis 19,250 Mio. € Bilanzsumme, bis 38,500 Mio. € Umsatz)
- **Großbetriebe** (über 250 Beschäftigte, über 19,250 Mio. € Bilanzsumme, über 38,500 Mio. € Umsatz).

Unternehmen, rechtsformbezogene
Zu unterscheiden sind nach ihrer Rechtsform:

- **Einzelunternehmen** (ein Eigentümer/Unternehmer)
- **Personengesellschaften** (ab 2 Eigentümer, keine juristischen Personen)

- **Kapitalgesellschaften** (meist mehrere Eigentümer, juristische Personen)

- **Genossenschaften** (mehrere Genossen, als juristische Personen)

- **Vereine** (nicht rechtsfähig oder als juristische Personen)

- **Versicherungsvereine auf Gegenseitigkeit** (juristische Personen).

Unternehmen, standortbezogene
Sie werden nach verschiedenen Kriterien unterschieden, die sein können:

- **Materialorientierung** (Minimierung der Transportkosten)

- **Arbeitsorientierung** (regional unterschiedliche Lohnkosten)

- **Abgabenorientierung** (regional unterschiedliche Steuern/Abgaben)

- **Verkehrsorientierung** (geringe Kosten, hohe Flexibilität der Transporte)

- **Energieorientierung** (Nähe zu Energiequellen)

- **Umweltorientierung** (regional unterschiedliche Vorschriften/Auflagen)

- **Absatzorientierung** (Nähe zu Kunden, Miethöhe, Parkplätze)

- **Landschaftsorientierung** (Ansprüche an Landschaft/Klima)

- **Auslandsorientierung** (staatliche Investitionsförderung).

Unternehmensführung
Sie ist **vorrangig sachbezogen** ausgerichtet und umfasst die Gesamtheit aller Maßnahmen, die das Verhalten des Unternehmens festlegen und auf ein übergeordnetes Gesamtziel hin ausrichten.

Unternehmensverband
Unternehmen können sich in Verbänden zusammenschließen, um ihre Belange nach innen und der Öffentlichkeit gegenüber zu vertreten. Das ist möglich als:

- **Fachverbände** bzw. Spitzenverbände der Wirtschaft

- **Kammern** als Zwangsverbände von Unternehmen eines Bezirkes

- **Arbeitgeberverbände** als Gegenpol zu den Gewerkschaften.

Unternehmenszusammenschluss
Das ist eine **Verbindung** von rechtlich und wirtschaftlich selbstständigen Unternehmen **zu größeren Wirtschaftseinheiten**. Als Unternehmenszusammenschlüsse können unterschieden werden:

- Interessengemeinschaften
- Gelegenheitsgesellschaften
- Kartelle
- Konzerne
- Fusionen.

Unternehmergesellschaft, haftungsbeschränkte
Sie ist – als „Mini GmbH" – eine Rechtsformenvariante der GmbH (seit 11/2008). Ihre **Rechtsgrundlage** ist das GmbHG. Sie soll Existenzgründern und Kleinunternehmern bereitstehen. Ihr **Stammkapital** liegt zwischen 1 € und 24.999 € (Bareinlagen, volle Einzahlung vor Handelsregister-Eintragung).

Vom **Jahresüberschuss** sind zunächst 25 % in die Rücklage einzustellen. Eine **Umwandlung** in eine „normale" GmbH ist möglich (ab 25.000 €).

Unterstützungsprozesse
Sie **ergänzen** den betrieblichen **Kernprozess**. Im Industrieunternehmen unterstützen sie den Prozess der Leistungserstellung und Leistungsverwertung, z. B. als Prozesse im:

- Finanzbereich
- Personalbereich
- Rechnungswesen
- Informationsbereich.

Verein
Dabei handelt es sich um eine vom Wechsel ihrer Mitglieder unabhängige **Vereinigung von Personen**, die unter einem Vereinsnamen ein gemeinschaftliches Ziel verfolgen.

Er kann ein nicht-rechtsfähiger Verein oder als juristische Personen ein rechtsfähiger Verein sein. Der Verein dient entweder wirtschaftlichen oder ideellen Zwecken. Als Rechtsgrundlage gelten die §§ 21 - 79 BGB.

Ein Mindestkapital ist nicht vorgeschrieben. Der rechtsfähige Verein wird ins **Vereinsregister** mit der Bezeichnung e. V. beim Amtsgericht eingetragen. **Organe** des Vereins sind der Vorstand und die Mitgliederversammlung.

Verjährung
Sie ist der **Verlust der Durchsetzbarkeit eines Anspruchs**, der innerhalb einer gesetzlichen Frist nicht geltend gemacht worden ist (§ 194 ff. BGB). Es gibt:

- die **3-jährige Verjährungsfrist** als regelmäßige Frist nach § 195 BGB (auf alle Forderungen der Privatpersonen und Gewerbetreibenden)
- die **10-jährige Verjährung** nach § 196 BGB (auf bestimmte Rechte an einem Grundstück)
- die **30-jährige Verjährungsfrist** nach § 197 BGB (z. B. für Herausgabeansprüche aus Eigentum, familien-/erbrechtliche Ansprüche)

- **verkürzte Verjährungsfrist von 2 Jahren** (für Ansprüche auf Gewährleistung beim Kaufvertrag – § 438 BGB)
- **Verkürzte Verjährungsfrist von 5 Jahren** (für Mängelgewährleistungsansprüche aus Werkverträgen – § 634a BGB).

Die **Unterbrechung** der Verjährung tritt nach § 212 BGB im Falle der Anerkenntnis (z. B. Abschlagszahlung) und des Gerichtsbescheids (z. B. Vollstreckungshandlung) ein, die Frist beginnt dann erneut zu laufen.

Die **Hemmung** der Verjährung ist nach § 204 BGB z. B. bei Stundung einer Leistung, durch Klageerhebung, Zustellung eines gerichtlichen Mahnbescheids und bei Anmeldung eines Anspruchs im Insolvenzverfahren gegeben. Die Verjährung ruht dann.

Nach **Ablauf** der gesetzlichen Verjährungsfrist ist der Schuldner berechtigt, die Leistung zu verweigern (§ 214 BGB).

Verkauf, persönlicher
Er zielt auf den **unmittelbaren Kontakt** zwischen dem Verkäufer und den Käufern ab. Damit soll der direkte Informationsfluss zwischen dem Unternehmen und seinen Abnehmern hergestellt werden.

Verkaufsförderung
Sie ist ein Instrument der **Kommunikationspolitik**, das informierende und motivierende Maßnahmen zur Steigerung des Umsatzes umfasst. Im Gegensatz zur Werbung zielt die Verkaufsförderung auf den eigenen Verkaufsbereich bzw. auf den Handel ab.

Vollkostenrechnung

Bei ihr werden alle Kostenbestandteile – also fixe und variable Kosten – erfasst und auf die Kostenträger verteilt. Sie **widerspricht** damit dem **Verursachungsprinzip**. Die Vollkostenrechnung gibt es als:

► Istkostenrechnung mit Vollkosten

► Normalkostenrechnung mit Vollkosten

► Plankostenrechnung mit Vollkosten.

Vollmacht

Sie wird von der Unternehmensleitung geeigneten Mitarbeitern erteilt als:

► **Prokura**, die zu allen Arten von gerichtlichen und außergerichtlichen Geschäften und Rechtshandlungen ermächtigt, welche der Betrieb irgendeines Handelsgewerbes mit sich bringt. Sie wird im Handelsregister eingetragen.

► **Handlungsvollmacht**, die zur Vornahme von Rechtsgeschäften ermächtigt, die dieses Handelsgewerbe gewöhnlich mit sich bringt.

Werbeerfolg

Er ist die mindestens an einer Zielgröße orientierte bzw. die von Menschen beurteilte **Wirkung der Werbemaßnahmen**. Werbeerfolg liegt vor, wenn das Werbeziel erreicht oder übertroffen wurde. Er kann sein:

► **ökonomischer Erfolg** (Steigerung des Umsatzes)

► **außerökonomischer Erfolg** (Steigerung des Bekanntheitsgrades).

Mithilfe der **Werbeerfolgskontrolle** soll festgestellt werden, inwieweit die Werbeziele erreicht worden sind.

Werbung

Sie ist ein Instrument der **Kommunikationspolitik**, das Zielpersonen durch absichtlichen und zwangfreien Einsatz spezieller Kommunikationsmittel zu einem Verhalten veranlassen möchte, das zur Erfüllung der **Werbeziele** des Unternehmens beiträgt. Die Werbung kann grundsätzlich sein:

► **Direktwerbung** (persönliche Ansprache des Kunden)

► **Medienwerbung** (Massenkommunikation über Medien).

Wirtschaftlichkeit

Sie zeigt, inwieweit eine Tätigkeit dem Wirtschaftslichkeitsprinzip genügt, als:

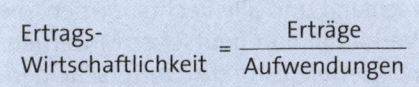

$$\text{Ertrags-Wirtschaftlichkeit} = \frac{\text{Erträge}}{\text{Aufwendungen}}$$

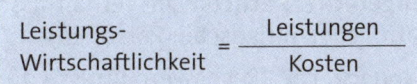

$$\text{Leistungs-Wirtschaftlichkeit} = \frac{\text{Leistungen}}{\text{Kosten}}$$

Da in diese Berechnungen bewertete Größen eingehen, die das Ergebnis verfälschen können, empfiehlt sich als Berechnung eher:

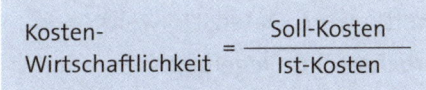

$$\text{Kosten-Wirtschaftlichkeit} = \frac{\text{Soll-Kosten}}{\text{Ist-Kosten}}$$

Die Wirtschaftlichkeit ist umso besser zu bewerten, je größer ihr Wert ist.

Wirtschaftsrecht, internationales

Es geht über das nationale Wirtschaftsrecht hinaus. Das gilt auch für das Europäische Recht, das z. B. umfasst:

► **Europäisches Gesellschaftsrecht** mit grenzüberschreitenden Regelungen für Gesellschaften

- **Europäische Wirtschaftliche Interessenvereinigung (EWIV)** als erste europäische Gesellschaftsform zur grenzüberschreitenden Kooperation

- **Europäische Aktiengesellschaft (Euro-AG)** mit Regelungen zur Fusion bzw. zur Gründung von Gesellschaften in Europa

- **Recht Europäischer Betriebsräte** mit Regelungen zu länderübergreifenden Arbeitnehmerinteressen

- **Europäisches Wettbewerbsrecht** mit Regelungen gegen den Missbrauch des Wettbewerbs in Europa.

Wirtschaftsrecht, nationales

Es umfasst alle Grundsätze über die selbstständige Erwerbstätigkeit in Deutschland und alle Rechtsnormen, die das Verhalten von deutschen Unternehmen betreffen. Es sind zu unterscheiden:

- **Bürgerliches Recht** (Rechtsverhältnisse natürlicher/juristischer Personen)

- **Handelsrecht** (Rechtsverhältnisse für Kaufleute und Unternehmen)

- **Gesellschaftsrecht** (Rechtsverhältnisse zwischen Eigentümern und Unternehmensleitung)

- **Schutzrecht** (Schutz von Erzeugnissen, Wettbewerb, Daten, Umwelt)

- **Arbeitsrecht** (Regelungen zur individuellen und kollektiven Arbeit)

- **Sozialrecht** (Regelungen zur sozialen Gerechtigkeit und Sicherheit)

- **Steuerrecht** (Regelungen zur Steuerhoheit und Steuerpflicht).

Zahlungsformen

Das sind die in der Praxis des **Zahlungsverkehrs** üblichen Möglichkeiten der Zahlung als:

- **Barzahlung** in Form von Münzen und Banknoten. Sie kann unmittelbar erfolgen oder mittelbar vorgenommen werden.

- **Halbbare Zahlung**, bei der eine Umwandlung von Bargeld in Buchgeld (Zahlschein) oder umgekehrt (Barscheck) geschieht.

- **Bargeldlose Zahlung**, die ausschließlich mit Buchgeld erfolgt, z. B. durch Überweisung, Scheck, Lastschrift, Wechsel.

Zahlungsmittel

Zahlungen erfolgen durch Übertragung von Zahlungsmitteln, die sein können:

- **Bargeld** als gesetzliches Zahlungsmittel (Banknoten, Münzen)

- **Buchgeld**, das als Giralgeld am häufigsten genutzt wird

- **Geldersatzmittel**, die Schecks und Wechsel sind.

Zahlungsverkehr

Dabei handelt es sich um die **Summe aller Zahlungsvorgänge**, die ein Unternehmen leistet, wobei eingesetzt werden:

- **Zahlungsmittel** in Form von Bargeld, Buchgeld, Geldersatzmittel

- **Zahlungsformen** als Barzahlung, halbbare oder bargeldlose Zahlung.

Ziel(setzung)

Das Ziel oder die Zielsetzung ist eine Aussage mit verpflichtendem Charakter, das einen gewünschten zukünftigen Zustand der Realität beschreibt. Es umfasst als **Dimensionen**, die bei seiner Formulierung zu beachten sind:

- **Inhalt** (sachliche Zieldimension)

- **Ausmaß** (Höhe, Betrag, Steigerung, Senkung)

- **Zeit** (Zeitraum, Zeitpunkt).

Zielarten

Als Zielarten lassen sich z. B. unterscheiden:

► **Oberziele** (als oberste Zielsetzung eines Unternehmens)

► **Unterziele** (als die Bereiche betreffende Ziele)

► **monetäre Ziele** (als in Geldeinheiten messbare Ziele)

► **nicht monetäre Ziele** (als nicht in Geldeinheiten messbare Ziele)

► **kurzfristige Ziele** (als am aktuellen Geschehen ausgerichtete Ziele)

► **mittelfristige Ziele** (als auf taktische Bedingungen ausgerichtete Ziele)

► **langfristige Ziele** (als auf strategische Bedingungen ausgerichtete Ziele).

Zielbeziehungen

Sie ergeben sich aus dem **Zielsystem** des Unternehmens, das eine Vielzahl von Zielen enthält, die zueinander in Beziehung stehen. Es gibt:

► **komplementäre Ziele** (Erreichung eines Zieles führt zur Zunahme der anderen Zielerreichung)

► **konkurrierende Ziele** (Erreichung eines Zieles führt zur Abnahme der anderen Zielerreichung)

► **indifferente Ziele** (Erreichung eines Zieles hat keinen Einfluss auf das andere Ziel).

Zielbildungsprozess

Ziele können durch die Unternehmensleitung bzw. den jeweiligen Vorgesetzten vorgegeben oder unter Mitwirkung der Mitarbeiter vereinbart werden. Grundsätzlich ist die Festlegung der Ziele „von oben nach unten" (**Top-down-Prinzip**) bzw. „von unten nach oben" (**Bottom-up-Prinzip**) möglich. Es sind aber auch Mischformen denkbar.

Der Zielbildungsprozess umfasst:

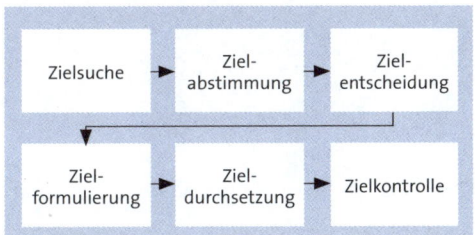

Zielkostenrechnung

Sie wird der Tatsache gerecht, dass die Preise der Produkte seit der Entwicklung des **Käufermarktes** in Deutschland während der sechziger Jahre nicht mehr ausschließlich auf der Grundlage der Kosten gestaltet werden konnten. Im Unternehmen war also nicht festzustellen, wie hoch die Selbstkosten waren, um die Preise zu ermitteln, sondern **wie hoch** die **Selbstkosten** sein durften, um den Erwartungen der Käufer gerecht zu werden.

A. Grundlagen

Baumbach/Hopt, Handelsgesetzbuch, 30. Auflage, München 2005

Bea/Dichtl/Schweitzer (Hrsg.), Allgemeine Betriebswirtschaftslehre, 9. Auflage, Stuttgart 2006

Bestmann, U. (Hrsg.), Kompendium der Betriebswirtschaftslehre, 11. Auflage, München/Wien 2008

Birker, K., Einführung in die Betriebswirtschaftslehre, 2. Auflage, Berlin 2006

Boesche, K. V., Wettbewerbsrecht, Heidelberg 2005

Bornhofen, M., Steuerlehre 1 + 2, 26./27. Auflage, Wiesbaden 2006

Brox/Rüthers/Henssler, Arbeitsrecht, 17. Auflage, Berlin/Stuttgart/Köln 2007

Bussiek/Ehrmann, Buchführung, 9. Auflage, Herne 2010

Gaitanides, M., Prozessorganisation, 2. Auflage, München 2006

Göbel/Grass, Einführung in die Betriebswirtschaftslehre, 2. Auflage, Herne 2003

Grefe, C., Unternehmenssteuern, 16. Auflage, Herne 2013

Gutenberg, E., Grundlagen der Betriebswirtschaftslehre, Bd. 1, Die Produktion, 24. Auflage, Berlin/Heidelberg/New York 1984; Bd. 2, Der Absatz, 17. Auflage 1983; Bd. 3, Die Finanzen, 8. Auflage 1980

Hammer/Champy, Business Reengineering, 7. Auflage, Frankfurt/New York 2003

Heinen, E., Einführung in die Betriebswirtschaftslehre, 9. Auflage, Wiesbaden 1992

Hopfenbeck, W., Allgemeine Betriebswirtschafts- und Managementlehre, 13. Auflage, Landsberg am Lech 2002

Hungenberg/Wulf, Grundlagen der Unternehmensführung, Heidelberg 2004

Jahrmann, F. U., Außenhandel, 13. Auflage, Herne 2010

Jung, H., Allgemeine Betriebswirtschaftslehre, 11. Auflage, München/Wien 2009

Korndörfer, W., Allgemeine Betriebswirtschaftslehre, 13. Auflage, Wiesbaden 2003

Larenz/Wolf, Allgemeiner Teil des deutschen bürgerlichen Rechts, 9. Auflage, München 2004

Lück, W. (Hrsg.), Lexikon der Betriebswirtschaft, 6. Auflage, Landsberg am Lech 2004

Luger, A. E., Allgemeine Betriebswirtschaftslehre, Bd. 1, 5. Auflage, München/Wien 2004

Olfert, K., Kompakt-Training Finanzierung, 7. Auflage, Herne 2011

Olfert, K., Finanzierung, 16. Auflage, Herne 2013

Olfert, K., Kompakt-Training Kostenrechnung, 7. Auflage, Herne 2013

Olfert, K., Kostenrechnung, 17. Auflage, Herne 2013

Olfert/Rahn/Zschenderlein, Lexikon der Betriebswirtschaftslehre, 8. Auflage, Herne 2013

Olfert/Rahn, Einführung in die Betriebswirtschaftslehre, 11. Auflage, Herne 2013

Palandt, O., Bürgerliches Gesetzbuch, 66. Auflage, München 2006

Peters/Brühl/Stelling, Betriebswirtschaftslehre, 12. Auflage, München/Wien 2005

Rahn, H. J., Unternehmensführung, 8. Auflage, Herne 2012

Richter/Furuboth, Neue Institutionenökonomik, 4. Auflage, Tübingen 2010

Rose, G. (Hrsg.), Unternehmenssteuern, 2. Auflage, Berlin 2004

Schierenbeck/Wöhle, Grundzüge der Betriebswirtschaftslehre, 17. Auflage, München/Wien 2008

Seidel/Menn, Ökologisch orientierte Betriebswirtschaft, Stuttgart 1988

Staehle, W. H., Management, 8. Auflage, München 1999

Steckler, B., Kompendium Wirtschaftsrecht, 7. Auflage, Ludwigshafen/Rhein 2009

Steckler, B., Kompakt-Training Wirtschaftsrecht, 3. Auflage, Herne 2013

Steckler/Bachert/Strauß, Kompendium Arbeitsrecht und Sozialversicherung, 7. Auflage, Herne 2010

Steinle, C., Ganzheitliches Management, Wiesbaden 2005

Steinle, C., Führungstheorien, in: HWB, Hrsg. Köhler/Küpper/Pfingsten, 6. Auflage, Stuttgart (2007), Sp. 570 - 582

Strebel, H., Umwelt und Betriebswirtschaft, Berlin 1980

Streinz, R., Europarecht, 8. Auflage, Heidelberg 2008

Thommen, J., Managementorientierte Betriebswirtschaftslehre, 8. Auflage, Zürich 2008

Töpfer, A., Betriebswirtschaftslehre, 2. Auflage, Berlin u. a. 2007

Unger, F. (Hrsg.), Kompendium der Betriebswirtschaftslehre, 3. Auflage, Bd. 1 u. 2, Mannheim 2001

Weber/Kabst, Einführung in die Betriebswirtschaftslehre, 7. Auflage, Wiesbaden 2008

Wöhe/Döring, Einführung in die Allgemeine Betriebswirtschaftslehre, 23. Auflage, München 2008

B. Unternehmen

Baur/Stürner, Insolvenzrecht, 13. Auflage, Heidelberg 2001

Bea/Göbel, Organisation, 3. Auflage, Stuttgart 2006

Bestmann, U. (Hrsg.), Kompendium der Betriebswirtschaftslehre, 11. Auflage, München 2008

Biermann, T., Kompakt-Training Dienstleistungsmanagement, 2. Auflage, Ludwigshafen/Rhein 2006

Bühner, R., Betriebswirtschaftliche Organisationslehre, 10. Auflage, München 2004

Ehrmann, H., Kompakt-Training Logistik, 6. Auflage, Herne 2013

Ehrmann, H., Logistik, 7. Auflage, Herne 2012

Eickmann/Flessner/Irschlinger u. a., Insolvenzordnung, 5. Auflage, Heidelberg 2008

Emmerich, V., Kartellrecht, 11. Auflage, München 2008

Frese, E., Grundlagen der Organisation, 9. Auflage, Wiesbaden 2005

Gaitanides, M., Prozessorganisation, 2. Auflage, München 2006

Hammer/Champy, Business Reengineering, 7. Auflage, Frankfurt/New York 2003

Hefermehl/Köhler/Bornkamm, Wettbewerbsrecht, 25. Auflage, München 2008

Herdegen, M., Internationales Wirtschaftsrecht, 7. Auflage, München 2008

Hofmann, M., Existenzgründung, 6. Auflage, Heidelberg 1996

Holey/Welter/Wiedemann, Wirtschaftsinformatik, 2. Auflage, Ludwigshafen/Rhein 2007

Hopfenbeck, W., Allgemeine Betriebswirtschafts- und Managementlehre, 14. Auflage, Landsberg am Lech 2002

Kirchhof, H. P., Leitfaden zum Insolvenzrecht, 2. Auflage, Herne 2000

Köhler, K., Einführung in das Insolvenzverfahren, Vortrag am Amtsgericht Ludwigshafen am 05.05.1999

Korndörfer, W., Allgemeine Betriebswirtschaftslehre, 13. Auflage, Wiesbaden 2003

Kosiol, E., Organisation der Unternehmung, 2. Auflage, Wiesbaden 1976

Krüger, W., Organisation der Unternehmung, 4. Auflage, Stuttgart u. a. 2004

Krystek, U., Unternehmungskrisen, 2. Auflage, Wiesbaden 2001

Laux/Liermann, Grundlagen der Organisation, 6. Auflage, Berlin u. a. 2005

Luger, A. E., Allgemeine Betriebswirtschaftslehre, Bd. 1, 5. Auflage, München/Wien 2004

Oeldorf/Olfert, Kompakt-Training Material-Logistik, 4. Auflage, Herne 2013

Oeldorf/Olfert, Material-Logistik, 13. Auflage, Herne 2013

Olfert, K., Kompakt-Training Finanzierung, 7. Auflage, Herne 2011

Olfert, K., Kompakt-Training Projektmanagement, 8. Auflage, Herne 2012

Olfert, K., Organisation, 16. Auflage, Herne 2012

Olfert, K., Finanzierung, 16. Auflage, Herne 2013

Olfert/Rahn, Kompakt-Training Organisation, 6. Auflage, Herne 2012

Olfert/Rahn, Einführung in die Betriebswirtschaftslehre, 11. Auflage, Herne 2013

Olfert/Rahn/Zschenderlein, Lexikon der Betriebswirtschaftslehre, 8. Auflage, Herne 2013

Rahn, H. J., Unternehmensführung, 8. Auflage, Herne 2012

Schierenbeck/Wöhle, Grundzüge der Betriebswirtschaftslehre, 17. Auflage, München/Wien 2008

Schmalen, H., Grundlagen und Probleme der Betriebswirtschaft, 13. Auflage, Köln/Berlin 2006

Schmidt, G., Methode und Techniken der Organisation, 13. Auflage, Gießen 2003

Staehle, W. H., Management, 8. Auflage, München 1999

Steckler, B., Kompakt-Training Wirtschaftsrecht, 3. Auflage, Herne 2013

Streinz, R., Europarecht, 8. Auflage, Heidelberg 2008

Theisen, M., Der Konzern, 2. Auflage, Stuttgart 2000

Unger, F. (Hrsg.), Kompendium der Betriebswirtschaftslehre, 3. Auflage, 2 Bd., Mannheim 2001

Vahs, D., Organisation, 6. Auflage, Stuttgart 2007

Weis, H. C., Marketing, 16. Auflage, Herne 2012

Wöhe/Döring, Einführung in die Allgemeine Betriebswirtschaftslehre, 23. Auflage, München 2008

C. Führung

Bea/Haas, Strategisches Management, 4. Auflage, Stuttgart 2005

Berthel/Becker, Personal-Management, 8. Auflage, Stuttgart 2007

Bisani, F., Personalwesen und Personalführung, 6. Auflage, Wiesbaden 2001

Bleicher, K., Führung, in: Handwörterbuch der Betriebswirtschaft, Bd. 1, Hrsg. Wittmann/Kern/Köhler/Küpper/v. Wysocki, 5. Auflage, Stuttgart 1993, Sp. 1270 - 1284

Bleicher, K., Das Konzept integriertes Management, 7. Auflage, Frankfurt/Main 2004

Britzelmaier, B., Kompakt-Training Wertorientierte Unternehmensführung, 2. Auflage, Herne 2013

Carl/Kiesel, Unternehmensführung, 2. Auflage, Landsberg/Lech 2002

LITERATURVERZEICHNIS

Ehrmann, H., Kompakt-Training Strategische Planung, Ludwigshafen/Rhein 2006

Ehrmann, H., Unternehmensplanung, 6. Auflage, Herne 2013

Haberkorn, K., Praxis der Mitarbeiterführung, 10. Auflage, Renningen 2002

Hahn, D., Planungs- und Kontrollrechnung, 6. Auflage, Wiesbaden 2001

Hentze/Brose/Kammel, Unternehmungsplanung, 2. Auflage, Bern/Stuttgart 2002

Hinterhuber, H. H., Strategische Unternehmungsführung, Band 1, 7. Auflage, Berlin/New York 2004

Hopfenbeck, W., Allgemeine Betriebswirtschafts- und Managementlehre, 13. Auflage, Landsberg 2002

Horváth, W., Controlling, 11. Auflage, München 2009

Hungenberg/Wulf, Grundlagen der Unternehmensführung, 3. Auflage, Berlin 2007

Jung, H., Allgemeine Betriebswirtschaftslehre, 11. Auflage, München/Wien 2009

Jung, H., Controlling, 2. Auflage, München/Wien 2007

Jung, H., Personalwirtschaft, 8. Auflage, München/Wien 2008

Kreikebaum, H., Strategische Unternehmensplanung, 6. Auflage, Stuttgart 1997

Küpper, H. U., Controlling, in: Handwörterbuch der Betriebswirtschaft, Bd. 1, Hrsg. Wittmann/Kern/Köhler/Küpper/v. Wysocki, 5. Auflage, Stuttgart 1993, Sp. 1270 - 1284

Küpper, H. U., Controlling, 4. Auflage, Stuttgart 2005

Macharzina/Wolf, Unternehmensführung, 6. Auflage, Wiesbaden 2008

Meier, H., Unternehmensführung, 3. Auflage, Herne/Berlin 2006

Neuberger, O., Führen und führen lassen, 6. Auflage, Stuttgart 2002

Nieschlag/Dichtl/Hörschgen, Marketing, 19. Auflage, Berlin 2002

Olfert, K., Kompakt-Training Finanzierung, 7. Auflage, Herne 2011

Olfert, K., Kompakt-Training Personalwirtschaft, 8. Auflage, Herne 2012

Olfert, K., Lexikon Personalwirtschaft, 4. Auflage, Herne 2012

Olfert, K., Personalwirtschaft, 15. Auflage, Herne 2012

Olfert, K., Finanzierung, 16. Auflage, Herne 2013

Olfert/Pischulti, Kompakt-Training Unternehmensführung, 6. Auflage, Herne 2013

Olfert/Rahn, Kompakt-Training Organisation, 6. Auflage, Herne 2012

Olfert/Rahn, Einführung in die Betriebswirtschaftslehre, 11. Auflage, Herne 2013

Olfert/Rahn/Zschenderlein, Lexikon der Betriebswirtschaftslehre, 8. Auflage, Herne 2013

Perlitz, M., Internationales Management, 5. Auflage, Stuttgart 2004

Pfohl, H. C., Planung und Kontrolle, 2. Auflage, Stuttgart u. a. 1997

Rahn, H. J., Unternehmensführung, 8. Auflage, Herne 2012

Rahn, H. J., Führung von Gruppen, 4. Auflage, Heidelberg 2006

Rahn, H. J., Personalführung, München/Wien 2008

Schanz, G., Personalwirtschaftslehre, 3. Auflage, München 2000

Scholz, C., Personalmanagement, 5. Auflage, München 2000

Schröder, E. F., Modernes Unternehmens-Controlling, 8. Auflage, Ludwigshafen/Rhein 2003

Seidel/Redel, Führungsorganisation, 2. Auflage, München/Wien 2000

Siegwart, H., Kennzahlen für die Unternehmensführung, 6. Auflage, Bern/Stuttgart 2003

Staehle, W. H., Management, 8. Auflage, München 1999

Steinmann/Schreyögg, Management, 6. Auflage, Wiesbaden 2005

Stroebe, R. W., Grundlagen der Führung, 12. Auflage, Frankfurt/Main 2006

Ulrich/Fluri, Management, 8. Auflage, Bern/Stuttgart 2006

Weber, J., Einführung in das Controlling, Teile 1 u. 2, 9. Auflage, Stuttgart 2006

Wöhe/Döring, Einführung in die Allgemeine Betriebswirtschaftslehre, 23. Auflage, München 2008

Wunderer/Grunwald, Führungslehre, 2 Bände, Berlin/New York 1984

Ziegenbein, K., Kompakt-Training Controlling, 3. Auflage, Ludwigshafen/Rhein 2006

Ziegenbein, K., Controlling, 10. Auflage, Herne 2012

D. Leistungsbereich

Adam, D., Produktions-Management, 9. Auflage, Wiesbaden 1998

Ahlert, D., Distributionspolitik, 4. Auflage, Stuttgart 2005

Arnolds/Heege/Tussing, Materialwirtschaft und Einkauf, 10. Auflage, Wiesbaden 2001

Barth, K., Betriebswirtschaftslehre des Handels, 6. Auflage, Wiesbaden 2007

Becker, J., Marketing-Konzeption, 8. Auflage, München 2006

Berekoven/Eckert/Ellenrieder, Marktforschung, 12. Auflage, Wiesbaden 2009

Bichler/Krohn, Beschaffungs- und Lagerwirtschaft, 9. Auflage, Wiesbaden 2010

Bruhn, M., Marketing, 9. Auflage, Wiesbaden 2008

Busch/Dögl/Unger, Integriertes Marketing, 3. Auflage, Wiesbaden 2001

Corsten, H., Produktionswirtschaft, 11. Auflage, München/Wien 2007

Dyckhoff, H., Produktionstheorie, 5. Auflage, Berlin 2006

Ebel, B., Kompakt-Training E-Business, Ludwigshafen/Rhein 2007

Ebel, B., Kompakt-Training Produktionswirtschaft, 3. Auflage, Herne 2013

Ebel, B., Produktionswirtschaft, 9. Auflage, Ludwigshafen/Rhein 2009

Ehrmann, H., Kompakt-Training Logistik, 6. Auflage, Herne 2013

Ehrmann, H., Logistik, 7. Auflage, Herne 2012

Ehrmann, H., Marketing-Controlling, 4. Auflage, Ludwigshafen/Rhein 2004

Grupp, B., Materialwirtschaft mit EDV im Mittel- und Kleinbetrieb, 6. Auflage, Renningen 2003

Hammann/Erichson, Marktforschung, 5. Auflage, Stuttgart 2006

Hartmann, H., Materialwirtschaft, 8. Auflage, Stuttgart 2002

Heiserich, O. E., Logistik, 3. Auflage, Wiesbaden 2002

Hüttner, M., Grundzüge der Marktforschung, 7. Auflage, Berlin 2002

Huth/Pflaum, Einführung in die Werbelehre, 7. Auflage, Stuttgart 2005

Ihde, G., Transport, Verkehr, Logistik, 3. Auflage, Stuttgart 2001

Koppelmann, U., Produktmarketing, 6. Auflage, Stuttgart 2007

Kotler/Keller/Bliemel, Marketing-Management, 12. Auflage, Stuttgart 2007

Meffert, H., Marketing, 10. Auflage, Wiesbaden 2007

Nebl, Th., Produktionswirtschaft, 6. Auflage , München/Wien 2007

Nieschlag/Dichtl/Hörschgen, Marketing, 19. Auflage, Berlin 2002

Oeldorf/Olfert, Material-Logistik, 13. Auflage, Herne 2013

Oeldorf/Olfert, Kompakt-Training Material-Logistik, 4. Auflage, Herne 2013

Olfert, K., Kompakt-Training Finanzierung, 7. Auflage, Herne 2011

Olfert, K., Investition, 12. Auflage, Herne 2012

Olfert, K., Kompakt-Training Projektmanagement, 8. Auflage, Herne 2012

Olfert, K., Finanzierung, 16. Auflage, Herne 2013

Olfert/Rahn, Kompakt-Training Organisation, 6. Auflage, Herne 2012

Olfert/Rahn, Einführung in die Betriebswirtschaftslehre, 11. Auflage, Herne 2013

Olfert/Rahn/Zschenderlein, Lexikon der Betriebswirtschaftslehre, 8. Auflage, Herne 2013

Pfohl, H. C., Logistiksysteme, 7. Auflage, Berlin u. a. 2004

Rahn, H. J., Unternehmensführung, 8. Auflage, Herne 2012

REFA, Methodenlehre der Betriebsorganisation, 2. Auflage, München 2002

REFA, Methodenlehre der Planung und Steuerung, 5 Bände, 4. Auflage, München 1991

Rogge, H. J., Werbung, 6. Auflage, Ludwigshafen/Rhein 2004

Schneeweiß, C., Einführung in die Produktionswirtschaft, 8. Auflage, Berlin u. a. 2002

Unger, F., Marktforschung, 2. Auflage, Heidelberg 1997

Völker R., Wertmanagement in Forschung und Entwicklung, München 2000

Weis, H. C., Marketing, 16. Auflage, Herne 2012

Weis, H. C., Verkaufsmanagement, 7. Auflage, Herne 2010

Weis/Steinmetz, Marktforschung, 8. Auflage, Herne 2012

Wildemann, H., Produktionsbereich, Führung, in: HWFü, Hrsg. Kieser/Reber/Wunderer, 2. Auflage, Stuttgart 1995, Sp. 1763 - 1780

Zäpfel, G., Strategisches Produktions-Management, 2. Auflage, Berlin/New York 2000

Zentes, J., Grundbegriffe des Marketing, 5. Auflage, Stuttgart 2001

Ziegenbein, K., Controlling, 10. Auflage, Herne 2012

Ziegenbein, K., Kompakt-Training Controlling, 3. Auflage, Ludwigshafen/Rhein 2006

E. Finanzbereich

Adam, D., Investitionscontrolling, 3. Auflage, München/Wien 2000

Becker/Peppmeier, Bankbetriebslehre, 7. Auflage, Ludwigshafen/Rhein 2008

Betge, P., Investitionsplanung, 4. Auflage, Wiesbaden 2000

Blohm/Lüder/Schäfer, Investition, 9. Auflage, München 2006

Busse, F., Grundlagen der betrieblichen Finanzwirtschaft, 5. Auflage, München/Wien 2003

Däumler/Grabe, Betriebliche Finanzwirtschaft, 9. Auflage, Herne/Berlin 2007

Däumler/Grabe, Grundlagen der Investitions- und Wirtschaftlichkeitsrechnung, 12. Auflage, Herne/Berlin 2007

Drukarczyk, J., Finanzierung, 10. Auflage, Stuttgart 2008

Eilenberger, G., Betriebliche Finanzwirtschaft, 7. Auflage, München/Wien 2003

Führer, C., Wirtschaftsmathematik, 3. Auflage, Herne 2012

Gräfer, H., Bilanzanalyse, 10. Auflage, Herne 2008

Grill/Perczynski, Wirtschaftslehre des Kreditwesens, 41. Auflage, Bad Homburg 2007

Grob, H. L., Einführung in die Investitionsrechnung, 5. Auflage, München 2006

Jahrmann F. U., Außenhandel, 13. Auflage, Herne 2010

Jahrmann F. U., Finanzierung, 6. Auflage, Herne/Berlin 2009

Jahrmann F. U., Kompakt-Training Außenhandel, 4. Auflage, Herne 2013

Kruschwitz, L., Investitionsrechnung, 12. Auflage, Berlin/New York 2009

Kruschwitz, L., Finanzierung und Investition, 3. Auflage, München/Wien 2002

Obst/Hintner, Geld-, Bank- und Börsenwesen, 40. Auflage, Stuttgart 2000

Olfert, K., Kompakt-Training Finanzierung, 7. Auflage, Herne 2011

Olfert, K., Investition, 12. Auflage, Herne 2012

Olfert, K., Kompakt-Training Investition, 6. Auflage, Herne 2012

Olfert, K., Lexikon Finanzierung & Investition, 4. Auflage, Herne 2012

Olfert. K., Finanzierung, 16. Auflage, Herne 2013

Olfert/Rahn, Einführung in die Betriebswirtschaftslehre, 11. Auflage, Herne 2013

Olfert/Rahn/Zschenderlein, Lexikon der Betriebswirtschaftslehre, 8. Auflage, Herne 2013

Perridon/Steiner/Rathgeber, Finanzwirtschaft der Unternehmung, 15. Auflage, München 2009

Priewasser, E., Bankbetriebslehre, 7. Auflage, München/Wien 2001

Rinker/Ditges/Arendt, Bilanzen, 14. Auflage, Herne 2012

Swoboda, P., Investition und Finanzierung, 5. Auflage, Göttingen 1998

Swoboda, P., Betriebliche Finanzierung, 3. Auflage, Würzburg/Wien 1994

Walz/Gramlich, Investitions- und Finanzplanung, 7. Auflage, Heidelberg 2009

Wöhe/Bilstein, Grundzüge der Unternehmensfinanzierung, 9. Auflage, München 2002

F. Personalbereich

Albert, G., Betriebliche Personalwirtschaft, 10. Auflage, Ludwigshafen/Rhein 2009

Berthel/Becker, Personalmanagement, 8. Auflage, Stuttgart 2007

Bisani, F., Personalwesen und Personalführung, 6. Auflage, Wiesbaden 2001

Bröckermann, R., Personalwirtschaft, 5. Auflage, Stuttgart 2009

Bühner, R., Personalmanagement, 3. Auflage, München/Wien 2005

Drumm, H. J., Personalwirtschaft, 6. Auflage, Berlin/Heidelberg/New York 2008

Fröhlich, W., Führung und Personalmanagement, 2. Auflage, Mering 2001

Hentze/Kammel, Personalwirtschaftslehre, Bd. 1, 7. Auflage, Bern/Stuttgart 2001

Hentze/Kammel/Lindert, Personalführungslehre, 4. Auflage, Bern/Stuttgart 2005

Jansen, T., Kompakt-Training Personalcontrolling, Ludwigshafen/Rhein 2008

Jung, H., Personalwirtschaft, 8. Auflage, München/Wien 2008

Kolb, M., Personalmanagement, Wiesbaden 2008

Krause/Krause, Die Prüfung der Personalfachkaufleute, 7. Auflage, Ludwigshafen/Rhein 2007

Mentzel, W., Personalentwicklung, 3. Auflage, München 2008

Oechsler, W., Personal und Arbeit, 8. Auflage, München/Wien 2006

Olfert, K., Kompakt-Training Personalwirtschaft, 8. Auflage, Herne 2012

Olfert, K., Lexikon Personalwirtschaft, 4. Auflage, Herne 2012

Olfert, K., Personalwirtschaft, 15. Auflage, Herne 2012

Olfert/Rahn, Einführung in die Betriebswirtschaftslehre, 11. Auflage, Herne 2013

Olfert/Rahn/Zschenderlein, Lexikon der Betriebswirtschaftslehre, 8. Auflage, Herne 2013

Riekhof, H., Strategien der Personalentwicklung, 6. Auflage, Wiesbaden 2006

Schanz, G., Personalwirtschaftslehre, 3. Auflage, München 2000

Schaub, G., Arbeitsrechts-Handbuch, 13. Auflage, München 2009

Scholz, C., Personalmanagement, 5. Auflage, München 2000

Steckler/Bachert/Strauß, Kompendium Arbeitsrecht und Sozialversicherung, 7. Auflage, Herne 2010

Stopp, U., Betriebliche Personalwirtschaft, 27. Auflage, Stuttgart 2006

Wunderer, R., Führung und Zusammenarbeit, 8. Auflage, Stuttgart 2009

G. Rechnungswesen

Baetge/Kirsch/Thiele, Bilanzen, 10. Auflage, Düsseldorf 2009

Bähr/Fischer-Winkelmann, Buchführung und Jahresabschluß, 9. Auflage, Wiesbaden 2006

Bolin/Ditges/Arendt, Kompakt-Training Internationale Rechnungslegung nach IFRS, 4. Auflage, Herne 2013

Buchner, R., Buchführung und Jahresabschluß, 7. Auflage, München 2005

Bussiek/Ehrmann, Buchführung, 9. Auflage, Herne 2010

Coenenberg, A. G., Jahresabschluß und Jahresabschlußanalyse, 20. Auflage, Landsberg/Lech 2005

Döring/Buchholz, Buchhaltung und Jahresabschluss, 11. Auflage, Berlin 2009

Ebert, G., Kosten- und Leistungsrechnung, 10. Auflage, Wiesbaden 2004

Eisele, W., Technik des betrieblichen Rechnungswesens, 7. Auflage, München 2002

Federmann, R., Bilanzierung nach Handels- und Steuerrecht, 18. Auflage, Berlin u. a. 2009

Freidank, C.-C., Kostenrechnung, 8. Auflage, München/Wien 2008

Gabele/Mayer, Buchführung, 8. Auflage, München/Wien 2003

Grefe, C., Kompakt-Training Bilanzen, 7. Auflage, Herne 2011

Gräfer, H., Bilanzanalyse, 10. Auflage, Herne/Berlin 2008

Haberstock, L., Kostenrechnung I, 13. Auflage, Wiesbaden 2008

Haberstock, L., Kostenrechnung II, (Grenz-)Plankostenrechnung, 10. Auflage, München 2008

Jung, H., Controlling, 2. Auflage, München/Wien 2007

Kralicek, P., Planbilanzen, Wien 2002

Küting/Weber, Handbuch der Rechnungslegung, 5. Auflage, Stuttgart 2000

Langenbeck, J., Kompakt-Training Bilanzanalyse, 3. Auflage, Ludwigshafen/Rhein 2007

Lücke, W., Rechnungswesen, in: Handwörterbuch des Rechnungswesens, Hrsg. Chmielewicz/Schweitzer, 3. Auflage, Stuttgart 1993, Sp. 1686 - 1703

Moews, D., Kosten- und Leistungsrechnung, 7. Auflage, München/Wien 2002

Olfert, K., Kostenrechnung, 17. Auflage, Herne 2013

Olfert, K., Kompakt-Training Kostenrechnung, 7. Auflage, Herne 2013

Olfert/Rahn, Einführung in die Betriebswirtschaftslehre, 11. Auflage, Herne 2013

Olfert/Rahn/Zschenderlein, Lexikon der Betriebswirtschaftslehre, 8. Auflage, Herne 2013

Rinker/Ditges/Arendt, Bilanzen, 14. Auflage, Herne 2012

Schweitzer/Küpper, Systeme der Kosten- und Erlösrechnung, 9. Auflage, Landsberg 2008

Spremann, K., EDV und Finanzierungsrechnung, in: Handwörterbuch des Rechnungswesens, Hrsg. Chmielewicz/Schweitzer, 3. Auflage, Stuttgart 1993, Sp. 449 - 456

Wedell, H., Grundlagen des betriebswirtschaftlichen Rechnungswesens, 10. Auflage, Herne/ Berlin 2003

Wöhe/Döring, Einführung in die Allgemeine Betriebswirtschaftslehre, 23. Auflage, München 2008

Ziegenbein, K., Controlling, 10. Auflage, Herne 2012

Ziegenbein, K., Kompakt-Training Controlling, 3. Auflage, Ludwigshafen/Rhein 2006

Zimmermann, G., Grundzüge der Kostenrechnung, 8. Auflage, Stuttgart 2001

Zschenderlein, O., Kompakt-Training Buchführung 1, 7. Auflage, Herne 2013

Zschenderlein, O., Kompakt-Training Buchführung 2, 2. Auflage, Herne 2012

H

I